R&B

JAMES KAKALIOS

PHYSIK DER SUPERHELDEN

Aus dem Amerikanischen
von Doris Gerstner und Christoph Hahn

ROGNER & BERNHARD
BEI ZWEITAUSENDEINS

1. Auflage, Juni 2006.

Die Originalausgabe erschien 2005
unter dem Titel *The Physics of Superheroes* bei Gotham Books,
a division of Penguin Group (USA) Inc.

ISBN-10: 3-8077-1018-3
ISBN-13: 978-3-8077-1018-1
www.rogner-bernhard.de

Christoph Hahn übersetzte die Seiten 11–230 sowie 441–445.
Doris Gerstner übersetzte die Seiten 231–415 sowie 445–450.
Lektorat: Brigitte Helbling, Hamburg.
Fachliche Beratung: Markus Pössel, Berlin.
Mitarbeit: Rainer Kolbe, Tating / Eidelstedt, sachregister.de
Umschlag: Philippa Walz und Andreas Opiolka, Stuttgart.
Umschlagillustration: © Scott Biel.
Satz und Herstellung: Dieter Kohler GmbH, Wallerstein.
Schrift: Palatino.
Druck und Einband: Kösel, Krugzell.
Printed in Germany.

FÜR THERESE

INHALT

TEIL 3 DIE MODERNE PHYSIK

TEIL 4 WAS HABEN WIR GELERNT?

VORWORT

VON LAWRENCE M. KRAUSS

Auch wenn man Wile E. Coyote (dt. Kojote Karl aus der Fernsehserie *Schweinchen Dick*) nicht unbedingt zur Riege der Superhelden zählen kann, so war es doch dieser vom Pech verfolgte Schurke, der mich auf die Idee brachte, über die Physik von gezeichneten Figuren nachzudenken. Ich war zwar noch klein und gebannt von dem Geschehen auf dem Bildschirm, doch selbst damals fand ich es komisch, dass Wile E. Coyote, wenn er über einen Abgrund hinausstürmte, zunächst eine halbe Ewigkeit weiter in der Luft strampelte, bis er irgendwann merkte, dass er gar keinen Boden mehr unter den Füßen hatte. Mir schien, als müsste die Schwerkraft doch ständig wirken, ob man sich ihrer bewusst war oder nicht.

Ich erwähne dieses Beispiel ungeachtet der Tatsache, dass es sich um eine Zeichentrickfilm-Figur handelt und nicht um einen Superhelden, weil es einen Aspekt beleuchtet, der zentral ist für meine Haltung zur Vermittlung von Physik im Unterricht: Es gibt kaum etwas, das so sehr im Gedächtnis haften bleibt wie die Konfrontation mit den eigenen Irrtümern. Tatsächlich ist eine ganze Reihe von Physik-Lehrpersonen der Auffassung, dass man nur dann nachhaltige Lernerfolge erzielen kann, wenn man die Schüler und Studenten mit ihren eigenen Irrtümern und falschen Annahmen konfrontiert. Ich weiß nicht, ob das stimmt, aber mit Sicherheit sollte man in dem Bemühen, weit verbreitete Irrtümer zu verstehen, am besten von einem ihnen geläufigen kulturellen Horizont ausgehen. Und wenn dies bedeutet, dass man sich bei *Superman* oder *Star Trek* bedient, gibt es aus meiner Sicht nicht das Geringste dagegen einzuwenden.

Keinesfalls sollen jedoch durch die gleichzeitige Nennung von weit verbreiteten Irrtümern und Comicheften letztere herabgewürdigt werden. Ganz im Gegenteil! In der Tat ist es häufig so, dass die Darstellung bestimmter Phänomene in Comicheften durchaus korrekt ist, und in seiner Einleitung zu dieser weit gespannten Abhandlung, die von der Schwerkraft auf dem Planeten Krypton bis zur Quantenmechanik bei den Figuren aus dem Team der X-Men reicht, weist James Kakalios darauf hin, dass seine Studenten sich gerne darüber beklagen, die gängigen Beispiele in den Einführungsveranstaltungen zur Physik hätten nichts mit dem wahren Leben zu tun. Während allerdings solche Klagen nie aufkommen, wenn zur Illustration bestimmter Fakten Superhelden herangezogen werden.

Man kann sich natürlich fragen, ob Superman den Studenten realer erscheint als Flaschenzüge, Stricke und schiefe Ebenen. Der eigentliche Grund, warum die Studenten sich nicht beschweren, ist vermutlich einfach der, dass die Beispiele aus den Comicheften mehr *Spaß* machen als schiefe Ebenen. Und eben deshalb ist es alles andere als unnütz, sich über die Physik der Superhelden Gedanken zu machen. Nicht nur, weil man auf diese Art und Weise mit einer Reihe von interessanten Aspekten der Physik – von alltäglichen Phänomenen bis zu esoterischen Spielarten der modernen Forschung – konfrontiert wird. Es macht auch noch Spaß, darüber nachzudenken. Und während ein Thema wie die Quantenmechanik doch eher abschreckend oder einschüchternd wirken kann, lässt sich dies von der süßen Kitty Pryde wohl kaum behaupten.

Einige von uns erinnern sich beim Gedanken an die Comichefte ihrer Jugend vielleicht auch daran, wie sie sich damals fragten, ob die Welt, in der wir leben, jemals so aufregend und dramatisch sein könne wie die Welt der Superhelden. Genau betrachtet ist unsere Welt aber noch viel aufregender und interessanter. Wir müssen nur aufhören, die Augen vor all jenen Wundern der Natur zu verschließen, die die Wissenschaft seit etwa vierhundert Jahren aufdeckt. Die Wirklichkeit ist um Längen merkwürdiger als jede Fiktion, selbst wenn es sich dabei um Comics handelt. Ein Teil des Vergnügens besteht dann darin herauszufinden, warum das so ist.

Einleitung

Als kleiner Junge habe ich Comichefte gesammelt, doch dann kam ich auf die High School und entdeckte Mädchen, und wie so viele vor und nach mir gab ich das Sammeln von Comicheften auf. Und weil es kam, wie es kommen musste, nutzte meine Mutter diese Gelegenheit und warf meine Sammlung auf den Müll. Erst Jahre später, an der Universität, kehrte ich zu den Comics zurück, um mich während der Arbeit an meiner Dissertation auf andere Gedanken zu bringen. Mittlerweile bin ich erwachsen und habe wieder eine ganz ansehnliche Sammlung zusammengetragen (beziehungsweise, wie meine Frau sich ausdrückt, einen »potenziellen Brandherd«), und um ganz sicherzugehen, darf meine Mutter nicht mal in die Nähe davon.

Im Jahr 1998 führte die Universität von Minnesota, an der ich als Physikprofessor arbeite, eine neue Kursreihe ein, die als »Anfängerseminare« betitelt war. Es handelt sich dabei um seminarähnliche, nicht an ein Curriculum gebundene Kurse für einen kleinen Kreis von Studenten im ersten Studienjahr. Die Professoren werden ermutigt, unkonventionelle Themen zu behandeln, und so kommt es, dass in dem vielfältigen Angebot auch Veranstaltungen zu Themen wie »Bioethik und das menschliche Genom«, »Die Farbe Rot« (im Fachbereich Chemie), »Handel und Weltwirtschaft« oder »Komplexe Systeme – vom Sandhügel bis zur Wall Street« angeboten werden. Im Jahre 2001 hielt ich zum ersten Mal einen Kurs mit dem Titel: »Alles, was ich über Naturwissenschaften weiß, habe ich aus den Comics gelernt«. Dabei handelte es sich um eine Veranstaltung im Fachbereich Physik, doch anstatt mit Gewichten zu arbeiten, die an Federn aufgehängt sind, oder Materialblöcke schiefe Ebenen herunterrutschen zu lassen, verwendete ich Beispiele aus der bunten Welt bizarr kostümierter Superhelden und richtete besonderes Augenmerk auf jene Situationen, in denen physikalische Sachverhalte in Comicheften korrekt dargestellt wurden.

Das vorliegende Buch ist, obwohl es an diesen Kurs angelehnt ist, kein Lehrbuch im üblichen Sinn. Es ist geschrieben für den interessierten Laien, der einen relativ schmerzlosen Weg sucht, sich mit den physikalischen Gesetzmäßigkeiten vertraut zu machen, die unserer modernen, von Technologie geprägten Welt zugrunde liegen. Themenbereiche wie Kraft und Bewegung, Thermodynamik, Elektrizität und Magnetismus, Energieerhaltung, Quantenmechanik und Festkörperphysik werden abgehandelt und anhand von praktischen Anwendungen wie Airbags, Transistoren und Mikrowellenherden erklärt. Ich hoffe, dass Sie sich den Superhelden-Cocktail so sehr schmecken lassen, dass Sie gar nicht bemerken, wie Ihnen gleichzeitig auch noch Lebertran untergejubelt wird.

Dieses Buch richtet sich sowohl an eingefleischte Comicfans als auch an solche Leser, die Batman und Man-Bat nicht auseinander halten können. Daher habe ich die Geschichte und Hintergründe der auftauchenden Comichelden kurz zusammengefasst. Um die physikalischen Phänomene, die in bestimmten Geschichten auftauchen, zu erklären, war es unerlässlich, die Schlüsselstellen und Vorgeschichten mancher Episoden und Abenteuer zu erläutern, weshalb ich für all diejenigen, die diese Klassiker bisher noch nicht kennen, unter Umständen so sympathisch erscheinen mag wie jemand, der im Kino dauernd ausplaudert, was als Nächstes passiert.

Diejenigen Leser, die sich für das Quellenmaterial interessieren, finden Verweise auf die Comicausgaben am Ende des Buches. Aufgelistet sind die Angaben zu den Originalausgaben und, soweit möglich, Hinweise auf Neuauflagen oder Reprints, die in Comicläden oder Buchhandlungen erhältlich sind.* Die Datumsangaben auf den Titelseiten der Comichefte beziehen sich nicht auf das Erscheinen, sondern darauf, bis zu welchem Zeitpunkt die Hefte an

* Für die deutsche Ausgabe wurden, soweit möglich, jene Hinweise auf Neuauflagen oder Reprints durch Hinweise auf *deutschsprachige* Comicausgaben ersetzt. (Anm. des Verlages)

den Vertrieb retourniert werden mussten. Auf diese Weise blieben die Hefte länger in den Regalen. Um neue Kunden anzuziehen, die aufgrund des Sammlerwertes eher an Erstausgaben interessiert sind, verlegen sich mittlerweile einige Comicverlage darauf, bei der Nummerierung der Ausgaben wieder von vorne anzufangen, ohne den Namen der Reihe zu ändern. Wenn nicht anders vermerkt, beziehen sich die Angaben im Quellenteil auf die Erstausgaben der Heftreihen. Ich habe außerdem, soweit bekannt, die Namen der Autoren und Zeichner mit angefügt. Die Tatsache, dass die Tuscher dabei keine Erwähnung finden, soll keine Herabwürdigung ihrer Rolle bei der Entstehung des fertigen Comics darstellen (ich bin keinesfalls der Auffassung, dass es sich bei dieser Tätigkeit um bloßes »Linien-Nachmalen« handelt), sondern ist eher der Tatsache geschuldet, dass in erster Linie Autor und Zeichner für die physikalischen Zusammenhänge verantwortlich sind, die in einer bestimmten Szene abgehandelt werden.

Jegliche Behandlung des Themas Physik in Comicheften zieht natürlich die besondere Aufmerksamkeit von Physikern und Comicfans auf sich, die beide für ihre Detailversessenheit bekannt sind. Jede der ausgewählten Szenen behandelt mehr oder minder zufällig ein spezielles physikalisches Phänomen oder Prinzip. Manchmal taucht schon in der nächsten Folge einer Geschichte eine Szene auf, die in völligem Widerspruch steht zu der physikalisch plausiblen Erklärung einer bestimmten Form von Superkräften. Wenn man in Betracht zieht, dass bestimmte Figuren seit über einem halben Jahrhundert existieren, kann man darauf wetten, dass sich für jedes Beispiel, das ich hier anführe, ein Gegenbeispiel finden lässt. Insofern mag der Versuch, den physikalischen Grundlagen der Superkräfte eines Superhelden auf die Spur zu kommen, zu einem besseren Verständnis ihrer Fähigkeiten führen, doch seien meine Kollegen aus der Fangemeinde darauf hingewiesen, dass dieses Buch keinen – und schon gar keinen kompletten – Katalog der Fähigkeiten und Kräfte von Superhelden darstellen soll.

Eine ähnliche Warnung geht an meine Kollegen aus der Zunft der Physiker: Dies ist ein Buch für Laien. Ich habe versucht, die Fakten so einfach wie möglich darzustellen, ohne dabei die Ecken und

Kanten der Realität auszublenden. Eine vollständige Abhandlung der Themen, die hier angesprochen werden, würde Bände füllen und damit als Illustration der letzten Worte von Dr. Manhattan am Ende von Alan Moores und Dave Gibbons' Geschichte *Watchmen* dienen: »Nichts hat ein Ende, Adrian. Nichts geht jemals zu Ende.«

Physiker beschreiben die Welt üblicherweise in der Sprache der Mathematik. Warum dies so ist, stellt eine grundlegende philosophische Frage dar (der Physiker Eugene Wigner sprach von der »unverschämten Effektivität der Mathematik« in Bezug auf die Eigenschaften der Natur), die all jene, die sich damit befassen, seit jeher beschäftigt hat. Es wäre natürlich verlockend, in einem Buch, das sich um Superhelden dreht, die Mathematik völlig auszuklammern. Das geht aber keinesfalls, genauso wenig wie man in einem Buch über Picasso ohne Abbildungen seiner Werke auskäme oder in einer Geschichte des Jazz ohne eine beigelegte CD. Die Mathematik ist einfach unumgänglich in jeder einigermaßen fundierten Abhandlung über Physik.

Der Leser mag dagegenhalten, dass er von Mathematik nichts versteht oder ihm die Fähigkeit zu mathematischem Denken völlig abgeht, doch was dieses Buch betrifft, so braucht er nichts weiter zu tun, als zu akzeptieren, dass $^1/_2 + ^1/_2 = 1$ ergibt. In Worten: Zwei Halbe ergeben ein Ganzes. Sobald man das einmal intus hat, stellt es auch kein großes Problem mehr dar, das Ganze folgendermaßen aufzuschreiben: $2 \cdot (^1/_2) = ^2/_2 = 1$ (in Worten: Zwei multipliziert mit ein halb ergibt eins). Wie man sieht, ist auch dies ganz einfach, denn selbstverständlich ergeben zwei Halbe ein Ganzes. Und schon befindet man sich unversehens auf dem Gebiet der Algebra. (Dabei dachte man eigentlich, dass man nach der Schule damit nie wieder etwas zu tun haben würde.)

Allerdings gibt es, wie viele Schüler lange vermuten, in der Algebra doch einen Trick, und der funktioniert wie folgt: Wenn man eine Gleichung hat, deren Aussage wahr ist, wie beispielsweise $1 = 1$, dann kann man zu dieser Gleichung jede beliebige Zahl addieren, subtrahieren, sie mit jeder Zahl multiplizieren oder durch jede Zahl (außer Null) dividieren, ohne am Wahrheitsgehalt dieser Gleichung etwas zu ändern, man muss die gleiche Rechenoperation lediglich auf beiden Seiten des Gleichheitszeichens durchführen. Wenn wir also die Zahl 2 auf jeder Seite der Gleichung $1 = 1$ addieren, erhalten wir als Ergebnis $1 + 2 = 1 + 2$ oder $3 = 3$, was nach wie vor eine wahre Aussage ist. Wenn wir beide Seiten durch 2 dividieren, erhalten wir $1/2 = 1/2$. Also wissen wir: $1 = 1$ und $1/2 + 1/2 = 1$, was man wiederum als $2/2 = 1$ schreiben kann. Und an dieser Stelle schlage ich dem Leser einen Pakt vor: Ich werde keinerlei mathematische Aussagen verwenden, die komplizierter sind als die in diesem Absatz verwendeten, und der Leser wird nicht in Panik ausbrechen, sobald eine mathematische Gleichung auftaucht. Man kann sich an der Mathematik immer gerade so vorbeimogeln, ohne dass das Verständnis darunter leidet, aber wenn Sie irgendwann auf die Idee kommen, eine Geschwindigkeit oder eine Kraft berechnen zu wollen, die in diesem Buch nicht behandelt werden, steht Ihnen hier das entsprechende Instrumentarium zur Verfügung. Auf jeden Fall kann ich garantieren, dass am Ende des Buches keine Übungsaufgaben lauern!

Anmerkung des Verlages zur deutschen Ausgabe

Die Comicbeispiele, die James Kakalios hier verwendet, stammen aus dem angloamerikanischen Kulturraum. Damit dürften auch deutschsprachige Leserinnen und Leser kein Problem haben: Schließlich kommt (fast) alles, was wir über Superhelden wissen, aus den USA. Während deutsche Ausgaben von Superman, Spider-Man (zunächst als »Die Spinne«) oder Flash (zunächst als »Der Rote Blitz«) leicht erhältlich sind, muss man nach den deutschsprachigen Abenteuern von Kakalios' Lieblingshelden Atom, zum Beispiel, länger suchen. Wir haben uns in den Abbildungen und auch in der primären Nennung der Helden im Text daher an den Originalen orientiert, wobei verdeutschte Spitznamen (»der Stählerne« für Superman, »der Spinnenmann« für Spider-Man) unter deutschsprachigen Comicfreunden ohne weiteres gebräuchlich sind und im Text auch von uns freimütig verwendet wurden. Dieses bunte Durcheinander von Englisch und

Deutsch entspricht der Welt, in der sich hiesige Superhelden-Fans ganz selbstverständlich bewegen. Schließlich gehören Comics neben Popsongs zu den kulturellen Bereichen, die Jugendlichen das Erlernen einer Fremdsprache früh schon nicht als Pflicht, sondern als dringende Notwendigkeit erscheinen lassen.

Im vorliegenden Buch wird der Leser über Comics auf höchst unterhaltsame Weise in die Grundlagen der Physik eingeführt. Und damit es nicht aussieht, als wollten wir ihm heimlich auch noch Sprachunterricht unterjubeln, haben wir hinten eine Übersetzung sämtlicher Texte in den abgebildeten Comics angehängt. Wir haben uns dagegen entschieden, diese Übersetzungen in die Comics selbst einzufügen, weil die vielen kunstvollen Varianten des Lettering (Comicschriften) angemessen nachzubilden uns vor eine Aufgabe gestellt hätte, die den Rahmen dieser deutschen Ausgabe gesprengt hätte.

PHYSIK DER SUPERHELDEN

EINFÜHRUNG

SECRET ORIGINS: WIE DIE WISSENSCHAFT DIE SUPERHELDEN-COMICS RETTETE

Falls ich mich je gefragt hatte, ob meine Studenten das Fach Physik nicht vielleicht doch für Zeitverschwendung hielten, so wurde jeder Zweifel vor einigen Jahren ausgeräumt. Ich kehrte gerade vom Mittagessen ins Gebäude des Fachbereichs Physik zurück, als ich eine Unterhaltung zwischen zwei Studenten mitbekam, die gerade auf dem Weg nach draußen waren. Aus ihren Gesichtern und dem kurzen Gesprächsfetzen schloss ich, dass sie gerade eine Klausur zurückbekommen hatten. Hier ist die – bereinigte – Fassung ihrer Unterhaltung:

Der Größere der beiden erklärte seinem Freund: »Billig kaufen und teuer verkaufen, so funktioniert die Sch… Was interessieren mich irgendwelche Sch…kugeln, die von irgendwelchen Sch…türmen runtergeworfen werden.«

Aus dieser Aussage kann man zweierlei lernen: (1) das Geheimnis finanziellen Erfolges und (2) dass die Beispiele, die im herkömmlichen Physikunterricht verwendet werden, mit der Lebenswelt von Studenten zumindest nach deren eigenem Empfinden so gut wie nichts zu tun haben.

Das wirkliche Leben ist eine komplexe Angelegenheit. Um in einer Physikstunde auch nur ein einziges Naturgesetz zu illustrieren – beispielsweise das zweite newtonsche Axiom der Mechanik oder den Energieerhaltungssatz –, haben Physiklehrer über Jahrzehnte hinweg ein ganzes Arsenal an ausgetüftelten Anordnungen ersonnen, in denen Flugbahnen von Geschossen auftauchen oder Gewichte an Flaschenzügen oder schwingende Gewichte, die an Federn aufgehängt sind. Diese Anordnungen wirken so künstlich, dass sich die Studenten unweigerlich fragen: »Wann werde ich so was jemals im wirklichen Leben anwenden?«

Im Zuge meiner Lehrtätigkeit bin ich dann irgendwann darauf gestoßen, dass man zur Illustration bestimmter physikalischer Gesetzmäßigkeiten und ihrer Anwendung Superhelden-Comics heranziehen kann. Interessanterweise fragen sich meine Studenten, wann immer ich Beispiele aus Comicheften verwende, *niemals,* ob und wann sie diese Erkenntnisse in ihrem »wirklichen Leben« zur Anwendung bringen können. Anscheinend haben sie allesamt für ihren weiteren Lebensweg nach dem Universitätsabschluss irgendwelche Pläne, in denen eng anliegende Trikotanzüge und die Rettung von Metropolen eine zentrale Rolle spielen. Auf mich als gesetzestreuen Bürger hat dies eine ungemein beruhigende Wirkung, denn ich weiß nur allzu gut, wie viele meiner Kollegen aus der Riege der Wissenschaftler man mit dem Attribut »verrückt« bedenken könnte.

* * *

Das erste Mal, dass ich einen Zusammenhang herstellte zwischen Comicheften und der akademischen Welt, war 1965, als ich für die fürstliche Summe von 12 Cent das Heft Nummer 333 von *Action Comics* mit den Abenteuern von Superman erstand. Ich war damals zwar kein soo großer Fan des »Stählernen«, doch was mich faszinierte, war das Heft-Cover (siehe Abb. 1), das einen Einblick hinter die Kulissen unserer höheren Lehranstalten versprach. Als kleiner Junge war ich furchtbar neugierig zu erfahren, wie das Leben am College wohl aussehen mochte. Heute, wo ich selbst Universitätsprofessor bin, erkenne ich in dieser Neugier die unbestimmte Ahnung, dass dem Eintritt ins College kein Austritt mehr folgen und die Immatrikulation damit zu einer Art Haft auf Lebenszeit werden würde.

Abb. 1
Cover von Action Comics *# 333 mit einer Szene von Supermans unheilvollem Besuch an der Technischen Hochschule von Metropolis.*

Eine der Geschichten in *Action* # 333 trug den Titel »Superman's Super Boo-Boos«, und darin kam eine Szene vor, in der Superman von der Technischen Hochschule von Metropolis in Anerkennung seiner »Verdienste um die Menschheit« den »Ehrendoktor der Superwissenschaft« verliehen bekam. (Ich sollte vielleicht hinzufügen, dass ein solcher akademischer Grad nicht in der Prüfungsordnung zu finden war, als ich mich an der Hochschule einschrieb.) Auf dem Cover der Ausgabe stand Superman auf dem Podium des Hörsaals einer Universität und »schrieb« seinen Namen vermittels seines

Hitzeblicks auf eine Schriftrolle aus Bronze. Die akademischen Würdenträger im Publikum – samt und sonders ältere Herren in vollem Ornat – waren entsetzt, jedoch weniger wegen der gleißenden Energiestrahlen, die aus Supermans Augen drangen, sondern weil sie aufgrund einer Illusion, hervorgerufen durch Supermans Erzrivalen Lex Luthor, anstelle des Stählernen einen Feuer speienden Drachen auf dem Podium sahen. Dies war Teil von Luthors Plan, Supermans Erwartungen permanent zu unterwandern, bis ihn die Unentschlossenheit schließlich lahm legte und er nichts mehr gegen Luthors finstere Pläne und Machenschaften tun konnte.* Ich war zwar erst in der Grundschule, doch irgendwie schwante mir schon damals, dass diese Darstellung des College-Lebens möglicherweise nicht sonderlich realistisch war. Dennoch lieferte das Cover zwei Erkenntnisse, die sich im Nachhinein als ziemlich akkurat herausgestellt haben. Die erste lautet: *Alle* College-Professoren tragen *stets und immer* Talare und Doktorhüte. Die zweite lautet: Alle College-Professoren sind achthundert Jahre alt, männlich und weiß.

Dies war das erste, aber bei weitem nicht das letzte Mal, dass ich den Eindruck gewann, eine friedliche Koexistenz von Comicheften und College sei möglich. Ich habe in den folgenden Jahren mit großem Vergnügen Comics gelesen und gesammelt – und zwar ohne dass mir dies peinlich wäre, denn ich glaube nicht, dass einem irgendwelche Hobbys peinlich sein sollten. Snobismus ist häufig nur die äußere Erscheinung von Unsicherheit. (Man hat nun mal bestimmte Vorlieben, Interessen und Hobbys, und zu denen sollte man stehen, ohne sich deshalb zu schämen oder schuldig zu fühlen – außer natürlich, es handelt sich dabei um Golfspielen.) Und im Laufe

* Zu diesem Zweck kam Luthor Superman mehrfach vor Augen der Öffentlichkeit zu Hilfe mit dem Ziel, Superman dazu zu bringen, an seiner Einschätzung von Luthors Absichten zu zweifeln. Diesen Plan verfolgte er mit solcher Hartnäckigkeit, dass er Superman sogar das Leben rettete, als dieser von einem weiteren Schurken bedroht wurde, der über ein Schwert vom Planeten Krypton verfügte, mit dem er Superman hätte töten können. Man möchte annehmen, dass es an dieser Stelle einfacher gewesen wäre, wenn Lex Luthor seinen ursprünglichen Plan, Superman um den Verstand zu bringen, aufgegeben und ihn von dem anderen Schurken ein für alle Mal hätte erledigen lassen, aber wer wird je die Denkweise eines verbrecherischen Genies wie Lex Luthor nachvollziehen können?

meiner Lektüre fiel mir immer wieder auf, dass die Darstellung von naturwissenschaftlichen Zusammenhängen durch die Autoren und Zeichner von Superhelden-Comics häufiger korrekt ist, als man vermuten würde. Diejenigen, die mit Superhelden-Comics nicht so vertraut sind, werden sich vielleicht wundern, dass in diesen Geschichten *überhaupt* etwas wissenschaftlich korrekt ist, aber ich bleibe dabei, man kann aus Comicheften eine Menge über Naturwissenschaften lernen.

Ein typisches Beispiel dafür findet sich in Abb. 2, einer Szene aus *World's Finest* # 93 vom April 1958. Die großen Helden bei National Comics (die dann später zu Detective Comics wurden und heutzutage unter dem Namen DC Comics bekannt sind) waren Superman, Batman und Robin, und in jeder Ausgabe von *World's Finest* gab es eine Geschichte, in der sich der Stählerne mit dem dynamischen Duo zusammentat, um dem Verbrechen gemeinsam die Stirn zu bieten. In dieser Ausgabe heißt ihr Gegenspieler Victor Danning, dessen Intelligenz bei einem missglückten Versuch, einen »Gehirn-Verstärker« zu stehlen, auf »Genie-Level« angehoben wird. Derart üppig ausgestattet mit mentalen Kräften, macht er sich an die Ausführung einer Reihe von »Superverbrechen«, um die sich Superman, Batman und Robin gemeinsam kümmern müssen. Nachdem unsere Helden

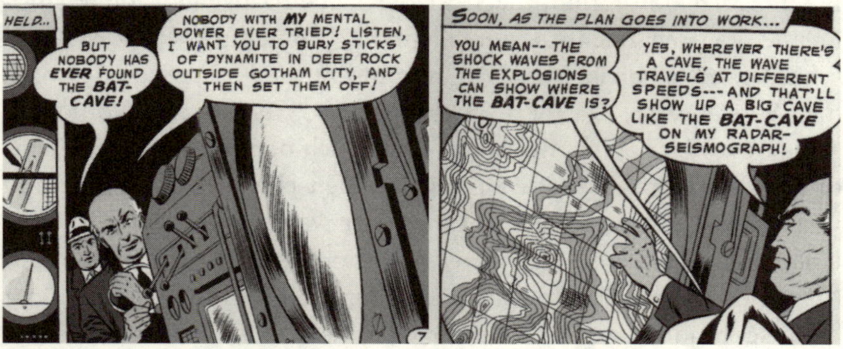

***Abb. 2** Eine Szene aus* World's Finest # 93. *In dieser Szene erläutert der Schurke, dessen geistige Fähigkeiten künstlich stimuliert wurden, seinen Plan, durch die Auslösung unterirdischer Schockwellen die Bat-Höhle zu lokalisieren, deren genaue Lage unbekannt ist.*

die finsteren Pläne Dannings jedes Mal in letzter Sekunde durchkreuzt haben, geht der Schurke in die Offensive und beschließt, das geheime Hauptquartier von Batman und Robin, die Bat-Höhle, ausfindig zu machen. (Es wird nicht erklärt, weshalb dies dem Treiben von Batman und Robin ein Ende setzen sollte. Voraussetzung ist einfach, dass alle Angehörigen der Unterwelt ein gehöriges Interesse daran haben, die Lage der Bat-Höhle in Erfahrung zu bringen.)

Danning befiehlt seinen Leuten, im Umkreis von Gotham City Dynamitstangen im Boden zu versenken. Während er auf seinem »Radar-Seismograf« die Ausbreitung der damit hervorgerufenen Schockwellen beobachtet, erklärt er, dass die Wellen mit unterschiedlicher Geschwindigkeit durch solides Felsgestein beziehungsweise durch einen Hohlraum wandern und man auf diese Weise die Bat-Höhle lokalisieren kann. Womit sich das verbrecherische Genie Victor Danning auf wissenschaftlich solidem Boden bewegt, denn es trifft in der Tat zu, dass die Geschwindigkeit der Ausbreitung von Schall- oder Schockwellen abhängig ist von der Dichte des Materials, durch das sie sich bewegen. Geologen machen sich diese Tatsache tagtäglich zu Nutze, um unterirdische Kavernen von Erdöl oder Erdgas aufzuspüren.

Die Art, wie Wissenschaftler und ihre Arbeitsmethoden in Comicheften dargestellt werden, lässt allerdings häufig zu wünschen übrig. Ein Beispiel dafür findet sich in der selben Ausgabe von *World's Finest*, wo eine reichlich unrealistische Darstellung eines Wissenschaftlers zu sehen ist (Abb. 3). Hier präsentiert der Erfinder des »Gehirn-Verstärkers«, Dr. John Carr, auf einer Wissenschaftskonferenz seine neuesten Forschungen. Er brüstet sich damit, dass seine Erfindung »die mentalen Kräfte eines jeden Menschen um den Faktor 100 verstärken« werde. Leider, so führt Carr weiter aus, habe die Sache einen winzigen Haken, denn »es fehlt noch ein einziger Bestandteil (damit das Gerät überhaupt funktioniert), und ich habe noch nicht herausgefunden, worum es sich dabei handelt!« Dies ist ungefähr so, als würde man eine Maschine erfinden, die Blei in Gold verwandelt oder Leitungswasser in Benzin – wobei einem nur noch ein Schlüsselelement fehlt (von dem kein Mensch weiß, ob es überhaupt existiert), damit das Ding funktioniert! Arbeiten in einem derart

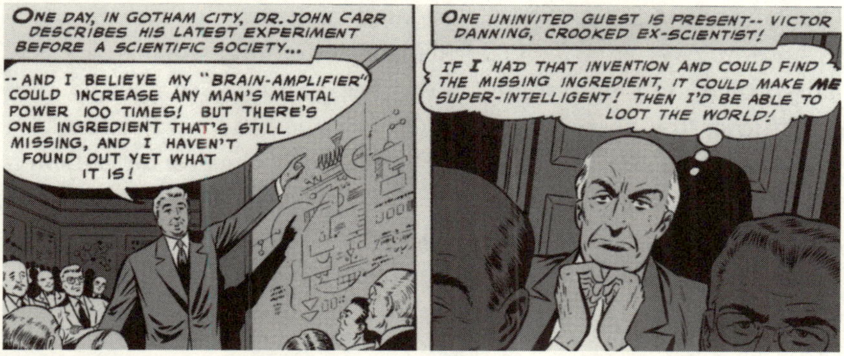

Abb. 3 *Eine weitere Szene aus* World's Finest, *in der »der schurkische Ex-Wissenschaftler« Victor Danning zum ersten Mal von dem »Gehirn-Verstärker« hört, der allerdings mit einem entscheidenden Mangel behaftet ist.*

unausgereiften Stadium werden auf wissenschaftlichen Konferenzen höchst selten vorgestellt (jedenfalls nicht mit Absicht). Die Präsentation wird aufmerksam verfolgt von Victor Danning, der bei dieser Gelegenheit auf die Idee kommt, den Gehirn-Verstärker trotz seiner Schwachstelle zu stehlen, und der in dem Textfeld am oberen Bildrand als »schurkischer Ex-Wissenschaftler« bezeichnet wird. Wobei dieser Teil voll und ganz der Wahrheit entspricht, denn – und hier spreche ich nicht nur als Physiker, sondern für alle Wissenschaftler – sobald einer von uns »zum Schurken wird«, jagen wir ihn mit Schimpf und Schande aus dem Club und verbieten ihm, sich weiterhin »Wissenschaftler« zu nennen.

* * *

Dass wissenschaftliche Sachverhalte in die Storys von Superhelden-Comics eingebaut wurden, ist in den vierziger Jahren (oder dem »Goldenen Zeitalter«, wie Comicfans diese Epoche bezeichnen) relativ selten, im Gegensatz zu den späten Fünfzigern und den sechziger Jahren (auch »Silbernes Zeitalter« genannt). Dazwischen liegt das »Finstere Zeitalter«, als die Verkäufe in den Keller gingen und das Konzept des Superhelden von verschiedenen Seiten – Psychiater, Pädagogen und Kongressabgeordnete – unter Beschuss geriet. Diese

Umstände, die dazu führten, dass die Geschichte der Superhelden-Comics in zwei »Epochen« zerfiel, sind allerdings auch dafür verantwortlich, dass in den Heften der Nach-Sputnik-Ära ein wissenschaftlicher Ton vorherrscht. Und da wir uns ganz auf Superhelden verlassen, um die im weiteren Verlauf des Buches behandelten wissenschaftlichen Phänomene und Theorien zu illustrieren, ist es nützlich, zuerst einmal einen Blick auf die Wurzeln und Ursprünge dieser geheimnisvollen Männer zu werfen.

EINE KURZE GESCHICHTE DER SUPERHELDEN-COMICS

Bevor es Comics im Heftformat gab, gab es Comicstrips.* Wöchentlich erscheinende Flugblätter im viktorianischen England, die als »Penny Dreadfuls« bezeichnet wurden, druckten lustige Bildfolgen in der Tradition der Music Halls ab. Die Tatsache, dass diese Bildfolgen gerade unter der Arbeiterschaft so beliebt waren, ließ den Mittelstand darüber die Nase rümpfen. Der scharfe Konkurrenzkampf zwischen den amerikanischen Verlegern Joseph Pulitzer und William Randolph Hearst, der kurz nach 1890 ausbrach, führte zur Verbreitung der Comicstrips in den Tageszeitungen. Diese erfreuten sich vor allem bei den neu eingetroffenen Einwanderern, deren Englischkenntnisse teilweise höchst lückenhaft waren, großer Beliebtheit. Die Comicstrips entwickelten sich zu höchst wirkungsvollen Waffen im Auflagenkrieg, und die neu entwickelte Technik des Farbdrucks (eine revolutionäre Neuerung, auch wenn es sich nur um die Farbe Gelb handelte) verschaffte Hearsts Zeitungen einen entscheidenden Vorsprung vor seinen Wettbewerbern. Wie stark Hearsts Zeitungen mit Richards F. Outcaults visuell auffälligem und überaus populären Comicstrip *The Yellow Kid* identifiziert wurden, lässt sich daran ablesen, dass Kritiker für die Sensationsblätter aus dem Hause Hearst den abschätzigen Begriff »Yellow Journalism« kreierten.

* Das Konzept, Worte und Zeichnungen zu verbinden, um auf diese Art und Weise eine Geschichte zu erzählen, ist fünfhundert Jahre alt. Es gibt Beispiele von per Holzschnitt vervielfältigten »Flugblättern« aus dem Mittelalter, in denen Panels, Sprechblasen und Speedlines verwendet werden.

Trotz gelegentlicher Versuche, Comicstrips im Magazinformat auf den Markt zu bringen (*Buster Brown* – 1903, *Little Nemo* – 1906, *Mutt and Jeff* – 1910), dauerte es bis 1933, bevor sich Comichefte dauerhaft auf dem Markt etabliert hatten. Bis dahin wurden die Regale der Zeitungskioske beherrscht von so genannten »Pulp Magazines«, die zum Preis von 10 Cent einen kompletten Roman boten und ungeheuer gefragt waren. Diese Hefte wurden auf billigstes Papier gedruckt, was die Kosten niedrig hielt und ihnen ihren Namen verlieh (Pulp = Zellstoff). Es gab Krimi-Reihen, die sich großer Beliebtheit erfreuten, wie *Detective Fiction Weekly* oder *Black Mask* (wo die ersten Geschichten von Dashiel Hammett und Raymond Chandler erschienen), Science-Fiction-Reihen wie *Amazing Stories* und *Astounding Stories* (Theodore Sturgeon, Isaac Asimov und Ray Bradbury begannen hier ihre Laufbahn) und den Bereich Horror und Fantasy, vertreten durch *Unknown* und *Weird Tales* (bei denen H. P. Lovecraft, Robert E. Howard und sogar der Dramatiker Tennessee Williams veröffentlichten). Außerdem gab es noch die Abteilung Action und Abenteuer mit Titeln wie *The Shadow, The Spider, G-8 and His Battle Aces, The Mysterious Wu-Fang* und *Doc Savage.* Auf dem Höhepunkt ihrer Popularität verkauften einige dieser Titel wöchentlich mehrere hunderttausend Exemplare, was trotz des Preises von 10 Cent einen ganz schönen Batzen Geld bedeutete, zumal während der Depressionszeit. Trotz der harten Konkurrenz fassten George Janosik, George Delacorte, Harry Wildenberg und Maxwell C. Gaines (der vor seiner Karriere als Comicverleger Schullehrer gewesen war) den Entschluss, das Risiko zu wagen und die Comicstrips aus den Sonntagsbeilagen der Tageszeitungen auf Standardbögen im Tabloidformat zu drucken und sie zu einem Heft mit dem Format 16,8 x 25,7 cm zu falten (bis heute das unveränderte Standardformat für Comichefte). Das Heft mit dem Titel *Funnies on Parade* wurde zusammen mit Rabattcoupons für Produkte der Firma Procter & Gamble und ähnlichen Gutscheinen verteilt. Nachdem die erste Auflage von 10 000 Exemplaren auf großen Zuspruch stieß, versah man die nächste einfach mit einem Preisschild von 10 Cent und verkaufte sie an den Kiosken. Die Geschwindigkeit, mit der die Hefte auch hier weggingen (ungeachtet der Tatsache, dass die Hefte lediglich Nachdrucke von Geschichten enthielten, die zuvor in den Sonntagsbeilagen der Tageszeitungen erhältlich gewesen waren), überzeugte Gaines, dass diese »Witzheftchen« eine Zukunft hatten.

Die Comicstrips in den Zeitungen wurden den regionalen Blättern von einem »Vertriebssyndikat« zur Verfügung gestellt, das auch die Nachdruckrechte für die Strips kontrollierte. Um die steigende Nachfrage nach Comicstrips seitens der Comicverleger, die nicht in der Lage (oder willens) waren, für die Nachdruckrechte zu zahlen, zu befriedigen, stellte Major Malcolm Wheeler-Nicholson eine Truppe von arbeitshungrigen Zeichnern und Autoren zusammen, die auf Bestellung Original-Strips lieferten. Diese Geschichten – allesamt brandneu und keine Nachdrucke bereits etablierter Zeitungs-Strips – wurden unter dem Titel *New Fun Comics* bei National Allied Publications herausgegeben. Da die Seiten fertig gezeichnet, getuscht und gelettert aus Wheeler-Nicholsons Studio kamen, konnten die Herausgeber die hohen Tariflöhne der damals noch mächtigen Schriftsetzergewerkschaft umgehen. Es dauerte nicht lange, bis die Geschichten, die zuvor in den Pulp-Magazinen abgedruckt worden waren, in gezeichneter Form erzählt wurden, und Comichefte mit Detektiv- und Polizeigeschichten, Horrorstorys, Witzen, komischen Tieren, Geheimagenten, Abenteurern und mit übernatürlichen Kräften ausgestatteten Kämpfern gegen das Verbrechen füllten die Regale der Zeitungsstände. Zu dieser Truppe stieß im Jahre 1938 ein seltsamer Besucher von einem anderen Planeten, dessen Kräfte und Fähigkeiten weit über die gewöhnlicher Sterblicher hinausgingen.

Erdacht worden war Superman von Jerry Siegel und Joseph Shuster, zwei Teenagern aus Cleveland, die davon träumten, einen Abenteuer-Strip an eine der Tageszeitungen zu verkaufen und damit ein Vermögen zu machen. Indem sie die Eigenschaften von zwei Helden des Autors Edgar Rice Burroughs – Tarzan und »John Carter from Mars« – miteinander kombinierten, stellten Siegel und Shuster das herkömmliche Science-Fiction-Schema auf den Kopf. Anstelle eines normalen Erdenbürgers, der zu einem fremden Planeten reist (wie in den Geschichten um Flash Gordon oder Buck Rodgers), kam hier ein Bürger einer fernen Welt, ausgestattet mit fremdartigen Kräften und Fähigkeiten, auf die Erde. Diese Neuerung in Verbindung mit der farbenfrohen Uniform, die der Held trug (und die möglicherweise inspiriert war von den Kraftartisten, die in den Zirkusarenen der damaligen Zeit auftraten), plus der damals neuen Einführung einer geheimen Zweitidentität für den Helden machten den Strip von Siegel und Shuster so originell und einzigartig, dass er fast postwendend von sämtlichen Vertriebssyndikaten abgelehnt wurde, denen sie ihr Projekt anboten. Nachdem sie sich vier Jahre lang nur Absagen eingehandelt hatten, waren sie verzweifelt genug, ihr Superman-Konzept auf dem wesentlich weniger lukrativen Sektor der Comichefte an den Mann zu bringen. Dort stießen sie schließlich bei Sheldon Mayer auf offene Ohren. Der junge Redakteur erkannte das Potenzial in den unbehauenen frühen Strips von Siegel und Shuster und überzeugte Vin Sullivan, dass diese neue Figur genau das war, was er für eine neue Comicheft-Reihe brauchte, die schon einen Drucktermin, aber noch immer keine Titelstory hatte. Da keine Zeit war, die Strips dem Heftformat anzupassen, wurden sie aus dem Musterkatalog für die Tageszeitungen eilig Panel für Panel auseinander geschnitten und zu einer dreizehnseitigen Geschichte montiert. Auf das Cover kam die Variation eines Panels aus der Geschichte: Superman, der eine schwere Limousine in die Höhe hielt, während die Schurken sich panikerfüllt davonmachen. Und so erschien *Action Comics* # 1 zum Preis von 10 Cent an den Zeitungsständen. Der Rest ist, wie man so schön sagt, Geschichte.

* * *

Die Evolutionsbiologie lehrt, dass zufällige Mutationen zur Entstehung neuer Arten führen können. Wenn diese neuen Arten eine höhere Anpassung an eine sich verändernde Umwelt an den Tag legen, dann werden sie schnell eine ökologische Nische dominieren. Und in ähnlicher Weise traf das Genre der Superhelden-Comics den Nerv der Leser in der Depressionszeit und war ein augenblicklicher Erfolg. Es dauerte nicht lange, bis die Regale der Zeitungsstände überquollen von Superhelden-Comics, deren Hauptfiguren mit einer Schwindel erregenden Vielfalt an Fähigkeiten, Eigenschaften und Kräften ausgestattet waren.

All diese neuen Figuren hatten gemeinsam, dass sie sich notgedrungen erheblich von Superman unterscheiden mussten, wollten sie nicht das gleiche Schicksal erleiden wie die Reihe *Captain Marvel* aus dem Fawcett-Verlag, der wegen Urheberrechtsverletzung von National Publications (die die Rechte am Werk von Siegel und Shuster besaßen) verklagt worden war. Viele dieser neu entstandenen Helden verfügten nur über eine einzige Superfähigkeit – manche waren superschnell (Flash, Johnny Quick), andere konnten fliegen (Hawkman, Black Condor) oder waren superstark (Hourman, Captain America), während Batman mit keiner dieser Eigenschaften aufwarten konnte. Einige der Helden verdankten ihre Superkräfte der »Wissenschaft«. Die Figur des Flash in den vierziger Jahren beispielsweise wurde superschnell, nachdem er im Verlauf eines Unfalls in einem chemischen Labor »hartes Wasser« eingeatmet hatte.* Der Chemiker Rex Tyler entwickelte eine Pille, die ihm für den Zeitraum von einer Stunde übernatürliche Kräfte und Schnelligkeit verlieh und ihn so ausgestattet als »Hourman« auf Verbrecherjagd gehen ließ. Und der für den Militärdienst für absolut untauglich erklärte Steve Rogers verwandelte sich nach einer Reihe von Injektionen mit einem »Super-Soldaten-Serum« (heutzutage würde man vermutlich von »Steroiden« sprechen) in den Superhelden Captain America.

Viel verbreiteter in der Verwandlung der Helden waren allerdings mystische oder übernatürliche Ursachen – meist in Form eines obskuren Gegenstandes aus einem entfernten Winkel der Welt, mit dem der Held entweder in Berührung gekommen war oder den er erworben hatte. Insofern reflektieren die Comichefte – wie im gesamten Verlauf ihrer Existenz – den popkulturellen Zeitgeist ihrer Epoche. In den vierziger Jahren beispielsweise verdankte Green Lantern seine Fähigkeiten einer mysteriösen Laterne aus dem alten China, die er zu einem Ring hatte umarbeiten lassen, der seinem Träger eine ganze Reihe von außergewöhnlichen Fähigkeiten verlieh,

* Wasser wird mit dem Attribut »schwer« versehen, wenn die beiden Wasserstoffatome des Wassermoleküls jeweils ein zusätzliches Neutron aufweisen, während Wasser mit einem hohen Anteil an Mineralien als »hart« bezeichnet wird. Insofern hatte der Flash des Goldenen Zeitalters Glück, dass Wasserenthärter in den vierziger Jahren noch nicht so verbreitet waren wie heute.

gegen Holz jedoch wirkungslos blieb. Wenn man den damaligen kulturellen Kontext betrachtet, erschien die Welt in den Vierzigern größer und unergründlicher als heutzutage. Für einen Jugendlichen der damaligen Zeit waren »der Ferne Osten« oder der »Kongo« durchaus noch Gebiete, die erfüllt waren von mächtigen Geheimnissen und magischen Objekten. Als Green Lantern 1959 wieder aufgelegt wurde, bekam er neben einem neuen Kostüm auch eine neue Herkunft, und sowohl die Laterne als auch der Ring stammten nun aus dem Weltraum. Die Tatsache, dass die Farbe Gelb den Ring seiner Wirkung beraubte, wurde damit erklärt, dass der Ring eine Unreinheit in seiner chemischen Zusammensetzung aufwies, die sich nicht beheben ließ, ohne dass er seine Wirkung gänzlich verlor.* Und auch Lanterns Kollege Hawkman, der in den Vierzigern noch als Reinkarnation eines Prinzen aus dem alten Ägypten auftrat, bekam bei seiner Neuauflage in den Sechzigern eine neue Biografie als intergalaktischer Polizist vom Planeten Thanagar.

Diese Tendenz setzt sich bis in die Gegenwart fort. So erlangte Peter Parker die Kräfte, die ihn zu Spider-Man machen sollten, im Jahre 1962 durch den Biss einer Spinne, die im Verlauf eines Laborversuchs irrtümlicherweise radioaktiver Strahlung ausgesetzt worden war, während er in der Neuauflage des Jahres 2000 (ebenso wie in der Filmversion von 2002) den schicksalsschweren Spinnenbiss von einer genmanipulierten Superspinne erhält, die während einer Vorführung aus einem Labor für Molekularbiologie entkommt. So gesehen erscheint die Entstehung eines Superhelden stets mehr oder weniger eng geknüpft an die zivilisatorischen Ängste der jeweiligen Epoche, von der »fernen Fremde« in den Vierzigern über die Radioaktivität in den Sechzigern bis hin zur Genmanipulation heutzutage.

Die Originalversionen der Superhelden in den dreißiger und vierziger Jahren waren Produkte ihrer Zeit und reflektierten die Lebensumstände während der Depressionszeit und des Zweiten Weltkrieges. Nach dem Krieg hielten etliche Soldaten, die sich während ihrer

* Weshalb man sich mit einem gelben Baseballschläger aus Holz beide Versionen von Green Lantern erfolgreich vom Hals halten konnte.

Dienstzeit in Übersee die Zeit und Sorgen mit dem Lesen von Comics vertrieben hatten, bei ihrer Rückkehr in die USA dieser Gewohnheit die Treue, was diverse Verlage dazu veranlasste, Comicreihen herauszubringen, die sich hinsichtlich der Themen und der Darstellung von Gewalt an ein erwachsenes Publikum richteten. Einige der jungen Autoren und Zeichner waren ebenfalls im Krieg gewesen, und ihre Kriegserlebnisse schlugen sich auf Stil und Atmosphäre ihrer Nachkriegsarbeiten nieder, die teilweise wesentlich ernster und düsterer gehalten waren als zuvor. Zu Beginn ihrer Entstehung wandten sich Comichefte an ein junges Publikum. 1945 schied Maxwell Gaines bei National Comics aus und gründete einen neuen Verlag mit dem Namen »Educational Comics«, der solche Reihen wie *Picture Stories from Science, Picture Stories from American History* und *Picture Stories from the Bible* herausbrachte. Nach seinem frühen Tod 1947 änderte sein Sohn William Gaines den Namen der Firma in »Entertaining Comics« (EC) und stellte das Verlagsprogramm auf Titel wie *Tales from the Crypt, Crime SuspenStories, Weird Science-Fantasy* und *The Vault of Horror* um. Diese Comics waren weder konzipiert noch geeignet für ein Publikum wie das von Captain Marvel. Es war nur eine Frage der Zeit, bis jemand darauf aufmerksam wurde und Beschwerde einlegte.

1953 erschien Dr. Fredric Werthams Bestseller *Seduction of the Innocent*, in dem die Behauptung aufgestellt wurde, dass Kinder durch diese Art von blutrünstigen Geschichten seelischen Schaden nehmen und auf die schiefe Bahn geraten würden. Daraufhin setzte eine Debatte ein, im Verlauf derer sich die Elterngeneration und Vertreter von Behörden in hohem Maße besorgt zeigten über die Auswirkungen der Populärkultur auf die Sitten und die Moral der Jugendlichen – eine Debatte, die sich seither in jeder Generation zu wiederholen scheint. Der Senat setzte einen Untersuchungsausschuss ein, der unter der Leitung des ehrgeizigen Senators Estes Kefauver Anhörungen abhielt, um einen Zusammenhang zwischen Comicheften und Jugendkriminalität herzustellen. Ursprünglich sollte es in diesen Anhörungen nur um Horror- und Kriminalgeschichten gehen, doch Wertham, der dem Komittee als wissenschaftlicher Berater beisaß, lenkte Kefauvers Aufmerksamkeit auch auf das Genre der

Superhelden-Comics. In dem Bestreben, eine Aufsicht und Kontrolle durch die Bundesbehörden zu vermeiden, schufen die großen Comicverlage ein Büro zur Selbstzensur, das den Namen Comics Code Authority (CCA) trug. Die Herausgeber führten eine Reihe von Richtlinien ein, deren Einhaltung unerlässlich war, damit ein Heft den Stempel der CCA auf dem Cover tragen durfte. Ausdrücklich verboten waren Darstellungen von Sex, blutige Gewalt, Drogenkonsum, Zombies und Vampiren. Etliche der CCA-Richtlinien schienen nur darauf ausgerichtet, den gesamten Katalog von EC Comics auszuschließen (und in der Tat wurden in der Folgezeit alle Titel eingestellt, bis auf ein relativ neues Satire-Comic namens *MAD*). Sämtliche Geschichten mussten vor ihrer Veröffentlichung der CCA vorgelegt werden, deren Mitarbeiter von den Verlagen bezahlt wurden, die dann ähnlich wie die Selbstkontrollstelle der Filmwirtschaft heute über eine Freigabe entschied.

Während die CCA in den Fünfzigern und Sechzigern maßgeblich dazu beitrug, Eltern den Eindruck zu vermitteln, Comics seien durchaus »förderlich für die Entwicklung« von Kindern, nahm ihr Einfluss in den folgenden Jahren kontinuierlich ab – bedingt dadurch, dass die Leserschaft von Comics immer älter wurde. Diese schwindende Bedeutung kann man unter anderem daran ablesen, dass das Siegel der CCA, das auf den Titelseiten der Hefte abgedruckt wird, immer kleiner wurde. War es 1964 mit knapp 4 Quadratzentimetern noch so groß wie eine durchschnittliche Briefmarke (es sollte ja immerhin dazu dienen, den Eltern zu signalisieren, dass der Heftinhalt für Kinder geeignet war – insofern ein wichtiges Marketinginstrument), so war es 1984 nur noch etwas über einen Quadratzentimeter groß und ist seit 2004 bei einer Größe von einem halben Quadratzentimeter kaum noch wahrnehmbar (dies trifft zumindest auf DC Comics zu; Marvel Comics schieden 2001 aus der CCA aus und führten ein System ein, das angelehnt ist an die Altersgrenzen für Filme).

Als die Verkaufszahlen, bedingt durch den Verlust eines landesweiten Vertriebs und die aufkommende Konkurrenz durch das Fernsehens, während der Jahre 1953 bis 1956 drastisch sanken, führte dies zu einem Massensterben von Superhelden, von dem nur etwa ein halbes Dutzend Heftreihen verschont blieb – ein drastischer Rückgang, wenn man bedenkt, dass zu den Glanzzeiten des Goldenen Zeitalters etwa 130 verschiedene Titel existierten. An ihre Stelle traten lustige Tiere, Western und Liebesgeschichten, die für die wenigen Verlage, die nach wie vor Comics herausbrachten, eine mit weniger Risiken behaftete Alternative darstellten.

Es dauerte bis 1956, als National Comics das Terrain für Superhelden erneut zu sondieren begannen, indem sie in *Showcase* # 4, ein Abenteuer von The Flash abdruckten. Als in der Folgezeit die Verkaufszahlen sämtlicher *Showcase*-Ausgaben mit Flash-Abenteuern Anlass zu der Annahme gaben, dass der Markt für Superhelden nach wie vor vorhanden sein könnte, ließen National Comics Neuauflagen von Green Lantern, Atom, Hawkman und anderen folgen. Die Silberne Ära der Superhelden-Comics hatte begonnen, und die Bedeutung der Superhelden in Comics und für die Comicindustrie ist seitdem ungebrochen.

Schon seit dem ersten Wiederauftauchen in *Showcase* # 4 finden wir immer wieder Beispiele dafür, wie physikalische Prinzipien und Erkenntnisse in zutreffender Weise in die Geschichten eingebaut wurden. Nachdem es der Sowjetunion 1956 auf dem Höhepunkt des Kalten Krieges gelungen war, mit Sputnik einen ersten Satelliten ins All zu schießen, machte sich in den USA die Sorge breit, dass den Kindern in der Schule zu wenig wissenschaftliche Kenntnisse vermittelt würden. Das Siegel der CCA auf dem Cover der Hefte signalisierte nun, dass der Inhalt für junge Leser harmlos war, und durch die Einführung wissenschaftlicher Themen konnte man vielleicht den ein oder anderen Skeptiker davon überzeugen, dass die bunten Abenteuergeschichten sogar nutzbringend waren.

Zusätzlich zu naturwissenschaftlichen Fakten wurden in den Heften des Silbernen Zeitalters auch Häppchen aus anderen Sektoren des Bildungswesens eingebaut. So drehte sich die Geschichte »The Adventure of the Cancelled Birthday« in *The Atom* # 21 (geschrieben von Gardner Fox, der sowohl Anwalt als auch Autor von Science-Fiction-Geschichten für Pulp-Magazine war) um die wenig bekannte Tatsache, dass im Jahre 1752, als in Großbritannien der julianische durch den gregorianischen Kalender ersetzt wurde, elf

Tage einfach ausfielen, was zur Folge hatte, dass auf den 2. September unmittelbar der 14. September folgte. (Gegen diese Maßnahme, die zum Ziel hatte, den britischen Kalender mit dem Rest Europas in Übereinstimmung zu bringen, protestierten die ihrer Regierung stets mit Misstrauen begegnenden Briten mit dem Schlachtruf: »Gebt uns die elf Tage wieder!«)

Die junge Leserschaft wurde auf diese Art und Weise mit historischen Fakten und Figuren konfrontiert, die nicht unbedingt in ihrem Geschichtsunterricht auftauchten. Zwei Ausgaben später erschien auf der Leserbriefseite von *The Atom* der Brief eines Fans, der sich darüber beschwerte, dass man bei der Auswahl der historischen Figuren doch etwas mehr Sorgfalt wahren solle, denn mit einer Figur wie dem obskuren Richter Fielding könne ja wohl niemand etwas anfangen. Darauf schrieb der Herausgeber der *Atom*-Comics, Julius »Julie« Schwartz, der für die Wiedereinführung des Flash im Jahre 1956 verantwortlich gewesen war, eine Erwiderung, in der er die Geschichte verteidigte und die mit dem Hinweis schloss, es sei höchste Zeit, dass sich der Leser ebenso wie Atom mit Henry Fielding, dem Autor des *Tom Jones*, vertraut machte.

Selbst wenn sie nicht in den Plot eingebaut waren, fanden historische oder naturwissenschaftliche Fakten Eingang in die Geschichten, indem beispielsweise Textpanels auftauchten, in denen Inhalte abgehandelt wurden, die mit der Geschichte auf den ersten Blick nicht in unmittelbarem Zusammenhang standen. So begegnet zum Beispiel Aquaman in *The Brave and the Bold* # 28 (jenem Heft, in dem sich die Superhelden von National Comics zum ersten Mal zu der Allianz der Justice League of America zusammenfinden) einem Kugelfisch, mit dem er sich per »Fisch-Telepathie« unterhält. Der Kugelfisch offenbart ihm daraufhin eine lebenswichtige Information, die er aufgeschnappt hatte, während er an der Meeresoberfläche dahintrieb. Dazu wird in einer Textbox erklärt, dass »der Kugelfisch, indem er Luft in eine spezielle Luftblase unterhalb seiner Kehle einsaugt, sich aufbläht wie ein Fußball und dadurch zur Wasseroberfläche aufsteigt, wo er mit dem Bauch nach oben dahintreibt.«

Weshalb machte man sich die Mühe, solche Fakten überhaupt zu erwähnen? Einer der Gründe mag die Arbeitsweise der Autoren sein, die früher häufig für Pulp-Magazine gearbeitet hatten. Bevor Mort Weisinger und Julie Schwartz Redakteure bei National Comics wurden, hatten sie als Literaturagenten für Science-Fiction- und Fantasy-Autoren wie Ray Bradbury, Robert Bloch und H. P. Lovecraft gearbeitet. Science-Fiction-Autoren sind von Berufs wegen wandelnde Archive für obskure naturwissenschaftliche und historische Fakten. Der Hugo-Preisträger Alfred Bester, Autor solcher Science-Fiction-Klassiker wie *The Demolished Man (Demolition* beziehungsweise *Sturm aufs Universum)* und *The Stars, My Destination (Der brennende Mann)*, arbeitete in den vierziger Jahren als Comicautor und verfasste den originalen Eid von Green Lantern. In einer autobiografischen Abhandlung schildert Bester, wie er zahllose Stunden über diversen Nachschlagewerken in der New York Public Library verbrachte auf der Suche nach obskuren historischen Fakten, um die herum er eine Geschichte aufbauen konnte. Ein gewisser Vorrat an wissenschaftlichen Trivia hatte durchaus auch einen finanziellen Nutzen für die Autoren, da diese pro Wort bezahlt wurden. Folglich nutzten sie häufig die Gelegenheit, ihre Geschichten durch allerlei schmückendes Beiwerk von allenfalls rudimentärer Relevanz aufzublähen. Der folgende Witz mag dies illustrieren:

> Frage: Wie viele Pulp-Fiction-Autoren braucht man, um eine Glühbirne auszuwechseln?
>
> Antwort: Die Geschichte der Glühbirne reicht weit zurück und ist voller spannender Details. Sie beginnt 1879 in dem kleinen Ort Menlo Park, New Jersey, und bis zum heutigen Tage …

Neben dem finanziellen Interesse, das manchmal hinter den wortreichen Ausführungen der Autoren des Silbernen Zeitalters steckte, war der Selbsterhaltungstrieb vermutlich ein weiteres Motiv, das die Autoren dazu bewegte, Bildungsinhalte in ihre Geschichten einfließen zu lassen. Wie schon zuvor erwähnt, ist es nicht ganz unwahrscheinlich, dass die Autoren und Herausgeber durch die Beimengung historischer und naturwissenschaftlicher Fakten eine Art »Bildungsauftrag« erfüllen wollten, oder aber ein Überlebensinstinkt gab ihnen ein, dass sich dadurch die Aufmerksamkeit des Kongresses nicht so schnell wieder auf sie richten würde.

EIN PHYSIKER LIEST EIN COMICHEFT

Wenn ich heutzutage, als promovierter Physiker, einen Superhelden-Comic zur Hand nehme – sei es ein Klassiker oder ein aktuelles Heft –, muss ich immer wieder feststellen, dass sich in diesen Heften eine Vielzahl von Beispielen für die korrekte Darstellung und Anwendung physikalischer Phänomene und Konzepte findet. Selbstverständlich bedeutet der Einsatz von Superkräften an sich in nahezu jedem Fall eine Verletzung der bekannten Gesetze der Physik und setzt den freiwilligen Verzicht auf Glaubhaftigkeit voraus. Nichtsdestotrotz ist in einer ganzen Reihe von Comics nur eine einzige »wundersame Ausnahme« vonnöten – eine Kröte, die man einfach schlucken muss, damit der Superheld plausibel wird –, während der Rest der Geschichte vom immerwährenden Kampf der Helden gegen die Schurken in völligem Einklang mit den Prinzipien der Wissenschaft steht. Mag die Absicht hinter diesen Geschichten auch in erster Linie darin bestehen, den Leser zu unterhalten, so ist die Tatsache, dass er dabei auch noch etwas lernt, ein zusätzlicher, wenn auch nicht immer beabsichtigter Vorteil.

Und haargenau diese Extra-Bonbons sind es, mit denen dieses Buch sich befassen soll. Ich werde darin einen Überblick über verschiedene physikalische Grundprinzipien geben und ihre korrekte Anwendung anhand von Beispielen aus Comicheften erläutern. Dabei werden Figuren und Situationen geschildert, anhand derer verschiedene physikalische Konzepte verdeutlicht werden können, wobei es aber nicht in erster Linie darum geht, die physikalischen Zusammenhänge nach Superhelden geordnet zu beleuchten. (Was unter Umständen dazu führt, dass die eine oder andere Lieblingsfigur des Lesers keine Erwähnung in diesem Buch findet – ein Schicksal, das sie mit diversen meiner Lieblingshelden teilt.) Am Ende des Buches wird der Leser die Grundlagen eines Einführungskurses in Physik zumindest gestreift haben, wobei ihm nur so zum

Spaß noch das eine oder andere Häppchen fortgeschrittener Kost wie Quantenmechanik und Festkörperphysik untergejubelt wurde. Indem wir die physikalischen Prinzipien beleuchten, die verschiedenen Comicgeschichten zugrunde liegen, werden wir gleichzeitig eine Einsicht in die Wirkungsweise etlicher praktischer Nutzanwendungen erhalten – vom Fernsehen über die Elemententstehung in Sternen bis hin zum Telefon.

Dabei richtet sich das Augenmerk – wenn auch nicht ausschließlich – auf die Comichefte des Silbernen Zeitalters (von der Wiedereinführung des Flash in *Showcase* # 4 im Jahre 1956 bis zum Tod von Gwen Stacy in *The Amazing Spider-Man* # 121 aus dem Jahr 1973), weil die Autoren jener Phase stärker als die des Goldenen Zeitalters bemüht waren, naturwissenschaftliche Fakten in ihre Geschichten einzuarbeiten. Darüber hinaus genießen die Helden des Silbernen Zeitalters eine lang anhaltende Popularität, und ihr Kultstatus macht es dem Leser leichter, einen Bezug zur Vorgeschichte ihrer Abenteuer und Heldentaten herzustellen, ohne sich in Comicläden durch die Regale und Kartons voller alter Heftausgaben wühlen zu müssen. In diesen Heften Fehler und falsche Darstellungen naturwissenschaftlicher Sachverhalte aufzuspüren wäre zwar ein Leichtes, ist aber nicht Sinn dieses Buches. Nicht nur wäre es unfair und undankbar einem Genre gegenüber, das nie den Anspruch erhoben hat, als Lehrbuch im Unterricht verwendet zu werden (auch wenn Schüler und Studenten sich immer wieder verdeckt darum bemüht haben), sondern es wäre auch wesentlich schwieriger, die entsprechenden Sachverhalte lediglich anhand negativer Beispiele zu illustrieren. Nichtsdestotrotz werden wir in Comicheften gelegentlich auf Szenen stoßen, die unter physikalischen Aspekten einfach nicht glaubhaft sind, selbst dann, wenn man eine »wundersame Ausnahme« vorher eingesteht.

Bevor es losgeht, möchte ich noch mit einigen Missverständnissen Physiker betreffend aufräumen. Ungeachtet des Eindrucks, der in Filmen häufig entsteht, bedeutet Physiker sein nicht, dass man über ein enzyklopädisches Wissen an Gleichungen und fundamentalen Konstanten verfügt und darüber hinaus in der Lage ist, hochkomplexe Rechenoperationen mit roboterhafter Geschwindigkeit und Präzision im Kopf auszuführen. Die Physik dreht sich weniger darum, alle richtigen Antworten auswendig zu lernen, sondern vielmehr darum, die richtigen Fragen zu stellen. Denn wenn in Bezug auf ein Phänomen die richtige Frage gestellt wird, so ergibt sich entweder die Antwort daraus oder zumindest die Art und Weise, wie man zu der entsprechenden Antwort gelangt, von selbst.

Um zu demonstrieren, dass die richtige Frage manchmal wichtiger ist als ein ganzer Sack voller richtiger Antworten, stellen wir uns vor, wir würden einen Ball in die Luft werfen. Dann ergeben sich etliche Fragen, die wir stellen könnten: Wie hoch wird der Ball steigen? Wie weit wird er sich nach rechts bewegen? Wie lange ist er in der Luft? Wie schnell bewegt er sich? Welche geometrische Form hat seine Flugbahn? Dennoch gibt es *eine* Frage, die all die erwähnten Fragen mit einschließt und, was die Bewegung des Balles betrifft, zum Kern des Problems vordringt. Diese eine Frage lautet: Hat der Ball eine andere Wahl? Wenn der Ball keine andere Wahl hat, er also nicht über einen freien Willen verfügt, so ist seine Flugbahn, sobald er die Hand des Werfers verlassen hat, völlig abhängig von äußeren Kräften. Sobald wir die Natur dieser Kräfte bestimmen und wissen, inwiefern sie die Bewegung des Balles beeinflussen, können wir seinen Weg bei einer bestimmten Anfangsgeschwindigkeit*, die ihm seitens des Werfers mitgegeben wurde, vorhersagen. Diese vorausberechnete Flugbahn würde sämtliche Informationen beinhalten, die uns eventuell interessieren, also beispielsweise, wie hoch der Ball fliegen wird und wie weit, wie lange er mit welcher Geschwindigkeit unterwegs ist und so weiter. Wenn wir dann den Wurf vom gleichen Ort aus mit der exakt gleichen Anfangsgeschwindigkeit wiederholen, dann *muss* der Ball wiederum haargenau der vorherberechneten Flugbahn folgen, denn er hat keine andere Wahl.

Und darin liegt die Schönheit und Attraktivität der Physik – zumindest für diejenigen unter uns, die damit ihre Brötchen verdienen. Nämlich die Aussicht und die Möglichkeit, dass wir, falls wir in der Lage sind, die Kräfte, die auf ein Objekt einwirken, zu bestimmen

* Bitte behalten Sie im Hinterkopf, dass wir Geschwindigkeit hier und im Folgenden so verwenden wie in der Physik üblich – zur Geschwindigkeit gehört nicht nur, wie schnell, sondern auch in welche Richtung sich ein Objekt bewegt.

und herauszufinden, wie sie die Bewegung dieses Objekts beeinflussen, in der Lage sein werden, die Entwicklung zukünftiger Ereignisse vorherzusagen. Indem wir Experimente mit der notwendigen Sorgfalt durchführen, können wir diese Vorhersagen empirisch überprüfen und, wenn sie zutreffen, unser Verständnis davon, wie die Natur funktioniert, untermauern. Wenn hingegen unser Experiment im Widerspruch zu unserem Modell steht (ein Resultat, das zumindest zu Beginn einer Untersuchung wesentlich wahrscheinlicher ist), wandeln wir unsere Gleichungen ab und versuchen es erneut, wobei uns das gescheiterte Experiment einen wichtigen Hinweis darauf liefern wird, was wir in unseren ursprünglichen Berechnungen übersehen haben.* Auf diese Weise schreitet unser Verständnis der Natur immer weiter voran, bis wir zu einem gültigen Modell gelangen, das wir dann als Theorie bezeichnen. Wenn also jemand eine Idee, die eine solche ausgiebige Reihe von Kontrollhürden hinter sich hat, mit den Worten, sie sei »nichts weiter als eine Theorie«, abtut, so ist dies, als würde man über den Hope-Diamant sagen, er sei »nichts weiter als ein Kristall«.

Der Preis für naturwissenschaftliches Wissen besteht in der Zunahme von Zweifeln: Je mehr wir erfahren und lernen, desto klarer sehen wir all das, was ungewiss bleibt. Die Wissenschaft muss den Zweifel hegen und pflegen, denn die einzigen Antworten, denen wir trauen können, sind jene, die der Feuertaufe aus Infragestellung und Überprüfung durch Experimente standhalten. Ich hoffe, dass es mir mit diesem Buch gelingt, dem Leser etwas von dem Vergnügen mitzugeben, das sich einstellt, wenn man erkennt, wie man durch das Stellen einiger Schlüsselfragen zu einer Unmenge von Erkenntnissen über die Welt, in der wir leben, gelangen kann.

* Die schiere Menge unseres angehäuften Wissens über die Welt ist mittlerweile so umfangreich, dass für Physiker ein kontinuierlicher Fortschritt nur noch dadurch erreichbar ist, wenn sie sich entweder auf theoretische oder auf experimentelle Forschung spezialisieren. Experimentalphysiker arbeiten in Laboratorien und führen Messungen durch, während Theoretiker Berechnungen anstellen und Computersimulationen durchführen. Ich selbst gehöre zu den Experimentalphysikern, während Stephen Hawking (um nur einen Unterschied zu nennen) auf dem Gebiet der theoretischen Physik arbeitet. Einer der letzten Physiker, die sowohl auf dem Gebiet der experimentellen wie auch der theoretischen Forschung brilliert haben, war Enrico Fermi.

Ich beginne, wie sämtliche Lehrbücher zur Einführung in die Physik, mit den Grundgesetzen der Mechanik, wie sie erstmals von Isaac Newton dargelegt wurden. Und um diesen Beitrag, der unser modernes Verständnis von der Welt so grundlegend revolutioniert und geprägt hat, anhand von Comicheften angemessen zu illustrieren, greifen wir auf eine für die westliche Zivilisation ebenso wegweisende Gestalt zurück. Die Rede ist – wie sollte es anders sein – von dem ersten wahren Comic-Superhelden, schneller als eine Pistolenkugel, stärker als eine Lokomotive und, was in unserem nächsten Kapitel eine Rolle spielen wird, in der Lage, mit einem einzigen Sprung über ein Hochhaus hinwegzusetzen.

TEIL I

MECHANIK

1

UP, UP, AND AWAY – KRÄFTE UND BEWEGUNG

Ursprünglich hatten Jerry Siegel und Joseph Shuster Superman als Actionheld für ein Pulp-Magazin konzipiert, wobei eine gehörige Dosis Science-Fiction beigemengt war, damit die außergewöhnlichen Kräfte ihres Helden plausibel erschienen. Wie in *Superman* #1 beschrieben, entdeckt Jor-El, ein Wissenschaftler auf dem fernen Planeten Krypton, dass seine Welt kurz davor steht, zu explodieren und die gesamte Bevölkerung mit in den Untergang zu reißen. Er verfügt zwar über ein Raumschiff, doch es handelt sich dabei lediglich um den kleinen Prototypen einer Rakete, und so beschließen er und seine Frau, zumindest ihren Säugling Kal-El zu retten, indem sie ihn darin zur Erde schicken.* Nach einer Reise durch die Weiten des Weltraums vollführt die Rakete eine Bruchlandung in Kansas. Der kleine Passagier bleibt unversehrt. Die Kents, ein kinderloses Farmer-Ehepaar, entdecken Kal-El und liefern ihn bei einem Waisenhaus ab. Von Gewissensbissen geplagt, kehren sie kurze Zeit später zu dem Waisenhaus zurück (wo das Superbaby inzwischen alles auf den Kopf gestellt hat) und adoptieren Kal-El, den sie Clark nennen und aufziehen, als wäre er ihr eigener Sohn. In den folgenden Jahren entwickelt der junge Clark eine Reihe außergewöhnlicher Fähigkeiten, die er einsetzt, um den niemals endenden Kampf für Wahrheit, Gerechtigkeit und die amerikanischen Ideale zu führen.

* Da ich selbst Vater bin, kann ich mit Jor-El mitfühlen. Ich weiß gar nicht, wie oft ich schon versucht war, meine Kinder in eine Rakete zu setzen und sie in die Weiten des Weltraums zu schießen.

Supermans Kräfte wurden ursprünglich seiner Herkunft vom Planeten Krypton zugeschrieben und dabei insbesondere der Tatsache, dass dessen Anziehungskraft bei weitem stärker war als die der Erde. So hat beispielsweise die vergleichsweise geringe Masse des Mondes zur Folge, dass dessen Gravitationsfeld wesentlich schwächer ist und infolgedessen die gleichen Gegenstände auf dem Mond ein geringeres Gewicht haben als auf der Erde. Aus diesem Grund ist ein Erdling, dessen Muskeln und Knochen an das hiesige Gravitationsfeld angepasst sind, in der Lage, auf der Mondoberfläche weitere Sprünge zu vollführen und Gegenstände mit weit größerer Masse anzuheben als auf der Erde. In ähnlicher Weise resultieren Supermans außergewöhnliche Kraft (»stärker als eine Lokomotive«) und seine widerstandsfähige Haut (die »allenfalls von einer explodierenden Granate« durchdrungen werden kann) aus der Tatsache, dass sein neuer Heimatplanet eine wesentlich geringere Anziehungskraft hat als Krypton. Superman war zwar noch ein Säugling, als er zur Erde geschickt wurde, doch man könnte vermuten, dass seine für das Muskel- und Knochenwachstum verantwortliche DNA an ein stärkeres Gravitationsfeld angepasst war.

In den späten vierziger Jahren erlangte Superman die Fähigkeit zu fliegen, also seine Flugbahn und Richtung nach dem Abheben vom Boden willkürlich zu ändern. Ab diesem Zeitpunkt lässt sich sagen, dass Supermans freier Wille die Gesetze der Physik außer Kraft setzt. Im Verlauf der nächsten Jahre erlangte er eine Reihe weiterer Fähigkeiten und Kräfte, die sich nicht durch das stärkere Gravitationsfeld seines Heimatplaneten erklären lassen. Diese Kräfte betrafen seine Augen (Hitzeblick, Röntgenblick und diverse andere »Blicke«) seine Ohren (Supergehör), seinen Atmungstrakt (Superpuste) und sogar die Fähigkeit zur »Superhypnose«.*

* Diese Fähigkeit wurde ihm angedichtet, um zu erklären, warum eine einfache Brille ausreichte, um seine wahre Identität so vollständig zu verbergen, dass niemand auf die Idee kam, der sanftmütige Reporter Clark Kent und der weltberühmte Superman könnten ein und dieselbe Person sein. Wie in *Superman* # 330 beschrieben, gelingt es Superman per unbewusster Hypnose, jeden, der ihn sieht, in den Glauben zu versetzen, dass sein Gesicht und das von Clark Kent nicht die geringste Ähnlichkeit miteinander haben.

Der Ursprung dieser Superkräfte wurde in *Action Comics* # 262 nachträglich damit erklärt, dass die Erde um eine gelbe Sonne kreist, während das Zentralgestirn in dem Sonnensystem von Krypton rot war. Die Farbe einer Sonne ist abhängig von zwei Faktoren: erstens der Temperatur, die auf ihrer Oberfläche herrscht, und zweitens von der Atmosphäre auf dem Planeten, von dem aus sie betrachtet wird. Der größte Teil des blauen Lichts, das die Sonne aussendet, wird in der Atmosphäre in alle Richtungen gestreut, weshalb der Himmel blau erscheint. Wenn man unsere Sonne direkt anschaut, erscheint sie gelb, weil die Atmosphäre die Blauanteile des Spektrums stärker absorbiert, außer bei Morgen- und Abenddämmerung, wenn die Sonne tief über dem Horizont steht und das Sonnenlicht eine längere Strecke durch die Atmosphäre zurücklegen muss: In diesem Fall werden nahezu alle Wellenlängen absorbiert außer dem Licht im roten Teil des Spektrums, das eine vergleichsweise niedrige Energie besitzt. Das verleiht Sonnenuntergängen ihre charakteristische Farbe. (Der höhere Partikelgehalt in der Luft am Ende des Tages führt dazu, dass Sonnenuntergang und Sonnenaufgang sich in der Schattierung voneinander unterscheiden.) Diese spektralen Eigenschaften sind weitgehend unabhängig von der chemischen Zusammensetzung der Erdatmosphäre. Es existiert kein physikalischer Mechanismus, der allein durch die Verschiebung der Wellenlänge des primären Sonnenlichts von Gelb (eine Wellenlänge von 570 Nanometer oder 570 millionstel Millimeter) nach Rot (650 Nanometer) jemanden in die Lage versetzen könnte, Stahlträger mit bloßen Händen zu verbiegen. Folglich verwandelt sich Superman zu diesem Zeitpunkt der Serie von einer Science-Fiction-Comicfigur in einen Fantasy-Helden. Das nachträgliche Herumdoktern an den Ursprüngen eines Superhelden, um ihm neue Fähigkeiten zu verleihen oder ihn an veränderte Umstände anzupassen, passiert in Comicheften so häufig, dass die Fans mit dem Wort »retconning« (retroactive continuity repair – dt. in etwa: rückwirkende Kontinuitätsreparatur) einen speziellen Begriff dafür geprägt haben.

Interessanterweise machten Supermans Gegenspieler parallel dazu eine ähnliche Entwicklung durch. In den frühen, während der Depressionszeit erschienenen Ausgaben von *Action* und *Superman* brachten Siegel und Shuster die Rachefantasien ihrer jungen und wirtschaftlich benachteiligten Leserschaft zum Ausdruck. Superman setzte seine Kräfte ein im Kampf gegen korrupte Slumlords, Munitionsfabrikanten, Besitzer von Kohlebergwerken und Lobbyisten aus Washington. In seinem ersten Abenteuer übte er Psychoterror auf einen Lobbyisten aus, indem er ihn festhielt, während beide von einem hohen Gebäude stürzten. In diesem frühen Stadium seiner Karriere, so wird in der Geschichte angedeutet, war Supermans Existenz nur wenigen bekannt, weshalb der Schurke davon ausging, dass der Sturz tödlich enden würde. Also plauderte er alles aus, was Superman wissen wollte, um zu vermeiden, dass er das Gleiche noch mal durchmachen musste. In den fünfziger Jahren hatte Supermans Beliebtheit solche Dimensionen angenommen, dass er nicht nur in Comics auftauchte, die Monat für Monat mehrere Millionen Käufer fanden, sondern darüber hinaus auch in Hörspielserien und Kurzfilmen (sowohl Zeichentrick als auch Spielfilm-Episoden), die im Kino und im Fernsehen gezeigt wurden. Etwa um diese Zeit vollzog sich auch bei seinen Gegenspielern ein Wandel hin zu kriminellen Genies mit ebenso schillernden Persönlichkeiten wie Kostümen, wie beispielsweise Toyman, Prankster und Lex Luthor, deren Pläne für gigantische Raubzüge oder die Erlangung der Weltherrschaft (im Fall von Brainiac sogar die Herrschaft über die ganze Galaxis) Superman erfolgreich vereiteln konnte, ohne dabei die gesellschaftlichen Machtverhältnisse in Frage zu stellen. Die wachsenden Fähigkeiten seiner Gegner zwangen Superman in eine Art Rüstungswettlauf, im Verlauf dessen er so stark und mächtig wurde, dass die Autoren nur noch mit großer Mühe Herausforderungen erfinden konnten, die ihm mit seinen nahezu gottähnlichen Fähigkeiten gefährlich werden konnten. Die Lösung bestand in radioaktiven Bruchstücken seines Heimatplaneten, besser bekannt als Kryptonit, das sich zu einem häufig verwendeten Mittel entwickelte, um eine Geschichte nicht schon nach der ersten Seite beenden zu müssen.*

* Die Tatsache, dass Superman auf ein radioaktives Element von seinem Heimatplaneten so empfindlich reagiert, während er gegen die radioaktiven Isotope auf der Erde immun ist, stellt eher eine literarische Notwendigkeit dar, als dass sie auf physikalisch plausiblen Fakten beruhen würde. Kryptonit wurde 1943 zum ersten Mal während der

Für die folgenden Betrachtungen möchte ich auf die weniger komplexe Originalversion, den Superman des Goldenen Zeitalters, zurückgreifen.

DIE PHYSIK DES SPRINGENS UND ALLER ANDEREN BEWEGUNGEN

In den ersten Jahren seiner Existenz als Comicheld war Superman nicht in der Lage zu fliegen, sondern konnte dank der geringeren Erdanziehungskraft lediglich »mit einem einzigen Sprung die größten Hochhäuser überwinden«.

Also, wie hoch konnte er denn nun springen? Wenn man der ersten Geschichte in *Superman* # 1 folgt, betrug die Höhe seiner Sprünge in etwa 200 Meter. Mal angenommen, dass er diese Höhe bei einem senkrechten Sprung nach oben erreichte, dann entspricht das einem Gebäude mit ungefähr dreißig bis vierzig Stockwerken, und 1938 galt ein derartiges Gebäude noch mit Fug und Recht als Hochhaus. Also können wir unsere ursprüngliche Frage umformulieren in: Welche Anfangsgeschwindigkeit ist notwendig, damit Superman, wenn er vom Gehsteig abhebt, 200 Meter senkrecht in die Höhe schießen kann?

Ob man die Flugbahn eines Mannes aus Stahl beim Sprung oder, wie in unserem früheren Beispiel, die eines Balles berechnen will – man muss in jedem Fall mit den drei Grundgesetzen der Mechanik beginnen, wie sie erstmals von Isaac Newton in der Mitte des siebzehnten Jahrhunderts formuliert wurden, den so genannten newtonschen Axiomen. Diese Gesetze werden heute zumeist wie folgt formuliert: (1) Ein Körper verharrt in seinem Zustand der Ruhe oder

Produktion der Hörspielreihe *Adventures of Superman* eingeführt, als der völlig überarbeitete Sprecher der Rolle des Superman endlich einmal Urlaub machen wollte. Die Autoren des Hörspiels ließen sich Supermans mineralische Heimsuchung einfallen, damit ein anderer Schauspieler in die Rolle des niedergestreckten Helden schlüpfen konnte, der sich nur noch röchelnd verständigte. Einige Jahre darauf übernahmen die Autoren der Comichefte dieses Hilfsmittel und führten einen bunten Strauß von Kryptonit (grün, gold, silber, rot – um nur einige Varianten zu nennen, die alle unterschiedliche Auswirkungen auf Superman hatten) in das Universum der Comichefte ein.

der gleichförmigen, geradlinigen Bewegung, solange keine äußeren Kräfte auf ihn einwirken; (2) wenn eine äußere Kraft auf den Körper einwirkt, dann ändert sich seine Geschwindigkeit (also seine Schnelligkeit, seine Flugrichtung oder beides), und diese Änderung, die Beschleunigung des Körpers, multipliziert mit seiner Masse ist gleich der auf ihn einwirkenden Kraft; (3) Kräfte treten immer paarweise auf. Für jede Kraft, die auf einen Körper ausgeübt wird, geht von diesem im Gegenzug eine gleich große, aber entgegengerichtete Kraft aus. Die ersten beiden Gesetze kann man kurz und bündig in einer einfachen mathematischen Gleichung zusammenfassen:

Kraft = Masse · Beschleunigung

In Worten: Die Kraft **F**, die auf ein Objekt einwirkt, ist gleich der daraus resultierenden Änderung der Geschwindigkeit des Objekts (seiner Beschleunigung **a**) multipliziert mit der Masse **m** des Objekts, oder **F = ma**.

Beschleunigung ist definiert als die Änderung der Geschwindigkeit eines Objekts. Wenn ein Auto aus dem Stand (Geschwindigkeit = 0) auf 100 km/h beschleunigt, so beträgt die Änderung der Geschwindigkeit 100 km/h – 0 km/h = 100 km/h. Die Beschleunigung erhält man nun, indem man diese Geschwindigkeitsänderung durch die Zeitspanne dividiert, die dafür gebraucht wird. Je länger die Zeitspanne, desto geringer die Beschleunigung, die notwendig ist, um eine bestimmte Geschwindigkeit zu erreichen. Ein Auto, das aus dem Stand innerhalb von sechs Sekunden eine Geschwindigkeit von 100 km/h erreicht, beschleunigt stärker, als wenn es dafür sechs Stunden oder sechs Tage braucht. Die Endgeschwindigkeit ist in allen drei Fällen dieselbe, nämlich 100 km/h, doch die Beschleunigungswerte unterscheiden sich drastisch infolge der unterschiedlichen Zeitspannen, die notwendig sind, um diese Geschwindigkeit zu erreichen. Aus Newtons **F = ma** folgt daher, dass die Kraft, die notwendig ist, um das Auto innerhalb der kürzeren Zeit zu beschleunigen, größer sein muss als in den letztgenannten Fällen.

Wenn die Beschleunigung null beträgt, bleibt die Bewegung unverändert. In diesem Fall wird sich ein bewegtes Objekt weiterhin auf einer geraden Linie bewegen, oder wenn es ruht, wird sich daran nichts ändern. Aus der Formel **F = ma** ergibt sich dann bei **a = 0**, dass auch die Kraft **F = 0** sein muss, und dies ist der Kern des ersten newtonschen Axioms.

Dies mag vom Standpunkt der Mathematik aus betrachtet keine große Erleuchtung darstellen – aus der Perspektive des gesunden Menschenverstandes hingegen ist es schlicht revolutionär. Denn Newton behauptet (und zwar zu Recht), dass ein bewegtes Objekt, auf das keine äußeren Kräfte einwirken, sich einfach weiterhin auf einer geraden Linie fortbewegen wird. Eine Tatsache, die nur einen Schönheitsfehler hat: Weder Sie noch ich, noch nicht einmal Isaac Newton haben *jemals* erlebt, dass etwas Derartiges passiert wäre! Unsere Alltagserfahrungen sagen uns, dass man einen Gegenstand ziehen oder schieben muss, wenn man will, dass er sich weiterhin bewegt – mit anderen Worten, dass eine äußere Kraft auf ihn einwirken muss, um ihn in Bewegung zu halten. Ein fahrendes Auto bleibt *nicht* in Bewegung, wenn wir nicht auf das Gaspedal treten und damit letztlich eine Kraftausübung (durch den Motor) in Gang setzen. Der Grund, warum sich bewegende Objekte allmählich langsamer werden und schließlich ganz zum Stillstand kommen, sobald wir aufhören, sie zu schieben oder zu ziehen, besteht darin, dass Reibung und Luftwiderstand sich durch Kräfte bemerkbar machen, die der Bewegung des Objekts entgegenwirken. Nur weil wir aufhören mit Schieben oder Ziehen, bedeutet dies noch lange nicht, dass überhaupt keine Kräfte mehr auf den Gegenstand einwirken. Die newtonschen Axiome führen durchaus zum richtigen Ergebnis – wir müssen lediglich sicherstellen, dass wir die Reibung und den Luftwiderstand in unsere Berechnungen mit einbeziehen, wenn wir die Axiome anwenden. Es sind also diese unsichtbaren »Widerstandskräfte«, die wir überwinden müssen, um eine gleichförmige Bewegung beizubehalten. Sobald unsere Zug- oder Schubkraft genauso stark ist wie die Widerstandskraft, dann ist die Summe der auf den Körper einwirkenden Kräfte gleich null, und der Gegenstand wird sich weiterhin geradlinig bewegen. Wenn wir den Zug oder Schub verstärken, ergibt sich daraus eine Summe, die größer ist als null, mit der Folge, dass das Objekt in die Richtung beschleunigt wird, in die wir schieben oder ziehen. Die Beschleunigung ist proportional zur Summe der einwirkenden Kräfte. Die Konstante, die Beschleunigung und Kraft miteinander in Zusammenhang bringt, ist die Masse **m**, an der wir ablesen können, wie sehr sich das Objekt Änderungen seiner Bewegung widersetzt.

Es ist an dieser Stelle angebracht zu betonen, dass Masse und Gewicht nicht das Gleiche sind. »Gewicht« ist ein anderer Ausdruck für »die Gravitationskraft, die auf einen Gegenstand einwirkt.« »Masse« hingegen ist so etwas wie ein Maß für die Menge der Materie, aus der ein Gegenstand besteht (für die Spezialisten da draußen: wie viele und was für »Atome« er enthält). Die Masse der Atome eines Gegenstandes verleiht ihm seine »Trägheit«, womit man umschreibt, wie stark sich ein Körper einer Änderung seiner Lage oder Bewegung widersetzt, sobald eine Kraft auf ihn einwirkt. Ein Körper hat stets die gleiche Masse, sei es im Weltall oder auf der Erde, denn die Anzahl seiner Atome bleibt unverändert. Wenn ein Gegenstand in den Tiefen des Alls, weit entfernt von der Erde und allen anderen Himmelskörpern, »schwerelos« ist, dann bedeutet dies lediglich, dass die Anziehungskräfte, die seitens der Planeten in seiner Umgebung auf ihn einwirken, vernachlässigbar gering sind. Er wird sich jedoch einer Änderung seiner Bewegungsrichtung aufgrund seiner Masse stets widersetzen. Eine hypothetische Astronautin auf einem Weltraumspaziergang in einer solch abgelegenen Gegend des Alls kann sich nicht einfach die Raumstation schnappen und in der Gegend herumschleudern (vorausgesetzt, sie hat eine Plattform, auf der sie stehen kann), selbst wenn die Raumstation und das darin befindliche Personal »schwerelos« sind. Die Masse der Raumstation ist zu groß, als dass die Muskelkraft der Astronautin mehr als eine vernachlässigbar kleine Beschleunigung bewirken könnte.

Für Gegenstände auf der Erdoberfläche (oder irgendeines anderen Planeten) wird die Beschleunigung, die sie aufgrund der Gravitation erfahren, durch den Buchstaben **g** ausgedrückt (wir kommen gleich darauf zurück). Die Gravitationskraft, die auf ein Objekt mit der Masse **m** einwirkt, bezeichnen wir als das Gewicht des Objekts. Dies bedeutet: **Gewicht = (Masse) · (Beschleunigung infolge der Gravitation** bzw. **»Schwerebeschleunigung«**) oder **W = mg**, was nur eine andere Formulierung von **F = ma** ist, wenn gilt: **a = g**. Masse ist eine intrinsische Qualität eines jeden Objekts, und sie wird im metrischen System in Kilogramm gemessen, während Gewicht die Kraft bezeichnet, die aufgrund der Gravitation auf diesen Gegenstand einwirkt. In den USA wird Gewicht in »pound« (Pfund) ausgedrückt. In Europa ist die korrekte Einheit für das Gewicht (wie für jede andere Kraft) das Newton. Ein Newton entspricht dabei einem Kilogramm-Meter durch Sekunde-Quadrat, ist aber deutlich leichter auszusprechen. Im Alltag halten die Europäer Masse und Gewicht allerdings in der Regel nicht auseinander und benutzen auch für Gewicht den Begriff Kilogramm. Ein Kilogramm ist dabei auf der Erde äquivalent zu rund 10 Newton. Ich sage bewusst »äquivalent« und nicht »gleich«, denn Newton ist eine Einheit der Kraft, Kilogramm dagegen eine Einheit für die Masse. Ein Gegenstand, der auf der Erde 10 Newton wiegt, wird auf dem Mond deutlich weniger als 10 Newton wiegen und auf dem Jupiter wesentlich mehr, doch seine Masse wird dabei immer 1 Kilogramm betragen. Im Folgenden werden wir Kräfte zwar in der Einheit Newton angeben, aber zum Vergleich jeweils dazu sagen, welche Masse ein Körper des entsprechenden Gewichts hier auf der Erde hätte. Manchmal werden wir statt »Newton« auch explizit »$kg \cdot meter/s^2$« schreiben, um uns daran zu erinnern, dass jede Kraft stets als **F = ma** ausgedrückt werden kann.

Fassen wir also noch einmal zusammen: Supermans Masse hängt nicht davon ab, wo er sich befindet, während sein Gewicht die Anziehungskraft zwischen ihm und der jeweiligen größeren Masse angibt, auf der er sich gerade aufhält. Sein Gewicht auf dem Jupiter ist größer, auf dem Mond hingegen geringer als auf der Erde, doch seine Masse bleibt unverändert. Die Anziehungskraft infolge der Gravitation eines Planeten oder Mondes nimmt ab, je weiter man sich von dem Planeten oder Mond entfernt, obwohl sie streng genommen nie den Wert null erreicht, außer man entfernt sich unendlich weit von diesem Planeten. Es ist verlockend, Masse und Gewicht gleichzusetzen, insbesondere dann, wenn man nur mit Gegenständen auf der Erde zu tun hat, wo die Fallbeschleunigung überall den gleichen Wert hat. Doch da wir Supermans Gewicht auf der Erde mit dem auf seinem Heimatplaneten Krypton vergleichen wollen, müssen wir dieser Verlockung widerstehen.

Kommen wir nun zum dritten newtonschen Axiom, das lediglich zum Ausdruck bringt, was wir täglich feststellen können, nämlich dass ein Gegenstand, auf den man Druck ausübt, einen Gegendruck auf einen selber ausübt. Dies wird manchmal mit den Worten: »actio gleich reactio« ausgedrückt, einer Kurzfassung dafür, dass jede Krafteinwirkung als unmittelbare Reaktion eine Gegenkraft hervorruft. Man kann sich nur gegen eine Wand lehnen, wenn diese Wand einen Widerstand bietet – also mit genau der gleichen Kraft in die entgegengesetzte Richtung drückt wie man selbst. Wenn die Kräfte nicht genau gleich groß sind und in der entgegengesetzten Richtung verlaufen, dann ist die Summe dieser Kräfte ungleich null, was eine Beschleunigung zur Folge hat mit dem Resultat, dass man durch die Wand kracht. Wenn die eben erwähnte Astronautin gegen die Raumstation drückt, so üben ihre Muskeln eine Kraft aus, die eine minimale Beschleunigung der Raumstation bewirkt, doch die Raumstation stemmt sich ihr entgegen, was dazu führt, dass die Astronautin wesentlich stärker beschleunigt wird (da ihre Masse wesentlich geringer ist).

Stellen wir uns einen Augenblick vor, Superman und der Hulk würden sich gegenüberstehen und zwei Badezimmerwaagen (also Geräte zur Messung einer Kraft, nämlich des Gewichts in Abhängigkeit von der Gravitation) gegeneinander halten. Wenn jeder der beiden mit seiner Waage gegen die des anderen drückt und sich beide daraufhin nicht vom Fleck bewegen, dann zeigt, egal wie stark Superman drückt, die Waage des Hulk exakt den gleichen Wert an wie die von Superman. Und nicht nur das – egal wie viel Kraft Superman auch aufwenden mag, seine Waage wird in dem Augenblick null anzeigen, wo der Hulk einfach einen Schritt zur Seite macht und ihm keinen Widerstand mehr bietet.* *Kräfte treten immer paarweise auf*, und man kann nichts ziehen oder schieben, ohne dabei selbst geschoben oder gezogen zu werden. Wenn Sie auf dem Geh-

* Der Hulk ist schlauer als gemeinhin angenommen (schließlich ist er im wirklichen Leben Physiker).

steig stehen, üben Ihre Füße infolge der Gravitation, die Ihren Körper Richtung Erdmittelpunkt zieht, einen Druck auf den Boden aus. Menschen auf der gegenüberliegenden Seite der Erde fallen nicht herunter, weil die Schwerkraft jeden in Richtung des Erdmittelpunkts zieht, unabhängig vom jeweiligen Standort. Man wird im Stehen allerdings nicht beschleunigt, weil der Boden dem Gewicht eine gleich starke Kraft in die Gegenrichtung entgegensetzt. In dem kurzen Augenblick, wenn Superman abspringt, üben seine Füße eine Kraft auf den Boden aus, die größer ist als sein normales Gewicht im Stehen. Weil Kräfte immer paarweise auftreten, bewirkt der Druck seiner Füße auf den Boden, dass der Boden einen Gegendruck ausübt. Und auf diese Weise kommt er in den Genuss einer aufwärts gerichteten Kraft, die ihn in luftige Höhen hinaufkatapultiert.

Und das ist es auch schon – Newtons Bewegungsgesetze lassen sich in zwei einfachen Sätzen zusammenfassen: Jegliche Veränderung einer Bewegung beruht immer auf der Einwirkung einer äußeren Kraft (**F = ma**), und Kräfte treten immer paarweise auf. Dies ist alles, was wir brauchen, um sämtliche Bewegungen zu beschreiben, seien sie einfach oder komplex, vom Ball, den man in die Luft wirft, bis zu den Umlaufbahnen der Planeten. Wir wissen in diesem Augenblick schon genug über Physik, um herauszufinden, mit welcher Geschwindigkeit Superman abspringen muss, um ein Hochhaus mit einem einzigen Sprung zu überwinden.

MIT EINEM EINZIGEN SPRUNG

Superman hebt mit hoher Geschwindigkeit vom Boden ab (Abb. 4). Am Scheitelpunkt seines Sprunges in einer Höhe von 200 Metern muss seine Geschwindigkeit null betragen, denn sonst wäre es nicht der Scheitelpunkt und er würde weiter in die Höhe aufsteigen. Der Grund, warum Superman immer langsamer wird, besteht darin, dass eine äußere Kraft, nämlich die Schwerkraft, auf ihn einwirkt. Diese Kraft ist seiner Sprungrichtung entgegengesetzt, abwärts gerichtet und zieht ihn nach unten zur Erdoberfläche. Folglich unterliegt er einer negativen Beschleunigung, oder Verlangsamung, bis

Abb. 4
Ein Panel aus Superman # 1 *(Juni 1939) zeigt Superman, wie er mit einem einzigen . . . na ja, Sie wissen schon.*

er in der Höhe von 200 Metern zum Stillstand kommt. Stellen Sie sich vor, Sie stehen auf Schlittschuhen und wollen sich bei starkem Gegenwind vorwärts bewegen. Also stoßen Sie sich ab und nehmen anfangs relativ schnell Fahrt auf. Der Wind jedoch wirkt Ihrer Bewegung entgegen, und zwar dauerhaft – nehmen wir an, dass er dabei eine konstante Kraft auf Sie ausübt. Wenn Sie sich nicht erneut abstoßen, wird der Gegenwind Ihre Fahrt verlangsamen, bis Sie sich schließlich gar nicht mehr vorwärts bewegen und zum Stillstand kommen. Doch da der Wind weiterhin weht, wirkt nach wie vor eine Beschleunigung, die nunmehr dazu führt, dass Sie rückwärts gleitend Fahrt aufnehmen in die Richtung, aus der Sie kamen. Wenn Sie Ihren Ausgangspunkt erreichen, werden Sie sich genauso schnell bewegen wie zu dem Zeitpunkt, als Sie losliefen, nur in der entgegengesetzten Richtung. Dieser Gegenwind in horizontaler Richtung hat die gleiche Wirkung auf einen Schlittschuhläufer wie die Schwerkraft, wenn Superman in die Höhe springt. Die Stärke der Schwerkraft ist immer gleich – sei es am Ausgangspunkt, in der Mitte der Flugbahn oder auf dem Scheitelpunkt. Da $\mathbf{F} = \mathbf{ma}$ gilt, ist auch Supermans Beschleunigung über den ganzen Zeitraum die gleiche. Um herauszufinden, mit welcher Geschwindigkeit Superman abspringen muss, um eine Höhe von 200 Metern zu erreichen, müssen wir feststellen, wie sich seine Geschwindigkeit angesichts einer gleichförmigen, konstanten, abwärts gerichteten Beschleunigung, nämlich der Schwerebeschleunigung **g**, ändert.

Der gesunde Menschenverstand sagt uns: Je höher wir springen möchten, desto höher muss auch unsere Absprunggeschwindigkeit sein. Doch wie hängen Absprunggeschwindigkeit und Sprunghöhe *genau* zusammen? Nun, wenn Sie eine Reise machen, dann ist die Entfernung, die Sie zurücklegen, das Produkt aus Ihrer Durchschnittsgeschwindigkeit und Ihrer Reisedauer. Wenn Sie eine Stunde lang mit einer durchschnittlichen Geschwindigkeit von 100 km/h fahren, dann sind Sie hinterher 100 km von Ihrem Ausgangspunkt entfernt. Da uns die Dauer von Supermans Sprung nicht bekannt ist, wir aber wissen, dass seine Endhöhe $\mathbf{h} = 200$ Meter beträgt, müssen wir ein paar Kunstgriffe aus der Algebra anwenden, wobei wir im Auge behalten, dass Beschleunigung die Änderung der Geschwindigkeit mit der Zeit darstellt und Geschwindigkeit die Änderung der von Ihnen zurückgelegten Entfernung mit der Zeit. Dabei wirbeln wir eine Menge Staub auf, doch sobald dieser sich gesetzt hat, stellen wir fest, dass die Beziehung zwischen Supermans Anfangsgeschwindigkeit **v** und der Sprunghöhe **h** folgendermaßen aussieht: $\mathbf{v} \cdot \mathbf{v} = \mathbf{v}^2 = \mathbf{2gh}$. Dies bedeutet, die Höhe, die Superman erreichen kann, ist abhängig vom *Quadrat* seiner Absprunggeschwindigkeit. Wenn sich diese verdoppelt, wird sich seine Sprunghöhe vervierfachen.

Warum ist die Höhe von Supermans Sprung abhängig vom Quadrat seiner Anfangsgeschwindigkeit? Weil die Sprunghöhe das Produkt aus seiner Geschwindigkeit und der Dauer seines Aufstiegs darstellt, wobei die Dauer seines Aufstiegs ihrerseits ebenfalls von der Anfangsgeschwindigkeit abhängt. Wenn Sie in Ihrem Auto fahren und eine Vollbremsung machen, dann dauert es, je schneller Sie fahren, umso länger, bis das Auto zum Stillstand kommt. Ähnlich verhält es sich bei Superman: Je größer seine Geschwindigkeit beim Absprung, desto länger dauert es, bis die Schwerkraft ihn so sehr verlangsamt hat, dass seine Geschwindigkeit null beträgt (und er den Scheitelpunkt seiner Flugbahn erreicht). Wenn wir uns die (experimentell bestätigte) Tatsache zu Nutze machen, dass die Schwerebeschleunigung auf der Erde, **g**, etwa 10 Meter pro Sekunde beträgt (dies bedeutet, dass ein Gegenstand, der mit der Anfangsgeschwindigkeit null zur Erde hinunterfällt, nach der ersten Sekunde eine Geschwindigkeit von 10 m/s hat und nach der zweiten 20 m/s schnell ist und so weiter), so ergibt sich aus der Formel $\mathbf{v^2 = 2gh}$, dass Superman mit einer Geschwindigkeit von rund 63 m/s abspringen muss. Das entspricht einer Geschwindigkeit von beinahe 230 km/h! Da wird einem sofort klar, warum gewöhnliche Erdlinge wie Sie und ich nicht über Wolkenkratzer hinwegspringen können beziehungsweise ich schon froh bin, wenn ich es mit einem Sprung über eine Mülltonne schaffe.

In den obigen Berechnungen haben wir Supermans Durchschnittsgeschwindigkeit benutzt, die einfach die Summe aus Anfangsgeschwindigkeit (**v**) und Endgeschwindigkeit (null) geteilt durch zwei darstellt. In diesem Fall ist seine Durchschnittsgeschwindigkeit $\mathbf{v/2}$, was den Faktor 2 erklärt, der vor dem **gh** in der Formel $\mathbf{v^2 = 2gh}$ auftaucht. In der Realität verhält es sich allerdings so, dass Supermans Geschwindigkeit beständig ab- und seine Höhe zunimmt, während er auf dem Weg nach oben ist. Um mit Größen umzugehen, die sich ständig verändern, benutzt man am besten die Infinitesimalrechnung (keine Sorge, tun wir nicht), während wir bisher nur Gebrauch von der Algebra gemacht haben. Um die von ihm beschriebenen Bewegungsgesetze anwenden und die entsprechenden Berechnungen anstellen zu können, musste Isaac Newton die Infinitesimalrechnung zuerst *erfinden*, was unsere Probleme mit der Mathematik ziemlich mickrig aussehen lässt. Zum Glück für uns stimmt die mit simpleren Rechenoperationen erhaltene Gleichung $\mathbf{v^2 = 2gh}$ genau mit der überein, die man erhalten würde, wenn man sich der exakteren und formal korrekten Methoden der Infinitesimalrechnung bedienen würde.

Wie schafft es Superman, eine Ausgangsgeschwindigkeit von über 60 m/s zu erreichen? Wie in Abb. 5 dargestellt, bedient er sich eines mechanischen Vorgangs, den Physiker mit dem Begriff »Springen« bezeichnen. Er geht in die Knie und übt mit den Füßen einen großen Druck auf den Boden aus, was dazu führt, dass der Boden diesen Druck erwidert (denn Kräfte treten immer paarweise auf, wie wir

Abb. 5 *Eine Bildfolge aus* Action Comics # 23, *wo im Detail beschrieben wird, wie Superman es schafft, auf die hohe Anfangsgeschwindigkeit zu beschleunigen, die notwendig ist für seine mächtigen Sprünge.*

aus Newtons drittem Bewegungsgesetz wissen). Wie man erwarten könnte, ist eine sehr große Kraft vonnöten, um mit einer Geschwindigkeit von fast 230 km/h vom Boden abzuspringen. Um herauszufinden, wie groß diese Kraft genau sein muss, verwenden wir Newtons zweites Bewegungsgesetz – **F = ma** –, das besagt, dass Kraft das Produkt aus Masse mal Beschleunigung darstellt. Wenn Supermans Gewicht auf der Erde rund 1000 Newton beträgt, so bedeutet dies, dass er eine Masse von 100 Kilogramm hat. Um also die Kraft, die zum Absprung nötig ist, herauszufinden, müssen wir die Beschleunigung errechnen, die er vom Stillstand bis zu einer Geschwindigkeit von 230 km/h benötigt. Angenommen, Superman benötigt $^1/_4$ Sekunde, um sich vermittels seiner Beinmuskulatur vom Boden abzustoßen, dann ist die Beschleunigung auf 63 m/s geteilt durch $^1/_4$ Sekunde ungefähr 250 m/s^2, was bei einem Auto einer Beschleunigung von 0 auf 100 km/h innerhalb einer zehntel Sekunde entsprechen würde. Supermans Beschleunigung ist das Resultat der Kraft, die seine Beinmuskulatur beim Absprung auf den Boden ausübt. Die Formel **F = ma** besagt, dass jede Änderung des Bewegungszustands immer das Resultat einer einwirkenden Kraft ist, und je deutlicher die Änderung, desto größer muss die einwirkende Kraft sein. Wenn Supermans Masse 100 Kilogramm beträgt, dann beträgt die Kraft, die notwendig ist, um ihn 200 Meter senkrecht in die Höhe springen zu lassen, **F = ma** = (100 kg) · (250 m/s^2), also 25000 kg · m/s^2, 25000 Newton – das entspricht der Gewichtskraft eines Lieferwagens!

Ist es vorstellbar, dass Supermans Beinmuskulatur solch eine enorme Kraft bereitstellen kann? Warum nicht, wenn die Gravitation auf Krypton stärker ist als auf der Erde und seine Beinmuskeln in der Lage sind, Supermans Gewicht dort zu tragen? Wir haben errechnet, dass Supermans Beine für seinen höchsten Sprung eine Kraft von annähernd 25000 Newton bereitstellen müssen. Nehmen wir einmal an, dass dies in etwa 70 Prozent mehr Kraft ist, als seine Beine aufwenden müssen, wenn er auf dem Planeten Krypton lediglich still steht und sie nur sein Eigengewicht tragen. (Wobei dies großzügig kalkuliert ist, denn die meisten Menschen erzeugen beim Springen nur eine Kraft, die in etwa ihrem Gewicht im Stand entspricht.) In diesem Fall würde Supermans Gewicht auf seinem Heimatplaneten 15000 Newton betragen – so viel wiegt hier auf der Erde ein Gegenstand mit einer Masse von 1500 Kilogramm. Sein Gewicht auf Krypton wird bestimmt durch seine Masse und die Beschleunigung infolge der Gravitation. Wir hatten weiter vorausgesetzt, dass Superman eine Masse von 100 kg hat. Wenn sein Gewicht auf der Erde also 1000 Newton beträgt und annähernd 15000 Newton auf Krypton, dann ist die Schwerebeschleunigung auf dem Planeten Krypton 15-mal so groß wie auf der Erde.

Also haben wir nur mit dem Wissen, dass **F = ma** ist, und der Verwendung der Definitionen »Entfernung = Geschwindigkeit · Zeit« sowie »Beschleunigung ist die Veränderung der Geschwindigkeit über einen bestimmten Zeitraum« in Verbindung mit der experimentellen Beobachtung, dass Superman »mit einem einzigen Sprung die größten Hochhäuser überwindet«, herausgefunden, dass **die Gravitation auf Krypton 15-mal stärker sein muss als auf der Erde.**

Herzlichen Glückwunsch. Sie haben gerade eine physikalische Berechnung angestellt!

2

Die inneren Werte von Krypton – Newtons Gravitationsgesetz

Nun, da wir festgestellt haben, dass Superman, um ein Hochhaus überspringen zu können, von einem Planeten stammen muss, dessen Schwerkraft 15-mal stärker ist als die der Erde, fragen wir als Nächstes: Wie bauen wir uns einen solchen Planeten? Um diese Frage zu beantworten, müssen wir verstehen, wie die Anziehungskraft eines Planeten überhaupt zustande kommt, und uns erneut auf Newtons Genie verlassen. Was nun folgt, beinhaltet noch mehr Mathematik, aber rennen Sie nicht gleich weg, als Belohnung winkt in ein paar Seiten die Erklärung, wie Newtons Apfel mit der Schwerkraft zusammenhängt.

Als ob die Formulierung der Grundgesetze der Mechanik und die Erfindung der Infinitesimalrechnung nicht schon genug gewesen wären, untersuchte Newton darüber hinaus auch noch die Eigenschaften jener Kraft, die zwei Körper aufgrund der Gravitation aufeinander ausüben. Daraus, wie sich Planeten auf ihren Umlaufbahnen bewegen, leitete Newton ab, dass sich die Gravitationskraft zwischen zwei Massen (nennen wir sie **Masse 1** und **Masse 2**) mit dem Abstand **d** durch folgende Formel ausdrücken lässt:

$$\textbf{Gravitationskraft F} = (\textbf{G}) \cdot \frac{[(\textbf{Masse 1}) \cdot (\textbf{Masse 2})]}{(\textbf{Abstand})^2}$$

wobei **G** für die so genannte Gravitationskonstante steht. Diese Formel beschreibt die Anziehungskraft zwischen zwei *beliebigen* Massen, sei es zwischen Erde und Sonne, Erde und Mond oder Erde und Superman. Wenn eine der Massen die Erde ist und die andere Superman, dann ist die Distanz zwischen beiden der Erdradius (der Abstand zwischen dem Mittelpunkt der Erde und der Erdoberfläche, auf der Superman steht). Bei einer kugelförmig symmetrischen Verteilung der Masse – einem Planeten beispielsweise – verhält sich die Gravitationskraft so, als wäre sie in einem einzigen Punkt im Zentrum der Kugel konzentriert. Das ist der Grund, warum wir in Newtons Gleichung für den Abstand zwischen diesen beiden Massen (Superman und Erde) den Erdradius einsetzen müssen. Die resultierende Kraft bewirkt, dass sich Superman (genau wie jeder andere) zum Erdboden hingezogen fühlt. Wenn wir Supermans Masse (100 Kilogramm), die Masse der Erde und den Abstand zwischen Superman und dem Erdmittelpunkt (den Erdradius) zusammen mit der gemessenen Gravitationskonstante in die Gleichung eintragen, erhalten wir als Ergebnis für die Gravitationskraft **F**, die zwischen Superman und der Erde herrscht, den Wert 1000 Newton.

Aber das ist genau das Gewicht von Superman auf der Erde, wie man es messen kann, wenn man ihn auf eine Badezimmerwaage treten lässt. Bemerkenswert ist, dass diese beiden Ausdrücke für die Gravitationskraft, die auf Superman einwirkt, das Gleiche sind! Wenn wir die beiden Ausdrücke für **Supermans Gewicht auf der Erde = (Masse 1) · g** und die **Gravitationskraft = (Masse 1) · [(G · Masse 2)/(Anstand)²]** vergleichen, dann müssen, da die Ergebnisse auf der linken Seite die gleichen sind und Supermans **Masse 1**=100 kg ebenfalls gleich bleibt, die Faktoren, mit denen **Masse 1** multipliziert wird, ebenfalls gleich sein. Mit anderen Worten, die Schwerebeschleunigung **g** ist gleich **(G · Masse 2)/d²**. Indem wir die Masse der Erde anstelle von **Masse 2** in die Gleichung einsetzen und den Erdradius für **d**, erhalten wir **g** = 10 m/s^2.

Die Schönheit von Newtons Formel für die Gravitation liegt darin, dass sie uns erklärt, wie dieser Wert für die Schwerebeschleunigung der Erde zustande kommt. Denn auf das gleiche Objekt wirkt auf dem Mond, der eine geringere Masse und einen kleineren Radius als die Erde hat, lediglich eine Gravitationsbeschleunigung von 1,6 m/s^2 – also ungefähr ein Sechstel dessen, was auf der Erde gilt.

Dies ist die wahre Bedeutung hinter der Geschichte von Isaac Newton und dem Apfel. Es war garantiert nicht so, dass Newton im Jahre 1665 einen Apfel von einem Baum fallen sah und ihm plötzlich einfiel, dass es so etwas wie Gravitation geben müsse. Er hat sich auch bestimmt nicht sofort hingesetzt und aufgeschrieben $\mathbf{F = G\ (m_1 m_2)/d^2}$. Vielmehr besteht Newtons Leistung darin, im siebzehnten Jahrhundert auf den brillanten Gedanken zu kommen, dass exakt die gleiche Kraft, die den Apfel auf die Erde hinabzieht, auch dafür verantwortlich ist, dass der Mond um die Erde kreist (weil er von ihr angezogen wird), und er somit das Irdische mit dem Himmlischen verbunden hat. Damit der Mond sich in einer Kreisbahn um die Erde bewegt, muss es eine Kraft geben, die ihn anzieht und ihn dadurch zwingt, permanent seine Richtung zu ändern, was ihn wiederum auf dieser Kreisbahn hält.

Wir erinnern uns an Newtons zweites Bewegungsgesetz $\mathbf{F = ma}$. Wo keine Kraft wirkt, gibt es auch keine Änderung der Bewegung. Wenn man eine Schnur an einen Eimer bindet und ihn in einem horizontalen Kreis bewegt, muss man kontinuierlich an der Schnur ziehen. Wenn die Spannung der Schnur gleich bleibt, dann bewegt sich der Eimer mit konstanter Bahngeschwindigkeit im Kreis. Die Spannung der Schnur hat nicht die gleiche Richtung wie die Bewegung des Eimers, folglich kann durch sie nur die Richtung, nicht aber die Bahngeschwindigkeit des Eimers verändert werden. In dem Augenblick, wo Sie die Schnur loslassen, wird der Eimer von Ihnen wegfliegen.

Doch wieder zurück zum Mond. Wenn es keine Gravitation gäbe, keine Kraft, die auf ihn einwirkt, dann würde sich der Mond in einer geraden Linie an der Erde vorbeibewegen. Wenn es nur die Gravitation gäbe, der Mond sich aber nicht bewegte, dann würde er wie der Apfel von der Erde angezogen und auf uns herabstürzen. Der Mond fliegt nicht von uns weg, weil er von der Gravitation der Erde angezogen wird, die ihn zu uns »herunterfallen« lässt, während gleichzeitig seine Geschwindigkeit groß genug ist, dass er nicht näher herangezogen wird. Die gleiche Kraft, die bewirkt, dass der Mond in einer Kreisbahn an der Erde vorbei»fällt« und die Erde in einer elliptischen Bahn an der Sonne vorbei»fällt«, ist auch dafür verantwortlich, dass der Apfel vom Baum herunter auf die Erde fällt. Und diese Anziehungskraft ist es auch, die bewirkt, dass sich Supermans Geschwindigkeit bei seinem Sprung nach oben immer mehr verringert, bis er die Spitze des Wolkenkratzers erreicht hat. Sobald wir wissen, dass sein Körper, um zu einem solch mächtigen Sprung überhaupt in der Lage zu sein, an eine Umgebung angepasst sein muss, wo die Schwerkraft 15-mal stärker ist als auf der Erde, können wir aus ebendieser Anziehungskraft Rückschlüsse auf die Geologie des Planeten Krypton ziehen.

Eine Konsequenz von Newtons Gravitationsgesetz, gemäß dem alle Körper, die eine Masse besitzen, einander anziehen, ist die runde Form von Planeten. Für eine Sammlung solider Objekte – wie die verschiedenen Bestandteile eines Felsens, eines Asteroiden oder eines Planeten – ist eine kugelförmige Anordnung nämlich die beste Möglichkeit, sich, der newtonschen Anziehungskraft folgend, möglichst nahe zu sein. Massereiche Körper, bei denen die Gravitation sich gegenüber den anderen Kräften durchsetzen kann, nehmen daher natürlicherweise die Form einer Kugel an. Tatsächlich ist eine der Antworten auf die astrophysikalische Frage, was einen sehr großen Asteroiden von einem sehr kleinen Planeten unterscheidet, seine Form. Ein kleiner Felsbrocken, den Sie in Ihrer Hand halten, kann eine unregelmäßige Form haben, denn seine Eigengravitation ist nicht stark genug, um ihn zu einer Kugel zu verformen. Hätte dieser Felsbrocken dagegen die Größe und Masse des Pluto, dann wäre der Einfluss der Gravitation so groß, dass es dem Planetoid unmöglich wäre, eine andere Form anzunehmen als die einer Kugel. Folglich müssen würfelförmige Planeten, wie beispielsweise die Welt von Bizarro, sehr klein sein. Und in der Tat darf der Abstand vom Mittelpunkt des Bizarro-Planeten zu einer seiner Flächen nicht mehr als etwa 500 Kilometer betragen, denn sonst würde er sich verformen und eine runde Gestalt annehmen. Andererseits wäre die Gravitation eines derart kleinen würfelförmigen Planeten nicht ausreichend stark, um eine Atmosphäre an den Planeten zu binden. Solch ein Planet wäre infolgedessen ein Felsen ohne Luft. Da wir aber schon mehrfach gesehen haben, dass der Himmel über Bizarros Welt blau ist wie bei uns auf der Erde (was eigentlich schade ist und gar nicht recht ins Bizarro-Konzept passt), können wir davon ausgehen, dass es in der Tat Luft auf dem Würfel-Planeten gibt. Daraus schließen wir, dass es den Bizarro-Planeten unter physikalischen Gesichtspunkten betrachtet gar nicht geben kann, ganz egal wie oft es uns täglich vorkommt, als hätte man uns gerade in eine solche Welt katapultiert.

Doch kehren wir zurück zu normalen kugelförmigen Planeten wie Krypton. Wenn die Schwerebeschleunigung auf Krypton $\mathbf{g_K}$ 15-mal stärker ist als die Schwerebeschleunigung $\mathbf{g_E}$ auf der Erde, dann ist das Verhältnis dieser beiden Beschleunigungen $\mathbf{g_K/g_E = 15}$. Wir haben gerade gezeigt, dass die Schwerebeschleunigung eines Planeten ganz allgemein durch $\mathbf{g = Gm/d^2}$ gegeben ist, wobei wir für den Abstand $\mathbf{d}$ den Radius $\mathbf{R}$ des Planeten einsetzen müssen. Die Masse eines Planeten (oder jeden anderen Gegenstandes) ist das Produkt aus seiner Dichte (die traditionell mit dem griechischen Buchstaben $\boldsymbol{\rho}$ bezeichnet wird) und seinem Volumen, das in diesem Fall das Volumen einer Kugel ist (da Planeten rund sind). Da die Gravitationskonstante $\mathbf{G}$ auf der Erde wie auf Krypton denselben Wert hat, lässt sich das Verhältnis $\mathbf{g_K/g_E}$ folgendermaßen darstellen:

$$\mathbf{g_K/g_E = [\rho_K R_K] / [\rho_E R_E] = 15}$$

wobei $\boldsymbol{\rho_K}$ und $\mathbf{R_K}$ die Dichte und den Radius von Krypton und analog $\boldsymbol{\rho_E}$ und $\mathbf{R_E}$ die Dichte und den Radius der Erde bezeichnen. Wenn wir die Schwerebeschleunigung auf Krypton mit der auf der Erde vergleichen wollen, brauchen wir nichts weiter zu wissen als das Produkt aus Dichte und Radius von jedem der beiden Planeten. Wenn der Radius von Krypton genauso groß ist wie derjenige der Erde, muss Krypton 15-mal dichter sein, oder wenn er die gleiche Dichte hat, muss sein Radius 15-mal so groß sein.

Wie wir zu Beginn dieses Buches dargelegt haben, besteht das Wesentliche der Physik darin, die richtigen Fragen zu stellen, und wie im Alltagsleben gilt auch in der Physik, dass jede Antwort, die man erhält, tausend neue Fragen aufwirft. Wir haben festgestellt, dass Supermans Fähigkeit, auf der Erde 200 Meter hoch zu springen (um einen Wolkenkratzer mit einem einzigen Sprung zu überwinden), daraus resultiert, dass das Produkt aus Dichte und Radius seines Heimatplaneten Krypton 15-mal größer sein muss als das der Erde. Als Nächstes fragen wir, ob es möglich ist, dass Krypton und die Erde gleich groß sind ($\mathbf{R}_K = \mathbf{R}_E$), so dass die zusätzliche Gravitation von Krypton seiner höheren Dichte zugeschrieben werden kann ($\rho_K/\rho_E = \mathbf{15}$, um genau zu sein). Dabei stellt sich heraus, dass es, vorausgesetzt, auf Krypton gelten die Gesetze der Physik ebenso wie auf der Erde (und wenn wir davon abrücken, können wir gleich aufhören), extrem unwahrscheinlich ist, dass Krypton 15-mal dichter ist als die Erde.

Wir haben uns gerade die Tatsache zu Nutze gemacht, dass Masse das Produkt aus Dichte und Volumen ist. Anders gesagt ist die Dichte gleich der Masse pro Volumeneinheit. Um nun zu verstehen, wodurch die Dichte begrenzt ist und warum wir nicht einfach den Planeten Krypton 15-mal dichter machen können als die Erde, müssen wir einen kurzen Ausflug ins Reich der Atome machen. Sowohl die gesamte Masse eines Objekts als auch seine Ausdehnung (also sein Volumen) werden durch seine Atome bestimmt. Die Masse eines Objekts ergibt sich unmittelbar aus Anzahl und Art der Atome, die es enthält. Atome bestehen aus Protonen und Neutronen, die den Kern bilden und umkreist werden von den wesentlich leichteren Elektronen. Die Anzahl der positiv geladenen Protonen wird ausgeglichen durch die gleiche Anzahl negativ geladener Elektronen. Elektronen sind, verglichen mit Protonen und Neutronen, sehr leicht, wobei letztere über keine elektrische Ladung verfügen und etwas schwerer sind als Protonen. (Was die Neutronen im Kern zu suchen haben, werden wir in Kapitel 15 behandeln.) Die Masse eines Atoms wird im Wesentlichen bestimmt von der Anzahl der Protonen und Neutronen in seinem Kern, denn Elektronen sind nahezu 2000-mal leichter als Protonen.

Die Größe eines Atoms hingegen wird durch die Elektronen bestimmt oder, um genauer zu sein, durch ihre von der Quantenmechanik bestimmten Orbitale. Der Durchmesser eines Atomkerns beträgt ungefähr einen billionstel Zentimeter, während der Radius eines Atoms davon abhängt, wie weit entfernt vom Kern man noch ein dazugehöriges Elektron finden kann. Dieser Abstand ist etwa zehntausendmal so groß wie der Durchmesser des Kerns. Wenn wir uns vorstellen, der Atomkern sei eine Murmel mit einem Durchmesser von 1 cm, die auf der Torlinie eines Fußballfelds liegt, dann würde der Radius einer Elektronenbahn bis zur gegenüberliegenden Torlinie reichen (also 100 Meter). Der Abstand zwischen den Atomen in einem Festkörper wird normalerweise bestimmt durch die Größe der Atome (man kann sie in der Regel nicht enger zusammenpacken, als sie groß sind).

Wenn also auf dem Planeten Krypton die gleichen quantenmechanischen Gesetze gelten wie auf der Erde, wird sich der Raum, den eine bestimmte Anzahl von Atomen in einem Gegenstand (beispielsweise einem Stein) einnimmt, nicht wesentlich unterscheiden. Der Stein wird auf einem Planeten mit stärkerer Gravitation mehr wiegen, aber die Anzahl der Atome, die er enthält, bleibt ebenso wie die Abstände zwischen ihnen (und durch diese beiden Faktoren wird die Dichte bestimmt), unabhängig davon, auf welchem Planeten der Stein herumliegt. Da aber die Anzahl der Atome darüber hinaus auch die Masse des Steins bestimmt, folgt daraus, dass die Dichte eines beliebigen Gegenstandes überall die gleiche ist, unabhängig davon, woher der Gegenstand stammt. Die meisten Stoffe haben in etwa die gleiche Dichte. Die größten und die geringsten Dichten liegen gerade mal um einen Faktor 10 auseinander. Die Dichte von Wasser zum Beispiel beträgt 1 g/cm^3, während die Dichte von Blei 11 g/cm^3 beträgt. Mit anderen Worten: Ein Würfel mit einer Kantenlänge von 1 cm wiegt 1 Gramm, wenn er aus Wasser besteht, und 11 Gramm, wenn er aus Blei ist. Die höhere Dichte des Bleis rührt fast ausschließlich daher, dass ein Blei-Atom zehnmal so viel Masse besitzt wie ein Wassermolekül. Nun gibt es eine Menge Wasser auf der Erdoberfläche, aber im Inneren des Planeten gibt es noch mehr Felsgestein, so dass die durchschnittliche Dichte der Erde 5 g/cm^3 beträgt. Damit ist die Erde der dichteste Planet in unserem Sonnensystem, gefolgt von Merkur und Venus. Selbst wenn Krypton aus massivem Uran bestünde, hätte er nur eine Dichte von 19 g/cm^3, was weniger als die vierfache Dichte der Erde ist. Damit die Gravitation von Krypton 15-mal so stark sein kann wie auf der Erde, müsste er eine Dichte von 75 g/cm^3 haben, und keine normale Materie ist so dicht.

Wenn die Dichte des Planeten Krypton genauso groß ist wie die der Erde, dann muss sein Radius 15-mal größer sein, denn nur so erhielte man die höhere Anziehungskraft. Den Radius eines Planeten zu vergrößern ist allerdings auch nicht ohne weiteres zu bewerkstelligen. Die Planeten unseres Sonnensystems sind zwar alle unterschiedlich groß – der Durchmesser des Pluto beträgt nur ein Fünftel des Erddurchmessers, womit er gerade mal ein bisschen größer ist als manche der Monde in unserem Sonnensystem, während der Radius des Jupiter das Elffache des Erdradius beträgt –, aber die Größe dieser Planeten hängt direkt mit ihrer Struktur zusammen. Alle Planeten, die im Durchmesser mehr als viermal so groß wie die Erde sind – also Uranus, Neptun, Saturn und Jupiter –, sind gigantische Gaskugeln. Sie haben keine feste Hülle, auf der man Gebäude und Städte errichten könnte, und bieten keine Grundlage für humanoides Leben. Jupiter beispielsweise ist so groß, dass er, wenn man seinen Durchmesser verzehnfachte, sogar die Größe der Sonne hätte. Solchermaßen vergrößert – wobei die Dichte, wie gesagt, dieselbe bleiben sollte –, würde der gravitationsbedingte Druck im Kern des Gasballes eine Kernfusionsreaktion in Gang setzen, was genau der Prozess ist, der auch unsere Sonne zum Leuchten bringt. Wenn Jupiter also nur ein kleines bisschen größer wäre, würde er nicht länger ein Planet bleiben, sondern sich in eine kleine Sonne verwandeln. Große Planeten sind gasförmig, weil man, um einen sehr großen Planeten zu »bauen«, sehr viele Atome braucht. Doch in größeren Mengen stehen als Rohmaterial nur Wasserstoff und Heliumgas zur Verfügung. Um genau zu sein, entfallen von der Gesamtmasse der Atome im bekannten Universum 73 Prozent auf Wasserstoff, 25 Prozent auf Helium. Alle anderen Bausteine, die man braucht, um einen Planeten zu basteln – Kohlenstoff, Silizium, Kupfer, Stickstoff und so weiter –, steuern nur mehr die restlichen zwei Prozent bei. Folglich sind große Planeten fast immer Gasriesen, die gewöhnlich auf weiter entfernten Umlaufbahnen um ein Zentralgestirn kreisen, wo die Sonnenstrahlung nicht stark genug ist, um die gasförmigen Oberflächen, die diese Planeten angesammelt haben, verdunsten zu lassen. Die Konzentration der schwereren Elemente, aus denen sich erdähnliche, feste Planeten bilden können, ist wesentlich geringer, und so sind diese meistens kleiner, und ihre Umlaufbahnen liegen näher an der Sonne. Wenn diese festen Planeten auf ihren engen Umlaufbahnen eine bestimmte Größe überschritten, würden sie von den Gezeitenkräften ihrer Sonne auseinander gerissen. Die Bevölkerung von Krypton mit ihrem hohen Zivilisationsstand, der es Wissenschaftlern möglich machte, ein Raumschiff zu konstruieren, das gerade mal so groß war, dass ein Säugling darin Platz fand, hätte sich auf einem Gasriesen mit dem fünfzehnfachen Radius der Erde niemals entwickeln können.

Also war's das jetzt schon? Ist die Geschichte von Krypton mit einer Oberfläche wie der des Planeten Erde, aber einer 15-mal so großen Anziehungskraft einfach nur Blödsinn? Nicht unbedingt. Erinnern Sie sich daran, dass wir zuvor betont haben, keine »normale« Materie könne 15-mal dichter sein als die Materie auf der Erde. Allerdings haben Astronomen *exotische* Materie entdeckt, die im Rahmen so genannter Supernova-Explosionen entsteht und extrem dicht ist. Wie bereits erwähnt, ist der gravitationsbedingte Druck im Inneren eines Gasplaneten, sobald dieser eine bestimmte Größe überschreitet, so groß, dass die Kerne verschiedener Atome buchstäblich miteinander verschmelzen, wobei sie größere Kerne bilden und gleichzeitig überschüssige Energie freisetzen. Die Quelle dieser Energie ist in Einsteins berühmter Formel $\mathbf{E = mc^2}$ beschrieben, die besagt, dass die Energie **E** gleich der Masse **m** ist, multipliziert mit dem Quadrat der Lichtgeschwindigkeit **c**. Die Masse eines Atomkerns, der aus einer Kernfusion hervorgeht, ist ein winziges bisschen kleiner als die Summe der Masse der beiden einzelnen Kerne. Wenn man diese kleine Massendifferenz mit dem Quadrat der Lichtgeschwindigkeit (eine mächtig große Zahl) multipliziert, erhält man eine große Menge Energie. Diese Energie wird vom Mittelpunkt des Sternes aus nach außen abgestrahlt und schafft durch diesen auswärts gerichteten Strom ein Gleichgewicht zu der nach innen gerichteten Gravitation, wodurch der Radius des Sterns stabil gehalten wird. Sobald alle Wasserstoffkerne zu Heliumkernen verschmolzen sind, verschmelzen einige dieser Heliumkerne zu Kohlenstoffkernen. In Sternen oberhalb einer bestimmten Grenzmasse geht die Entwicklung sogar noch weiter, und es bilden sich Stickstoff, Sauerstoff und all die anderen schwereren Elemente bis hin zu Eisen. Der Fusionsprozess beschleunigt sich immer mehr, je schwerer die Atomkerne werden, und zwar in solchem Maße, dass sämtliches Eisen und Nickel erst in der letzten »Lebenswoche« eines massereichen Sterns entstehen. Mit der Verschmelzung von immer schwereren Atomkernen wird der Fusionsprozess immer ineffektiver, insofern als die Energie, die bei der Fusion von Eisenatomen frei wird, nicht länger ausreicht, um den nach innen gerichteten Gravitationsdruck auszugleichen. An diesem Punkt wird die Gravitation übermächtig und komprimiert das Material so weit, dass es immer mehr zusammenschrumpft. Einen kurzen Moment lang ist der Druck im Zentrum des Sterns so groß, dass er quasi noch einen letzten Seufzer tut, während gleichzeitig sämtliche noch schwereren Elemente bis hin zum Uran entstehen und parallel dazu ungeheure Energiemengen freigesetzt werden. Es kommt zu einer Explosion, die Supernova genannt wird, und die im Inneren des Sterns neu entstandenen Elemente werden ins All hinausgeschleudert, wo sie sich infolge der Gravitation gegebenenfalls wieder zu Klumpen zusammenballen, aus denen dann irgendwann wieder Planeten oder sogar Sterne werden können. Jedes einzelne Atom in Ihrem Körper, in dem Sessel, auf dem Sie sitzen, oder in der Tinte und dem Papier von *Action Comics* # 1 entstand in einem massereichen Stern, der starb und seine Bestandteile ins All hinausschleuderte. So gesehen bestehen wir alle aus Sternenstaub, oder wenn Sie's lieber ein bisschen zynisch hätten, aus den Leichenteilen einer Sonne.

Bei wirklich großen Sternen ist der Gravitationsdruck im Zentrum so stark, dass selbst nach der Supernova-Phase noch ein großer Kern zurückbleibt, in dem die Gravitation die Protonen und Elektronen zu Neutronen zusammenpresst, auf denen wiederum solch ein starker Druck lastet, dass sie sich gegenseitig berühren und sie eine feste Form annehmen, die nur aus Kernmaterie besteht. Die Überreste solcher Riesensterne nennt man »Neutronensterne«, und ihre Dichte wird nur noch übertroffen von den schwarzen Löchern (die Überreste noch größerer Sterne; Gebilde, deren Anziehungskraft so groß ist, dass nicht einmal Licht ihnen entkommen kann). Wir erinnern uns kurz an die Dichte von Blei (11 Gramm pro Kubikzentimeter) und halten uns dann vor Augen, dass die Dichte der Neutronensternmaterie hundert Billionen Gramm pro Kubikzentimeter beträgt und folglich ein Teelöffel dieses Materials auf der Erde mehr als hundert Millionen Tonnen wiegen würde. Und damit haben wir genau das richtige Material, um die Gravitation des Planeten Krypton auf Vordermann zu bringen.

Wenn sich im Kern eines Planeten von der Größe der Erde eine kleine Menge von Neutronensternmaterie befände, würde durch die zusätzliche Masse die Gravitation auf der Oberfläche dramatisch zunehmen. Um genau zu sein, würde eine Kugel mit einem Durchmesser von sechshundert Meter (also sechs Fußballfeldern) im Zentrum des Erdkerns ausreichen, um auf der Oberfläche die Beschleunigung infolge der Gravitation auf $150\,m/s^2$ ansteigen zu lassen, während diese normalerweise nur $10\,m/s^2$ beträgt. Damit also die Gravitation des Planeten Krypton das Fünfzehnfache der Erdanziehung betragen kann, muss er einen Kern aus Neutronensternmasse gehabt haben.

Und schon wissen wir, warum Krypton explodiert ist! Denn ein solcher superdichter Kern würde die Oberfläche enormen Belastungen aussetzen und so einer stabilen Verteilung der Materie erheblich entgegenwirken. Irgendwann in der Geschichte dieses Planeten würden tektonische Verwerfungen und vulkanische Aktivität zu schweren Erdbeben und Kontinentalverschiebungen führen, und Wissenschaftler würden diese Erdbeben entsprechend deuten und feststellen, dass es an der Zeit ist, ihre Säuglinge in kleine Raketen zu packen, um sie zu einem fernen Planeten zu schicken – vorzugsweise solche ohne einen Kern aus Neutronensternmaterie.

Halten wir hier kurz inne und verbeugen uns vor dem wissenschaftlichen Instinkt von Jerry Siegel und Joe Shuster. Diese beiden Teenager aus Cleveland, Ohio, hatten entweder Kenntnisse der Quantenmechanik und Astrophysik, die weit über das hinausgingen, was der Großteil der Physikprofessoren im Jahr 1938 wusste, oder sie haben einfach nur gut geraten. Fünf Jahre zuvor hatten Walter Baade und Fritz Zwicky zwar die Existenz von Neutronensternen postuliert – aber erst in den späten sechziger Jahren fanden sich konkrete Belege dafür, dass die beiden Astronomen richtig lagen. Hätte Sheldon Mayer von National Publications es nicht riskiert, ihren Superman-Strip abzudrucken, wären Siegel und Shuster vielleicht auf die Idee verfallen, ihn in einer wissenschaftlichen Fachzeitschrift wie *Physical Review* zu veröffentlichen, und die Geschichte der Naturwissenschaften hätte ebenso wie die der Comichefte ganz anders ausgesehen.

3

DER TAG, ALS GWEN STACY STARB – KRAFTSTOSS UND IMPULS

Während das Ende des Goldenen Zeitalters der Comics durch die Einrichtung eines Senatsausschusses eingeläutet wurde, war das Ende des Silbernen Zeitalters selbstverschuldet. Aus heutiger Sicht sind die Comics der Silbernen Epoche (von den späten Fünfzigern bis zu den Sechzigern) von einem Zukunftsoptimismus und einem sonnigen Gemüt beseelt, die manchmal schwer verdaulich erscheinen. Als Julius Schwartz und seine Kollegen bei DC Comics Ende der fünfziger, Anfang der sechziger Jahre die Comichelden der Goldenen Epoche wiederbelebten, wie beispielsweise The Flash, Green Lantern oder Green Arrow (eine Mischung aus Batman und Robin Hood, ausgerüstet mit einem Köcher voller Gimmick-Pfeile mit solch atemberaubenden Funktionen wie der »Boxhandschuh-Pfeil« oder der »Handschellen-Pfeil«, deren erfolgreiche Anwendung in krassem Widerspruch stand zu etlichen grundlegenden Gesetzen der Aerodynamik), waren diese ähnlich optimistisch und rechtschaffen wie ihre Vorgänger aus der Goldenen Epoche, und die handlungsfixierten zwölf oder zweiundzwanzig Seiten langen Geschichten ließen nicht viel Raum für die Entwicklung von Charakteren. Der typische Held eines DC Comic des Silbernen Zeitalters erlangte auf irgendeine mehr oder weniger haarsträubende Art und Weise seine Superkräfte und fasste anschließend ganz selbstverständlich den Entschluss, besagte Kräfte zur Bekämpfung des Verbrechens und zum Wohle der Menschheit einzusetzen (allerdings erst, nachdem er sich in ein farbenfrohes Kostüm gestürzt hatte), ohne jemals eine alternative Karriere auch nur in Betracht zu ziehen.

Dies unterschied sie drastisch von den Helden der Marvel Comics, des schärfsten Konkurrenten von DC, deren Figuren – wie der unglaubliche Hulk oder X-Men – nicht selten ihr Unglück beklagen. Im Jahr 1961 stand die Marvel (früher Timely) Comics Company kurz vor dem Aus. Während sie im Goldenen Zeitalter mit Sub-Mariner, Human Torch und Captain America noch auf der Erfolgswelle ritten, kam der Verlag nun mit Monster-Comics, Western, Liebesgeschichten und Cartoons mit spaßigen Tieren gerade mal so über die Runden. All dies änderte sich nach einer Golfpartie zwischen Jack Liebowitz, dem Chef von DC Comics, und Martin Goodman, dem Verleger von Marvel Comics. Leibowitz spuckte große Töne über den Erfolg, den DC mit der neuen Reihe *Justice League of America* hatte, in der sich diverse Superhelden, unter ihnen Wonder Woman, Flash, Green Lantern, Aquaman, Martian Manhunter, zusammentaten, um allmonatlich einem neuen Superschurken die Stirn zu bieten. Gleich nach seiner Rückkehr ins Büro beauftragte Goodman seinen Chefredakteur (und als Neffe seiner Frau die letzte verbliebene Vollzeitkraft des Verlages) Stan Lee, sich eine Comicreihe einfallen zu lassen, in deren Mittelpunkt ein Team von Superhelden stehen sollte. Da Marvel zu diesem Zeitpunkt keine Superhelden-Comics produzierte, konnte Lee nicht wie DC einfach ein Team aus anderen Heftreihen zusammenstellen. Stattdessen kreierte er ein Team von Superhelden, das von Grund auf neu war. Die von Lee entwickelte und von Jack Kirby gezeichnete Reihe *Fantastic Four (Die Fantastischen Vier)* stieß bei den Käufern auf große Begeisterung und brachte Marvel Comics wieder auf die Erfolgsspur.*

Der einzigartige Beitrag von Lee und Kirby bestand darin, dass sie ihren Figuren Charaktere und Persönlichkeiten verliehen, die diesen Namen auch verdienten. Im Unterschied zu den Helden der von DC Comics herausgegebenen Reihen betrachteten die Superhelden von Marvel ihre außergewöhnlichen Kräfte nicht nur als Segen, sondern beklagten nicht selten ihr Schicksal. Als sich Ben Grimm in

* Diejenigen, die damals bei Marvel oder DC beschäftigt waren, dementieren, dass eine solche Golfpartie jemals stattgefunden hat. Da die Geschichte in Fankreisen als der Moment der Wiedergeburt von Marvel Comics gilt, entwickelte sie sich – unabhängig davon, ob sie wirklich so geschehen ist oder nicht – zur allgemein akzeptierten Legende.

Fantastic Four # 1 infolge kosmischer Strahlung in das riesige orangefarbene *Thing* mit einer Haut aus Stein verwandelt, vollführt er keine Freudensprünge angesichts seiner neu erworbenen Superkräfte, sondern verflucht die Tatsache, dass er sich in eine Backsteinmauer auf zwei Beinen verwandelt hat, und will nur eines: wieder so sein wie zuvor. In der gesamten Marvel-Familie gab es allerdings niemanden, der so sehr mit seinem Schicksal haderte wie Spider-Man.

1962 erschien *Amazing Fantasy* # 15 mit einer Geschichte von Stan Lee, die von Steve Ditko gezeichnet worden war und in deren Mittelpunkt ein schmächtiger Schüler namens Peter Parker stand, der von den Sportskanonen an seiner High School andauernd schikaniert wurde. Parker war elternlos und wohnte bei seiner Tante May und seinem Onkel Ben, einem älteren Ehepaar, das ihn mit einer übertrieben fürsorglichen Art umsorgte. Ausgeschlossen von den außerschulischen Aktivitäten der beliebteren Schüler, besuchte der naturwissenschaftlich interessierte Peter eine Vorführung in einem Physiklabor, wo verschiedene Eigenschaften der Radioaktivität demonstriert werden sollten. Wie in den Marvel-Comics des Silbernen Zeitalters erschreckend häufig der Fall, ereignete sich bei dieser Gelegenheit ein Zwischenfall, dessen Resultat ein mit Superkräften ausgestatteter Held war. Hier war eine Spinne versehentlich radioaktiver Strahlung ausgesetzt worden und hatte kurz vor ihrem Ableben Parker gebissen, in dessen Blutbahn von nun an radioaktives Spinnenblut zirkulierte.

Peter stellte fest, dass dieser Spinnenbiss ihm diverse arachnoide Eigenschaften verliehen hatte, darunter beispielsweise eine erhöhte Beweglichkeit und die Fähigkeit, an Wänden zu haften. Ebenso wie eine Spinne war auch er plötzlich in der Lage, ein Mehrfaches seines Körpergewichts zu heben, eine Eigenschaft, die in den Comicheften als »proportionales« Wachstum seiner Kraft bezeichnet wurde. Des Weiteren verfügte er mit einem Mal über einen »sechsten Sinn«, der ihn vor potenziellen Gefahren warnte – einen Spinnen-Sinn, wenn man so will. Man kann nur vermuten, dass Stan Lee im Verlauf der erfolglosen Jagd nach den Spinnen in seinem eigenen Badezimmer zu der Überzeugung gelangt war, dass diese Tiere über eine übersinnliche Wahrnehmungskraft verfügen mussten, die sie vor seiner zusammengerollten Zeitung schützte. Möglicherweise ist es den rigiden Bestimmungen der CCA zu verdanken, dass Peter Parker nicht auch noch die Fähigkeit erlangte, organische Spinnenfäden aus seinem After abzusondern, sondern stattdessen seine Kenntnisse auf dem Gebiet der Chemie und der Mechanik nutzte, um sich ein paar Düsen zu bauen, die er an den Handgelenken trug und mit denen er seine Spinnenfäden abschießen konnte.*

Nachdem er ein Leben lang dem Hohn und Spott seiner Altersgenossen ausgesetzt war, sieht Peter in seinen neu erworbenen Kräften anfänglich eine Möglichkeit, zu Ruhm und Reichtum zu gelangen. Nach einem erfolgreichen Testlauf bei einer Wrestling-Veranstaltung schneidert er sich ein blau-rotes Kostüm samt Maske, um in der Welt des Showbusiness Karriere zu machen. Im Überschwang seiner Gefühle am Abend seines Fernsehdebüts unterlässt er es, einem Wachmann bei der Verfolgung eines fliehenden Räubers zu helfen, obwohl es für ihn mit seinen außergewöhnlichen Kräften ein Leichtes gewesen wäre, den Übeltäter zu erwischen. Wieder zu Hause angekommen, muss er erfahren, dass sein Onkel Ben von einem Einbrecher ermordet worden ist. Es gelingt ihm, den Mörder zu fassen, doch stellt er zu seinem Entsetzen fest, dass es sich dabei um haargenau jenen Räuber handelt, den er zuvor hatte entkommen lassen. Reumütig erinnert sich Peter Parker an die Worte seines Onkels – »Große Macht bringt große Verantwortung mit sich« –, und er beschließt, von nun an als Spider-Man dem Verbrechen und Unrecht die Stirn zu bieten.

Dies hält ihn aber nicht davon ab, mindestens drei Mal pro Ausgabe sein Schicksal aufs Bitterste zu beklagen. Eine der Neuerungen, die Lee und Ditko in der Spider-Man-Reihe einführten, waren die Tücken und Abgründe des Alltagslebens, die ihrem Helden beinahe ebenso heftig zu schaffen machten wie die bunte Schar von Superschurken, die sich ihm entgegenstellten. Peter Parker musste sich mit

* In dem Film *Spider-Man* von 2002 erlangte Peter Parker nach dem Biss durch eine genmanipulierte Spinne die Fähigkeit, organische Spinnenfäden aus speziellen Drüsen an seinen Handgelenken abzuschießen. Dies befreite die Filmemacher von der Notwendigkeit zu erklären, warum ein Teenager wie Peter Parker in der Lage war, eine derart revolutionäre Substanz wie den künstlichen Spinnenfaden zu entwickeln und dennoch permanent pleite zu sein (ein Widerspruch, der die Leserschaft der Comics des Silbernen Zeitalters nie weiter zu interessieren schien).

Liebeskummer und Eifersucht ebenso herumschlagen wie mit Geldproblemen und der beständigen Sorge um die Gesundheit seiner Tante, er litt unter Allergieschüben und sogar unter einem verstauchten Arm (weshalb er in den Ausgaben 44–46 von *Amazing Spider-Man* den Arm in einer Schlinge trug), während er sich gleichzeitig mit Vulture, dem Sandman, Doctor Octopus und dem Green Goblin (der grüne Kobold) befassen musste. Den gravierendsten Einbruch der Realität, der gleichzeitig auch das Ende der Unschuld in den Comics des Silbernen Zeitalters darstellte, war der Tod von Parkers Freundin Gwen Stacy in Ausgabe 121 von *Amazing Spider-Man* aus dem Jahr 1973. Ein Tod, an dem – wie wir feststellen werden – weniger die Autoren und Herausgeber oder gar die Leserschaft schuld waren, sondern in erster Linie Newtons Bewegungsgesetze.

Der Green Goblin war zum ersten Mal in *Amazing Spider-Man* # 14 in Erscheinung getreten. Anfangs lediglich ein mysteriöser Superverbrecher, entwickelte er sich in der Folgezeit zu einem von Spider-Mans gefährlichsten Gegnern, der nicht nur über zusätzliche Körperkraft verfügte, sondern auch über ein ganzes Arsenal technischer Hilfsmittel, wie einen raketengetriebenen Gleiter und Kürbisbomben. In *Amazing Spider-Man* # 39 gelingt es ihm sogar, Spider-Man zu demaskieren und seine wahre Identität in Erfahrung zu bringen, was ihm einen beträchtlichen Vorteil verschafft. So entführt er in *Amazing Spider-Man* # 121 Peter Parkers Freundin Gwen Stacy und schafft sie zur Spitze der George Washington Bridge in der Absicht, Spider-Man ebenfalls dorthin zu locken und mit ihm einen Kampf auf Leben und Tod auszufechten. Im Verlauf der Auseinandersetzung gibt Goblin Gwen einen Stoß, die daraufhin von der Turmspitze ihrem sicheren Ende entgegenstürzt (siehe Abb. 6 und 7).

Im allerletzten Augenblick gelingt es Spider-Man, durch einen gezielten Schuss seines Spinnenfadens Gwen Stacy vor dem tödlichen Aufprall auf dem Wasser zu bewahren, doch muss er, als er sie auf den Turm hinaufgehievt hat, zu seinem Entsetzen feststellen, dass Gwen tot ist und sein Rettungsversuch nichts genützt hat. »Sie war schon tot, bevor dein Netz sie überhaupt erreicht hat!«, höhnt der Green Goblin. »Ein Sturz aus dieser Höhe würde jeden umbringen – noch bevor er den Boden berührt!« Wobei deutlich wird, dass der

Abb. 6 *Gwen Stacys tödlicher Sturz von der George Washington Bridge aus* Amazing Spider-Man # 12. *Man beachte das »Snap« in der Nähe ihres Genicks auf dem zweitletzten Panel.*

Abb. 7 *Fortsetzung von Gwen Stacys Todesszene, bei der Spider-Man eine bittere Lektion auf dem Gebiet der Physik lernen muss, während das wissenschaftliche »Genie« des Green Goblin sich ziemlich vergaloppiert.*

Goblin, immerhin Schöpfer solcher technologischen Meisterwerke wie dem Goblin-Gleiter und der Kürbisbomben, elementare Verständnisschwierigkeiten hat, was so grundlegende Begriffe wie Impuls und Kraftstoß angeht.

Denn wäre es in der Tat so, dass »der Sturz« den Tod der armen Gwen verursacht hätte, so müsste man davon ausgehen, dass seitens der Luftfahrtindustrie eine massive Verschwörung im Gange ist, um das traurige Schicksal zahlloser Fallschirmspringer unter den Teppich zu kehren. In den Kreisen der Comicfans hingegen wurde jahrelang darüber diskutiert, ob der Sturz oder Spider-Mans Netz Gwen Stacys Tod verursacht hatte. Diese Frage befand sich (neben der Kontroverse, ob der Hulk stärker ist als Superman) sogar auf der Liste der großen ungeklärten Fragen, die im Januar 2000 in *Wizard* abgedruckt war. Wir werden uns nun der Physik zuwenden und die Ursache des Todes von Gwen Stacy endgültig aufklären.

Die Frage, die dabei von entscheidender Bedeutung ist, lautet: Wie groß ist die Kraft, die von Spider-Mans Spinnenfaden in dem Augenblick ausgeht, wo er den Sturz von Gwen Stacy stoppt?

DIE PHYSIK UND DAS TRAGISCHE SCHICKSAL VON GWEN STACY

Um festzustellen, welche Kräfte auf Gwen Stacy einwirken, müssen wir zunächst herausfinden, wie schnell sie war, als das Netz ihren Sturz stoppte. In unserer Untersuchung, wie schnell Superman sein muss, um einen Wolkenkratzer mit einem einzigen Sprung zu überwinden, haben wir errechnet, dass seine Anfangsgeschwindigkeit $\mathbf{v}$ mit der maximalen erreichten Höhe $\mathbf{h}$ (bei deren Erreichen seine Geschwindigkeit null beträgt) über die Formel $\mathbf{v^2 = 2gh}$ zusammenhängt, wobei $\mathbf{g}$ die Schwerebeschleunigung auf der Erdoberfläche ist. Wenn nun jemand mit der Anfangsgeschwindigkeit $\mathbf{v} = 0$ aus einer Höhe $\mathbf{h}$ in die Tiefe stürzt und dabei infolge der Gravitation immer schneller wird, so ist dies ein spiegelbildlicher Vorgang zu dem Sprung, der einen überhaupt erst auf die Höhe $\mathbf{h}$ hinaufbefördert hat.

Dies ist auch der Grund, warum es in den meisten amerikanischen Städten verboten ist, an Silvester mit Pistolen und Gewehren in die Luft zu schießen. Eine Kugel, die mit einer Geschwindigkeit von 500 m/s aus der Mündung einer Waffe austritt, wird im Verlauf ihres Fluges immer langsamer, bis sie ihre Richtung umkehrt, dabei erneut beschleunigt und schließlich auf dem Boden aufprallt, wobei sie trotz des bremsenden Einflusses des Luftwiderstandes so schnell wieder auf der Erde ankommt, dass sie schwere oder gar tödliche Verletzungen hervorrufen kann.

Für uns ist entscheidend, dass wir die Gleichung $\mathbf{v^2 = 2gh}$ verwenden können, um Gwen Stacys Geschwindigkeit in dem Augenblick zu bestimmen, wo Spider-Mans Netz sie erreicht. Nehmen wir einmal an, dass sie zu diesem Zeitpunkt etwa 100 Meter tief gefallen ist, so stellt sich heraus, dass ihre Geschwindigkeit rund 160 km/h beträgt. Auch hier wird der Luftwiderstand ihre Fluggeschwindigkeit ein wenig verlangsamen, doch wie in Abb. 6 zu sehen, nimmt sie bei ihrem Sturz eine ziemlich strömungsgünstige Haltung ein. Wie wir jedoch gleich feststellen werden, ist es nicht ihre Geschwindigkeit, sondern der abrupte Stopp ihres Sturzes durch die Wasseroberfläche, der eine Gefahr für die junge Dame darstellt.

Um Gwen Stacys Geschwindigkeit von 160 km/h auf null zu bringen, bedarf es der Einwirkung einer äußeren Kraft, die in diesem Augenblick von Spider-Mans Netz bereitgestellt wird. Je größer diese Kraft, desto drastischer ist die Veränderung von Gwens Geschwindigkeit, oder in anderen Worten: desto heftiger wird sie abgebremst. Um auszurechnen, wie stark die Kraft sein muss, die notwendig ist, um sie vor dem Aufprall auf dem Wasser zu bewahren, wenden wir erneut Newtons zweites Bewegungsgesetz mit der Formel $\mathbf{F = ma}$ an. Wir rufen uns in Erinnerung, dass Beschleunigung die Änderung der Geschwindigkeit ist, geteilt durch die dafür erforderliche Zeitspanne. Indem wir beide Seiten der Gleichung mit der Dauer des Bremsvorgangs multiplizieren, erhalten wir folgende Gleichung:

(Kraft) · (Zeit) = (Masse) · (Änderung der Geschwindigkeit)

Der Impuls eines Objekts ist definiert als das Produkt seiner Masse und seiner Geschwindigkeit (die rechte Seite der Gleichung). Das Produkt aus **(Kraft) · (Zeit)** auf der linken Seite nennt man den **Kraftstoß**. Aus der oben stehenden Gleichung können wir also entnehmen, dass, um den Impuls eines Gegenstandes zu verändern, eine äußere Kraft **F** für eine bestimmte Zeit auf das Objekt einwirken muss. Je länger dabei die Zeitspanne, desto geringer ist die Kraft, die aufgewendet werden muss, um den Impuls des Gegenstandes zu verändern.

Dies ist haargenau das Prinzip, das beispielsweise Sicherheitsgurten und Airbags in unseren Autos zugrunde liegt. Wenn ein Auto mit 100 Kilometern pro Stunde auf der Fahrbahn dahinrollt, ist es offensichtlich, dass sich der Fahrer mit der gleichen Geschwindigkeit bewegt. Stößt nun dieses Auto auf ein Hindernis und kommt zum Stehen, bewegt sich der Fahrer weiterhin mit 100 km/h, da ein bewegtes Objekt so lange in Bewegung bleibt, bis eine äußere Kraft (zu der wir gleich kommen) auf es einwirkt. In den Zeiten vor der Erfindung von Airbags und Sicherheitsgurten ging diese Kraft von der Lenksäule aus. Die Zeitspanne des Kontakts zwischen Lenksäule und Kopf war sehr kurz, folglich war die Kraft, die dabei wirkte, um den Kopf ebenfalls abzubremsen (= negative Beschleunigung), sehr groß. Dadurch, dass man innerhalb von Sekundenbruchteilen einen Luftsack aufbläst, der sich unter Druck auch noch verformt, wurde die Zeitspanne des Kontaktes zwischen besagtem Luftsack und dem Kopf des Fahrers im Vergleich zum Aufprall auf dem Lenkrad verlängert, weswegen die Kraft zum Abbremsen des Kopfes nicht so groß sein muss. Darüber hinaus wird die Kraft auf eine größere Fläche verteilt, so dass das Verletzungsrisiko bei einem abrupten Stopp erheblich reduziert werden konnte. Die dabei wirkende Kraft ist zwar immer noch groß genug, dass der Fahrer das Bewusstsein verliert, doch wird das Risiko tödlicher Verletzungen drastisch reduziert, und das ist es, worauf es in diesem Zusammenhang ankommt. Das Produkt aus Kraft mal Zeit bleibt stets das gleiche, denn das Endresultat bleibt ebenfalls gleich – die Verringerung der ursprünglichen Geschwindigkeit von 100 km/h auf null. Aus diesem Grund rollen Boxer bei einem Treffer den Kopf auch mit der Faust des Gegners mit, um auf diese Art und Weise die Dauer des Kontakts zwischen der gegnerischen Faust und dem eigenen Gesicht zu verlängern und somit die Kraft, die erforderlich ist, um den Schlag zu stoppen, zu reduzieren.

Nun ist Spider-Mans Netz zwar elastisch, was Gwen Stacy zugute kommt, doch die Zeitspanne, um ihren Aufprall auf dem Wasser zu verhindern, ist entsetzlich kurz. Je kürzer die Zeit, desto größer muss die Kraft sein, die aufgewendet wird, um eine Geschwindigkeitsänderung zu erzielen. Im Fall von Gwen beträgt diese 160 km/h – 0 km/h = 160 km/h. Nehmen wir an, dass Gwen eine Masse von 50 Kilogramm besitzt, entsprechend einem Gewicht von rund 500 Newton. Wenn das Netz sie innerhalb einer halben Sekunde vollständig abbremst, dann muss während dieser Zeit eine Kraft von etwa 4500 Newton auf sie wirken. Damit geht von dem Netz eine Kraft aus, die rund zehnmal so groß ist wie Gwens Körpergewicht. Wir rufen uns kurz in Erinnerung, dass Gewicht nichts weiter ist als **W = mg**, wobei **g** die Schwerebeschleunigung ist, und kommen zu dem Ergebnis, dass durch Spider-Mans Netz für die Dauer von 0,5 Sekunden eine Kraft auf Gwen einwirkt, die einer Beschleunigung von 10 **g** entspricht. Welche Konsequenzen das Einwirken einer solchen Kraft innerhalb so kurzer Zeit aller Wahrscheinlichkeit nach hat, ist in der Zeichnung in Abb. 6 durch eine harmlose Umschreibung angedeutet (jenes »Snap« in der Nähe ihres Genicks, dass Comicfans in aller Welt aufhorchen ließ). Im Gegensatz dazu kalkulieren Bungee-Springer die Länge ihres Fangseiles so, dass bei der Ausdehnung des elastischen Bandes genügend Zeit verstreicht, um die Bremskraft unterhalb eines tödlichen Levels zu halten.

Wenn man sich mit solcher Geschwindigkeit bewegt wie Gwen Stacy bei ihrem Sturz und dann innerhalb so kurzer Zeit abgebremst wird, dann macht es kaum einen Unterschied, ob die Bremswirkung von der Wasseroberfläche oder Spider-Mans Netz ausgeht. Es sind allerdings Fälle dokumentiert, wo Menschen sogar größeren Kräften ausgesetzt waren als Gwen und trotzdem überlebten. Colonel John Stapp beispielsweise wurde 1954 während eines Tests mit einem Raketenschlitten abrupt abgebremst und dabei der vierzigfachen Erdbeschleunigung ausgesetzt. Er überlebte und schilderte den Vorgang als vergleichbar »mit dem Ziehen eines Zahns ohne Betäubung«, doch war Col. Stapp natürlich in seinem Schlitten mittels verschiedener Gurtsysteme angeschnallt und in seiner Position fixiert.

Typischer ist in diesem Zusammenhang die Tatsache, dass die meisten Selbstmörder, die von einer Brücke springen, an einem gebrochenen Genick sterben und nicht ertrinken. Bei einer solchen Geschwindigkeit unterscheidet sich der Aufprall auf eine Wasseroberfläche nicht wesentlich vom Aufprall auf festem Boden, denn eine Flüssigkeit widersetzt sich ihrer Verdrängung umso mehr, je schneller man versucht, sich durch sie hindurchzubewegen (doch das werden wir in Kapitel 5 behandeln, wenn wir uns mit The Flash befassen). So tragisch es auch für Gwen und Spider-Man sein mag, es handelt sich hier um einen jener Fälle, in denen Comics die Physik korrekt wiedergeben und wir Leser nicht gezwungen sind, einem Tatbestand einfach zu glauben, so gern wir es in diesem Augenblick auch tun würden.

Spider-Man scheint bei dieser Gelegenheit etwas über Impuls und Kraftstoß gelernt zu haben, denn in *Spider-Man Unlimited* # 2 findet sich eine Episode, die treffenderweise mit »Tests« betitelt ist und in der er sich einer ähnlichen Situation gegenübersieht. Unser Held klebt an der Außenwand eines Wolkenkratzers, als plötzlich ein Fensterputzer an ihm vorbei in die Tiefe stürzt. Spider-Man hechtet ihm hinterher und muss innerhalb kürzester Zeit ein physikalisches Problem samt seiner praktischen Anwendung lösen – der Druck ist also deutlich höher als bei einer durchschnittlichen Abschlussprüfung. Während er dem Fensterputzer immer näher kommt (denn er hat sich mit größerer Geschwindigkeit von dem Gebäude abgestoßen als der Fensterputzer zu Beginn seines Sturzes), stellt er folgende Überlegungen an: »O.K., ich darf hier nichts falsch machen. Ihn mit dem Spinnenfaden einzufangen bringt nichts, denn dabei bricht er sich das Genick.« Wie in Abb. 8 zu sehen, erkennt Spider-Man, dass die beste Lösung darin besteht, seine Geschwindigkeit der des Arbeiters anzupassen und ihn zu packen, sobald sie sich mit annähernd gleicher Geschwindigkeit bewegen. (Wobei ich auch nicht sicher bin, wie Spider-Man seine Geschwindigkeit reduziert – vielleicht indem er mit den Füßen an der Außenwand des Gebäudes entlangschrammt?) Dann schießt Spidey in schräger Richtung einen Spinnenfaden ab, und sein Arm (der mit Spinnenkräften ausgestattet ist) kann dem Kraftstoß, der die Impulsänderung bewirkt, standhalten.

Diese Lösung fand ebenso in der Kino-Version von 2002 Verwendung. Als der Green Goblin in einer eindeutigen Anspielung auf *Amazing Spider-Man* # 121 Mary Jane Watson von einem der Türme der Queensboro Bridge stürzt, vermeidet es Spider-Man, ihren Fall mit seinem Netz aufzuhalten, sondern hechtet ihr hinterher, und erst als er sie im Griff hat, schießt er einen Faden ab, an dem sie beide in (relative) Sicherheit schwingen, wobei er die gleiche Technik anwendet wie in Abb. 8. Ein echter Superheld, so scheint es zumindest, kann aus Erfahrung klug werden.

Auch wenn er garantiert kein Held ist, so blieb auch Green Goblin von den oben angestellten Überlegungen nicht unbeeindruckt. Wie schon erwähnt, stellte die in der Ausgabe 1/2000 des Magazins *Wizard* abgedruckte Kontroverse bezüglich des Todes von Gwen

***Abb. 8** Eine Szene aus der Story »Tests« in* Spider-Man Unlimited *# 2 (Mai 2004), in der die Textboxen Spider-Mans Denkprozesse reflektieren, während er sich mit einer praktischen Anwendung des zweiten newtonschen Axioms konfrontiert sieht.*

Stacy eine der klassischen ungelösten Fragen in der Comic-Fangemeinde dar, die mich veranlasste, einen diesbezüglichen Brief an das Magazin zu schreiben, der zwei Ausgaben später abgedruckt wurde und in dem die obige Argumentation zusammengefasst war. Zwei Jahre später, in der Ausgabe vom August 2002 von *Peter Parker: Spider-Man* # 45 (geschrieben von Paul Jenkins und gezeichnet von Humberto Ramos), erschien eine Geschichte, in der Green Goblin zeigt, dass auch er endlich seine Physiklektionen gelernt hatte. In dieser Episode schickt Goblin ein Videoband, auf dem der Tod von Gwen Stacy zu sehen ist, an die Medien, um Spider-Man psychologisch fertig zu machen.

Während er sich selbst als den widerstrebenden Helden der Tragödie in Szene setzt, verkündet seine Stimme aus dem Off:

> »Als ich sah, dass das Mädchen abgestürzt war, vollzog ich eine Kurskorrektur mit meinem Gleiter, um zu versuchen, sie zu retten. Ich setzte augenblicklich zum Sturzflug an, doch bevor ich die Gelegenheit fand, sie aufzufangen, tat Spider-Man etwas unglaublich Törichtes: Trotz ihrer immensen Geschwindigkeit versuchte er, sie mit seinem elastischen Spinnennetz zu fangen. Einen Augenblick später brach ihr Genick wie ein trockener Zweig.«

Er mag vielleicht dreißig Jahre dafür gebraucht haben, aber offensichtlich hat Green Goblin in der Zwischenzeit kapiert, dass es nicht der »Sturz« war, der Gwen Stacy getötet hat, sondern das abrupte Ende dieses Sturzes. Und wenn ein verrückter, fieser Finsterling wie Green Goblin auf dem Gebiet der Physik etwas dazulernen kann, dann sollte es Hoffnung für uns alle geben.

4

An einem dünnen Faden durch die Lüfte? – Zentripetal-Beschleunigung

Da wir uns gerade mit Kräften befassen, möchte ich noch ein weiteres Thema ansprechen, das eng zusammenhängt mit der Art und Weise, wie Spider-Man seinen Spinnenfaden benutzt. In praktisch jedem Heft von *Amazing Spider-Man* finden sich Szenen, in denen wir ihn dabei sehen, wie er sich mittels seines Spinnenfadens von Gebäude zu Gebäude durch die Hochhausschluchten von New York City schwingt. Wie realistisch ist dies? Oder wissenschaftlich gefragt: Ist Spider-Mans Spinnenfaden stabil genug, um nicht nur Spider-Mans eigenes Gewicht, sondern auch das von all den Opfern, herabstürzenden Verbrechern oder unschuldigen Passanten auszuhalten, die er immer wieder einsammeln muss, während er sich schwungvoll durch die Lüfte bewegt? Denn da er sich auf einer gebogenen Bahn bewegt, wirkt neben seinem eigenen Gewicht und dem seiner gelegentlichen Begleiter noch eine zusätzliche Kraft, der sein Spinnenfaden standhalten muss. Untersuchen wir zunächst, warum das so ist.

Wir erinnern uns, dass das zweite newtonsche Axiom $\mathbf{F = ma}$ besagt, dass hinter jeder Änderung des Bewegungszustandes eines Körpers eine Kraft steckt. Solch eine Änderung – eine Beschleunigung – kann darin bestehen, dass der Körper schneller oder langsamer wird, oder aber darin, dass er seine Bewegungsrichtung ändert. Wenn keine Kraft auf den Gegenstand einwirkt, dann führt er eine »geradlinig gleichförmige Bewegung« aus, das heißt, er bewegt sich mit konstanter Geschwindigkeit entlang einer Geraden. Jede Änderung der Bewegung, sei es des Tempos oder der Richtung, kommt nur dadurch zustande, dass eine Kraft auf den Gegenstand einwirkt. Wenn ein Auto um eine scharfe Kurve biegt, bewirkt eine äußere Kraft (aufgrund der Reibung zwischen Reifen und Fahrbahn) die Richtungsänderung, während das Tempo konstant bleibt.

Um einem Körper in Bewegung eine andere Richtung zu geben, bedarf es einer äußeren Kraft – mit der zusätzlichen Bedingung, dass eine Kraft nur eine Beschleunigung (= Änderung der Bewegung) in die Richtung hervorrufen kann, in die sie selbst wirkt. Die Gravitation beispielsweise zieht jedes Objekt, unabhängig von seiner ursprünglichen Bewegung, in Richtung Erdmittelpunkt. Tatsächlich kann die Gravitation einen Gegenstand *nur* in Richtung Erdmittelpunkt ziehen, da dies ihre einzige Wirkungsrichtung ist. Wenn der noch flugunfähige Superman des Goldenen Zeitalters Anlauf nimmt und mit einer konstanten, horizontal gerichteten Geschwindigkeit von einer Klippe springt, so wird sich diese horizontale Geschwindigkeit während seines anschließenden Falls nicht verändern. Keine Krafteinwirkung, keine Veränderung der Bewegung. Seine vertikal gerichtete Geschwindigkeit hingegen nimmt stetig zu, genauso wie bei dem gerade beleuchteten Sturz von Gwen Stacy, denn hier *gibt* es eine Kraft, die in vertikaler Richtung auf ihn einwirkt. Das Resultat aus seiner konstanten horizontalen Bewegung und einer immer schneller werdenden vertikalen Bewegung ist eine parabelförmige Flugbahn, die immer steiler verläuft, je länger sein Fall andauert. Oder anders ausgedrückt: Wenn ein Baseball-Pitcher einen Ball mit 100 km/h ohne jeglichen Drall parallel zur Erdoberfläche schleudert, wird der Ball genauso lange brauchen, bis er auf dem Boden aufkommt, als wenn er ihn einfach senkrecht hätte fallen lassen (aus der gleichen Höhe wohlgemerkt). In beiden Fällen ist die einzige Kraft, die eine Änderung der Bewegung bewirkt, die Schwerkraft, und die wirkt nur in vertikaler Richtung. Jede Veränderung der Bewegung eines Objekts ist immer das Resultat des Einwirkens einer äußeren Kraft, die in Richtung der Bewegungsänderung wirkt.

Wenn Spider-Man sich von einem Gebäude zum nächsten schwingt, so beschreibt er dabei einen Kreisbogen und bewegt sich nicht auf einer geraden Linie. Dementsprechend muss eine äußere Kraft auf ihn einwirken, denn seine Bewegung ist nicht gleichförmig, sondern sie ändert ständig ihre Richtung, auch wenn Spider-Man dabei immer gleich schnell bleibt. Woher stammt nun diese Kraft? Offensichtlich aus der Spannung in seinem Spinnenfaden. Dieser hat also eine doppelte Funktion: Er muss erstens Spider-Mans Gewicht standhalten, was er auch tun müsste, wenn Spidey einfach nur senkrecht an ihm herabhängen würde, und zweitens muss er eine zweite Kraft bereitstellen, die seine Bewegung auf einen Kreisbogen umlenkt. Wenn der Spinnenfaden mitten im Schwung reißen würde, dann wäre die einzige Kraft, die auf Spider-Man wirkt, die Schwerkraft, und seine Bewegung würde sich nicht von der eines Baseballs unterscheiden, der mit der gleichen Geschwindigkeit geworfen wird wie diejenige, die Spider-Man in dem Augenblick hat, wo der Faden reißt.

Die Beschleunigung, die Spider-Man durch die Kraft infolge der Spannung seines Spinnenfadens erfährt und die seinen bogenförmigen Bewegungsablauf bedingt, ist von der gleichen Art wie die Beschleunigung, die der Mond erfährt, während er sich auf seiner Kreisbahn um die Erde bewegt – nur dass im einen Fall diese Kraft ihren Ursprung in der Spannung des Spinnenfadens hat, während es sich im anderen Fall um Newtons Gravitationskraft handelt. Doch gilt für beide, dass durch sie eine geradlinige Bewegung in eine Kreisbewegung umgewandelt wird. Die Gravitation ist sozusagen der »Spinnenfaden« des Mondes, der bewirkt, dass sich dessen Richtung permanent verändert. Würde die Spannung des Spinnenfadens oder die Gravitation plötzlich verschwinden, dann würden sowohl Spider-Man als auch der Mond ihre Kreisbahn verlassen und sich mit der gleichen Geschwindigkeit weiterbewegen, die sie in dem Augenblick hatten, als die äußere Kraft ausfiel. Wenn wir eine kleine Dosis Geometrie oder Differenzialrechnung zu Hilfe nehmen, gelangen wir zu dem Ergebnis, dass die Beschleunigung **a** eines Objekts, das permanent so abgelenkt wird, dass es mit einer Geschwindigkeit **v** auf einem Kreisbogen entlangläuft, durch $\mathbf{a} = (\mathbf{v} \cdot \mathbf{v})/\mathbf{R} = \mathbf{v}^2/\mathbf{R}$ gegeben ist, wobei **R** der Radius des Kreises ist.

Spider-Mans Spinnenfaden muss sowohl die Kraft **mg** bereitstellen, um Spider-Mans Gewicht zu tragen, als auch eine zusätzliche Kraft $\mathbf{mv^2/R}$, um seine Masse während des Schwungs in eine andere Richtung zu lenken. Je schneller er sich bewegt (je größer die Geschwindigkeit **v**) oder je enger die Kreisbahn (also je geringer der Radius **R**), desto größer wird seine zentripetale (zum Kreismittelpunkt gerichtete) Beschleunigung $\mathbf{v^2/R}$. Wenn Spider-Man sich an einem Spinnenfaden von 60 Metern Länge durch die Lüfte schwingt, beträgt die Zentripetalbeschleunigung rund $10\,m/s^2$, zu der seine Fallbeschleunigung von $10\,m/s^2$ addiert werden muss. Wenn Spider-Man eine Masse von 73 Kilo hat, dann entspricht sein Gewicht $\mathbf{w = mg}$ in etwa 730 Newton. Die zusätzliche Kraft, die sein Spinnenfaden in Form von Spannung bereitstellen muss, um ihn von einer geradlinigen Bewegung auf eine Kreisbahn zu bringen, beläuft sich auf ungefähr denselben Wert. Die gesamte Spannung, die auf dem Spinnenfaden lastet, dieser also ausgleichen muss, liegt damit bei rund 1500 Newton – solange er allein am Faden hängt und nicht noch jemanden mitnimmt.

Eine Spannung von 1500 Newton – auf der Erde das Gewicht eines Objekts mit 150 Kilogramm Masse – oder noch mehr erscheint für einen dünnen Faden ziemlich viel, doch wenn Spider-Mans Spinnenfaden ähnliche Qualitäten hat wie echte Spinnenseide, besteht für ihn nicht der geringste Anlass zur Sorge. Der Haltefaden, den eine Spinne abschießt, um ein Netz zu bauen oder sich vor plötzlich auftauchenden Vögeln in Sicherheit zu bringen, hat eine Reißfestigkeit, die in etwa fünf Mal so hoch ist wie die eines Stahlkabels, das genauso viel wiegt, und ist elastischer als Nylon. Die Eigenschaften der Spinnenseide beruhen auf ihrer Struktur. Sie besteht aus Tausenden starrer Fasern, die jeweils nur ein paar millionstel Millimeter dick sind (wodurch vermieden wird, dass beim Reißen einer einzigen Faser die ganze Struktur zerstört wird) und zwischen denen mit Flüssigkeit gefüllte Kanäle verlaufen, welche die Spannungskräfte über die gesamte Länge des Fadens verteilen. Spider-Man kann darüber hinaus auf die Materialeigenschaften seines Spinnenfadens einwirken, indem er beim Abschuss aus den Netzdüsen an seinen Handgelenken die chemische Zusammensetzung neu mischt. Auf ähnliche Weise verändern auch Spinnen die Reißfähigkeit ihrer

Netze, indem sie das Verhältnis von kristallinen und nichtkristallinen Proteinen im Faden variieren.

Diese Qualitäten des Spinnenfadens machen ihn auch für die kommerzielle Verwertung interessant, doch dazu bräuchte man erhebliche Mengen von Spinnenseide. Da man Spinnen nicht in großen Mengen züchten kann (ihr ausgeprägtes Revierverhalten steht dem entgegen), haben die gentechnischen Labors in jüngster Zeit Versuche unternommen, die für die Netzproduktion zuständigen Spinnengene in Ziegen einzupflanzen, um anschließend die Spinnenseide aus der Ziegenmilch herauszufiltern und in größeren Mengen zu gewinnen. Die Resultate waren allerdings nicht ganz zufriedenstellend. Andere Wissenschaftler berichten von erfolgreichen Versuchen mit gentechnisch veränderten Viren, die in Laborversuchen in isolierte Spinnenzellen eingeschleust wurden, um dadurch die Produktion der für die Netze typischen Proteine anzuregen. Die Spinnenseide produzierenden Gene wurden darüber hinaus erfolgreich in Pflanzenzellen eingesetzt. Diese Forschung könnte weitreichende praktische Anwendungen nach sich ziehen, wie Jim Robbins in seinem Artikel »Second Nature« in der Juli-Ausgabe 2002 des *Smithsonian* darlegte: »Theoretisch würde ein bleistiftdickes gesponnenes Seil aus Spinnenseide ausreichen, um einen Kampfjet bei der Landung auf einem Flugzeugträger bis zum Stillstand abzubremsen. Die Kombination aus Reißfestigkeit und Elastizität bietet darüber hinaus einen fünfmal stärkeren Schutz gegen aufprallende Geschosse als die Synthetikfaser Kevlar, die derzeit noch als Ausgangsmaterial für kugelsichere Westen dient.«

Die hohe Reißfestigkeit der echten Spinnenseide beträgt rund 90000 Newton pro Quadratzentimeter, das bedeutet, ein Seil mit einem Querschnitt von 1 Zentimeter hielte einer Belastung von rund 70000 Newton stand, ohne zu reißen – hier auf der Erde könnte man eine Masse von über sieben Tonnen daran aufhängen! Selbst ein Strang von nur einem halben Zentimeter Durchmesser wäre in der Lage, eine Masse von 1,8 Tonnen zu tragen, entsprechend einem Gewicht von rund 18000 Newton und somit einiges mehr als die 1500 Newton, die wir zuvor als Summe aus Spider-Mans Gewicht und der Zentripetalkraft errechnet haben. Solange er nicht versucht, den unglaublichen Hulk und den Blob gleichzeitig mitzunehmen, sollte er mit seinem Spinnenfaden ganz gut bedient sein.

Daher ist es auch unter Beachtung der newtonschen Axiome völlig plausibel, dass sich Spider-Man an seinem Netzfaden von Gebäude zu Gebäude schwingt, er damit einen außer Kontrolle geratenen Hochbahnzug aufhält (wie in dem Film *Spider-Man 2* von 2004) oder er sich aus dünnen Fäden dieser Substanz einen kugelsicheren Schutzschild webt. Um also die Frage in der Kapitelüberschrift noch einmal zu beantworten: Klar doch, schauen Sie einfach mal hoch!

5

FLASH-FAKTEN – REIBUNG, WIDERSTAND UND SCHALL

Es war eine dunkle, stürmische Nacht in Central City, als Barry Allen, wissenschaftlicher Mitarbeiter des Polizeidepartments, sein Büro abschloss, um endlich Feierabend zu machen. Auf seinem Weg nach draußen blieb er kurz vor dem chemischen Labor stehen und betrachtete voller Staunen die Vielzahl von Chemikalien, die das CCPD hier aufbewahrte. Draußen braute sich der Sturm zusammen, und obwohl Barry Allen als Wissenschaftler es eigentlich hätte besser wissen müssen, stand er an einem offenen Fenster, als es plötzlich krachte und ein Blitz einschlug. Die Chemikalienbehälter zersprangen, und Allen wurde in hohem Bogen durch die Luft geschleudert, während Elektrizität durch seinen Körper strömte.

Doch die normalerweise tödliche Wirkung der Kombination aus gefährlichen Chemikalien und hoher Spannung raubte Allen nur das Bewusstsein. Später am Abend stellte er zu seiner Überraschung fest, dass er mühelos ein davonfahrendes Taxi einholen und innerhalb von Sekundenbruchteilen ein herabfallendes Tablett samt des darauf befindlichen Essens wieder in seinen Ausgangszustand zurückversetzen konnte. Er gelangte zu der Einsicht, dass der Unfall im Labor ihn offenbar mit Superschnelligkeit ausgestattet hatte, und legte sich ein einfaches, aber geschmackvolles Kostüm in den Farben Rot und Gelb zu, um fortan unter dem Namen Flash (der Rote Blitz) dem Verbrechen die Stirn zu bieten.*

* Ein derart ausgefallener chemo-elektrischer Unfall sollte sich erst in *Flash* Comics # 110 wiederholen, als ein *weiterer* Blitz dem jungen Wally West eine Dusche mit einem

Es gibt ein breites Feld an physikalischen Phänomenen, die mit Geschwindigkeit zusammenhängen, und John Broome, Robert Kanigher und Gardner Fox, die wichtigsten Autoren der frühen Comics des Silbernen Zeitalters, haben etliche davon behandelt. Dank Flashs Fähigkeit, sehr schnell zu rennen, wimmelt es von Darstellungen, auf denen er senkrechte Häuserwände hinaufspurtet oder übers Meer läuft. Man sieht ihn, wie er Kugeln fängt, die auf ihn abgefeuert werden, oder Menschen in seinem Windschatten hinter sich herzieht. Ist das alles unter physikalischen Gesichtspunkten möglich? Wie sich herausstellen wird, war das ausnahmslos der Fall – vorausgesetzt, man schluckt die »große Kröte«, nämlich Flashs Fähigkeit, sich superschnell zu bewegen.

* * *

Schon bei seinem ersten Auftritt in der Episode »The Mystery of the Human Thunderbolt« (»Das Geheimnis des menschlichen Blitzes!«) in *Showcase* # 4 sieht man Flash, wie er die Außenwand eines Bürogebäudes hinaufläuft, denn »aufgrund seiner großen Schnelligkeit ist er in der Lage, die Schwerkraft zu überwinden.« Wie wir bereits herausgefunden haben, besteht zwischen der Höhe, die jemand im Sprung erreichen kann, und der Ausgangsgeschwindigkeit, die er beim Absprung hat, ein klarer Zusammenhang. Im Verlauf des Sprungs nimmt die Geschwindigkeit infolge der Gravitation beständig ab, bis sie bei einer bestimmten Höhe $\mathbf{h}$ gleich null ist. Entsprechend haben wir in Kapitel 1 errechnet, dass Superman, um ein etwa 40 Stockwerke (etwa 200 Meter) hohes Haus zu überspringen, eine Ausgangsgeschwindigkeit von 230 km/h haben muss. Da Flash noch viel, viel schneller rennen kann, sollte ein Gebäude dieser Höhe für ihn kein Problem darstellen. Folglich muss er sich bei seiner Annäherung an das Hochhaus nur mit einer Geschwindigkeit bewegen, die größer ist als das Minimum $\mathbf{v^2 = 2gh}$, um daraufhin in die Höhe zu springen, und schon ist er oben, ohne dass dabei die Gesetze der

identischen Chemikalien-Cocktail verpasste und ihm ebenfalls die Fähigkeit verlieh, sich superschnell zu bewegen. Unter dem einfallsreichen Pseudonym *Kid Flash* widmete sich Wally daraufhin ebenfalls der Verbrechensbekämpfung.

Physik in Mitleidenschaft gezogen werden (abgesehen von der Tatsache, dass er überhaupt mehrere hundert Stundenkilometer schnell rennt). Im Vergleich dazu liegt die höchste Geschwindigkeit, die ein Mensch ohne Superkräfte zu Fuß erreichen kann, bei etwa 25 km/h (obwohl im Sprint manchmal noch höhere Geschwindigkeiten möglich sind), was ausreicht, um an der Wand eines kleinen Geräteschuppens hinaufzulaufen.

Der springende Punkt (im wahrsten Sinne des Wortes) ist nicht, ob Flash schnell genug ist, um eine bestimmte Höhe **h** *im Sprung* zu erreichen, sondern ob er genügend Haftung hat, um tatsächlich eine senkrechte Hauswand hinaufzu*laufen*. Der schlichte Akt des Gehens beinhaltet einige interessante physikalische Aspekte, beispielsweise das dritte newtonsche Axiom, das besagt, dass Kräfte immer paarweise auftreten. Wenn Sie rennen oder gehen, müssen Ihre Füße eine horizontale Kraft auf den Boden ausüben, die der Richtung, in die Sie sich bewegen möchten, entgegengesetzt ist. Der Boden übt parallel zur Oberfläche eine gleich starke Gegenkraft auf Ihre Füße aus, die der rückwärts gerichteten Kraft Ihrer Schuhe entgegenwirkt. Diese Kraft ergibt sich aus der Reibung. Versuchen Sie einmal, sich auf einer Oberfläche vorwärts zu bewegen, die mit einem gleichmäßigen Film von Motoröl bedeckt ist, und Sie werden feststellen, wie wesentlich Reibung für einen so einfachen Vorgang wie das Gehen ist. Ohne Reibung zwischen Schuhen und Boden würde Flash nirgendwohin rennen können. Folgerichtig besaß Captain Cold, einer der ersten und hartnäckigsten Superschurken, mit dem Flash sich immer wieder herumschlagen musste, eine »Gefrierstrahl-Pistole«, die innerhalb von Sekunden jede Oberfläche mit einer Eisschicht überzog. Und es kam mehr als nur einmal vor, dass Captain Cold (der eigentlich überhaupt kein Captain war) diese Waffe einsetzte, um genau vor dem scharlachroten Raser eine Eisfläche entstehen zu lassen, die ihn der Reibung beraubte und so seiner Schnelligkeit die Basis entzog.

Das Phänomen der Reibung ist so allgegenwärtig und von so grundlegender Bedeutung in unserem Leben, dass wir kaum einen Gedanken daran verschwenden, obwohl es sich tatsächlich um eine sehr komplexe Angelegenheit handelt. Weshalb genau lässt sich ein Gegenstand nicht so ohne weiteres über eine Oberfläche ziehen, sondern widersetzt sich der Zugkraft? Bereits im beginnenden sechzehnten Jahrhundert befasste sich Leonardo da Vinci mit den grundlegenden Eigenschaften der Reibung. Guillaume Amontons vertiefte diese Studien gegen Ende des siebzehnten Jahrhunderts, doch erst Ende der zwanziger Jahre des letzten Jahrhunderts konnte das Phänomen durch die Einsicht in die atomare Struktur der Stoffe hinreichend erklärt werden.

Bei einem mikroskopisch kleinen Objekt gibt es prinzipiell zwei Möglichkeiten, wie die Atome angeordnet sein können: (1) in einer gleichmäßigen und periodischen kristallinen Struktur oder (2) in einer zufälligen, amorphen Zusammenballung. Die Struktur der meisten Materialien liegt irgendwo zwischen diesen beiden Extremen – man findet in ihnen Bereiche mit kristalliner Struktur, die recht beliebig miteinander verbunden oder durch amorphe Regionen voneinander getrennt sind. Im Endeffekt wird man feststellen, dass selbst die glatteste Oberfläche nicht vollständig eben ist, wenn man sie auf der atomaren Ebene betrachtet. Man muss nicht einmal so weit gehen – bereits unter einem Mikroskop, das einen Tausendstelmillimeter sichtbar machen kann (und ein Atom ist um ein Vielfaches kleiner als das), hat die Oberfläche eines beliebigen Gegenstandes mehr Ähnlichkeit mit einem zerklüfteten Gebirge als mit der glatten Oberfläche eines Sees. Wenn man also einen Gegenstand über einen anderen zieht, so ist dies – egal wie glatt poliert sie auch sein mögen – im atomaren Maßstab betrachtet in etwa gleichbedeutend damit, als würde man die Alpen nehmen, sie auf den Kopf stellen und über das Himalaja-Gebirge zerren. In einem solchen Fall ginge man natürlich von enormen geologischen Verwerfungen und tektonischen Verschiebungen aus, und in der Tat sind die Auswirkungen auf der atomaren Ebene nicht weniger katastrophal. Mit jedem Schritt, den wir tun, werden Verbindungen zwischen Atomen gelöst und neue geschaffen, werden Atomlawinen ausgelöst und Atombeben verursacht (das atomare Armageddon, das durch einen Stepptänzer ausgelöst wird, wollen wir uns lieber gar nicht vorstellen). Folglich ist eine Menge Kraft vonnöten, um diese atomaren Gebirge übereinander gleiten zu lassen. Den Widerstand gegen diese Umstrukturierung auf atomarem Niveau nennt man »Reibung«. Und ohne sie würde Flash nur auf der Stelle treten.

Die Stärke der Reibungskraft, die der Bewegung eines Objekts über eine horizontale Oberfläche entgegenwirkt, ist proportional zu dem Gewicht, mit dem das Objekt auf dieser Oberfläche lastet. Je höher das Gewicht, desto stärker verkeilen sich die »atomaren Gebirge«, und entsprechend größer ist die Reibungskraft, die überwunden werden muss, um das Objekt zu bewegen. Selbst wenn die Kraft ausreichend groß ist, um einen Gegenstand in Bewegung zu setzen, so muss man doch insgesamt mehr Kraft aufwenden, um einen großen, schweren Block von der Stelle zu bewegen, als dies bei einem kleinen, leichten der Fall ist.

Allerdings ändern sich die Verhältnisse, wenn die Oberfläche, auf welcher das Objekt entlanggezogen wird, gegenüber der Waagerechten geneigt ist. Das einfachste Beispiel ist das einer Rampe, einer Vorrichtung zum Anheben schwerer Objekte, wie sie schon die alten Ägypter nutzten, um beim Pyramidenbau riesige Kalksteinblöcke zu bewegen. Auf einer flachen, waagerechten Oberfläche drückt das Gewicht eines Gegenstandes senkrecht nach unten auf die Auflage. Wird diese Auflage geneigt, so drückt das Gewicht nach wie vor nach unten, in Richtung Erdmittelpunkt (wie man sieht, sobald man ein Senkblei neben der Rampe aufhängt). Doch das heißt auch, dass nur noch ein Teil des Gewichts senkrecht zur Rampenoberfläche wirkt und Gegenstand und Rampe aneinander presst – der andere Teil verläuft parallel zur Rampenfläche. Je geringer die Kraft ist, mit der die atomaren Gebirge gegeneinander gedrückt werden, desto weniger verkeilen sie sich ineinander und desto leichter ist es, sie gegeneinander zu verschieben. Folglich ist die Reibung, die proportional zu dem Anteil des Gewichts ist, das senkrecht auf die Auflagefläche drückt, bei einem Block, der auf einer schiefen Ebene liegt, geringer als auf einer flachen Oberfläche. Unabhängig davon, wie rau die Oberfläche auch sein mag, wird der Block, sobald die Neigung der Rampe zu steil ist und somit die Reibung nicht mehr ausreicht, um dem abwärts gerichteten Gewicht entgegenzuwirken, die Rampe hinabgleiten. Wenn wir allerdings Flash betrachten, wie er eine senkrechte Hauswand hinaufschießt, so stellen wir fest, dass es absolut *keinen* Anteil seines Gewichts gibt, der senkrecht auf die Oberfläche wirkt, auf der er sich bewegt – in diesem Fall die Hauswand. Folglich kann es keine Reibung zwischen seinen Schuhsohlen und der Hauswand geben, und ohne Reibung kann er auch nicht laufen.

Oder etwa doch? Technisch gesehen, nein! Jedenfalls nicht in dem Sinne, wie wir den Begriff »laufen« interpretieren. Er *kann,* während er nach seinem Absprung an dem Gebäude entlangrauscht, seine Füße vor und zurück bewegen, so dass es aussieht, als würde er rennen, doch im Grunde legt er die gesamte Strecke vom Boden bis zur Spitze des Gebäudes mit einem Schritt zurück. Wenn Flash rennt, so stößt er sich üblicherweise mit seinem Fuß in einem bestimmten Winkel vom Boden ab, und der Boden setzt dem eine gleich große Kraft entgegen (wie wir dank des dritten newtonschen Axioms wissen). Daraus resultiert, dass er eine Beschleunigung sowohl in vertikaler wie auch in horizontaler Richtung erfährt. Die vertikale Beschleunigung lässt ihn vom Boden abheben, und die horizontale Geschwindigkeit befördert ihn vorwärts. Je höher die vertikale Geschwindigkeit, desto größer seine Sprunghöhe, und je größer die horizontale Geschwindigkeit, desto weiter kommt er voran, bevor die Schwerkraft die geringe vertikale Geschwindigkeit aufhebt und seine Füße wieder auf den Boden zurückholt, damit er einen weiteren Schritt machen kann. Sehr schnelle Sprinter, und dazu gehört Flash ohne Zweifel, heben beim Laufen beide Füße vom Boden ab, das heißt, sie schießen zwischen den einzelnen Schritten durch die Luft. Wenn Flash bei jedem Schritt zwei Zentimeter vom Boden abhebt, dann bedeutet dies, dass er für circa eine achtel Sekunde in der Luft ist, bevor die Gravitation ihn einholt und er einen weiteren Schritt machen muss. Doch für den scharlachroten Raser ist eine achtel Sekunde eine lange Zeit. Wenn seine horizontale Geschwindigkeit 1600 m/s beträgt, er sich also mit 5760 km/h bewegt, dann legt er mit einem Schritt 200 Meter zurück, und dies ist genau die Höhe, die wir in Kapitel 1 für den Wolkenkratzer veranschlagt haben, den Superman mit einem einzigen Sprung überwand. Solange Flash also mindestens diese Geschwindigkeit beibehält, braucht er sich keine Sorgen darüber zu machen, dass er die Bodenhaftung verliert, denn er wird die Spitze des Gebäudes mit einem Schritt erreichen.

Allerdings muss er, bevor er an der Wand entlang in die Höhe schießt, eine drastische Änderung seiner Bewegungsrichtung aus der Horizontalen in die Vertikale vornehmen. Wie im vorangegangenen Kapitel bereits beleuchtet, ist jede Änderung der Bewegungsrichtung – sei es Spider-Man, der sich an seinem Spinnenfaden durch die Straßenschluchten schwingt, oder Flash, der plötzlich eine Hauswand senkrecht hinaufspurtet – gekennzeichnet durch eine Beschleunigung, zu der es eine korrespondierende Kraft geben muss. Wenn Flash seine Bewegung um 90 Grad nach oben umlenkt, ist dazu eine immense Kraft notwendig, die durch die Reibung zwischen den Schuhsohlen des Roten Blitzes und dem Untergrund entsteht. Zusätzlich zu seiner Superschnelligkeit muss die »wundersame Ausnahme von der Regel« im Falle Flash auch die Fähigkeit umfassen, nicht nur zu sehr hohen Beschleunigungen in der Lage zu sein, sondern diese auch zu verkraften, was nur wenigen Superhelden gelingen dürfte, die nicht vom Planeten Krypton stammen.

Mit Hilfe der newtonschen Axiome lässt sich auch erklären, warum Flash in der Lage ist, über das Meer beziehungsweise jede Wasseroberfläche zu laufen. Während Gwen Stacy ihre Geschwindigkeit beim Aufprall auf dem Wasser zum Verhängnis geworden wäre, ist es eben diese hohe Geschwindigkeit seiner Füße, die es Flash erlaubt, über das Wasser zu rennen. Wenn man sich durch ein Medium bewegt, sei es Luft, Wasser oder Motoröl, muss das Medium einem ausweichen. Je dichter das Medium, desto schwieriger ist es, ein schnelles Ausweichen zu erzwingen. Es kostet eine wesentlich größere Anstrengung, durch ein volles Schwimmbecken hindurchzugehen als durch ein leeres. Und es wird noch anstrengender, wenn es statt mit Wasser mit Sirup oder Honig gefüllt ist. Die Zähigkeit, mit der sich eine Flüssigkeit dem Fließen widersetzt, nennt man Viskosität, und diese nimmt im Allgemeinen mit der Dichte einer Flüssigkeit zu, beziehungsweise mit der Geschwindigkeit, mit der man versucht, sich durch die Flüssigkeit hindurchzubewegen.

In einem dünnen Medium wie der Luft sind die Abstände zwischen den Molekülen sehr groß. Unter normalen Druckverhältnissen und bei Zimmertemperatur beträgt der Abstand zwischen zwei nebeneinander liegenden Luftmolekülen etwa das Zehnfache des Durchmessers eines Sauerstoff- oder Stickstoffmoleküls. Darüber hinaus bewegen sich die einzelnen Luftmoleküle bei Zimmertemperatur auch noch mit einer Geschwindigkeit von rund 340 m/s oder 1220 km/h (also der Geschwindigkeit des Schalls in der Luft) hin und her. Wenn wir schnell laufen, baut sich vor uns keine Zone mit erhöhter Dichte auf, denn unsere Geschwindigkeit ist viel geringer als die Durchschnittsgeschwindigkeit der Moleküle. Es ist ähnlich wie bei einem Cowboy, der durch eine Herde von Kühen reitet. Wenn die Kühe sich schnell bewegen, wird er flüssig zwischen ihnen hindurchkommen, weil sie ihm ausweichen können. Bewegen sie sich hingegen langsam, haben sie keine Zeit, ihm auszuweichen, und blockieren ihm irgendwann den Weg. Sicher, es ist möglich, sich schneller zu bewegen als der Schall (ein Kunststück, das Col. Chuck Yeager 1947 zum ersten Mal vollbrachte), aber dazu ist ein erheblicher Kraftaufwand notwendig, denn wenn man versucht, sich schneller zu bewegen als die Luftmoleküle, dann stauen sie sich vor einem zu einer Region hoher Dichte (auch Stoßfront genannt).

Und in der Tat macht sich Flash in der Episode »The Challenge of the Weather Wizard« (»Der Kampf mit dem Wettermacher«) eine solche Stoßfront zu Nutze, um seinen Herausforderer, eben jenen

Abb. 9 *Panels aus »The Challenge of the Weather Wizard« (*Flash # 110*), auf denen klar zu sehen ist, dass es umso schwieriger wird, die Luft aus dem Weg zu räumen je schneller man sich bewegt.*

»Wetter-Magier«, auszuschalten. Bei diesem handelt es sich um einen ehemaligen Kleinganoven und Bruder eines verstorbenen Wissenschaftlers, dessen »Klima-Stab« er gestohlen hat – ein Gerät, mit dem man in der Lage ist, das Wetter zu manipulieren. Wie so ziemlich jeder Comic-Schurke, der etwas auf sich hält und im Besitz einer Waffe ist, die ihm Macht über fundamentale Naturgewalten verleiht, legt auch er sich ein farbenfrohes Kostüm sowie den Namen »Weather Wizard« zu und widmet sich von nun an dem Ausrauben von Banken und dem Verwüsten von Polizeirevieren. Im Finale »schießt Flash mit einer solch enormen Geschwindigkeit auf seinen Gegner zu, dass die Luft vor ihm sich zu einer immer dichteren Wellenfront zusammenballt und einen Augenblick später gegen Mardon prallt wie eine Wand aus Glas.«

Dies ist in der Tat eine physikalisch akkurate Konsequenz von Flashs Schnelligkeit jenseits der Schallgeschwindigkeit und der Ursprung dessen, was unter dem Begriff »Schallmauer« der Schrecken der Kampfflugzeugpiloten in den vierziger und fünfziger Jahren war.

Wasser ist um ein Vielfaches dichter als Luft. Wassermoleküle liegen dicht beieinander, während zwischen Luftmolekülen viel Platz ist. Deswegen ist es so schwer, sich mit hohen Geschwindigkeiten durch Wasser zu bewegen. Für Flash jedoch, der auf der Wasseroberfläche läuft, ist dies ein Vorteil. Ebenso wie jemand in der Lage ist, Wasserski zu fahren, solange die Geschwindigkeit, mit der er oder sie gezogen wird, hoch genug ist, bewegt auch Flash sich schneller als die Reaktionszeit der Wassermoleküle. In dem Augenblick, wo seine Schuhsohle mit mehr als 160 km/h auf die Wasseroberfläche trifft, sind die Moleküle nicht in der Lage, schnell genug auszuweichen, und bilden eine Stoßfront, ähnlich wie vor einem Überschalljet. Bei solchen Geschwindigkeiten verhält sich das Wasser unter Flashs Schuhsohlen fast schon wie ein fester Körper und kaum wie eine Flüssigkeit (um dies auszuprobieren, versuchen Sie einfach mal, im Pool schnell auf das Wasser einzuklatschen), und deshalb steht seine Fähigkeit, über das Wasser zu rennen, im völligen Einklang mit den Gesetzen der Physik. Um genau zu sein, ist es bei den Geschwindigkeiten, mit denen Flash sich fortbewegt, praktisch unmöglich für ihn, *nicht* auf der Wasseroberfläche zu laufen. Allerdings muss er, um einen Vorwärtsschub zu erhalten, sich nach hinten vom Wasser abstoßen. Das bedeutet, selbst wenn das Wasser sich unter der plötzlichen Verdichtung durch seinen Fuß verhält wie ein fester Körper, hätte Flash genügend Haftung, um rennen zu können? Eine Art, dies zu bewerkstelligen, besteht darin, dass er unter seinen Schuhsohlen sich nach hinten fortpflanzende Wirbel erzeugt und dadurch dem dritten newtonschen Axiom gemäß einen Vorwärtsschub erhält – eine Technik, der sich, wie kürzlich bekannt gegeben wurde, auch die jungen Wasserläufer-Insekten bedienen, wenn sie über die Wasseroberfläche huschen. Wobei auch hier die Comics wieder einmal die Nase ganz weit vorn hatten, denn Flashs Fähigkeit, über Wasser zu laufen, wurde in *Flash* # 117 mit der einer Muschel verglichen, die schnell auf- und zuschnappend über das Wasser schießt – mehr als dreißig Jahre bevor Wissenschaftler die Fortbewegungsmethode des Wasserläufers verstanden.*

Sobald Flash die Luft vor sich zur Seite geschoben hat, bildet sich hinter ihm eine Zone, in der eine wesentlich niedrigere Luftdichte herrscht. Im Vergleich zu der normal dichten Luft der Umgebung wirkt der Windschatten hinter Flash wie ein Vakuum. Folglich strömt Luft in den Windschatten, um dieses Vakuum zu füllen, und alles, was der anströmenden Luft im Weg ist, wird mitgerissen. Je schneller Flash rennt, desto größer ist der Druckunterschied zwischen der Luft in der Umgebung und seinem Windschatten. Entsprechend größer ist auch die Kraft, die wirkt, wenn dieser Druckunterschied ausgeglichen wird. Diesen Effekt kann man auch bei Objekten beobachten, die sich nicht ganz so schnell bewegen wie Flash – beispielsweise wenn ein U-Bahn-Zug in den Tunnel einfährt. Die geschlossene Form des Tunnelschachts verstärkt noch den Fahrt-

* Es gibt allerdings bedeutende Ausnahmen von der Regel, dass die Viskosität einer Flüssigkeit mit der Geschwindigkeit ansteigt. Eine solche Ausnahme ist Tomatenketchup. Unter einer schnellen Krafteinwirkung nimmt die Viskosität von Ketchup ab, wohingegen gerade dargelegt wurde, dass ein schneller Schlag auf Wasser dessen Fließwiderstand verstärkt. Aus diesem Grund erreicht man durch ein paar schnelle und kraftvolle Klopfbewegungen auf den Boden einer Ketchupflasche eine kurzfristige Verringerung der Viskosität und eine erhebliche Beschleunigung der Geschwindigkeit, mit der sich der Inhalt aus der Flasche ergießt.

wind hinter dem Zug, weshalb Zeitungspapier und anderer Abfall von dem abfahrenden Zug mitgerissen werden. Auch wenn Flash sich nicht in geschlossenen Räumen bewegt, kann er dennoch eine Zone mit niedrigem Luftdruck erzeugen, um so den Fall herabstürzender Leute, Autos oder riesiger Bomben abzubremsen. Er ist, wie Abb. 10 zeigt, sogar in der Lage, einen Ganoven zu fangen und vom Boden abheben zu lassen, indem er rasend schnell im Kreis herumläuft und so einen Wirbelwind erzeugt.

Aber um noch einmal auf das Thema Schallgeschwindigkeit und Luft zurückzukommen: Sobald Flash schneller rennt als 340 m/s (oder 1220 km/h), ist seine Kommunikation mit anderen auf optische Signale begrenzt. Für jemanden, der hinter oder sogar neben ihm steht, wäre es nicht möglich, mit Flash zu reden, da er sich schneller bewegt als die Schallwellen, die ihn erreichen sollen. Bei solch hohen Geschwindigkeiten erzeugt Flash einen »Überschallknall« (mehr dazu im nächsten Kapitel). Ein solcher Knall kündigte auch Flashs ersten Auftritt in *Showcase* # 4 an.

Für jemanden, der vor Flash steht, wäre die Tatsache, dass Flash sich schneller bewegt als die Schallwellen, ein weniger großes Problem, doch die Kommunikation zwischen beiden wäre dennoch erheblich gestört. Schallwellen brauchen ein Medium, in dem sie sich ausbreiten können. Das, was wir als »Schallwellen« bezeichnen, sind in Wirklichkeit Veränderungen in der Dichte des Mediums, aufeinander folgende Zonen von Verdichtung und Ausdünnung. In einem Medium von geringer Dichte, wie beispielsweise Luft, sind die Abstände zwischen den einzelnen Molekülen relativ groß, weshalb sich

***Abb. 10** Wenn Flash rasend schnell im Kreis herumrennt, erzeugt er eine Unterdruckzone in seinem Windschatten, die es ihm ermöglicht, Toughy Boraz und seine Beute zum Polizeirevier zu verfrachten. Aus* Flash *# 117.*

die Variationen der Dichte nicht so leicht fortpflanzen wie in Wasser, Stahl oder den dünnen Wänden einer Neubauwohnung. Je dichter das Medium, desto höher die Geschwindigkeit, mit welcher der Schall sich darin ausbreitet. Deshalb sieht man in alten Westernfilmen auch gelegentlich Leute, die ihr Ohr an die Eisenbahnschienen pressen, um zu horchen, ob ein Zug sich nähert, denn im Metall der Schienen pflanzt sich der Schall wesentlich schneller fort als in der Luft. Wohingegen er sich im dünnsten aller Medien, im Weltraum fernab aller Sterne und Planeten, überhaupt nicht fortpflanzt, da dessen Dichte lediglich ein Atom pro Kubikzentimeter beträgt – verschwindend wenig verglichen mit der Dichte der Luft auf der Erde: 20 Millionen Billionen Atome pro Kubikzentimeter auf Meereshöhe.

Selbst wenn Flash hören kann, was jemand zu ihm sagt, wird dessen Stimme in der Tonhöhe nach oben verschoben sein und sich blechern anhören. Den Abstand zwischen den benachbarten Zonen höherer (oder niedrigerer) Verdichtung in dem Medium, durch das der Schall wandert, nennt man »Wellenlänge«, und diese wiederum bestimmt die Tonhöhe, die wir wahrnehmen. Die Tonhöhe oder Frequenz bezeichnet die Anzahl der vollständigen Wellenzyklen, die einen bestimmten Punkt während einer Sekunde passieren. Lange Wellenlängen haben eine tiefe Tonhöhe (man denke an die tiefen Töne einer Bassgeige, bei der die Länge der Saiten die Höhe der Töne bestimmt, die sie produzieren kann), während kürzere Wellenlängen als höhere Töne wahrgenommen werden. Wenn Flash rennt, dann wird durch sein hohes Tempo, selbst wenn er unterhalb der Schallgeschwindigkeit bleibt, die Tonhöhe dessen, was er hört, verändert. Nehmen wir einmal an, er läuft auf jemanden zu, der ihm eine Warnung zuruft. Die Schallwellen haben eine gewisse Wellenlänge, die den durchschnittlichen Abstand zwischen benachbarten Regionen höherer oder niedrigerer Dichte bezeichnet. Wenn Flash still steht, während diese Regionen unterschiedlicher Dichte an sein Ohr dringen, so wird der Ton, den er hört, bestimmt durch die Wellenlänge, die der Sprecher ihm mit auf den Weg gibt. Doch wenn Flash auf den Sprecher zusprintet, erreicht ihn zunächst die erste Region verdichteter Luft, und kurz darauf dringt bereits die nächste verdichtete

Region an sein Trommelfell, und zwar früher, als sie es täte, wenn er still stünde, denn er bewegt sich ja auf die Schallquelle zu. Folglich nimmt Flash eine kürzere Wellenlänge wahr und damit auch einen höheren Ton. Je schneller er rennt, desto deutlicher wird die Veränderung der Tonhöhe.

Dieses Phänomen wird als Doppler-Effekt bezeichnet. Wenn man die Länge der Wellen kennt, die ein unbewegtes Objekt aussendet, und man mit einem beweglichen Empfangsgerät die Wellenlänge misst, so kann man aus der Abweichung der gemessenen Wellenlänge vom Originalsignal auf die Geschwindigkeit schließen, mit der der Empfänger sich bewegt. Oder andersherum: Wenn man ein Signal mit einer konstanten Wellenlänge von einer stationären Quelle aussendet und es von einem ebenfalls unbewegten Objekt reflektiert wird, so hat das reflektierte Signal die exakt gleiche Wellenlänge. Wenn sich das Objekt auf die Signalquelle zubewegt, wird die Wellenlänge des reflektierten Signals kürzer, wenn es sich von der Signalquelle wegbewegt, wird sie länger. Das Doppler-Radar, das gelegentlich in Wettervorhersagen erwähnt wird, misst solche Veränderungen der Wellenlänge und ermöglicht es den Meteorologen, die Windgeschwindigkeit einer herannahenden Sturmfront zu bestimmen.

Auf diesem Prinzip basieren auch die Geschwindigkeitsmessgeräte der Radarfallen auf unseren Straßen oder in manchen Sportstadien. Diese senden Radiowellen aus und errechnen aus der Differenz zwischen der Wellenlänge des reflektierten Signals und der des Originalsignals die Geschwindigkeit eines bewegten Objekts (sei es ein Auto oder ein Tennisball). Damit dies funktioniert, müssen die Wellen allerdings von der Oberfläche des zu messenden Objekts sauber reflektiert werden (so wie Licht von einem Spiegel) und in direkter Linie zur Quelle und dem Messgerät zurückgeworfen werden. Wenn Sie Ihr Auto in zerknitterte Alufolie einpacken, werden die Radarwellen in alle mögliche Richtungen abgelenkt und dadurch die Messung seiner Geschwindigkeit mittels einer Radarfalle erheblich erschwert (wodurch sich erklären lässt, warum die Behörden es nie schaffen, Spud Man in seinem Baked-Potato-Mobil dingfest zu machen).

Je schneller sich ein Objekt bewegt, desto größer ist die Veränderung der Wellenlänge. Wenn Flash mit einer Geschwindigkeit von 800 km/h auf jemanden zurast, dessen Tonhöhe beim Sprechen 100 Schwingungen pro Sekunde (Hertz) beträgt, so treffen die Schallwellen des Sprechers mit einer Tonhöhe von rund 165 Hertz auf die Ohren des Roten Blitzes. Um eine Tonhöhe zu erreichen, die am oberen Rand der Wahrnehmungsfähigkeit des menschlichen Ohres liegt (20000 Hertz), müsste Flash sich mit einer Geschwindigkeit von über 240000 km/h bewegen, was rund 0,02 Prozent der Lichtgeschwindigkeit entspricht.

Auch Flashs bevorzugte Methode, Gewehr- oder Pistolenkugeln aufzuhalten, steht in keinem Widerspruch zu den Gesetzen der Physik. Wenn man vor Geschossen einfach wegrennen kann, braucht man nicht kugelfest zu sein, doch was ist, wenn unschuldige Passanten in die Schusslinie geraten? Abbildung 11 zeigt eine physikalisch korrekte Anwendung von Superschnelligkeit in einer solchen Situa-

Abb. 11 *Flash demonstriert, dass die Physik von Kraftstoß und Impuls auch dann von Bedeutung ist, wenn man so schnell rennen kann wie eine Pistolenkugel fliegt. Aus* Flash *# 124.*

tion. Aus der Perspektive eines potenziellen Opfers wird in *Flash* # 124 geschildert, wie »dieser unglaubliche Typ seine Hand mit einer solchen Geschwindigkeit ausstreckte, dass er die Kugeln einfach so aus der Luft fischte, bevor sie ihn verletzen konnten.«

Flash passt also seine Geschwindigkeit derjenigen der Kugeln an, so dass die relative Geschwindigkeit zwischen seiner Hand und der Kugel gleich null war. Und ebenso leicht, wie man ein Buch oder eine Tasse in einem Flugzeug zur Hand nehmen kann, das mit 900 km/h durch die Lüfte rauscht, ist auch Flash in der Lage, eine Kugel aus der Luft zu fischen, solange seine Hand sich ebenfalls mit etwa 450 m/s (oder 1600 km/h) in der gleichen Richtung wie die Kugel bewegt. Ein Kommentar des Herausgebers in *Flash* # 124 merkt dazu völlig korrekt an, dass »Flashs Fähigkeit, Kugeln aufzuhalten, vergleichbar ist mit der eines Baseballspielers, der einen scharfen Grounder (in etwa »Aufsetzer«) dadurch bändigt, dass er seinen Handschuh einen Augenblick lang in die gleiche Richtung bewegt wie der Ball.«

Wie wir bereits in Kapitel 3 bemerkt haben, ist das größte Problem bei hohen Geschwindigkeiten das Abbremsen. Für Gwen Stacy war die Zeitspanne zum Abstoppen ihres Sturzes zu kurz, so dass die dafür notwendige Kraft zu groß wurde. Der Boxer, der seinen Kopf mit dem Faustschlag des Gegners mitdreht, verlängert in voller Absicht die Dauer des Kontakts mit dessen Faust, um die Wucht des Aufpralls zu verringern. Und Flash wendet, wie der Herausgeber der Heftreihe richtig bemerkt, das gleiche Prinzip an. Barry Allen ist also nicht nur in der Lage, sich mit atemberaubendem Tempo fortzubewegen, sondern er verfügt offensichtlich auch über die Gabe, den immensen Beschleunigungskräften standzuhalten, die jedes Mal dann auftreten, wenn er losrennt oder langsamer wird. Folglich wird auch die Kugel, die er in seiner Faust hält, aufhören, sich zu bewegen, sobald Flash stehen bleibt, um sie anschließend dem Schützen zur Steigerung des dramatischen Effekts vor die Füße fallen zu lassen.

6 Wie ein Blitz – Spezielle Relativitätstheorie

Im vorangegangenen Kapitel habe ich den Überschallknall erwähnt, den Flash immer dann erzeugt, wenn er sich schneller bewegt als die Schallgeschwindigkeit. Wieso kommt es zu einem solchen Knall, wenn sich ein Gegenstand genauso schnell oder schneller bewegt als der Schall? Und wieso hilft uns dies beim Verständnis von Einsteins spezieller Relativitätstheorie?

Betrachten wir zunächst den Knall und widmen wir uns dann Herrn Einstein. Stellen Sie sich vor, Sie sind auf dem Land und Flash rennt mit Schallgeschwindigkeit – also 340 m/s – auf Sie zu. Wenn er beim Start 20 Kilometer von Ihnen entfernt ist, wird er für die Strecke ungefähr 60 Sekunden brauchen. In dem Augenblick, wo er losläuft, sagt er »Flash«, und nach zehn Kilometern sagt er das Wort »fetzt«. Was werden Sie hören? Wenn Flash sich langsamer bewegt als der Schall, dann erreicht er die Zehn-Kilometer-Marke später als das Wort »Flash«, das sich zu dem Zeitpunkt, wo er das neue Wort »fetzt« ausspricht, schon auf dem Weg zu Ihren Ohren ist. Sie würden also klar und deutlich den Satz »Flash fetzt« hören, bevor ein paar Augenblicke später das Geräusch des vorbeizischenden Roten Blitzes an Ihr Ohr dringt.

Wenn Flash allerdings *schneller als der Schall* unterwegs ist, so wird er die Zehn-Kilometer-Marke passieren, bevor die Worte, die er beim Start ausgesprochen hat, diese Stelle erreichen. Wenn er nun »fetzt« sagt und weiter auf Sie zurennt, so werden die Worte in umgekehrter Reihenfolge – also »fetzt Flash« – zu hören sein, und zwar erst, nachdem Sie Flash an sich vorbei laufen gehört haben. Denn da Flash sich schneller bewegt als der Schall, wird er die zehn Kilometer schneller hinter sich bringen als die Schallwellen.

Wenn er sich mit genau der gleichen Geschwindigkeit wie der Schall fortbewegt, dann werden die Wellen des Wortes »Flash« zum gleichen Zeitpunkt die Zehn-Kilometer-Marke passieren wie der scharlachrote Wirbelwind, und wenn dieser dann noch das Wort »fetzt« ausspricht, so werden beide Satzteile Ihr Trommelfell zur gleichen Zeit erreichen, 30 Sekunden später. Sie werden weder »Flash fetzt« noch »fetzt Flash« hören, sondern beide Satzteile absolut gleichzeitig. Schall ist eine Druckwelle, und so addieren sich die Wellen der beiden Satzteile und führen zu einer Schwingung, die stärker ist als die beiden separaten Teile. Flash selbst hingegen braucht eigentlich überhaupt nichts zu sagen oder sonst welche Geräusche zu erzeugen, denn einzig und allein dadurch, dass er sich mit so hoher Geschwindigkeit auf Sie zubewegt, produziert er einen solch immensen Luftstau vor sich, dass Sie diesen als ein immer lauter werdendes Tosen wahrnehmen werden, das sich in genau dem Moment in einem ohrenbetäubenden Knall entlädt, wo er an ihnen vorbeikommt. Wenn Flash sich schneller bewegt als der Schall, so wird dieser Luftstau nach wie vor produziert, jedoch mit dem Unterschied, dass Flash in relativer Stille an Ihnen vorbeizischt und der Schallknall, der sich mit Schallgeschwindigkeit ausbreitet, erst Augenblicke später an Ihr Ohr dringt. (Die Worte »fetzt Flash« würden im Krachen des Überschallknalls untergehen.) Das Knallen von Catwomans Peitsche ist die Miniaturausgabe eines solchen Überschallknalls. Der Peitschenknall entsteht dadurch, dass sich die Spitze der Peitsche schneller durch die Luft bewegt als der Schall.

Die Gefahr, die mit der unvorsichtigen Produktion akustischer Schockwellen einhergeht, wird von den Comicautoren der Gegenwart durchaus erkannt. In *DC: The New Frontier*, einer 2004 erschienen Hommage an die Comichelden des Silbernen Zeitalters, in der die DC-Superhelden von damals noch einmal in die Zeit ihrer Entstehung in den späten fünfziger Jahren zurückversetzt werden, beschreibt der Autor Darwyn Cooke eine Szene, in der Flash von Central City (nebulös im mittleren Westen der USA gelegen) nach

Las Vegas im Staat Nevada rennt. In den Textboxen, die Flashs Gedanken wiedergeben, lesen wir Folgendes: »Ich muss warten, bis ich aus der Stadt raus bin, bevor ich auf Überschallgeschwindigkeit gehe. Herumfliegende Glasscherben und Passanten sind eine ungute Kombination, wie ich leider schon ein paarmal feststellen musste.« Womit er Recht hat, wie uns ziemlich drastisch in *Flash* # 202 (Vol. 2) demonstriert wird. In dieser Episode hat unser Superheld sein Gedächtnis verloren und ist sich, zumal in ziviler Kleidung, seiner Superschnelligkeit gar nicht bewusst. Als er von einer Straßengang überfallen und ausgeraubt wird, handelt er instinktiv, und aufgrund seiner superschnellen Bewegungen platzen sämtliche Fensterscheiben in der Umgebung und richten beträchtlichen Schaden an.

Unabhängig von der Reihenfolge, in der Flashs Worte an Ihr Ohr dringen, wären Sie, falls Sie gute Augen haben und von seinen Lippen ablesen können, in der Lage zu beurteilen, ob er »Flash fetzt« oder »fetzt Flash« gesagt hat, was daran liegt, dass sich das Licht, das von seinen Lippen reflektiert wird, wesentlich schneller bewegt als der Schall (rund 300 000 Kilometer pro Sekunde verglichen mit 340 m/s). Aus dem gleichen Grund sind wir in der Lage zu berechnen, wie weit ein Gewitter entfernt ist, indem wir einfach die Zeit messen, die zwischen dem Aufleuchten des Blitzes und dem darauf folgenden Donner verstreicht.*

Aber was passiert, wenn Flash sich fast so schnell wie das Licht bewegen würde? Laut Einsteins spezieller Relativitätstheorie, die er im Jahre 1905 vorgestellt hat (sie heißt deswegen »speziell«, weil sie alle mit der Gravitation zusammenhängenden Effekte außen vor lässt, während die 1915 entwickelte »allgemeine« Relativitätstheorie zeigt, wie sich Relativität und Gravitation zu einem prachtvollen Ganzen verbinden lassen), kommt es bei einem Objekt, das sich annähernd so schnell bewegt wie das Licht, zu einer Reihe von seltsamen Verän-

* Das Licht eines Blitzes legt eine Strecke von 3 Kilometern in etwa einer hunderttausendstel Sekunde zurück, während der Schall für die gleiche Distanz nicht ganz zehn Sekunden braucht. Indem wir die Anzahl der Sekunden zwischen beiden Ereignissen zählen und uns die Kenntnis der Tatsache zu Nutze machen, dass der Schall sich mit etwa $^1/_3$ km/s bewegt, können wir leicht ausrechnen, wie weit entfernt der Blitzschlag sich ereignet hat.

derungen in Bezug auf Länge, Zeit und Masse. Wir haben hier weder die Zeit noch den Raum, um die Relativitätstheorien erschöpfend zu behandeln, dies würde den Rahmen dieses Buches sprengen, doch würde ich mich gerne einigen grundlegenden Phänomenen widmen, die auftreten, sobald ein Gegenstand sich nahezu mit Lichtgeschwindigkeit bewegt. Sie lassen sich relativ kurz abhandeln. Auf diese Betrachtungen werden wir in Kapitel 17 wieder zurückkommen, wenn wir uns mit Magnetismus und Elektrizität befassen.

Die spezielle Relativitätstheorie lässt sich auf zwei Aussagen reduzieren, die im ersten Moment zwar simpel erscheinen, jedoch einen tiefen Einblick in die Welt der Physik offenbaren. Diese lauten: (1) Nichts kann sich schneller fortbewegen als das Licht (tut uns Leid, Superman und Flash), wobei die Lichtgeschwindigkeit stets gleich bleibt, unabhängig davon, wie schnell ein Objekt sich bewegt, und (2) die Gesetze der Physik gelten für alles und jeden unabhängig davon, ob er, sie oder es sich bewegt oder nicht. Die erste Aussage hat höchst bemerkenswerte Konsequenzen. Wenn Flash sich so schnell wie eine Pistolenkugel bewegt, so erscheint uns das Projektil über 1500 km/h schnell, während es aus der Perspektive von Flash, der sich in der gleichen Richtung mit der gleichen Geschwindigkeit bewegt, still zu stehen scheint (weshalb er in der Lage ist, es »einfach aus der Luft zu fischen«). Die Lichtgeschwindigkeit hingegen beträgt immer 300 000 km/s, für einen still stehenden Beobachter ebenso wie für Flash, egal wie schnell er auch rennen mag. Selbst wenn er mit der halben Lichtgeschwindigkeit (also 150 000 km/s) dahinrauscht, beträgt die Lichtgeschwindigkeit relativ zu ihm *nicht* 150 000 km/s, sondern nach wie vor 300 000 km/s, also ebenso viel wie für einen unbewegten Beobachter, der dem ganzen Treiben von einer Straßenecke aus zuschaut. Wie kann das sein?

Wenn Flash auf Sie zurennt, dann erscheint dies aus seiner Perspektive so, als würde er still stehen und Sie sich stattdessen auf *ihn* zubewegen. Laut spezieller Relativitätstheorie gilt nun aber, dass die Lichtgeschwindigkeit sowohl für Flash als auch für Sie 300 000 km/s beträgt. Damit dies wahr sein kann, argumentierte Einstein, dass aus Ihrer Perspektive Flash dünner erscheinen wird (damit ist gemeint, dass seine Ausdehnung in der Richtung, in der er sich bewegt, zusammengedrückt erscheint) und die Zeit für ihn langsamer zu vergehen scheint als für Sie. Aus der Perspektive von Flash hätte ein Zollstock, den er vor sich hält, nach wie vor die gleiche Länge, und seine Uhr würde nach wie vor richtig gehen, doch in Bezug auf Sie würde er die gleichen Beobachtungen machen wie Sie in Bezug auf ihn: Sie würden zusammengestaucht erscheinen, und die Zeit würde für Sie langsamer ablaufen als für ihn. Dies liegt daran, dass Sie, um die Länge des Zollstocks zu bestimmen, den Flash in seiner Hand hält, die Zeiten stoppen müssen, zu denen das vordere und das hintere Ende des Zollstocks einen bestimmten Punkt passieren. Folglich ist es für zwei Menschen, die relativ zueinander in Bewegung sind (also beispielsweise ein dahinrauschender Flash und ein stationärer Beobachter), unmöglich, Einigkeit darüber zu erzielen, ob zwei Ereignisse, die an unterschiedlichen Orten im Raum lokalisiert sind, gleichzeitig stattfinden oder nicht.

Informationen können sich nicht schneller fortbewegen als das Licht, folglich wird es immer eine Diskrepanz geben in Bezug auf die Reihenfolge, in der sich Ereignisse abgespielt haben. Wenn man sich darauf einigt, dass die Geschwindigkeit des Lichts konstant ist, wird es zwangsläufig erscheinen, als ob die Länge bewegter Objekte verkürzt ist und ihre Zeit langsamer vergeht. Comichefte lassen dies häufig außer Acht, wenn darin Figuren vorkommen, die sich mit Lichtgeschwindigkeit bewegen (wie beispielsweise Negative Man von der Doom Patrol und Captain Marvel – nicht die »Shazam«-Variante oder der Kree-Krieger der späten Sechziger/frühen Siebziger, sondern die afroamerikanische Heldin aus den *Avengers* in den späten Achtzigern, die ihren Körper in zusammenhängende Licht-Photonen transformieren konnte). Die anderen Figuren in jenen Geschichten sollten gar nicht in der Lage sein, diese Helden überhaupt zu sehen, da sie keinerlei Lichtstrahlen reflektieren können, wenn sie sich mit Lichtgeschwindigkeit bewegen. Bestenfalls könnten sie in großer Entfernung als das kurze Aufflackern eines Blitzes erscheinen, während sie aus kürzerer Distanz unsichtbar bleiben.

Die höchste Geschwindigkeit, die im Universum erreicht werden kann, ist die Geschwindigkeit des Lichts. Wenn Flash immer schneller dahinrast, könnte man annehmen, dass er irgendwann diese

Grenze durchbricht, doch dies ist nicht möglich. Um dies zu erklären, muss es für einen äußereren Beobachter, der Flash vorbeirennen sieht, so erscheinen, dass es ihm, je schneller er wird, immer schwerer fällt, weiter zu beschleunigen. Aus dem zweiten newtonschen Axiom (Kraft gleich Masse mal Beschleunigung) wissen wir, dass, wenn die Kraft, die von seinen Schuhsohlen ausgeht, keine weitere Beschleunigung bewirkt, obwohl sie gleich bleibt, dies nur daran liegen kann, dass seine Masse größer geworden ist. Folglich erscheint es uns stationären Trantüten nicht nur so, als würde die Zeit langsamer vergehen und die Länge von Objekten gestaucht werden, sondern als würde die Masse von Flash immer weiter zunehmen, je schneller er rennt. Auch dies findet gelegentlich Erwähnung in Comicheften. In *JLA* # 89 muss Flash innerhalb eines Sekundenbruchteils die gesamte Bevölkerung (512 000 Männer, Frauen und Kinder) der nordkoreanischen Stadt Chongjin vor einer drohenden nuklearen Explosion in Sicherheit bringen. Um dies zu schaffen, bleibt ihm gar nichts anderes übrig, als sich nahezu mit Lichtgeschwindigkeit zu bewegen. Die aus der Relativitätstheorie resultierenden Konsequenzen dieser hohen Geschwindigkeit werden dargestellt, als er nach vollbrachter Rettung auf dem Gipfel eines Hügel erschöpft zusammensackt. Die Textbox vermerkt dazu: »Während sein Körper allmählich die brutalen Nachwirkungen der Beinahe-Lichtgeschwindigkeit abschüttelt, richtet er den Blick seiner unendlich schweren Augen auf die Explosion, die Chongjin nun verschlingt.« Der relativistische Massenzuwachs macht sich allerdings nur bemerkbar, während Flash rennt – und aus Flashs Sicht, der sich selbst als ruhend sieht, während sich der Rest der Welt fast mit Lichtgeschwindigkeit an ihm vorbeibewegt, ist es genau andersherum: Die Masse der Leute, die ihn vorbeirennen sehen, ist deutlich größer als in Ruhe. Übrigens war es die Erkenntnis, dass ein Zuwachs an kinetischer Energie unmittelbar zu einem Massezuwachs führt, die Einstein auf seine berühmteste Formel $\mathbf{E = mc^2}$ brachte.

Flash ist jedoch nicht nur in der Lage, mit atemberaubender Geschwindigkeit zu rennen, er verfügt darüber hinaus auch über die Gabe, die Bewegung jedes einzelnen seiner Moleküle vollständig zu kontrollieren. Diese Vibrationskontrolle machte er sich in *Flash* # 116 erstmals zu Nutze und setzte sie in der Folgezeit immer wieder ein. Indem er seine Eigenvibration an die Vibrationsfrequenz der Atome einer Wand anglich, war er in der Lage, durch die Wand hindurchzugehen, ohne dass er selbst oder die Wand dabei Schaden nahm. Wobei es allerdings nicht zutrifft, dass wir nur deswegen nicht durch Wände hindurchgehen können, weil unsere Atome mit einer anderen Frequenz schwingen als die der Wand. Um genau zu sein, doch werden wir darauf später noch einmal zurückkommen, ist die durchschnittliche Frequenz, mit der unsere Atome vibrieren, lediglich eine Folge unserer Körpertemperatur. Und da unsere Körpertemperatur, gemessen in Kelvin, im Allgemeinen um weniger als 20 Prozent von der einer Wand abweicht, sind die Vibrationsfrequenzen schon ziemlich eng aufeinander abgestimmt.

Nichtsdestotrotz existiert ein quantenmechanisches Phänomen mit dem Namen »Tunneleffekt«, das es einem Objekt erlaubt, eine Barriere zu durchdringen, ohne dass das Objekt oder die Barriere dabei beschädigt wird. Es wäre allerdings voreilig, sich jetzt schon mit dem Tunneleffekt zu befassen, wo wir uns noch mit den newtonschen Bewegungsgesetzen und der klassischen Physik beschäftigen. Deswegen verschieben wir eine eingehendere Betrachtung dieser Eigenschaft Flashs auf Kapitel 22.

7

SO SEI DIES MEINE DICHTE – EIGENSCHAFTEN DER MATERIE

Bevor Dr. Henry Pym sich einen Nebenjob zulegte und unter dem Pseudonym Ant-Man Jagd auf Verbrecher und kommunistische Spione machte, war er ein ganz normaler Biochemiker. In seinem ersten Abenteuer »The Man in the Ant Hill« (»Der Mann im Ameisenhügel!«) erleben wir Pym, wie er sich mit dem täglichen Brot eines modernen Wissenschaftlers abquält: Die Beschaffung von Forschungsgeldern! In einer Rückblende erfahren wir, wie Pyms Antrag auf Fördermittel für seine Suche nach einem Verkleinerungsserum von einem wissenschaftlichen Gremium nicht nur abgelehnt, sondern er darüber hinaus auch noch mit Hohn und Spott überzogen wird. »Bah! Sie vergeuden unsere Zeit mit Ihren lächerlichen Theorien, die doch nie funktionieren«, höhnt einer der Professoren, und ein weiterer springt ihm bei: »Sie sollten sich mit praktischeren Projekten befassen!« Worauf Pym erwidert: »Nein! Ich arbeite nur an Projekten, die meine Fantasie anregen … so wie meine neueste Erfindung!« Ich sollte bei dieser Gelegenheit anmerken, dass zwei Aspekte dieses Wortwechsels besonders glaubhaft klingen: (1) Es existiert bis zum heutigen Tag eine nicht unerhebliche Spannung innerhalb von Universitäten und Forschungslabors, die sich daran entzündet, ob Forschung einen praktischen Nutzen haben sollte oder lediglich der Befriedigung von »Neugier« dienen darf, und (2) anders als beim Rest der Menschheit gehört der Ausdruck »bah« unter Wissenschaftlern zum Alltagsvokabular.

Durch einen Unfall kommt Pym erstmals in Berührung mit seinem Serum (wenn Sie nun vermuten, dass nahezu alle Superhelden eine ausgesprochen starke Neigung haben, in Unfälle verwickelt zu werden, liegen Sie gar nicht so falsch, zumindest nicht, solange es darum geht, wie sie zu ihren Superkräften kommen). Es schließt sich ein haarsträubendes Abenteuer im Inneren eines Ameisenhügels an, das an Richard Mathesons Science-Fiction-Roman *The Incredible Shrinking Man* von 1954 erinnert. Am Ende dieser Episode gelingt es Pym, mittels eines Wachstumsserums seine ursprüngliche Größe wiederzuerlangen, und er schüttet beide Flüssigkeiten in den Ausguss. »Diese Seren sind viel zu gefährlich, als dass sie je in Menschenhand gelangen dürfen«, erklärt er und schwört: »Von jetzt an werde ich mich nur noch mit praktischen Projekten befassen!« Was Pym allerdings für praktischer erachtet als die Entwicklung einer jederzeit rückgängig zu machenden Miniaturisierung, bleibt der Fantasie des Lesers überlassen.

Dr. Pyms Schwur blieb ungebrochen, bis der Verlag die Verkaufszahlen von *Tales to Astonish* # 27 erhielt. Wie in Abb. 12 belegt, dauerte es gerade mal acht Ausgaben, bis der gute Doktor in der Episode »The Return of the Ant-Man« zurückkehrte (obwohl er sich bei seinem ersten Auftritt diesen Namen noch gar nicht zugelegt hatte), nachdem er das Schrumpfungsserum noch einmal zusammengemischt und sich einen schicken rot-schwarzen Anzug samt »kybernetischem« Helm zugelegt hatte, der es ihm erlaubte, mit den Ameisen elektronisch zu kommunizieren. Angesichts der Tatsache, dass der Informationsaustausch bei Ameisen über Pheromone funktioniert, also Duftstoffe, welche die Tiere ausscheiden, verzichten wir lieber darauf, einen allzu genauen Blick auf Pyms Wunderhelm zu werfen. Derart ausgestattet, kämpfte der Wissenschaftler Henry Pym in der Gestalt des Ant-Man gegen Kriminelle, kommunistische Spione (schließlich hatten die Sechziger gerade erst begonnen), Außerirdische und so bizarre Superschurken wie Porcupine (Stachelschwein) und Egghead. Und offensichtlich gab es weit und breit keinen Finsterling, der diesem Kämpfer für Recht und Ordnung gewachsen war, auch wenn seine Superkraft im Wesentlichen darin bestand, dass er gerade mal einen Zentimeter groß war.

***Abb. 12** Die erste Seite von »The Return of the Ant-Man« (»Die Rückkehr des Ameisenmannes!«) aus* Tales to Astonish *# 35, wo wir dem als Superhelden kostümierten Alter Ego von Dr. Henry Pym zum ersten Mal begegnen.*

Abenteuer von Helden, die auf Insektengröße geschrumpft sind, gehören seit fünfzig Jahren zum Standardrepertoire von Science-Fiction-Filmen oder Comicheften. Mittlerweile leben wir im einundzwanzigsten Jahrhundert, und es ist uns noch immer nicht gelungen, eine derart drastische Form der Gewichtsreduktion in die Tat umzusetzen. Weshalb dauert das so lange?

Eine berechtigte Frage, denn schließlich steht doch jeden zweiten Tag irgendwo eine Meldung, die die Gleichung **wissenschaftliche Tatsachen gleich Science-Fiction plus Zeit** bestätigt. Roboter setzen Autos zusammen oder fahren als Staubsauger durch Ihre Wohnung; ein Computer hat den Schachweltmeister bei einem Turnier besiegt, und therapeutisches Klonen verspricht die Aussicht auf Heilung oder Linderung bei schwersten Krankheiten. Menschen sind zum Mond geflogen, darauf herumspaziert und sicher wieder zur Erde zurückgekehrt – und dies nicht nur einmal, sondern mehrfach. Reisen zu anderen Planeten – zumindest innerhalb unseres Sonnensystems – sind ebenfalls geglückt, wenn auch nur mit unbemannten Raumschiffen. In renommierten Fachzeitschriften werden wissenschaftliche Abhandlungen veröffentlicht, in denen die Konstruktion von »Zeitmaschinen« diskutiert wird, für deren Funktionieren eine so genannte »negative Energie« notwendig ist. (Dieser »negativen Energie« wird darüber hinaus nachgesagt, dass sie im Rahmen der allgemeinen Relativitätstheorie eine theoretische Möglichkeit bietet, Geschwindigkeiten zu erreichen, die höher sind als die des Lichts.)*

Errungenschaften, die vor Jahren noch als Zukunftsmusik galten, gehören mittlerweile zum Alltag: Die heutigen Handys mit ihren Möglichkeiten zur Speicherung und Übermittlung digitaler Bilddaten und Internetzugang bieten beispielsweise Möglichkeiten, die den Drehbuchautoren der Fernsehserie *Star Trek* nicht einmal im Traum eingefallen wären, als sie die Enterprise-Besatzung in den Sechzigern mit handlichen Kommunikationsapparaten ausstatteten. (Vom Bildtelefon in der Größe einer Armbanduhr, das Dick Tracy verwendet, sind wir auch nicht mehr allzu weit entfernt.) Auch der »Tricorder« aus Star Trek – ein tragbares Gerät von der Größe eines Buches, mit dem chemische und biologische Analysen durchgeführt werden können – wird möglicherweise bald im Handel erhältlich sein; PDAs und Palmtops sind nichts Außergewöhnliches mehr, und

* Diese negative Energie hängt mit so genannten gequetschten Quantenzuständen zusammen, und eine genaue Beleuchtung dieses Phänomens würde den Rahmen dieses Buches sprengen. Aber um gleich eine weitere Frage zu beantworten: Nein, Ihr Schwager kann nicht als ein riesiges unangezapftes Reservoir negativer Energie betrachtet werden.

an der Entwicklung eines »Labors im Chip-Format«, das neben der DNA-Analyse auch andere Funktionen erfüllen kann, wird derzeit gearbeitet. Flachbildschirme, Mikrowellenherde und Magnetresonanztomografen, die uns dreidimensionale Einblicke in den menschlichen Körper gewähren … wir leben schon heute in einer Zukunftswelt, selbst wenn Raketenrucksäcke und Roboter-Butler noch auf sich warten lassen.

Doch trotz all dieser technischen Wunderwerke und Neuerungen, die entweder bereits Realität geworden sind schon in Reichweite erscheinen, ist es noch immer nicht gelungen, Menschen beliebig zu verkleinern oder zu vergrößern. Verglichen mit der Miniaturisierung des Menschen erscheinen Zeitreisen oder Warp-Antrieb greifbar nahe. In den Sechzigern hingegen waren Schrumpfstrahlen, wenn man Comicheften oder Science-Fiction-Filmen glauben durfte, demnächst in jedem besseren militärischen Geheimlabor in Ihrer Nähe zu haben.

In dem 1966 gedrehten Film *Fantastic Voyage (Die fantastische Reise)* wurde die Reise eines Chirurgenteams geschildert, das sich in einem auf Mikrobengröße geschrumpften U-Boot durch die Blutbahn eines Wissenschaftlers bewegt, um ein Blutgerinnsel in dessen Gehirn zu entfernen, das ansonsten inoperabel wäre. Bevor der Film beginnt, erscheinen Schrifttafeln auf der Leinwand, auf denen Folgendes angekündigt wird: DIESER FILM NIMMT SIE MIT AUF EINE REISE IN REGIONEN, DIE NOCH NIE EIN MENSCH BETRETEN HAT. KEIN AUGE HAT JEMALS ERBLICKT, WAS SIE NUN SEHEN WERDEN. IN EINER WELT, WO ES NUR NOCH EINE FRAGE DER ZEIT IST, BIS DER ERSTE MENSCH EINEN FUSS AUF DEN MOND SETZT, GESCHEHEN JEDEN TAG DINGE, DIE BIS VOR KURZEM NOCH UNGLAUBLICH ERSCHIENEN. VIELLEICHT WERDEN JA SCHON MORGEN DIE FANTASTISCHEN ABENTEUER, DIE SIE NUN SEHEN WERDEN, WIRKLICHKEIT. Es dauerte noch drei Jahre, bis der erste Mensch tatsächlich seinen Fuß auf den Mond setzte, und es ist in der Tat wahr, dass Dinge, die vor dreißig Jahren noch unglaublich erschienen, heute Alltag geworden sind. Dennoch wird es noch eine sehr lange Zeit dauern, bis Ärzte in der Lage sind, Hausbesuche dieser Art zu machen. Welche unüberwindliche Barriere hindert den aufstrebenden Dr. Henry Pym daran, seine Größe radikal zu verändern?

Der Grund, warum eine solche Miniaturisierung unmöglich ist (jedenfalls nach heutigem Kenntnisstand), liegt darin, dass Materie aus Atomen besteht und die Größe eines Atoms als fundamentaler Maßstab der Natur nicht beliebig variiert werden kann. Wie Isaac Asimov in seiner Romanversion von *Fantastic Voyage* darlegt, gibt es drei verschiedene Möglichkeiten, um einen Gegenstand kleiner werden zu lassen: (1) Man verkleinert die Atome. (2) Man entfernt einen (Groß-)Teil der Atome des betreffenden Gegenstandes, oder (3) man schiebt die Atome dichter zusammen.

* * *

Betrachten wir zunächst die Größe von Atomen. Im Allgemeinen werden Atome – beispielsweise auf Schildern mit der Aufschrift VORSICHT! RADIOAKTIVITÄT! – als ein Kern dargestellt, der von Elektronen umrundet wird, die sich ähnlich wie die Planeten um die Sonne auf elliptischen Umlaufbahnen bewegen. Wenn wir die »Größe« unseres Sonnensystems als den Abstand zwischen dem Zentralgestirn und der äußersten Umlaufbahn eines Planeten bezeichnen, so kann man den »Durchmesser« eines Atoms analog dazu als den Abstand zwischen Kern und der am weitesten davon entfernten Elektronenbahn benennen. Typischerweise liegt dieser Abstand bei einem drittel Nanometer (1 nm = 1 millionstel Millimeter). Das scheint ziemlich winzig, und das ist es auch in der Tat: Der Durchmesser eines menschlichen Haares beispielsweise umfasst 300 000 Atome.

Jedes Atom hat einen Kern, der aus einer bestimmten Anzahl positiv geladener Protonen und einer vergleichbar großen Anzahl von Neutronen besteht, die keine elektrische Ladung aufweisen. Zusätzlich zu den positiv geladenen Protonen enthält das Atom eine gleiche Anzahl negativ geladener Elektronen. Wenn Objekte mit gegensätzlicher Ladung einander anziehen, wieso werden die Elektronen dann nicht von den Protonen angezogen und verklumpen mit ihnen? Nun, dies würden sie auch tun, wenn die Elektronen still stünden. Es verhält sich ähnlich wie bei Erde und Mond, die sich, wie wir in Kapitel 2 gesehen haben, durch die Gravitation gegenseitig anziehen, wobei diese Anziehungskräfte aber durch den Abstand des Mondes und seine Geschwindigkeit exakt ausgeglichen werden. In der gleichen Weise befinden sich auch die Elektronen auf »Orbitalen« in der Nähe des Atomkerns, wobei interessant ist, dass die Größenunterschiede zwischen verschiedenen Atomen relativ gering sind und die größten Atome gerade dreimal größer sind als die kleinsten. Den Protonen im Kern steht exakt die gleiche Anzahl von Elektronen gegenüber, die sich in Orbitalen um den Kern bewegen. Schwerere Atome verfügen über mehr Protonen, die eine stärkere Anziehungskraft in Richtung auf den Kern ausüben, doch gleichzeitig bedeutet eine höhere Anzahl negativ geladener Elektronen, dass sich diese auch heftiger gegenseitig abstoßen. Daraus, wie sich diese beiden Einflüsse die Waage halten (und aus einigen weiteren Überlegungen, die hier außen vor bleiben müssen), ergeben sich die Größen der verschiedenen Atome, die zwischen 20 und 30 milliardstel Zentimeter liegen.

Aus Gründen, die im dritten Teil dieses Buches behandelt werden, muss ich allerdings anmerken, dass das Bild von Elektronen, die auf wohl geformten elliptischen Bahnen um den Kern herumzischen, nicht ganz zutreffend ist. Die Quantenmechanik erlaubt keine genauen Angaben über den Ort, an dem sich ein Elektron befindet, sondern stellt einen Mechanismus bereit, mit dem sich die Wahrscheinlichkeit errechnen lässt, mit der man ein Elektron in einem bestimmten Abstand zum Kern antrifft. Der Abstand, für den die Wahrscheinlichkeit, die äußersten Elektronen anzutreffen, am höchsten ist (die dichteste Region ihrer »Wahrscheinlichkeitswolke«), wird als »Radius« eines Atoms bezeichnet, aus dem wiederum sich dessen Größe ableiten lässt. Der Radius mit der höchsten Wahrscheinlichkeit hängt von vier Faktoren ab: der Masse des Elektrons, seiner elektrischen Ladung, der Anzahl der positiven Ladungen im Kern und einer fundamentalen Naturkonstante, **h**, Planck-Konstante oder plancksches Wirkungsquantum genannt, durch deren Wert die Größe sämtlicher Quantenphänomene bestimmt wird. Wir werden uns in Teil 3 dieses Buches detaillierter mit dem planckschen Wirkungsquantum befassen, im Augenblick können wir uns darauf beschränken, dass **h** ebenso wie die Masse eines Elektrons oder die Stärke seiner elektrischen Ladung eine Konstante ist, durch die der Radius eines Atoms bestimmt wird. Sobald die Anzahl der positiven Ladungen im Kern eines Atoms feststeht (und damit auch, um welches Element es sich handelt), lässt sich am Rest nichts mehr ändern. Die Größe eines Atoms wird durch eine Reihe fundamentaler Konstanten bestimmt und kann folglich *nicht* manipuliert werden.

In Asimovs Nachfolgewerk *Fantastic Voyage II: Destination Brain (Doktor Schapirows Gehirn)* entwickelt er einen Mechanismus zur Miniaturisierung, der auf der Schaffung eines »lokalen Störfelds« beruht, durch das sich der Wert der planckschen Wirkungskonstante verändern lässt. Wenn **h** zu einem veränderbaren Parameter wird, dann würde seine Verringerung um den Faktor 10 die Verkleinerung eines Atoms um den Faktor 100 nach sich ziehen. Unnötig zu sagen, dass wir keinerlei Vorstellung davon haben, wie dies in der Realität funktionieren soll, denn diese ist durch **h** bestimmt, und es ist nun einmal so, dass Naturkonstanten nicht veränderbar sind. Unser aller Leben wäre grundlegend anders, wenn wir eine Methode fänden, die fundamentalen Naturkonstanten zu verändern, so dass die Lichtgeschwindigkeit oder die Ladung eines Elektrons beliebig variierbar wäre. Bis zu jenem Tag bleiben diese Konstanten, was sie sind, nämlich Konstanten, und weil der Radius eines Atoms durch die genannten Konstanten bestimmt wird, kann auch seine Größe nicht verändert werden. Folglich können wir Atome nicht verkleinern – jeden- falls nicht, ohne das Universum zu verändern, in dem wir leben.

Wie sieht es nun mit dem zweiten Vorschlag zur Verringerung der Größe eines Objekts aus – die Verringerung der Anzahl seiner Atome? Alles besteht aus Atomen, folglich sollte ein Objekt dadurch, dass man einige seiner Atome entfernt, kleiner werden. Und in der Tat legt die Miniaturisierung verschiedener elektronischer Geräte (beispielsweise das bereits erwähnte »Labor im Chip-Format«) den Schluss nahe, dass man manche Gegenstände mit weniger Material herstellen kann, ohne ihre Funktionstüchtigkeit einzuschränken. Probleme ergeben sich allerdings bei komplexen lebenden Strukturen, bei denen die Verringerung der Anzahl der Atome ernsthafte Konsequenzen nach sich zieht. Um jemand von 1 Meter 80 auf eine Größe von 15 Zentimetern schrumpfen zu lassen, ist eine Längenreduktion um den Faktor 12 notwendig. Da Menschen aber dreidimensional sind, müsste man gleichzeitig auch Breite und Tiefe der Versuchsperson reduzieren. Um dies zu erreichen, indem man die Anzahl der Atome reduziert (vorausgesetzt, dies wäre überhaupt möglich, man hätte einen Ort, wo man sie lagern könnte, und man könnte sie später wieder einsetzen, wenn der Kandidat seine ursprüngliche Größe wiederhaben möchte), dürfte man von jeweils 1728 Atomen immer nur eines behalten. Selbst unter der Voraussetzung, dass diese Entfernung der Atome gleichmäßig erfolgt –, so dass aus allen Zellen die gleiche Anzahl von Atomen entfernt wird –, würde dies mit dem Verlust oder zumindest einer schweren Einschränkung der biologischen Funktionsfähigkeit einhergehen.

Betrachten wir die Neuronen in unserem Gehirn. Es ist ein Mythos, dass der Mensch nur zehn Prozent seiner Gehirnkapazität nutzt, die Evolutionstheorie steht einer solch gewaltigen Verschwendung von Ressourcen entgegen. Wenn Neuronen kleiner sein und dennoch ihre Funktion im Gehirn erfüllen könnten, würde dies einen enormen Vorteil für sämtliche Mutationen in dieser Richtung ergeben. Es wären nicht nur weniger Atome vonnöten, um einen Menschen zu schaffen (womit der Bedarf an Rohmaterial in Form von Nahrungsmitteln erheblich sinken würde), sondern es wäre außerdem möglich, die Anzahl der Gehirnzellen und damit der synaptischen Verbindungen zwischen ihnen zu vervielfachen, ohne dass dadurch der Platzbedarf des Gehirns zunehmen würde. Eine typische Nervenzelle hat in etwa einen Durchmesser von einem hundertstel Millimeter, unabhängig davon, ob es sich dabei um die Nervenzelle eines Menschen oder einer Ameise handelt. Menschen sind deswegen klüger als Ameisen (jedenfalls im Allgemeinen – ich bin sicher, jedem von uns fällt ein Gegenbeispiel aus seinem persönlichen Erfahrungsschatz ein), weil unser Gehirn in etwa 400 000-mal so viele Neuronen und entsprechend mehr synaptische Verbindungen aufweist wie das einer Ameise, und nicht, weil unsere Neuronen tausendmal größer wären. Wenn man also 99 Prozent der Atome des Körpers entfernt, werden die Zellen 99 Prozent kleiner, aber leider funktionieren sie nicht mehr so, wie sie sollen.

Kommen wir also zur dritten Variante – die Schrumpfung eines Menschen durch Erhöhung seiner Dichte, also indem man die Atome näher aneinander schiebt. Leider ist auch dies keine Erfolg versprechende Möglichkeit zur Miniaturisierung, und zwar aus dem gleichen Grund, aus dem Krypton nicht einfach eine 15-mal höhere Dichte haben konnte wie die Erde. Die Atome in den meisten festen Materialien sitzen bereits dicht aufeinander, darüber hinaus bewirken die Wahrscheinlichkeitswolken negativ geladener Teilchen, die jedes Atom einhüllen, eine Abstoßung. Die Folge davon ist, dass Atome einigermaßen starre Gebilde sind, die man ähnlich wie Murmeln in einer Kiste nicht beliebig zusammenpressen kann. Das Volumen eines Behälters voller Murmeln wird von diesen nahezu vollständig ausgefüllt, wobei bis auf wenige Ausnahmen jede einzelne Murmel mehrere andere Murmeln berührt. Sicherlich gibt es Lücken zwischen den einzelnen Kugeln, doch diese Lücken sind allenfalls groß genug, um die Gesamtzahl der Murmeln um ein paar Prozent zu erhöhen. Wenn die Murmeln solide Kugeln sind und nicht hohl, dann wird es wenig nützen, auf die Außenwände des Behälters Druck auszuüben, um das Gesamtvolumen zu reduzieren. Wollte man die Größe des Behälters um den Faktor 10 reduzieren, so wäre dazu ein Druck notwendig, unter dem die Murmeln zu Staub zerbröseln. Der Versuch, einen Menschen auf ähnliche Weise zu verkleinern, würde sich in Comicgeschichten niederschlagen, die sowohl kurz als auch unappetitlich anzusehen wären und denen das Gütesiegel der Comics Code Authority ganz bestimmt versagt bliebe.

* * *

Nun, wenn es derart schwierig ist, einen Gegenstand zu schrumpfen, wie schafft es dann Henry Pym, auch bekannt als Ant-Man? Wie in *Astonishing Tales* # 27 nachzulesen ist, hat Dr. Henry Pym Jahre seines Lebens darauf verwendet, einen Wirkstoff zu entwickeln, mit dessen Hilfe man jeden Gegenstand in seiner Größe reduzieren kann, um ihn bei Bedarf mit einem Gegenserum wieder in seinen Originalzustand zu versetzen. In den späteren Episoden gelang es ihm, den Wirkstoff in praktische Pillenform zu bringen, wobei die Autoren angesichts der Frage, wie er es schaffte, sein Kostüm, den Helm und sein Waffenarsenal ebenfalls zu schrumpfen, in einen gewissen Erklärungsnotstand gerieten. Dieses Problem wurde dadurch gelöst, dass er angeblich einen kleinen Generator entwickelt hatte, mit dem er »Pym-Partikel« produzierte, die es ihm ermöglichten, jeden Gegenstand größer oder kleiner werden zu lassen. Weitere Erklärungen hinsichtlich der Wirkungs- und Funktionsweise dieser Seren und Partikel wurden nie gegeben, und so fallen ihre physikalischen Grundlagen in die Kategorie der »wundersamen Ausnahme von der Regel«, die wir wie so oft einfach akzeptieren müssen, wenn wir den Ursprung der außergewöhnlichen Fähigkeiten eines Superhelden betrachten.

8 Kann sich Ant-Man durch eine Papiertüte boxen? — Drehmoment und Rotation

Jeder Comicheld hat eine Achillesferse, und die von Ant-Man ist nur einen Millimeter groß. Ein Held von der Statur einer Ameise muss sich natürlich mit diversen Nachteilen herumschlagen. Superman muss sich vor Kryptonit in Acht nehmen, und Ant-Man davor, nicht zertreten zu werden. Außerdem sind seine Beine gerade mal ein paar Millimeter lang, so dass er für eine Strecke, die er in Normalgröße mit einem Schritt bewältigen würde, Hunderte von Schritten braucht. Entsprechend länger dauert es dann auch, wenn er von einem Punkt zum anderen gelangen will. Kein Wunder also, dass er immer wieder auf Rossameisen zurückgreift, um auf ihnen von einem Ort zum anderen zu reiten. Die Tatsache, dass seine Reittiere nicht unter seiner Last zusammenbrechen, deutet darauf hin, dass sich Ant-Mans Gewicht entsprechend seiner Größe ebenfalls verringert hat, seine Dichte also vermutlich konstant geblieben ist. (Wir erinnern uns, dass Dichte die Masse eines Objekts dividiert durch sein Volumen ist; wenn das Volumen um einen Faktor 1000 verringert wird und die Masse ebenfalls, so bleibt die Dichte unverändert.) Pym machte sich seine reduzierte Masse zu Nutze, indem er eine sprungfederbetriebene Abschussvorrichtung konstruierte, mit der er sich über die ganze Stadt hinwegkatapultieren konnte. Das Problem bei einer derartigen Fortbewegungsmethode, wie in Kapitel 3 ausführlich behandelt, besteht natürlich weniger im Flug als in der Landung. Um nicht als Mus aufzuschlagen, nutzte Pym gewöhnlich seine guten Beziehungen zu den Ameisen, die er mit seinem kybernetischen Spezialhelm zu Hunderten herbeirief, damit sie als eine Art lebender Airbag seine Landung abfederten. Dabei wurde Ant-Mans kinetische Energie auf eine solche Vielzahl von Ameisen verteilt, dass sich die Belastung für die einzelnen Tiere in Grenzen hielt und sie nicht weiter in Mitleidenschaft gezogen wurden.

Wenn Ant-Man ein solches Fliegengewicht ist, dass er sich mit einer Sprungfeder über mehrere Häuserblocks hinwegkatapultieren kann und dabei die Ameisen, die seinen Sturz bremsen, unverletzt bleiben, wie schafft er es dann, solche Schurken wie Protector oder Hijacker auszuschalten und auch Comrade X schließlich in die Knie zu zwingen? Wie bringt er es fertig, sich mit einem Fausthieb aus einem Staubsaugerbeutel zu befreien (siehe Abb. 13), wie es in *Tales to Astonish* # 37 dramatisch geschildert wird? Oder ein Heft später einen Schuft an einem Nylon-Lasso über seinem Kopf in der Luft herumzuwirbeln? In *Tales to Astonish* # 37 wird erklärt, dass Henry Pym »nach wie vor über die volle Kraft eines Menschen von normaler Statur verfügt«, selbst wenn er auf Ameisengröße geschrumpft ist. Ohne kleinlich erscheinen zu wollen, aber welcher normale Mensch – ganz zu schweigen von einem Biochemiker – wäre in der Lage, einen Mann an einem Lasso über seinem Kopf herumzuwirbeln, selbst wenn das Lasso aus »praktisch unzerreißbarem« Nylon besteht? Doch lassen wir dieses Problem einmal beiseite und widmen uns der Frage: Was bedeutet es, wenn behauptet wird, Ant-Man sei so stark wie ein normaler Mensch und könne sich problemlos aus einem Staubsaugerbeutel befreien, wenn er doch gleichzeitig die Masse einer Ameise hat und deswegen überhaupt in besagtem Staubsaugerbeutel landet? Um es allgemeiner zu formulieren: Weshalb sind wir so stark, wie wir sind, so dass wir ein Objekt mit einer Masse von 10 Kilogramm entgegen der Erdschwerkraft problemlos anheben können, mit Mühe und Not auch noch eine Masse von 100 Kilogramm, während wir bei Objekten mit einer Masse von 1000 Kilogramm gnadenlos scheitern? Unsere Stärke rührt von unseren Muskeln her und von der Struktur unseres Skeletts, das eine ausgeklügelte Kombination aus verschiedenen Hebeln darstellt. Und wie sich herausstellen wird, sind diese Hebel nicht sonderlich dazu geeignet, Lasten in die Höhe zu heben.

***Abb. 13** Eine Szene aus »Trapped by the Protector« (»In der Falle des Beschützers!«) aus* Tales to Astonish # 37, *wo illustriert wird, dass Ant-Man so leicht ist wie eine Ameise (und folglich problemlos mit einem Staubsauger eingefangen werden kann), er aber nach wie vor so stark ist wie ein normal gebauter Mensch (weshalb er sich mit einem Faustschlag aus dem Staubsaugerbeutel befreien kann).*

Einigen wir uns zunächst darauf, dass wir unter dem Begriff »Stärke« die Fähigkeit verstehen, Gegenstände anzuheben. Der menschliche Einfallsreichtum hat im Verlauf der Geschichte eine Unzahl von Geräten ersonnen, die das Anheben schwerer Lasten entweder erleichtern oder uns ganz abnehmen. Eine der frühesten Erfindungen zum Anheben von Gegenständen ist eine einfache mechanische Konstruktion namens Hebel. Etliche von uns machten ihre erste Bekanntschaft mit diesem Gerät auf dem Spielplatz, und zwar in Gestalt einer Wippe. Diese besteht zumeist aus einem langen Balken, in dessen Mitte ein Drehgelenk angebracht ist. Wenn man am einen Ende der Wippe sitzt, kann man seinen Spielkameraden auf der gegenüberliegenden Seite dank der Hebelwirkung hoch in die Luft heben. Wenn der Drehpunkt sich in der Mitte befindet, schafft man dies in der Regel nur bei Spielkameraden, die in etwa das gleiche Gewicht haben wie man selbst. Verschiebt man allerdings den Drehpunkt oder die Position der Beteiligten, so kann ein kleines Kind auch einen Erwachsenen vom Boden abheben lassen, solange dieser näher am Drehpunkt platziert ist als das Kind. Der Grund dafür ist die Tatsache, dass Wippen – und Hebel im Allgemeinen – weniger Kräfte ausbalancieren, als vielmehr »Drehmomente«.

Unter *Kraft* versteht man die Fähigkeit, ein Objekt in gerader Line zu schieben oder ziehen, während *Drehmoment* die Fähigkeit bezeichnet, ein Objekt in Rotation zu versetzen oder seine Rotation zu beschleunigen beziehungsweise zu verlangsamen. Mathematisch gesehen ist das Drehmoment definiert als das Produkt der aufgewendeten Kraft und dem Abstand zwischen dem Angriffspunkt der Kraft und dem Drehpunkt. Während man denken könnte, dies entspreche der Definition der »Arbeit«, die ja auch als Produkt der Kraft mit einer Länge definiert war, gibt es einen entscheidenden Unterschied: Im Falle der Arbeit geht es um die Länge des Weges, den entlang ein Gegenstand unter Aufwendung einer Kraft gezogen oder geschoben wird (mehr dazu in Kapitel 11) – und zur Energieänderung trägt nur derjenige Anteil der Kraft bei, der genau parallel zum Weg des Objekts wirkt. Beim Drehmoment hingegen geht als Länge der Abstand des Angriffspunkts der Kraft und des Drehpunktes ein, und wenn man sich diese beiden Punkte durch eine Linie verbunden denkt – das Ergebnis ist der »Hebelarm« –, dann wirkt die Kraft gerade senkrecht zu dieser Linie. Ist die Kraft konstant, dann gilt: Je länger der Hebelarm, desto größer das Drehmoment.

Das ist der Grund, warum Türklinken möglichst weit von den Scharnieren entfernt angebracht sind. Versuchen Sie einmal, eine Tür zu schließen, indem Sie auf der Scharnierseite drücken, und üben Sie dann den gleichen Druck auf der Seite mit dem Türgriff aus. Der

Kraftaufwand ist der gleiche, aber der Hebelarm ist deutlich länger, wenn Sie weiter vom Scharnier entfernt drücken. Dadurch ist das Drehmoment größer, und es fällt Ihnen deutlich leichter, die Tür zu schließen. Ein Schraubenschlüssel ist eine weitere einfache Vorrichtung, mit der man die Kraft, die an seinem einen Ende ausgeübt wird, verstärkt, um ein Objekt wie eine Schraubenmutter in Drehung zu versetzen. Manchmal, wenn man es mit einer besonders störrischen Mutter zu tun hat, die sich einfach nicht lösen will, nimmt man ein Stück Rohr zu Hilfe, mit dem man den Schraubenschlüssel und damit den Hebelarm verlängert. So kann man das Drehmoment selbst dann erhöhen, wenn man in puncto Kraft bereits an seine Grenzen gelangt ist. Kehren wir kurz zu dem Beispiel mit der Wippe zurück, wo ein kleines Kind in der Lage ist, einen Erwachsenen in die Höhe zu heben. Dies funktioniert nur, wenn sich der Drehpunkt in der Nähe des Erwachsenen befindet (auf dem Spielplatz setzt sich der Erwachsene dementsprechend nahe an den Drehpunkt). Dann nämlich ist der Hebelarm des Kindes länger und das Drehmoment, das es auf die Wippe ausübt, groß genug, um den Erwachsenen in eine aufwärts gerichtete Rotationsbewegung zu versetzen, was ein Kind ohne das mechanische Hilfsmittel eines Hebels nie schaffen würde.

Hebel spielen ebenfalls eine Rolle, wenn wir zu bestimmen versuchen, wie kräftig der Faustschlag des winzigen Ant-Man ist. Mit unseren Armen sind wir in der Lage, Dinge zu werfen oder anzuheben, und dies verdanken wir der Tatsache, dass es sich dabei um Hebel handelt. Ein Gegenstand, nehmen wir einmal an, es handele sich um einen Stein, wird an dem Ende eines Hebels platziert, das wir »Hand« nennen. Durch die Kontraktion des Bizeps wird der Hebel und damit die Hand mit dem Stein nach oben bewegt, während, wenn wir den Stein wieder hinlegen wollen, der Trizeps sich zusammenzieht, wodurch der Unterarm sich wieder senkt. Muskeln können sich nur zusammenziehen und damit eine Zugkraft ausüben, sie können nicht schieben oder drücken. Unsere Beweglichkeit verdanken wir also einem ausgeklügelten System von Hebeln, das aus unseren Knochen besteht, sowie einer Vielzahl von Muskeln, die an verschiedenen Stellen der einzelnen Knochen angebracht sind. Der Drehpunkt des Hebels, den wir Unterarm nennen, ist der Ellbogen. Es mag zwar etwas seltsam erscheinen, dass beide Kräfte auf der gleichen Seite des Drehpunktes ansetzen, doch dieser Hebeltyp findet sich beispielsweise ebenso bei einer Angelrute, wo die Hand, mit der man die Rute festhält, den Drehpunkt darstellt, während die Hand, die den Fisch aus dem Wasser zieht, indem sie eine Rotationsbewegung in Gang setzt, auf der gleichen Seite ansetzt wie die entgegengerichtete Kraft des Gewichts des Fisches. Die Zugkraft unseres Bizeps setzt etwa fünf Zentimeter vor dem Drehpunkt an, wobei der Unterarm eines Menschen in etwa 35 Zentimeter lang ist. Das Verhältnis der Hebelarme beträgt also eins zu sieben, was bedeutet, dass die Kraft, die der Bizeps auf die Hand ausübt, um den Faktor 7 verringert wird. Sie haben richtig gehört, *verringert* – um also einen Stein anzuheben, der eine Masse von 10 Kilogramm besitzt und damit auf der Erde ein Gewicht von 100 Newton hat, muss unser Bizeps eine Kraft von 700 Newton aufwenden.

Da kann man sich glatt fragen: Wozu soll das gut sein? Welchen Sinn hat ein Hebel, durch den der Kraftaufwand, der notwendig ist, um einen Gegenstand anzuheben, *erhöht* wird? Und in der Tat würde dies keinen Sinn machen, und man könnte den menschlichen Unterarm als Paradebeispiel *gegen* die Evolutionstheorie ins Feld führen, *wenn* die Hauptfunktion unseres Unterarms darin bestünde, Steine vom Boden aufzuheben. Da der Bizeps viel näher am Drehpunkt (dem Ellbogen) ansetzt als die Hand, braucht er sich nur um fünf Zentimeter zusammenzuziehen, damit die Hand sich um 35 Zentimeter nach oben bewegt, denn das Verhältnis der Hebelarme beträgt eins zu sieben. Dieses Verhältnis bleibt bestehen, wenn wir den bereits erwähnten Stein wieder loswerden wollen. In diesem Fall bewirkt eine Muskelkontraktion von etwas weniger als zwei Zentimeter eine Veränderung der Position der Hand um etwa 30 Zentimeter. Die Zeitspanne, die dafür notwendig ist, beträgt gerade mal 0,1 Sekunden, das bedeutet, dass der Stein, wenn er losgelassen wird, eine Geschwindigkeit von 30 Zentimetern in 0,1 Sekunden, also 3 Meter pro Sekunde hat (also etwa 11 km/h). Dies ist eine sehr niedrig angesetzte Schätzung, und die meisten Menschen erreichen Wurfgeschwindigkeiten, die weit höher sind, wobei jedoch eine ganze Reihe von Hebeln und Muskeln in Gebrauch sind. Eine sehr kleine Gruppe von Menschen ist sogar in der Lage, Gegenstände von der Größe eines Baseballs mit Geschwindigkeiten von bis zu 160 km/h zu werfen. Und das ist der Sinn, der hinter der umgekehrten Anordnung von Kraft- und Drehpunkten in den Hebeln unserer Arme steckt. Sie sind nicht dazu da, um große Steine in die Höhe zu heben, sondern um kleine Steine mit großer Geschwindigkeit durch die Gegend zu werfen. Diejenigen unter unseren Vorfahren, die besser mit Steinen oder Speeren werfen konnten, waren – im Allgemeinen – bessere Jäger. Und je besser ein Jäger war, desto besser war seine Aussicht auf ein Abendessen, was sich wiederum positiv auf seine Chancen auswirkte, eine Partnerin zu finden. Und auf diese Weise konnten manche dieser Jäger ihre Guter-Wurfarm-Gene an ihre Nachkommenschaft weiterreichen.

Aber zurück zu Ant-Man, der immer noch in dem Staubsaugerbeutel festsitzt. Bei dem winzigen Kämpfer für Recht und Ordnung sind sämtliche Gliedmaßen verkürzt, doch das Verhältnis der Hebelarme bleibt unverändert, egal ob Henry Pym seine normale Größe hat oder die einer Ameise. Für seinen Unterarm bedeutet das ein Verhältnis von eins zu sieben. Die Bewegung beim Boxen ist ähnlich wie die beim Werfen eines Steins – allerdings mit dem Unterschied, dass anstelle des Steins die Faust nach vorn geschleudert wird. Die Kraft, die unsere Muskeln bereitstellen, hängt nicht von ihrer Länge ab, sondern davon, wie groß der Durchmesser ihres Querschnitts ist. Wenn die Größe von Ant-Man nur das 0,01fache seiner normalen Größe beträgt, dann wird die Kraft, die seine Muskeln bereitstellen, mit dem Faktor $(0{,}01)^2 = 0{,}0001$ multipliziert, das heißt, sie beträgt noch ein Zehntausendstel dessen, was er ursprünglich zu leisten imstande war. Wenn Pym also in Normalgröße eine Schlagkraft von 1000 Newton aufbringt – dieselbe Kraft, die ein 100-Kilogramm-Mensch hier auf der Erde auf seine Badezimmerwaage ausübt –, so schafft er als Ant-Man gerade mal ein zehntel Newton. Allerdings ist seine Faust in diesem Zustand ebenfalls viel kleiner und hat etwa eine Fläche von 0,3 mm^2 (wenn wir davon ausgehen, dass seine Faust 1 mm breit ist). Der Druck, den seine Faust bei einem Schlag auf eine beliebige Oberfläche ausübt, ist definiert als »Kraft durch Flächeneinheit«, was in unserem Fall ein zehntel Newton dividiert durch 0,3 Quadratmillimeter, also 0,33 Newton pro Quadratmillimeter, ergibt. Umgerechnet auf einen Quadratzentimeter erhalten wir einen Druck von 33 Newton, und dies ist das gleiche Ergebnis, das wir bekommen, wenn wir die Schlagkraft von 1000 Newton, die er in Normalgröße erreicht, durch die 30 cm^2 große Fläche seiner Faust in Normalgröße dividieren. Henry Pym verfügt also als Ant-Man über genau die gleiche Durchschlagskraft wie im Normalzustand. Es ist durchaus möglich, dass Ant-Man sich mit einem Fausthieb aus einer Papiertüte befreien kann. In dieser Hinsicht sollte er allen Comicfans als Inspiration und Vorbild dienen.

WARUM DER BISS EINER RADIOAKTIVEN SPINNE HÄUFIG ÜBERSCHÄTZT WIRD

Wo wir die Stärke von Leuten beleuchten, die gerade mal so groß sind wie ein Insekt, möchte ich die Gelegenheit nutzen und einen Mythos betreffend Spider-Man demontieren. Wie wir gerade gezeigt haben, bleibt der Druck, den Henry Pyms Faust auf einen hilflosen Staubsaugerbeutel auszuüben vermag, gleich groß, egal welche Körpergröße unser Held hat – solange seine Dichte nicht verändert wird. Die Kraft seines Schlages nimmt allerdings bei schrumpfender Größe ab. Es herrscht ein allgemeines Missverständnis, dass Veränderungen des Maßstabs sich in beide Richtungen auswirken, so dass jemand, der – um ein zufälliges Beispiel zu nehmen – von einer radioaktiven Spinne gebissen wird, die proportionale Sprungkraft einer Spinne erlangt. Das bedeutet, wenn eine Spinne oder ein Floh einen halben Meter hoch springen kann – was etwa dem 200fachen der Körpergröße eines Flohs entspricht –, dann kann ein Mensch mit einer vergleichbaren Sprungkraft ebenfalls 200-mal so hoch springen, wie er groß ist. Was bei einer Größe von einem Meter achtzig eine Sprunghöhe von 360 Metern bedeuten würde! Träfe dies zu, dann wäre Spider-Man dem Superman des Goldenen Zeitalters (der noch nicht fliegen kann, weil seine Superkräfte noch nicht von einer »gelben« Sonne stammen) im wahrsten Sinne des Wortes haushoch überlegen. Dies trifft allerdings nicht einmal annähernd zu. Wenn

Peter Parker tatsächlich die Sprungkraft einer Spinne erlangen würde, dann wäre er lediglich in der Lage, exakt so hoch zu springen wie eine Spinne, nämlich einen Meter. Glücklicherweise hatten Stan Lee und Steve Ditko von Maßstabsproblemen dieser Art keine Ahnung, sonst wäre eine Reihe faszinierender Comicabenteuer nie entstanden. Doch betrachten wir einmal, wo ihr Irrtum lag.

Was bestimmt, wie hoch wir springen können? Einzig und allein zwei Faktoren: unser Körpergewicht und die Kraft, die unsere Beinmuskulatur auf den Boden ausüben kann. Von diesen beiden Faktoren hängt die Geschwindigkeit ab, mit der wir vom Boden abheben. Sobald wir keinen Bodenkontakt mehr haben, gibt es nur noch eine Kraft, die auf uns wirkt – nämlich die Schwerkraft, durch die unser Aufstieg verlangsamt wird. Folglich müssen wir uns mit zwei Beschleunigungen befassen: mit der Beschleunigung während des Absprungs und der permanenten Verlangsamung durch die Gravitation, die unsere Fluggeschwindigkeit irgendwann auf null bringt. Wir wissen bereits, dass die Maximalhöhe **h**, die wir bei gegebener Anfangsgeschwindigkeit **v** erreichen, durch die Formel $\mathbf{v^2 = 2gh}$ gegeben ist, wobei **g** wie immer für die Schwerebeschleunigung steht, die unserem Aufstieg entgegenwirkt.

Diese Formel hat einen überraschenden Aspekt, mit dem wir uns bisher noch gar nicht beschäftigt haben, nämlich dass die Sprunghöhe, die man erreichen kann, völlig unabhängig ist von der Masse des Springers! Ob groß oder klein, sobald man mit einer Anfangsgeschwindigkeit **v** abhebt und lediglich von der Gravitation in Richtung Erdoberfläche zurückgezogen wird, hängt die Höhe des Sprunges nur noch von diesen beiden Größen ab. Bei der zweiten Beschleunigung, die bei unserem Problem eine Rolle spielt, kommt die Masse des Springers dann doch wieder ins Spiel: Sie ergibt sich aus der Kraft, die unsere Muskeln beim Absprung aufwenden. Aus dem zweiten newtonschen Axiom, **Kraft gleich Masse mal Beschleunigung** oder $\mathbf{F = ma}$ folgt für eine gegebene Kraft **F**: Je größer die Masse, desto geringer die Beschleunigung beziehungsweise umgekehrt, je geringer die Masse, desto größer die Beschleunigung. Und je geringer die Beschleunigung beim Absprung, desto geringer ist auch die Anfangsgeschwindigkeit, mit welcher der

Springer vom Boden abhebt, und entsprechend geringer ist die Maximalhöhe **h**.

Dass Spinnen 30-mal so hoch springen können, wie sie groß sind, liegt nicht daran, dass sie so fantastische Springer wären, sondern daran, dass sie so klein sind. Ihre Muskeln sind nicht sonderlich groß (und stellen von daher auch nur eine geringe Kraft bereit), aber sie müssen auch nur eine geringe Masse beschleunigen, um einen Meter hoch springen zu können, was eher zufällig das Dreißigfache ihrer Körpergröße darstellt. Die menschliche Muskulatur ist wesentlich größer als die einer Spinne und produziert entsprechend größere Kräfte, doch muss sie auch eine wesentlich höhere Masse in Bewegung setzen, so dass in der Summe daraus ebenfalls eine Sprunghöhe von etwa einem Meter resultiert. Sicherlich, Spitzenathleten schaffen einiges mehr als das, dafür gibt es aber genügend Schlaffis, die es gerade mal auf dreißig Zentimeter bringen. Im Falle des Flohs, dessen Sprunghöhe das Zweihundertfache seiner Körperlänge beträgt, ist die Natur darüber hinaus noch schwer am Schummeln: Zum einen hat er eine überaus strömungsgünstige Form, so dass der Luftwiderstand minimiert wird, zum anderen stößt sich der Floh mit seinen Hinterbeinen ab, die von all seinen Gliedmaßen am längsten sind und somit die größte Hebelwirkung haben, weshalb der Floh in Wirklichkeit rückwärts springt.

Dass bei der maßstabsgetreuen Übertragung der Fähigkeiten von Insekten oder Tieren auf den Menschen lediglich die Proportionen in den Vordergrund gestellt und die absoluten Größen vernachlässigt werden, ist ein Fehler, der weit verbreitet ist und den etliche Insektenforscher des neunzehnten Jahrhunderts ebenfalls machten. Der Artenforscher D'Arcy Thompson formulierte dies sehr treffend und bündig in einer Fußnote seines klassischen Werkes *On Growth and Form (Über Wachstum und Form)*: »Es ist eine häufig anzutreffende Folge des Anthropomorphismus – und damit auch ein weit verbreitetes Charakteristikum von Märchen –, die dynamischen Aspekte zu ignorieren und sich stattdessen auf die geometrischen Aspekte der Ähnlichkeit zu versteifen.« Doch immerhin verdanken wir solchen Missverständnissen interessantere Märchen und Comicgeschichten.

9

IST ANT-MAN TAUB, STUMM UND BLIND? – HARMONISCHE SCHWINGUNGEN

Es gibt diverse Superhelden, deren spezielle Fähigkeit darin besteht, sich möglichst klein zu machen. Neben Ant-Man und Wasp, die aus dem Marvel-Stall stammen, haben auch die DC-Helden Atom, Elasti-Girl von der Doom Patrol und Shrinking Violet von der Legion of Superheroes die Gabe der Selbstminiaturisierung. Die »Erklärung« für ihre Gabe ist von Fall zu Fall verschieden, doch eines haben sie alle gemeinsam: Sie haben große Probleme, sich mit anderen zu verständigen. Es geht mir in diesem Zusammenhang weniger um die Kommunikationsprobleme zwischen Ant-Man und Wasp, die schließlich zur Scheidung der beiden führten, sondern um physikalische Beschränkungen, die die Verständigung mit Angehörigen der nicht geschrumpften Welt erschweren.

Wenn man nur ein paar Millimeter groß ist, kann niemand einen hören, und auch das eigene Hörvermögen ist erheblich eingeschränkt, so dass man auf nonverbalem Weg mit ungeschrumpften Leuten kommunizieren muss. Wenn Ant-Man kleiner wird, verändert sich seine Stimme und wird immer höher, bis sie, wenn er nur noch ameisengroß ist, das obere Ende des Frequenzspektrums erreicht hat, das ein normaler Mensch wahrzunehmen vermag. In gleichem Maße verschiebt sich sein eigenes Hörvermögen ebenfalls nach oben, so dass er kaum noch etwas von dem versteht, was normal große Menschen sagen. Und als ob dies noch nicht genug wäre, ist auch noch das Sehvermögen unseres winzigen Helden erheblich eingeschränkt, und seine optische Wahrnehmung beschränkt sich auf verschwommene, unscharfe Formen. Untersuchen wir einmal genauer, wieso man als »Privatdetektiv von der Größe eines Daumennagels« zwar nicht völlig abgeschnitten von der Welt ist, aber dennoch mit einem ziemlichen Haufen an Problemen zu kämpfen hat.

Beginnen wir mit den grundlegenden Fragen: Wodurch wird die Tonhöhe dessen, was wir hören und sagen, bestimmt? Um unserem Vorsatz, jedes physikalische Problem so einfach wie möglich zu halten, treu zu bleiben, betrachten wir zur Beantwortung dieser Frage zunächst einmal die Schwingung eines Pendels. Ein Pendel ist nichts weiter als eine Masse (die Pendelmasse), die mittels einer dünnen Schnur an einer Öse (dem Aufhängepunkt) hängt. Alle Reibungseffekte sind dabei so gering, dass wir sie getrost außer Acht lassen können. Als Pendelmasse denkt man sich normalerweise eine Kugel aus dichter Materie wie beispielsweise eine Bowling- oder eine Billardkugel, es könnte aber genauso gut auch ein Stein oder Spider-Man sein. Um das Pendel in Schwingungen zu versetzen, wird die Pendelmasse ein wenig ausgelenkt – die Schnur verläuft dann nicht mehr senkrecht, sondern weicht um einen gewissen, nicht allzu großen Winkel von der Senkrechten ab. Dann wird die Pendelmasse losgelassen. In diesem Augenblick wirken zwei Kräfte auf die Pendelmasse: (1) die Schwerkraft, die das Pendel senkrecht nach unten zieht, und (2) die Richtung Aufhängepunkt wirkende Spannung der Schnur. Die Spannung ist dafür verantwortlich, dass sich die Pendelmasse nicht vom Aufhängepunkt entfernt. Dabei gleicht sie denjenigen Teil des Gewichts des Pendels aus, der die Pendelmasse ansonsten von der Aufhängung weg beschleunigen würde. Übrig bleibt derjenige Teil der Gewichtskraft, der senkrecht zur Schnur wirkt und damit die gleiche Richtung hat wie jene, in die das Pendel schwingt. Dieser Anteil des Gewichts ist verantwortlich für die Veränderung der Geschwindigkeit der Pendelmasse, also dafür, dass das Pendel während seines Hin- und Herschwingens abwechselnd schneller und langsamer wird.

Die Zeitspanne, die das Pendel für eine vollständige Schwingung benötigt – also um vom Ausgangspunkt aus hin- und wieder zurückzuschwingen –, ist die Schwingungsdauer des Pendels. Da sich die

Pendelbewegung immer wiederholt, handelt es sich um eine »periodische« Bewegung. Egal ob es sich um Spider-Man handelt, der sich an seinem Spinnenfaden durch die Lüfte schwingt, oder um eine Billardkugel, die an einer Angelschnur angebracht ist, die Schwingungsdauer wird durch nur zwei Faktoren vollständig festgelegt: die Schwerebeschleunigung **g** und die Länge der Schnur. Überraschend erscheint in diesem Zusammenhang, dass die Starthöhe (zumindest bei geringen Abweichungen von der Vertikalen) keine Rolle für die Schwingungsdauer spielt.

Auch wenn Galileo Galilei aller Wahrscheinlichkeit nach nicht der erste Mensch war, der feststellte, dass die Periode eines Pendels als eine spezifische Eigenschaft nicht abhängig ist von der Höhe des Ausgangspunkts, so hat er doch als Erster erkannt, wodurch die Schwingungsfrequenz bestimmt wird. So überraschend, wie es auf den ersten Blick scheint, spielt es beispielsweise bei einer Schaukel auf einem Spielplatz keine Rolle, wie schwer die Person auf der Schaukel ist oder aus welcher Höhe sie ihre Schaukelbewegung startet. Der einzige Faktor, der die Schwingungsdauer beeinflusst, ist die Länge der Kette zwischen dem Sitz und dem Drehpunkt, wobei wir davon ausgehen, dass die Person auf der Schaukel weder Pumpbewegungen ausführt noch von einer zweiten Person angestoßen wird. Es trifft in der Tat zu, dass die Geschwindigkeit am unteren Scheitelpunkt umso größer ist, je höher der Ausgangspunkt der Schwingung liegt, denn der Anteil der Gewichtskraft, der nicht von der Spannung in der Kette ausgeglichen wird (und damit die Beschleunigung bewirkt), ist umso größer, je höher der Ausgangspunkt liegt. Sollte daraus nicht folgen, dass es weniger lange dauert, eine vollständige Schwingung auszuführen? Nein, denn obwohl man sich schneller bewegt, nachdem man von einem höher gelegenen Ausgangspunkt gestartet ist, ist die Strecke, die man bis zum unteren Scheitelpunkt zurücklegen muss, länger. Höhere Geschwindigkeit und längerer Weg gleichen sich exakt aus, so dass die Schwingungsdauer dieselbe bleibt, egal von welchem Punkt aus die Schwingung ihren Ausgang nimmt. Das ist auch der Grund, warum ein Pendel oder jeder andere Gegenstand, der eine harmonische Schwingung ausführt, ein hervorragendes Instrument zur Zeitmessung darstellt.

Zwei identische Uhren, egal ob sie beide über ein Pendel verfügen wie eine Standuhr oder von einer Feder getrieben werden, die sich auf- und abwickelt wie bei altmodischen Taschenuhren, werden stets die gleiche Zeit anzeigen, unabhängig von dem Punkt, an dem Pendel oder Federn in Bewegung gesetzt wurden. Ein Metronom ist ein Pendel, das auf dem Kopf steht, und seine Frequenz hängt nicht davon ab, wie weit das Pendel ausschwingt, sondern davon, an welcher Stelle des Schwungarms das Gewicht positioniert ist.

Wenn die Periode eines Pendels nicht vom Ausgangspunkt der Schwingung abhängt, warum wird sie dann durch die Stärke der Schwerkraft und die Länge der Schnur beeinflusst? Es ist augenfällig, dass bei geringerer Schwerebeschleunigung die Kraft, die auf die Masse einwirkt, geringer ist – und damit auch die Geschwindigkeit, die diese erreicht. Auf dem Mond wird ein Pendel länger brauchen, um eine vollständige Schwingung zu absolvieren, als auf der Erde, und im fernen Weltall weitab aller Himmelskörper, wo die Fallbeschleunigung so gut wie null ist, wird das Pendelgewicht sich überhaupt nicht bewegen, entsprechend einer unendlich langen Schwingungsdauer. Und nun zur Länge der Schnur – wieso hat sie eine Auswirkung auf die Schwingungsdauer? Wegen der Geometrie. Stellen wir uns die Fläche, die das Pendel überstreicht, als ein Stück Kuchen vor, wobei der Drehpunkt das spitze Ende des Kuchenstücks darstellt und die Bahn des Pendelgewichts den Rand. Für den ganzen, nicht aufgeteilten Kuchen gilt, dass die Länge des Randes, bei einem Kreis auch Umfang genannt, beträgt, wobei **R** den Radius des Kreises bezeichnet und der griechische Buchstabe π die Konstante 3,14159… Je größer der Radius **R**, desto größer der Umfang **(2π R)** und desto länger auch die Kruste oder der Rand eines einzelnen Kuchenstücks. Bei einem Pendel ist die Länge der Schnur zwischen der Pendelmasse und dem Drehpunkt analog zum Radius des Kuchens. Die Entfernung, die das Gewicht zurücklegen muss, nimmt mit der Länge der Pendelschnur zu, und damit wird auch die Schwingungsdauer mit wachsender Schnurlänge immer länger.

Die *Frequenz* der Pendelschwingung – definiert als die Zahl der Hin-und-Her-Schwingungen, die das Pendel binnen einer Sekunde ausführt – ist gerade der Kehrwert der Schwingungsdauer. Ein

Oszillator mit einer Schwingungsdauer von einer halben Sekunde – der damit per Definition eine halbe Sekunde benötigt, um einen vollständigen Schwingungszyklus zu durchlaufen – wird innerhalb von einer Sekunde zwei vollständige Schwingungen ausführen. Bei einer Schwingungsdauer von einer zehntel (= 0,1) Sekunde hat die Frequenz den Wert von 10 Schwingungen pro Sekunde. Je kürzer die Schwingungsdauer, desto höher die Frequenz. Das Quadrat der Schwingungsdauer wiederum ist proportional zum Verhältnis der Schnurlänge **l** des Pendels und der Schwerebeschleunigung **g**, etwas exakter als Formel geschrieben $\mathbf{(Schwingungsdauer)^2 = (2\pi)^2 \cdot (l/g)}$. Um zu erklären, warum dort gerade das Quadrat der Periode proportional zum Verhältnis von **l** und **g** ist und wie der Faktor $\mathbf{(2\pi)^2}$ ins Spiel kommt, müsste ich mein Versprechen brechen, dass wir lediglich mit Algebra operieren. Für unsere Zwecke genügt es zu wissen, dass man die Länge der Pendelschnur vervierfachen muss, um die Schwingungsdauer zu verdoppeln. Im Gegenzug verringert sich die Schwingungsdauer, wenn man die Länge der Pendelschnur verkürzt (indem man beispielsweise Pym-Partikel benutzt), und je kürzer die Schwingungsdauer, desto höher ist die Frequenz.

Bei den menschlichen Stimmbändern handelt es sich zwar nicht um ein Gewicht, das an einer Schnur hin- und herschwingt, aber der gewaltige Vorteil des Pendels als Paradebeispiel für eine einfache (»harmonische«) Schwingung besteht darin, dass sich die grundlegenden Aussagen dieses einfachen Modellsystems ganz allgemein auf *alle* schwingenden Systeme übertragen lassen.* Wenn Henry Pym auf Ameisengröße zusammenschrumpft, reduziert er seine Ausdehnung auf etwa ein Dreihundertstel seiner ursprünglichen Größe. Folglich wird die Grundfrequenz seiner Stimmbänder um das 17fache steigen (die Quadratwurzel aus 300). Die Tonhöhe

* Harmonische Schwingungen eines Pendels oder, wie die Physiker sagen, eines »harmonischen Oszillators« sind einer der Eckpfeiler der theoretischen Physik. Beim Versuch, komplexe Phänomene der Natur zu beschreiben, ist man derart häufig in der Situation, auf ein einfaches Pendel zurückgreifen zu können, dass man fast schon versucht ist, eine Weisheit des Baseball-Philosophen Yogi Berra abzuwandeln und zu behaupten, dass 90 Prozent der Physik nichts weiter sind als Physik des harmonischen Oszillators und die andere Hälfte Physik der Zufallsbewegung (»random walk«).

der Sprechstimme eines normal großen Menschen liegt bei etwa 200 Schwingungen pro Sekunde. Wenn Pym auf Ameisengröße schrumpft, muss man diese Frequenz mit 17 multiplizieren, woraus sich eine Tonhöhe von 3400 Schwingungen pro Sekunde ergibt. Unser Hörvermögen reicht von 20 bis 20000 Schwingungen pro Sekunde, folglich sollten wir zwar in der Lage sein, Ant-Man zu hören, doch seine Stimme wird sehr hoch und fiepsig klingen, zumal auch sein Brustkorb erheblich kleiner ist als zuvor. Wenn er seine Opponenten mit einer solchen Stimme auffordert, sich zu ergeben, dürften sie wohl eher von Lachanfällen geschüttelt zu Boden gehen als von seinem rechten Haken.

Doch seine Stimme ist nicht das Einzige, das sich während des Schrumpfprozesses verändert. Auch sein Hörvermögen ist davon betroffen. Die Grundfrequenz einer Membran verschiebt sich ebenfalls nach oben, sobald ihr Durchmesser abnimmt. Eine große Basstrommel hat einen tiefen Ton, während eine kleinere Trommel heller klingt. Wenn Dr. Pyms Trommelfelle infolge der Behandlung mit Pym-Partikeln kleiner werden, das heißt, ihr Durchmesser sich verringert, dann verschieben sich entsprechend auch die Tonhöhen, die er wahrzunehmen vermag. (Die physikalischen Zusammenhänge, die mit dem Hörvermögen des Menschen zu tun haben, sind wesentlich komplexer, doch nehmen wir in diesem Zusammenhang einfach einmal an, es würde von der Größe des Trommelfells bestimmt.) Die tiefste Frequenz, die er hören kann, wenn er normal groß ist, liegt also bei 20 Schwingungen pro Sekunde, die nach dem Schrumpfungsprozess mit dem Faktor 17 multipliziert werden müssen, weshalb sich seine untere Hörschwelle auf den Wert 340 Schwingungen verschiebt. Wenn nun die Tonhöhe der Sprache eines normal großen Menschen etwa 200 Hertz (= Schwingungen pro Sekunde) beträgt, so bedeutet dies, dass unser winziger Titan sie zumindest akustisch nicht wahrnehmen kann. Folglich müssen Ant-Man und seine miniaturisierten Kollegen sich eingehend mit dem Vokabular der Körpersprache befassen, wenn sie mit der Normalwelt kommunizieren wollen.

Wenn Henry Pym auf die Größe einer Ameise schrumpft, wirkt sich dies nicht nur auf die Tonhöhe aus, die er wahrnehmen kann, sondern auch auf die Empfindlichkeit seines Gehörs. Wenn die

Stimmbänder hin- und hervibrieren, verursachen sie eine Verdichtung und Ausdehnung der vorbeiströmenden Luft, die durch die Kontraktion des Zwerchfells durch die Kehle gepresst wird. Diese Dichteschwankungen sind sehr gering – die Luftdichten in den Regionen höherer und niedrigerer Dichte unterscheiden sich im Schnitt um nicht mehr als ein hundertstel Prozent. Je größer die Variation, desto lauter der Ton, der aus dem Mund dringt. Sie können dabei lediglich beeinflussen, wie groß die Dichteschwankungen der Luft dort sind, wo der Schall Ihren Mund verlässt. Die weiteren Stufen der Schallausbreitung laufen von alleine ab: Regionen höherer Dichte dehnen sich aus, komprimieren die Luft in benachbarten Regionen, die sich ihrerseits ausdehnen und wieder andere Luftregionen zusammendrücken. In dieser Weise pflanzt sich das Verdichtungsmuster, das Ihre Stimmbänder der Luft aufgeprägt haben, als Schallwelle fort und gelangt letztendlich in Ihre (und anderer Leute) Ohren. Die Luft aus unserem Mund ist dabei nicht die gleiche Luft, die an das Ohr eines weiter entfernten Zuhörers dringt. Wenn ich Ihnen sage, dass ich Knoblauch gegessen habe, werden bei entsprechendem Abstand Ihre Ohren diese Information wesentlich früher wahrnehmen als Ihre Nase. Da sich die Information in alle Richtungen ausbreitet, schwächen sich die Unterschiede zwischen verdichteten und weniger komprimierten Luftregionen in einiger Entfernung allmählich ab, bis sie schließlich gar nicht mehr zu hören sind.

Wenn jemand sich im umgekehrten Fall zu nahe an der Schallquelle befindet, kann das Trommelfell nicht mehr linear auf die Variationen der Luftdichte reagieren, und die Fähigkeit, zwischen einzelnen Tönen zu unterscheiden, schwindet. Dass dies nicht unbedingt ein Nachteil sein muss, stellt der winzige Held Atom aus dem DC-Lager in der Geschichte »The Case of the Innocent Thief« (»Der Fall des unschuldigen Diebes«) in *Atom* # 4 fest. In dieser Episode entwickelt ein Schurke namens Elkins einen Hypnosestrahl, der jeden, der davon getroffen wird, zwingt, seinen Anweisungen zu folgen. Der Schurke setzt den wenige Zentimeter großen Atom den Strahlen aus und befiehlt ihm lautstark, die Jagd einzustellen. Dennoch wird er nur Augenblicke später von Atom, der einen Radiergummi als Trampolin benutzt, um Elkins' Kinn zu erreichen, mit einem Faustschlag zu Boden gestreckt. Dass er in der Lage war, sich dem Hypnosebefehl von Elkins zu widersetzen, erklärt Atom am Ende der Geschichte folgendermaßen: »Vor lauter Aufregung hat Elkins mir seine Befehle zugebrüllt – doch die Worte klangen wie Donner in meinen Ohren! Und weil ich nichts verstehen konnte, musste ich ihm auch nicht gehorchen!« Seltsamerweise führen meine Kinder nahezu täglich haargenau dieses Argument ins Feld, obwohl sie die Technologie der Miniaturisierung nicht einmal ansatzweise beherrschen und ich auch niemals die Stimme erhebe.

Ein weiteres Problem, mit dem sich Ant-Man nach seiner Schrumpfung herumschlagen muss, ist die Tatsache, dass seine optische Wahrnehmung erheblich beeinträchtigt ist und er alles nur noch verschwommen sieht. Die durchschnittliche Distanz zwischen benachbarten Gipfeln und Tälern – auch »Wellenlänge« genannt – in den wechselnden magnetischen und elektrischen Feldern, aus denen eine Lichtwelle besteht, bestimmt die Farbe des Lichts. Nehmen wir einmal an, die mittlere Wellenlänge eines weißen Lichtstrahls – Weiß stellt eine Kombination aus dem Licht sämtlicher Farben dar, von Rot (650 Nanometer) bis Violett (400 Nanometer) – beträgt 500 Nanometer (ein Nanometer ist der millionste Teil eines Millimeters). Damit wir dieses Licht wahrnehmen können, muss es auf die Rezeptoren in der Netzhaut treffen, und um dorthin zu gelangen, muss es zunächst die Pupille passieren. Diese ist eine Öffnung an der Vorderseite des Auges, die je nach den Lichtverhältnissen, die gerade herrschen, während Sie dies lesen, vermutlich einen Durchmesser von 5 Millimetern hat. Ein Millimeter sind eine Million Nanometer, folglich ist die Öffnung Ihrer Pupille annähernd 10000-mal größer als die Wellenlänge des sichtbaren weißen Lichts. Aus der Perspektive der Lichtwellen handelt es sich bei der Pupille um einen riesigen Tunnel, den sie ungehindert passieren können. Wenn Ant-Man auf Insektengröße zusammenschrumpft, verkleinert sich auch seine Pupille um den Faktor 300, so dass die Öffnung in seinem Auge nur noch circa 30-mal so groß ist wie die Wellenlänge des Lichts, die nach wie vor 500 Nanometer beträgt. Die Lichtwellen passen gerade noch durch diesen Tunnel, aber eben nur »gerade noch«.

Um zu verstehen, welche Konsequenzen es hat, wenn die Öffnung, die das Licht passieren muss, gerade mal ein bisschen größer ist als dessen Wellenlänge, betrachten wir die Oberfläche eines Sees und stellen uns vor, wir hätten zwei Schwimmdocks, die parallel zueinander tief im Wasser liegen. Wenn der Abstand zwischen diesen beiden Docks, verglichen mit der Höhe der Wellen, sehr groß ist – nehmen wir an, ein halber Kilometer –, dann können die Wellen diesen Zwischenraum problemlos passieren. In unmittelbarer Nähe der Docks werden sich die Wellen zwar brechen, aber in der Mitte des Kanals bleiben sie davon unbetroffen. Eine ähnliche Situation herrscht, solange Henry Pym seine Normalgröße hat und der Durchmesser seiner Pupille das 10000fache der Wellenlänge des weißen Lichts beträgt. Für Ant-Man stellt sich die Situation völlig anders dar, nämlich so, als würde man die beiden Docks so nahe zusammenschieben, dass ihr Abstand lediglich ein kleines Vielfaches des Abstands zwischen zwei Wellenkämmen beträgt. Die Wellen werden sich weiterhin einen Weg durch diesen Engpass bahnen, doch wenn sie an den Rändern der Docks brechen, setzen sie auf der jeweils gegenüberliegenden Seite des Hindernisses eine beträchtliche Verwirbelung in Gang. Diesen Effekt nennt man Beugung, und er wird immer dann wichtig, wenn die Ausdehnung eines Objekts, von dem Wellen abgelenkt werden, annähernd so groß ist wie die Wellenlänge. Wenn Sie anhand der Wellenkämme einen Aufschluss darüber gewinnen wollen, wie es überhaupt dazu kommt, dass die Wasseroberfläche sich kräuselt, so würden Sie sich ein genaues Bild davon machen können, solange die beiden Docks weit voneinander entfernt sind. Wenn der Abstand dagegen nur einen oder zwei Meter beträgt, ist das Bild, das Ihnen die Wellen vermitteln, äußerst verzerrt und verwirrend.

Für Ant-Man hat dies zur Folge, dass seine optische Wahrnehmung unscharf und verschwommen ist. Das Facettenauge von Insekten ist aus einer Vielzahl von einzelnen Linsen zusammengesetzt und gleicht dadurch die Diffraktionseffekte bis zu einem gewissen Grad aus. Dennoch hätte ein Insekt Probleme damit, eine Zeitung zu lesen, selbst wenn es sich für den Inhalt interessieren würde. Das Auge eines Insekts und insbesondere seine Linse sind grundlegend verschieden von dem eines Menschen oder anderer großer Tiere. Ein Insektenauge kann sehr gut Helligkeitsunterschiede und Veränderungen von Lichtquellen wahrnehmen (wie beispielsweise den Schatten einer zusammengerollten, todbringenden Zeitung), wohingegen die Unterscheidung von Kontrasten zwischen scharfen Kanten definitiv nicht seine Stärke ist. Infolge dessen verlassen sie sich auf andere Sinne wie den Tastsinn (feine Härchen registrieren kleinste Veränderungen in der vorbeiströmenden Luft) und den Geruchssinn, um sich in der Welt zu orientieren. Und was Ant-Man betrifft, so ist jene Wahrnehmung, die durch seine Schrumpfung am wenigsten in Mitleidenschaft gezogen wird, nämlich der Geruchssinn, ausgerechnet der Sinn, der beim Menschen am wenigsten ausgeprägt ist.

10 Kommt es auf die Grösse an? – Quadrat und Kubik

Ein Held, der gerade mal einen Zentimeter groß ist, kann noch so viele Abenteuer bestehen – irgendwann nutzt sich der Reiz des Neuen ab, und der Leser verliert das Interesse daran. Ein erstes Anzeichen, dass Ant-Mans Stern im Sinken begriffen war, findet sich in *Tales to Astonish* # 48, wo ein Superschurke namens Porcupine (Stachelschwein) Ant-Man in seine Gewalt bringt und auf die wahrhaft teuflische Idee verfällt, ihn in eine halb volle Badewanne zu werfen (siehe Abb. 14). Da die Wannenränder zu glatt sind, um an ihnen hinaufzuklettern, ist Ant-Man dazu verdammt, sich bis zur Erschöpfung abzustrampeln, um dann zu ertrinken. Ein finsteres Szenario, zugegeben, aber so richtig reißt es einen doch nicht vom Hocker. Was im Übrigen auch für die Gegner zutrifft, mit denen Ant-Man in jener Phase zu tun hatte. Hinter Porcupine verbarg sich der Ingenieur Alex Gentry, der sein technisches Geschick dazu einsetzte, einen mit Stacheln bewehrten Mantel zu entwickeln, der eine Reihe von Angriffs- und Verteidigungswaffen enthielt – Tränengas, Betäubungsmunition, Ammoniak (vielleicht, um sich einen sauberen Abgang zu verschaffen), »flüssiges Feuer« (vermutlich ist damit ein Flammenwerfer gemeint), zielsuchende Minen, flüssiger Zement und so weiter. Solcherart ausgestattet, macht er sich, wie es sich für einen Schurken gehört, daran, die Welt in Angst und Schrecken zu versetzen. Als Physiker habe ich schon mit einer Menge Ingenieuren zusammengearbeitet, von daher kann ich aus eigener Erfahrung sagen, dass nur wenige von ihnen sich anziehen wie ein riesiges Stachelschwein.

Abb. 14
Das Cover von Tales to Astonish *# 48, auf dem Ant-Man hilflos in einer halb vollen Badewanne treibt – einer teuflischen Falle, ersonnen von Alex Gentry, auch genannt Porcupine (den zu vergessen einem nicht sonderlich schwer fiel – trotz der vollmundigen Ankündigung auf dem Cover).*

Comichefte funktionieren unter anderem als Projektionsfläche für die Wunschvorstellungen ihrer jungen Leser, und allein schon unter diesem Aspekt lässt sich in Bezug auf Ant-Man sagen, dass es vermutlich nicht viele Kids gibt, die davon träumen, wie abgefahren es wäre, nur ein paar Millimeter groß zu sein oder als Stachelschwein verkleidet herumzulaufen. Im Gegenteil, dreieinhalb Meter groß zu sein, das wäre schon eher was. Und so kam es, wie es kommen musste, und Henry Pym entdeckte in *Tales to Astonish* # 49 eine in der Wirkung umgekehrte Variante seines Serums, die ihn in die Lage versetzte, über seine normale Größe von einem Meter achtzig hinauszuwachsen und sich als Giant-Man in die Galerie der Marvel-

Helden einzureihen. Zwischendurch tauchte Pym zwar wieder in seiner Winzversion auf, diesmal als der strahlende Held »Yellowjacket«, doch den Großteil seiner Karriere als Kämpfer für Recht und Ordnung bestritt er unter dem Namen Giant-Man beziehungsweise »Goliath« (der gleiche Held, gleiches Superwachstum, nur der Name und das Kostüm waren anders).

Doch wie sich herausstellen wird, bringt auch ein Dasein in Übergröße eine Reihe von Problemen mit sich, die nicht weniger gravierend sind und die ebenfalls physikalische Ursachen haben. Das fängt schon damit an, dass, wie in *Ultimates* # 3 (eine moderne Version der *Avengers* mit einer neuen Version von Giant-Man) dargestellt, die extragroßen Pupillen, mit denen Giant-Man ausgestattet ist, wesentlich mehr Licht ins Auginnere dringen lassen. Folglich müsste man dauernd eine Spezialbrille tragen, um eine Überlastung der Sehnerven zu vermeiden. Abgesehen davon gibt es eine Höchstgrenze für das Wachstum, die nicht überschritten werden kann – wenn man überhaupt die Möglichkeit eines Wachstums über die natürlichen Dimensionen hinaus einräumt. Denn dieses stellt genauso eine »wundersame Ausnahme von der Regel« dar wie die Miniaturisierung. Diese Grenzen des Wachstums werden durch zwei Faktoren bestimmt: die Stabilität der Materialien (insbesondere der Knochen) und die Schwerkraft. Letztere spielt dabei deshalb eine Rolle, weil sich direkt proportional zu unserem Volumen auch unsere Masse erhöht, wenn unser Körper während der »Gigantisierung« die gleiche Dichte behält. Dichte ist Masse geteilt durch Volumen, folglich nimmt mit der Größe (dem Volumen) auch die Masse zu, sofern das Verhältnis dieser beiden Größen konstant bleibt. Man würde eine wenig beeindruckende Figur abgeben, wenn im Verlauf des Superwachstums die Masse konstant bliebe, denn dies würde bedeuten, dass mit zunehmender Größe die Dichte abnimmt.

Einer solchen Situation sah sich Reed Richards von den Fantastic Four ausgesetzt, als er es in *Fantastic Four* # 271 mit dem Weltraumungeheuer Gormuu zu tun bekam. In dieser Ausgabe taucht eine Geschichte auf, die zu einem Zeitpunkt spielt, bevor Richards und seine drei Mitstreiter den kosmischen Strahlen ausgesetzt waren, denen sie ihre Superkräfte verdanken sollten. Gormuu war eine sieben Meter große, unförmige grüne Kreatur, die als Kampfungeheuer von dem Planeten Kraalo ausgesandt worden war. Die Geschichte ist eine nostalgische Reverenz seitens des Autors und Zeichners John Byrne an die zahlreichen Weltraumungeheuer, die die Comics des Marvel-Verlags in den späten Fünfzigern bevölkerten, bevor die Fantastischen Vier auf den Plan traten, um sowohl das Universum als auch die finanziellen Geschicke von Stan Lee und Jack Kirby vor dem Untergang zu bewahren. Die Kreaturen in diesen Comics (*Tales to Astonish, Strange Tales, Journey into Mystery* und *Tales of Suspense* – allesamt vor dem Anbruch des Silbernen Zeitalters und der damit einhergehenden Renaissance der Superhelden erschienen) waren mindestens so groß wie ein Haus und hatten stets Namen mit einem Doppelbuchstaben wie Orrgo (der Unbezwingbare), Bruttu, Googam (der Sohn des Goom) und Fin Fang Foom. Gormuus Trumpfkarte auf dem Weg zur Weltbeherrschung bestand darin, dass er jedes Mal, wenn er von energiereicher Strahlung getroffen wurde, an Größe zunahm. Richards stellte bei der Untersuchung der drei Meter langen und nur wenige Zentimeter tiefen Fußabdrücke des Monsters fest, dass der einzige Weg, diese Bedrohung aufzuhalten, darin bestand, ihn immer weiter mit Energie zu bombardieren. Denn bei einer solchen Länge der Fußabdrücke hätten sie wesentlich tiefer sein müssen, wenn die Masse des Wesens ebenfalls zugenommen hätte. Nachdem er also entdeckt hatte, dass Gormuus Masse trotz seines Wachstums konstant blieb und seine Dichte folglich stetig abnahm, führte Richards dem Monster solche Unmengen von Energie zu, dass es größer wurde als die Erde und seine Dichte geringer als die des Weltalls fern aller Sterne und Planeten, bis es schließlich als substanzlose und definitiv nicht bedrohliche Fußnote in die Geschichte der USA während des Atomzeitalters einging. Lassen wir uns also Gormuus Schicksal eine Warnung sein und nehmen an, dass Henry Pym in Gestalt von Giant-Man eine konstante Dichte beibehält, während er wächst, so dass sein Gewicht proportional mit seiner Ausdehnung zunimmt. Um die Situation von Giant-Man mathematisch zu erfassen, müssen wir noch eine vereinfachende Grundannahme voranstellen – nämlich die, dass Henry Pym eine große, würfelförmige Schachtel ist.

Wenn man sich als Physiker mit den verwirrend komplizierten Fakten der wirklichen Welt herumplagen muss, nimmt man manchmal Zuflucht zu drastischen Vereinfachungen. Als Illustration für die Reduktion eines Problems auf seine elementaren Grundlagen mag die Geschichte von den Hühnerzüchtern und dem theoretischen Physiker dienen: Eine Gruppe von Hühnerzüchtern hatte auf einer Landwirtschaftsausstellung eine Reihe von preisgekrönten Hennen erworben. Doch als sie diese nach ihrer Rückkehr in ihren Ställen aussetzten, entdeckten sie ein gravierendes Problem – die Hennen legten keine Eier. Die Farmer versuchten alles Mögliche – stimmungsvolle Musik im Stall, angenehme Beleuchtung, Flokatis. Nichts half. In ihrer Verzweiflung wandten sie sich an einen theoretischen Physiker. Dieser verbrachte eine Woche damit, das Problem aus allen möglichen Blickwinkeln zu betrachten, und versammelte dann die Farmer in einem Vortragsraum, wo er ihnen feierlich eröffnete, er habe das Problem gelöst. Doch es dauerte nur Sekunden, da kamen den Hühnerzüchtern die ersten Zweifel, denn der Physiker malte einen Kreis an die Tafel und sagte: »Stellen wir uns mal vor, ein Huhn sei eine Kugel …« Allerdings ist ein solcher Ansatz manchmal richtig. Aus großer Entfernung sehen Hühner ja durchaus kugelförmig aus, jedenfalls wenn man die Augen genug zusammenkneift. Wenn durch ein kugelförmiges Huhn die entscheidenden Aspekte des Hühnerproblems erfasst werden, ist daran überhaupt nichts auszusetzen. Man kann hinterher immer noch die eine oder andere Ausbuchtung hinzufügen, damit das Ganze mehr Ähnlichkeit mit einer Henne hat. Es kann allerdings auch sein, dass das Kugelmodell eine zu starke Vereinfachung darstellt und entscheidende Aspekte, die dem Problem zugrunde liegen, gar nicht berücksichtigt. Die Alternative besteht darin, dem Modell immer mehr Details von mehr oder weniger großer Bedeutung hinzuzufügen, bis man völlig den Überblick verliert. Die Fähigkeit zu unterscheiden, was notwendig ist und worauf zur Lösung eines bestimmten Problems verzichtet werden kann, kommt mit Jahren der Übung.

Also verzeihen Sie mir, wenn ich bei der Behandlung von Giant-Man erst mal davon ausgehe, dass Henry Pym ein Würfel ist. Bei den Berechnungen, die ich anstellen möchte, ist es am einfachsten, wenn wir annehmen, Giant-Man wäre eine Schachtel mit gleich langen Seiten der Länge **l**. Es wäre natürlich zutreffender, ihn als einen großen Zylinder darzustellen, doch es lässt sich so wesentlich einfacher rechnen. Wenn er also eine Schachtel ist, dann ist sein Volumen das Produkt aus seiner Höhe, seiner Breite und seiner Tiefe. Wenn jede Seite des Würfels die Länge **l** hat, dann ist sein Volumen **l × l × l**. Eine Schachtel, deren Seitenlänge zehn Meter beträgt, hat folglich ein Volumen von 10 Meter × 10 Meter × 10 Meter oder 1000 Kubikmeter. Statt Kubikmeter schreibt man auch **m³**, wodurch die Tatsache unterstrichen wird, dass zur Berechnung des Volumens eine Länge mit einer anderen Länge und noch einer Länge multipliziert wurde. Nehmen wir nun einmal an, dass Henry Pym seine Pym-Partikel benutzt, um sich in alle Richtungen auf das Doppelte auszudehnen. In diesem Fall betrüge sein Volumen 20 Meter × 20 Meter × 20 Meter – also 8000 Kubikmeter. Folglich zieht eine Verdopplung seiner Seitenlängen in allen drei Richtungen eine Vervielfachung seines Volumens um den Faktor 8 nach sich. Wenn sich seine Länge in allen drei Richtungen verzehnfachen würde, so dass er nunmehr 100 Meter anstatt zehn Meter groß, dick und breit wäre, so würde sein Volumen 1 000 000 Kubikmeter betragen – tausendmal mehr als sein ursprüngliches Volumen von 1000 m^3.

Wenn Giant-Man bei seinem Größenwachstum die gleiche Dichte beibehalten soll, so muss seine Masse im gleichen Verhältnis wachsen wie sein Volumen und nicht lediglich wie seine Höhe! Wenn wir seine Höhe (sowie Breite und Dicke) verdoppeln, so muss seine Masse um den Faktor 8 wachsen, damit seine Dichte konstant bleibt. Prima – wenn Henry Pym größer wird, wird er auch schwerer, na und? Das Problem besteht darin, dass sein Gewicht schneller zunimmt als die Fähigkeit seines Skeletts, mit diesem Gewicht fertig zu werden, so dass Giant-Man ab einer gewissen Größe Gefahr läuft, sich die Knochen zu brechen, indem er einfach nur aufsteht. Die Belastbarkeit eines Gegenstandes, also seine Fähigkeit, unter Druck nicht nachzugeben oder zu zerbrechen beziehungsweise unter Zugbelastung nicht zu zerreißen, hängt nicht davon ab, wie lang der Gegenstand ist, sondern wie dick. Man sagt auch, die Zugfestigkeit beziehungsweise Druckfestigkeit werde durch den Querschnitt bestimmt.

Denken Sie nur an eine Angelschnur, die auf 100 Newton Belastung ausgelegt ist: Das bedeutet, dass man mit ihr einen 100 Newton schweren Fisch – unter irdischen Verhältnissen einen Fisch mit einer Masse von 10 Kilogramm – ins Boot hieven kann. Bei einem Fisch, der schwerer ist, würde die Angelschnur reißen, und es würde auch nichts nützen, wenn die Schnur länger wäre. Um die Belastungsfähigkeit einer Angelschnur zu erhöhen, müssen wir sie also nicht länger, sondern dicker machen, das heißt ihren Querschnitt vergrößern.* Je dicker die Angelschnur, desto größer ist die Zone, über welche die Zugkraft verteilt werden kann, und folglich desto geringer die Belastung, die auf jedem einzelnen der winzigen Partikel lastet, aus denen die Schnur besteht. Wenn eine Angelschnur reißt – und dies gilt für jeden anderen Gegenstand auch –, dann bedeutet dies, dass die chemischen Bindungen, die das Material zusammenhalten, an der Bruchstelle bersten. Je größer die Zone, auf die eine bestimmte Kraft verteilt werden kann, desto weniger Belastung ist jedes einzelne Molekül ausgesetzt und desto weniger wahrscheinlich ist es, dass das Material versagt. Wenn es doch dazu kommt, dass das Material reißt oder zerbricht, so liegt dies gewöhnlich daran, dass einzelne Moleküle oder ihre Anordnung fehlerhaft sind und dadurch eine größere Kraft auf einen bestimmten Punkt einwirkt, weil diese eben nicht so gleichmäßig über das Material verteilt wird, wie es der Fall wäre, wenn die atomare Struktur völlig uniform und regelmäßig wäre.

Die Abhängigkeit der Belastbarkeit eines Materials von seinem Querschnitt setzt beispielsweise auch der Dehnungsfähigkeit von Mr. Fantastic von den Fantastic Four ihre Grenzen. Nachdem er während der unheilvollen Jungfernfahrt des von ihm konstruierten Raumschiffes kosmischer Strahlung ausgesetzt war, erlangte Reed Richards die Fähigkeit, sämtliche Teile seines Körpers beliebig auszudehnen oder zusammenzuziehen. Doch wie in *Fantastic Four Annual*

* Das gleiche Prinzip findet sich auch bei Apfelbäumen und dient der Verbreitung ihrer Samen. Im Zuge des Reifungsprozesses gewinnt die Frucht an Masse, bis ihr Gewicht die Dehnungssteifigkeit des dünnen Stiels überschreitet, der sie mit dem Ast verbindet. Wenn der Stiel reißt, fällt die Frucht zu Boden, wo sie von Tieren verspeist wird – und infolgedessen die Samen über ein größeres Areal verteilt werden.

1 ausgeführt wird, hat seine Dehnungsfähigkeit auch eine Grenze, und die liegt bei 500 Metern. Wenn man eine Holzlatte mit einem Profil von 5 × 10 Zentimetern und einer Länge von einem Meter auf zwei Böcke legt, bleibt sie (wenn die Böcke gleich hoch sind) parallel zum Boden. Eine zwei Meter lange Latte mit dem gleichen Querschnitt wird in der Mitte ein wenig durchsacken, wenn die Böcke jeweils am Ende des Brettes stehen. Eine zwanzig Meter lange Latte wird sich beträchtlich durchbiegen, während sie bei einer Länge von zehn Kilometern den Boden berühren würde, selbst wenn wir für einen Augenblick die Erdkrümmung außer Acht lassen. Und so erklärt auch Reed in *Fantastic Four Annual* # 1: »Je weiter mein Körper sich streckt, desto schwächer werden meine Muskeln*, so dass ich, wenn ich mich sehr lang mache, nicht so viel Kraft aufbringen kann, wie wenn ich mich weniger gestreckt habe.« Reed Richards, dessen Einsicht in das Verhältnis zwischen Masse und Volumen die Welt vor dem schrecklichen Gormuu bewahrt hat, ist insofern ein wandelndes Beispiel für die Abhängigkeit der Zugfestigkeit von Fläche und Volumen.

Wenn unser würfelförmiger Henry Pym sich in Giant-Man verwandelt, so wächst sein Volumen schneller als seine Querschnittsfläche. Nun ist es aber gerade die Querschnittsfläche, welche die Druckfestigkeit eines Gegenstandes – beispielsweise unseres Oberschenkelknochens oder der einzelnen Rückenwirbel – bestimmt. Im Falle eines Quaders ist die Querschnittsfläche gerade eine der Seitenflächen. Wenn Giant-Man größer wird, dann wachsen seine Knochen proportional zum Rest seines Körpers mit. Die Druckfestigkeit seiner Oberschenkelknochen und seiner Rückenwirbel nimmt mit dem Quadrat ihrer Ausdehnung zu. Doch je größer Giant-Man wird, desto mehr Gewicht lastet auf seinen Knochen – und bei konstanter Dichte erhöht sich sein Gewicht mit der dritten Potenz des Wachtumsfaktors. Nehmen wir an, Henry Pym ist ein Meter achtzig groß und hat eine Masse von 85 Kilogramm, wiegt also hier auf der Erde rund 850 Newton. Sein Oberschenkelknochen kann bei Normal-

* Wobei der Effekt allerdings durch die Vergrößerung der Hebelwirkung infolge der Verlängerung der Hebelarme leicht abgemildert wird (siehe Kapitel 8).

größe einem Gewicht von rund 82000 Newton standhalten und ein einzelner Rückenwirbel einem Gewicht von rund 3600 Newton – woraus sich ablesen lässt, dass der menschliche Körper an einzelnen, besonders wichtigen tragenden Elementen des Skeletts erhebliche Reserven aufweist. Die Oberschenkelknochen von Sauriern oder Elefanten sind sowohl dicker als auch dichter als die des Menschen, während Mäuse und Vögel entsprechend dünnere und leichtere Knochen haben. Wenn Giant-Man auf eine Größe von 18 Metern anwächst, so beträgt der Wachstumsfaktor 10. Sein Volumen ist anschließend 1000-mal so groß wie vor dem Wachstumsschub, während die Querschnittsflächen seiner Knochen lediglich mit dem Faktor 100 multipliziert werden. Henry Pym würde nun also 850000 Newton wiegen, während seine Rückenwirbel jedoch nur einem Gewicht von 360000 Newton standhielten und seine Oberschenkelknochen eine Belastung von 8200000 Newton aushalten könnten. Bei einem solchen Gewicht wäre Pyms Körper nicht in der Lage, sein eigenes Gewicht zu tragen.

Um zu verhindern, dass Giant-Man so groß wird, dass kein Schurke – selbst wenn er über Superkräfte verfügt – mehr eine Bedrohung für ihn darstellen kann, erklärte Stan Lee in den sechziger Jahren, dass der Wachstumsprozess Pym einer körperlichen Belastung aussetzte. Seine optimale Größe lag bei etwa vier Metern, und wenn er mehr als fünfzehn Meter groß wurde, war er zwar so hoch wie ein Haus, aber schwach wie ein Kätzchen. Jahre später wurde die stoffwechselbedingte Wachstumsgrenze durch eine physikalische Erklärung ersetzt, die das Prinzip von Fläche und Volumen berücksichtigte. Wie in Abb. 15 zu sehen, wird nun anerkannt, dass selbst dann, wenn die stoffwechselbedingten Probleme, die mit dem Wachstumsserum einhergehen, gelöst sind, die Gravitation und die Physik dem Wachstum strikte Grenzen setzen (wobei wir gerade erkannt haben, dass Pyms Wirbelsäule lange vor seinen Oberschenkelknochen brechen würde).

Die Tatsache, dass das Volumen schneller wächst als die Fläche, trifft auch bei Körpern zu, die nicht würfelförmig sind. Das Volumen einer Kugel errechnet sich aus dem mathematischen Ausdruck **$(4\pi/3)$** multipliziert mit der dritten Potenz des Radius, also **$(4\pi/3)r^3$**,

Abb. 15 *Eine Szene aus* Ultimates # 2, *einer neuen Version der Avengers aus dem Jahr 2002. Hier bereiten Henry Pym und seine Frau Janet van Dyne (alias Wasp) Pyms ersten Selbstversuch mit dem Wachstumsserum vor. Dr. Pym ist besorgt darüber, dass seine Oberschenkelknochen seinem Gewicht nicht mehr standhalten könnten, sobald er eine Größe von zwanzig Metern überschreitet.*

während ihre Oberfläche **4π** mal das Quadrat des Radius beträgt, also $\mathbf{4\pi r^2}$. (Die Einheit eines Volumens ist immer ein Längenmaß in der dritten Potenz – cm^3, m^3 usw. –, während Flächeneinheiten immer der zweiten Potenz einer Längeneinheit entsprechen – m^2, cm^2.) Deswegen sind auch die Blasen, die aus dem riesigen Säurebehälter aufsteigen, in den Batman und Robin langsam herabgelassen werden, eine Illustration des physikalischen Prinzips vom Zusammenhang zwischen Volumen und Fläche.

Wenn Sie jemals den Eindruck hatten, dass die Blasen in Ihrem Champagner oder Ihrem Bierglas immer schneller aufsteigen, je näher sie der Oberfläche des schlanken Trinkgefäßes kommen, so liegt dies nicht daran, dass der Alkohol Ihre Wahrnehmung getrübt hätte. Das sprudelnde Getränk ist *übersättigt* mit Kohlendioxyd (und ebenjenem Gas verdanken sowohl Brausegetränke ihre Blasen als auch Bier seinen Schaum), was bedeutet, dass der Druck des Gases, das in die Flüssigkeit hineingepresst wurde, größer ist als der Druck der Atmosphäre. Wenn man den Korken einer Champagnerflasche knallen lässt oder den Schraubverschluss einer Limonaden- oder Bierflasche öffnet (oder den Schraubverschluss einer Champagnerflasche, wenn Sie's gerne billig haben), dann ist der Knall oder das Zischen ein Zeichen dafür, dass überschüssiges, unter Druck stehendes Gas schnell aus dem Behälter entweicht. In der Flüssigkeit befindet sich nach wie vor noch eine gewisse Menge Kohlendioxyd, das sich in der Nähe kleiner Unebenheiten im Glas sammelt und schließlich, da es leichter ist als die umgebende Flüssigkeit, nach oben steigt. Die Auftriebskraft hängt dabei von dem Volumen der Blase ab, das wiederum mit der dritten Potenz des Kugelradius zusammenhängt. Der Reibungswiderstand, der die Aufwärtsbewegung der Blase abbremst, hängt von deren Oberfläche ab (je größer die Oberfläche, desto mehr Champagner muss die Blase bei ihrem Aufstieg aus dem Weg schieben), und diese wiederum ist abhängig vom Quadrat des Radius der Blase. Während sie sich durch den Champagner bewegt, sammelt die Blase zusätzliche Kohlenmonoxydmoleküle ein, die in der Flüssigkeit gelöst sind, und wird dadurch immer größer. So ergibt sich in der Summe eine Kraft, die aufwärts gerichtet ist, und wo eine Kraft ist, findet auch eine Beschleunigung statt (das zweite newtonsche Axiom gilt sogar in einem Glas Champagner), weshalb die Blase im Verlauf ihres Aufstiegs immer schneller wird.

Wenn ich ein unendlich hohes Glas hätte, würde die Blase so lange beschleunigen, bis sie Lichtgeschwindigkeit erreicht? Nein, denn wie wir in Kapitel 5 festgestellt haben, hängt der Reibungswiderstand nicht nur vom Flächeninhalt der Oberfläche ab, sondern auch von der Geschwindigkeit eines Objekts (wenn man sich schnell durch eine Flüssigkeit bewegt, ist dazu mehr Kraftaufwand notwendig als bei langsamerem Tempo). Während die Blase aufsteigt und dabei immer schneller wird, wächst auch der Widerstand, der den Auftrieb bremst, bis sich die beiden Kräfte in der Summe aufheben und keine weitere Beschleunigung mehr stattfindet, so dass sich die Blase mit konstanter Geschwindigkeit weiterbewegt (entsprechend dem ersten newtonschen Axiom).

Und dies wäre nun ein geeigneter Moment, eine Pause einzulegen und ein paar praktische Experimente mit Champagner, Bier oder

Limonade durchzuführen, anhand derer sich das eine oder andere, das Sie gerade gelernt haben, überprüfen lässt – natürlich aus rein wissenschaftlichem Interesse, versteht sich!

TEIL 2

ENERGIE — WÄRME UND LICHT

11

Die Central-City-Diät – Energieerhaltung

Flash mag ja in der Lage sein, über das Meer zu rennen und Pistolenkugeln aus der Luft zu fischen, doch uns interessiert nun eine wichtigere Frage: Wie oft muss er essen?

Die kurze Antwort lautet: Sehr oft! Dem liegt eine andere Frage zugrunde: *Warum* muss er essen? Was ist in der Nahrung enthalten, das von so fundamentaler Bedeutung ist für jede Aktivität, der wir nachgehen, sei es Rennen, Gehen oder auch nur stilles Herumsitzen? Und warum können wir diese Inhaltsstoffe nur aus organischer Nahrung beziehen und nicht aus Steinen, Metall oder Plastik?

Flash isst aus dem gleichen Grund wie wir alle: um Rohmaterial für Zellwachstum und Regeneration und Energie für die Stoffwechselfunktionen bereitzustellen. Zum Zeitpunkt der Geburt besteht unser Körper aus einer bestimmten Anzahl von Atomen, die nicht ausreichen, um sämtliche Wachstumsprozesse, die während des weiteren Lebens ablaufen, sicherzustellen. Wir werden größer und reifer, und für diese Veränderungen benötigt unser Körper weitere Atome, die normalerweise in Form von komplexen Molekülen aufgenommen werden, welche dann in ihre Bestandteile zerlegt und zu neuen Bausteinen zusammengefügt werden, um abgestorbene Zellen zu ersetzen oder bestehende weiter wachsen zu lassen. Wie wir bereits bei der Betrachtung der Explosion des Planeten Krypton gesehen haben, entstand jedes komplexe Atom im Universum – einschließlich der Nahrung, die wir zu uns nehmen – im Verlauf von Kernreaktionen im Inneren eines vor langer Zeit abgestorbenen Sterns. Dabei verschmolzen Wasserstoff-Atomkerne zu Helium; in weiteren Fusionsreaktionen entstand daraus Kohlenstoff und so weiter. Als ein Nebenprodukt dieser Fusionsreaktion im Inneren unserer Sonne entsteht dabei eine weitere essenzielle Komponente in der Nahrung, die wir zu uns nehmen. Im Gegensatz zu Matter-Eater Lad von der Legion of Superheroes, der in der Lage ist, sich von unbelebter Materie wie Metall oder Stein zu ernähren, oder Galactus, dem Schrecken des Kosmos, der die Lebensenergie von Planeten aufsaugt, sind die meisten von uns auf Nahrung angewiesen, die zuvor gelebt hat. Denn nur solche Nahrungsmittel versorgen uns mit jener lebenswichtigen zusätzlichen Komponente, die mysteriös bleibt, obwohl wir ständig davon reden: Energie.

Wir benutzen das Wort »Energie« so häufig, dass wir mit einigem Erstaunen feststellen, wie schwierig es ist, den Begriff zu definieren, ohne dafür Begriffe wie »Energie« oder »Arbeit« zu verwenden. Die einfachste nichtmathematische Erklärung des Begriffs lautet, dass »Energie« die Maßeinheit für die Fähigkeit ist, eine Bewegung zu verursachen. Wenn ein Objekt bereits in Bewegung ist, so sagen wir, dass es »kinetische Energie« oder, synonym, »Bewegungsenergie« besitzt und weitere Bewegung dadurch hervorrufen kann, dass es mit anderen Objekten kollidiert. Doch selbst wenn ein Objekt sich nicht bewegt, kann es dennoch Energie besitzen, beispielsweise wenn es von einer äußeren Kraft angezogen wird (der Schwerkraft), dabei jedoch daran gehindert wird zu beschleunigen (indem es beispielsweise über dem Boden festgehalten wird). Und da das Objekt sich bewegen wird, sobald man es loslässt, sagen wir, es besitzt »potenzielle Energie«.

Sämtliche Energie ist entweder kinetisch oder potenziell. Dabei kann ein Objekt, je nach Umständen, auch durchaus sowohl über potenzielle als auch kinetische Energie verfügen, wie beispielsweise Gwen Stacy, als sie vom Turm der George Washington Bridge stürzte. Solange sie oben auf dem Turm war, verfügte sie über eine große potenzielle Energie, denn die Schwerkraft hatte das Potenzial, über eine weite Strecke auf sie einzuwirken. Dass sie sich unter dieser Einwirkung nicht in Bewegung setzte, wurde nur dadurch verhindert, dass die Brücke im Weg war. In dem Moment, als Green Goblin sie vom Turm stieß, war das Hindernis aus dem Weg geräumt, und die auf Gwen wirkende (Schwer-)Kraft begann, die junge Frau zu beschleunigen. Während ihres Sturzes verkürzte sich die Strecke, die sie weiter fallen konnte, immer mehr, so dass ihre potenzielle Energie geringer wurde. Die Energie verschwand dabei freilich nicht, vielmehr wurde die hohe potenzielle Energie, die Gwen vor ihrem Sturz auf der Spitze des Turms besaß, im Verlauf ihres immer schneller werdenden Sturzes in eine stetig zunehmende Bewegungsenergie umgewandelt. Dabei entsprach zu jedem beliebigen Zeitpunkt ihres Sturzes der Zuwachs an kinetischer Energie genau der Abnahme ihrer potenziellen Energie (wobei wir jene Energie außer Acht lassen, die zur Überwindung des Luftwiderstandes benötigt wird). Wenn sie auf die Wasseroberfläche aufgeprallt wäre, so hätte ihre potenzielle Energie in diesem Augenblick ein vorläufiges Minimum erreicht (denn sie hatte ja keine Möglichkeit, noch tiefer zu fallen), und ihre kinetische Energie hätte zu diesem Zeitpunkt exakt der potenziellen Energie entsprochen, die sie vor ihrem Sturz auf dem Turm der Brücke hatte. Diese kinetische Energie würde anschließend auf die Wasseroberfläche übertragen, die Gwens Geschwindigkeit auf null herunterbeschleunigt – mit dem gleichen fatalen Ergebnis wie Spider-Mans Rettungsversuch mit seinem Spinnenfaden (siehe auch Kapitel 3).

Oder stellen wir uns Spider-Man vor, wie er an seinem Faden hin- und herschwingt wie ein Pendel. Am höchsten Punkt seines Schwungs bewegt er sich überhaupt nicht (deswegen ist es ja auch der höchste Punkt seines Schwungs), doch gleichzeitig ist er an diesem Punkt auch am weitesten vom Boden entfernt, und dementsprechend groß ist die potenzielle Energie, die wir ihm zuschreiben müssen. Diese potenzielle Energie erreicht ihr Minimum in dem Augenblick, wo er sich auf dem unteren Scheitelpunkt seiner Schwungkurve befindet. Denn würde er von hier aus starten, dann würde er sich gar nicht bewegen. Dadurch, dass der Ausgangspunkt höher liegt als der untere Scheitelpunkt, verwandelt sich seine potenzielle Energie in kinetische, wobei der Verlust an potenzieller Energie wiederum jeweils exakt so groß ist wie der Zuwachs an kinetischer Energie. Die einzigen Kräfte, die am tiefsten Punkt auf ihn wirken, sind die Schwerkraft (senkrecht nach unten) und die Spannung seines Spinnenfadens (senkrecht nach oben). Keine dieser beiden Kräfte wirkt an diesem Punkt in der horizontalen Richtung. Aber da er sich bereits bewegt und ein sich bewegendes Objekt in Bewegung bleibt, solange keine äußere Kraft auf es einwirkt, schießt er über den tiefsten Punkt hinaus und steigt wieder in die Höhe, wobei seine kinetische Energie sich wieder in potenzielle umwandelt. Wenn niemand ihm einen Schubs gibt, wird die Energiesumme niemals größer sein als bei seinem Start (woher sollte diese Energie auch kommen?), und folglich kann auch der Endpunkt seines Schwungs nicht höher liegen als der Ausgangspunkt. Wobei noch hinzukommt, dass ein Teil seiner kinetischen Energie dafür verbraucht wird, den Luftwiderstand zu überwinden, so dass der Endpunkt seines Schwungs sogar etwas tiefer liegt als der Ausgangspunkt.

Diese Unterscheidung zwischen potenzieller und kinetischer Energie und die Berechnung des Verhältnisses zwischen beiden enthält eine der grundlegendsten Erkenntnisse der gesamten Physik: *Energie kann weder aus dem Nichts erzeugt noch zerstört werden, sondern nur von einer Zustandsform in eine andere umgewandelt werden.* Diese Einsicht trägt den originellen Namen **Energieerhaltungssatz**. Es ist noch nie gelungen, der Natur in dieser Hinsicht einen Ausrutscher nachzuweisen, so dass die Energie zu Beginn eines Vorgangs sich in der Summe von der Energie nach Abschluss desselben unterschieden hätte. Nicht ein einziges Mal.

Als Physiker in den zwanziger und dreißiger Jahren des zwanzigsten Jahrhunderts den Zerfall radioaktiver Kerne untersuchten, stellten sie fest, dass die Summe der Energien der frei gewordenen Elektronen und der verbliebenen Atomkerne nicht mit der Energie der ursprünglichen Kerne vor dem Zerfall übereinstimmte. Um daraus nicht schließen zu müssen, dass während des Zerfallsprozesses ein Teil der vorhandenen Energie eben doch verloren ginge, postulierte Wolfgang Pauli, dass die fehlende Energie sich in Form mysteriöser »Geisterpartikel« verflüchtigte, die mit den damals zur Verfügung stehenden Messapparaturen nicht festgestellt werden konnten. Im Lauf der Zeit wurden geeignete Messgeräte entwickelt, und es stellte sich heraus, dass die »Geisterpartikel« tatsächlich existierten und dass diese »Neutrinos« (den etwas skurrilen Namen verdanken sie dem Physiker Enrico Fermi – er bedeutet »kleine Neutrale« auf

Italienisch) eine der am häufigsten vorkommenden Formen von Materie im Universum darstellen.

Stellen Sie sich vor, ein Nagel würde mit einem Hammer in ein Stück Holz getrieben. Die potenzielle Energie des Hammers, den der Zimmermann in die Höhe hält, wird in dem Augenblick in kinetische Energie umgewandelt, wenn er zuschlägt. Wenn der Hammer auf den Nagel trifft, verursacht die kinetische Energie des Hammers das Eindringen des Nagels in das Holzbrett. Sie bewirkt daneben aber auch, dass die Atome am Kopf des Nagels zu vibrieren beginnen und der Nagel sich erhitzt. Wenn man sorgfältig differenziert, wie groß die Anteile der kinetischen Energie des Hammers sind, die zur Erhitzung des Nagelkopfs führen, die Vorwärtsbewegung des Nagels verursachen und für die Auflösung der Bindungen zwischen den Molekülen im Holz aufgewendet werden (Letzteres ist unvermeidlich, denn schließlich müssen die Moleküle Platz machen für den Nagel), kann man die »Effizienz« des Hämmerns beurteilen. Wenn man exakte Messungen durchführt und sämtliche kleinen und großen Anteile der Energie in Nagel, Hammer und Holz, ja sogar in der Luft (denn das Geräusch des Hammers, der auf den Nagel trifft, entspricht einer in der Umgebungsluft hervorgerufenen Druckwelle – Schall) addiert, so wird die Gesamtsumme exakt der kinetischen Energie entsprechen, die der Hammer hatte, einen Augenblick bevor er den Nagel traf. Allerdings sind die Erwärmung des Nagels und der Knall aus Sicht des Zimmermanns »verschwendete« Energien, welche die Effizienz des Hämmerns reduzieren.

In etlichen Fällen ist die Menge der verschwendeten Energie gar nicht so unbedeutend. Ein Auto, das auf einer ebenen Straße fährt, besitzt kinetische Energie. Diese Energie stammt aus einer chemischen Reaktion im Verlauf der Verbrennung von Benzindämpfen und Sauerstoff, die durch einen elektrischen Funken aus der Zündkerze in Gang gesetzt wird. Die Gase, die bei dieser Explosion entstehen, breiten sich mit großer Geschwindigkeit aus und setzen einen Zylinderkolben in Gang, dessen Auf- und Abwärtsbewegung durch ein ausgeklügeltes System von Zahnrädern und Wellen auf die Räder des Autos übertragen wird. Allerdings wird bei weitem nicht die gesamte Energie aus dieser chemischen Reaktion in die

Bewegung des Zylinderkolbens umgewandelt – ein Großteil davon erhitzt den Motor, was unter dem Aspekt der Fortbewegung eine Energievergeudung darstellt. Darüber hinaus wird während der Fahrt ein weiterer Teil der Energie dafür verbraucht, die umgebende Luft aus dem Weg zu schieben. Die Effizienz eines Autos hängt zu einem nicht unerheblichen Teil davon ab, wie viel Kraft notwendig ist, um die Luftmenge zu verdrängen, die das Volumen des Autos beansprucht – dies sind bei einem durchschnittlichen PKW in etwa dreieinhalb Tonnen Luft pro gefahrenem Kilometer! Je größer die Stirnfläche eines PKWs oder eines Lastwagens, desto größer ist auch die Luftmenge, die verdrängt werden muss, und folglich auch die Energiemenge, die dafür aufgewendet werden muss – zusätzlich zu der Energie, die notwendig ist, um den Wagen vorwärts zu bewegen. Damit lässt sich auch erklären, warum es einfacher ist, sich im Schwimmbecken unter Wasser mit angelegten Armen als mit ausgestreckten vorwärts zu bewegen. Je kleiner die Stirnfläche, desto größer ist die Effizienz (zumindest wenn man Autos gleicher Masse betrachtet). Die Aerodynamik eines Sportwagens dient daher nicht allein der Steigerung unserer Anziehungskraft auf das andere Geschlecht, sondern bestimmt auch, wie oft wir nachtanken müssen.

Als Green Goblin Gwen Stacy auf den Turm der George Washington Bridge verfrachtete, verbrauchte er Energie. Diese Energie blieb als potenzielle Energie gespeichert, solange Gwen auf dem Turm lag. Die Zunahme ihrer potenziellen Energie stammte aus der chemischen Energie im Treibstoff von Goblins Gleiter und so weiter. Wenn man das Prinzip der Energieerhaltung in seiner logischen Konsequenz betrachtet, dann besagt es nicht nur, dass es ebenso unmöglich ist, neue Energie zu schaffen, wie die bereits existierende Energie zu vernichten, sondern dass sämtliche Energie, die derzeit im Universum existiert, schon zum Zeitpunkt des Urknalls vorhanden war, der die Existenz des Weltalls einläutete. An diesem Ur-Augenblick waren all die Galaxien und Sterne, die wir um uns herum beobachten können, auf einen Punkt konzentriert, dessen Volumen kleiner war als das eines Elektrons.

Nun ist es ja schön und gut zu behaupten, dass sämtliche Energie, die im Universum existiert, schon zum Zeitpunkt des Urknalls vorhanden war. Doch führt dies unweigerlich zu zwei grundlegenderen Fragen die Energie betreffend: Was ist Energie wirklich? Und woher kam sie ursprünglich? Die Wissenschaft hat auf beide Fragen exakt die gleiche Antwort: Niemand weiß es.

FAST FOOD

Um festzustellen, wie viel Flash essen muss, um superschnell durch die Gegend zu rennen, müssen wir seine kinetische Energie berechnen. Physiker sind immer darauf bedacht, Energie zu erhalten – folglich recyceln wir nun die Mathematik aus Kapitel 1, um uns weitere Arbeit zu ersparen. Doch wo wir gerade von Arbeit reden – um die kinetische Energie eines Gegenstandes zu verändern, indem wir ihn entweder beschleunigen oder abbremsen, müssen wir »Arbeit« verrichten, wobei der Begriff Arbeit in der Physik eine etwas andere Bedeutung hat als im täglichen Sprachgebrauch.

Wenn eine Kraft über eine bestimmte Strecke auf ein Objekt einwirkt, dann sagen wir, dass die Kraft an dem betreffenden Objekt **Arbeit** verrichtet und dabei, je nach Richtung der Kraft, dessen kinetische Energie entweder vergrößert oder verringert. In diesem Sinne ist Arbeit lediglich ein anderes Wort für Energie, und folglich werden beide mit den gleichen Maßeinheiten gemessen. Bei einer fallenden Masse ist die in Abhängigkeit von der Gravitation wirkende Kraft das Gewicht $\mathbf{F = mg}$, und die Strecke, über die diese Kraft wirksam ist, entspricht genau der Höhe $\mathbf{h}$, aus der das Objekt herabstürzt. Also ist **Arbeit = (Kraft) · (Weg) = (mg) · (h) = mgh**. Das ist genau die potenzielle Energie eines Objekts in einer Höhe $\mathbf{h}$. Die Arbeit ist hier die Energie, die aufgewandt wurde, um die potenzielle Energie des Objekts zu erhöhen.

Halten wir uns noch einmal Gwen Stacys Sturz in Kapitel 3 vor Augen oder Superman bei seinem Sprung aus Kapitel 1. In Gwens Fall erhöht die von der Gravitation verrichtete Arbeit ihre kinetische Energie, während Supermans kinetische Energie durch sie verringert wird. Der Unterschied besteht darin, dass die Schwerkraft bei Gwen in die Bewegungsrichtung wirkt, bei Supermans aufwärts gerichtetem Sprung genau entgegen der Bewegungsrichtung. Zu Beginn ihres Falls hat Gwen überhaupt keine kinetische Energie, doch das Einwirken der Schwerkraft über eine gewisse Strecke (die Höhe des Brückenpfeilers) führt dazu, dass sie mit einer hohen Endgeschwindigkeit auf das Wasser auftreffen würde. Die Verbindung zwischen ihrer Endgeschwindigkeit $\mathbf{v}$ und der Höhe $\mathbf{h}$ ihres Sturzes ist bestimmt durch $\mathbf{v^2 = 2gh}$, wobei $\mathbf{g}$ die Fallbeschleunigung infolge der Gravitation ist. Gemäß der in der Einleitung erwähnten Grundregel der Algebra kann man beide Seiten einer Gleichung mit derselben Zahl multiplizieren oder durch die Zahl teilen, ohne dass sich an der Gleichheit etwas ändert. Wenn wir also beide Seiten der Gleichung $\mathbf{v^2 = 2gh}$ durch 2 dividieren, erhalten wir als Ergebnis $\mathbf{v^2/2 = gh}$. Wenn wir nun beide Seiten mit Gwens Masse $\mathbf{m}$ multiplizieren, erhalten wir $\mathbf{\frac{1}{2}\, mv^2 = mgh}$. Die rechte Seite der Gleichung ist die von der Schwerkraft an Gwen verrichtete Arbeit. Die linke Seite muss daher die Veränderung der kinetischen Energie bezeichnen – das heißt die Differenz der kinetischen Energien vor und nach dem Fall. Zu Beginn des Sturzes hatte sie gar keine kinetische Energie (keine Bewegung, keine kinetische Energie, allerdings gleichzeitig eine sehr hohe potenzielle Energie), und daher ist ihre gesamte kinetische Energie die kinetische Energie am Endpunkt des Falls. Wir haben also einen allgemeinen Ausdruck für die kinetische Energie gefunden: **Kinetische Energie** $\mathbf{= \frac{1}{2}\, mv^2}$. Glückwunsch, Sie haben schon wieder eine physikalische Berechnung durchgeführt.*

* * *

Wenn Flash aufhört zu rennen, wird Arbeit verrichtet, um die kinetische Energie des roten Rasers zu verändern. Hin und wieder werden

* Bei dieser Gelegenheit stellt sich heraus, dass wir unsere Betrachtungen auch in Kapitel 1 mit einer Definition von Energie hätten beginnen und unter Verwendung der Regeln der Algebra die Gleichung $\mathbf{F = ma}$ daraus hätten ableiten können, anstelle mit $\mathbf{F = ma}$ anzufangen, und die Energie in der eben gezeigten Weise abzuleiten. Wo man ansetzt, ist häufig nur eine Frage des persönlichen Geschmacks. Am Ende wird man jedes Mal für Gwen Stacy das Ergebnis $\mathbf{v^2 = 2gh}$ erhalten. Das Entscheidende ist der Zusammenhang zwischen ihrer Ausgangshöhe und der Geschwindigkeit beim Aufprall, und Gwen ist es ziemlich egal, mit welcher Gleichung man die erhält.

in den Comics die Prozesse, die sich im Verlauf der Beschleunigung oder Verlangsamung von Flash ergeben, realistisch dargestellt und die Folgen dieser Bremsvorgänge adäquat geschildert. In *Flash* # 106 muss unser Held abrupt bremsen, während er einem Objekt hinterherjagt, das 800 km/h schnell ist. Der Comic zeigt, wie Flash bei dem Versuch, schnell zum Stillstand zu kommen, mit seinen Schuhsohlen tiefe Furchen in den Untergrund fräst. In diesem Beispiel sind die Kräfte, die bei solch einem drastischen Bremsmanöver wirksam würden, zutreffend dargestellt. Während er seine Geschwindigkeit von 800 km/h auf null reduziert, macht die hohe Veränderung der kinetischen Energie einen ebenso hohen Betrag an **Arbeit** erforderlich. Das Panel (Abb. 16) zeigt, wie Flash über eine Strecke von schätzungsweise 5 Metern zum Stehen kommt, also ist der Weg kurz, und da **(Arbeit) = (Kraft) · (Weg)**, muss die Kraft, die seine Füße auf den Boden ausüben, entsprechend groß sein. Sehr groß sogar – um seine Geschwindigkeit von 800 km/h über eine Strecke von 5 Metern auf null zu bringen, muss man eine Kraft von rund 350 000 Newton aufbringen – das entspricht auf der Erde dem Gewicht eines Körpers mit einer Masse von 35 Tonnen!

Eine ähnliche Darstellung findet sich auch in *Flash Comics*, Vol. 2, Ausgabe # 25 (April 1989), wo Wally West so schnell rennt, dass er

Abb. 16 *Ein seltenes Beispiel für die realistische Darstellung eines abrupten Bremsvorgangs – gefunden in* Flash # 106. *Je geringer die Strecke, desto größer ist die Kraft, die Flashs Schuhsohlen beim Abbremsen auf den Boden ausüben müssen.*

bei dem Versuch, abrupt anzuhalten, kilometerlange Spuren auf der Oberfläche Nordamerikas hinterlässt. Dabei ist er so schnell, dass er im Rahmen seiner Bremsversuche immer wieder einmal durch die Luft fliegt. Aus der Länge der verschiedenen Bremsspuren können die Wissenschaftler, die seine Bewegungen verfolgen, errechnen, mit welcher Geschwindigkeit Wally unterwegs war und wo er wahrscheinlich zum Stehen kam. Sie wenden dabei die gleichen Methoden an wie die Polizei beim Vermessen der Reifenspuren nach einem Unfall. Realistisch betrachtet müsste man bei der Untersuchung der tiefen Spuren, die Flash beim plötzlichen Beschleunigen oder Abbremsen in den Boden gräbt, *jedes Mal* genau sagen können, wo Flash herkam oder wohin er unterwegs ist, doch zum Glück für das Straßenbauamt von Central City werden Flashs Fähigkeiten in den Comicbüchern nur selten so realistisch dargestellt.

Doch kehren wir zu Flashs Essgewohnheiten zurück: Wenn die kinetische Energie **KE** mathematisch als $\mathbf{KE = (1/2)\ mv^2}$ ausgedrückt werden kann, dann nimmt Flashs Kalorienbedarf mit dem Quadrat seiner Geschwindigkeit zu. Wenn er zweimal so schnell rennt, steigt seine kinetische Energie auf das Vierfache, und also muss er viermal so viel essen, um diese höhere Geschwindigkeit zu erreichen. Zu Zeiten des Silbernen Zeitalters (von den späteren Fünfzigern bis in die Sechziger) gestaltete der Zeichner Carmine Infantino die Figur des Barry Allen weniger als ein Muskelpaket, sondern, da er ja schließlich ein Läufer war (Flash, nicht Carmine), eher schlank und drahtig. Wenn Flash auf der Erde 700 Newton wiegt, dann beträgt seine Masse 70 kg. Bei einem Prozent der Lichtgeschwindigkeit (was nicht einmal annähernd die Höchstgeschwindigkeit darstellt, die Flash erreichen kann) bewegt er sich mit 3000 km/s oder 3 Millionen Meter in der Sekunde. In diesem Falle beträgt seine kinetische Energie $\mathbf{KE} = (1/2) \cdot (70\,\text{kg}) \cdot (3\,000\,000\ \text{m/s})^2 = 315$ Billionen $\text{kg} \cdot \text{m}^2/\text{s}^2 =$ 76 Billionen Kalorien. Energie wird in der Physik so häufig verwendet, dass sie gleich mehrere eigene Maßeinheiten hat, und eine davon ist die »Kalorie«, wobei 0,24 Kalorie $= 1\,\text{kg} \cdot \text{m}^2/\text{s}^2$ umgerechnet wird. Das bedeutet, 0,24 Kalorie ist der Energiebetrag, der aufgewendet werden muss, um eine Kraft von $1\,\text{kg} \cdot \text{m/s}^2$ über eine Strecke von 1 Meter auszuüben.

Der Grund für dieses seltsame Umrechnungsverhältnis besteht darin, dass sich die Physiker Mitte des neunzehnten Jahrhunderts über das Phänomen Energie im Unklaren waren, eine Situation, die sich im Laufe der Jahre nicht wesentlich verbessert hat. Die Kalorie wurde ursprünglich als eine Maßeinheit für Wärme definiert, da Wärme als eine eigenständige physikalische Größe betrachtet wurde, die nichts mit Arbeit oder Energie zu tun hatte. Daher wurde ein System zur Messung von Wärme entwickelt, während man zur Bestimmung der kinetischen und der potenziellen Energie eine andere Maßeinheit verwendete. Dass Wärme lediglich eine andere Form von Energie darstellt, wurde von dem Physiker James Prescott Joule erkannt, dem zu Ehren die Standardeinheit der Energie den Namen Joule (1 Joule $= 1\ kg \cdot m^2/s^2$) trägt. Während Physiker bei Energieangaben einfach von Joule reden, bleiben wir bei dem sperrigeren $kg \cdot m^2/s^2$, um nicht aus den Augen zu verlieren, welche Faktoren in jegliche Bestimmung von Energie eingehen.*

Es sollte hinzugefügt werden, dass für einen Physiker eine Kalorie etwas anderes ist als für einen Ernährungswissenschaftler. Für einen Physiker ist eine Kalorie *definiert* als die Energiemenge, die benötigt wird, um die Temperatur von einem Gramm Wasser um ein Grad Celsius zu erhöhen. Dies ist eine völlig legitime, wenn auch willkürliche Definition der Energie in einer Laborsituation. Allerdings zeigt sich, dass bereits ein einziger Cracker genügend Energie enthält, um 24000 Gramm Wasser um ein Grad Celsius zu erwärmen. Für einen Physiker bedeutet dies, dass der Energiegehalt eines einzigen Crackers 24000 Kalorien beträgt! Um zu vermeiden, dass man mit solch großen Zahlen rechnen muss, bezeichnet in der Umgangssprache eine Kalorie an Nährwert jeweils 1000 »physikalische Kalo-

* Beachten Sie, dass sich $kg \cdot m^2/s^2$ außerdem ganz natürlich als Einheit für die potenzielle Energie aufgrund der Gravitation $\mathbf{PE = mgh}$ ergibt, wenn wir die üblichen Einheiten kg, m/s^2 und Meter für die Masse **m**, die Schwerebeschleunigung **g** und die Höhe **h** verwenden. Dies ist beruhigend, denn wenn wir Summen der beiden Energieformen bilden, oder die kinetische Energie nach dem Fall mit der potenziellen Energie vor dem Fall gleichsetzen, sollten die beiden Größen sich tunlichst in den gleichen Einheiten messen lassen. Es wäre ein Zeichen dafür, dass in unseren Berechnungen ein ernsthafter Fehler steckt, wenn kinetische Energie in $kg \cdot m^2/s^2$ gemessen würde und potenzielle Energie in s^3/kg oder etwas ähnlich Lächerlichem.

rien«. Daher sind die 24 Kalorien Nährwert, die in einem Cracker stecken, tatsächlich genauso viel wie 24000 Kalorien gemäß der physikalischen Definition unter Laborbedingungen. Und außerdem, es mag ja schon mies sein, beim Anblick eines Cheeseburgers an dessen 500 Kalorien denken zu müssen, aber bei dem Gedanken an die 500000 Kalorien, die tatsächlich in ihm stecken, kann einem das Essen ganz vergehen!

Um Flashs kinetische Energie von 75 Billionen Kalorien in Brennwertkalorien umzurechnen, müssen wir sie durch 1000 teilen. Das hilft zwar schon ein bisschen, doch verbraucht er noch immer 75 Milliarden Kilokalorien, wenn er mit einem Prozent der Lichtgeschwindigkeit läuft. Anders ausgedrückt: Er müsste 150 Millionen Cheeseburger essen, um so schnell laufen zu können (wobei wir unterstellen, dass sämtliche in der Nahrung enthaltene Energie in kinetische Energie umgewandelt wird).* Wenn er anhält, fällt der Wert seiner kinetischen Energie auf null, und um erneut so schnell zu laufen, muss er noch einmal 150 Millionen Cheeseburger essen. Mitte der achtziger Jahre passierte es einmal, dass in einem Heft der *Flash*-Reihe die Notwendigkeit eingeräumt wurde, dass Flash nahezu permanent essen müsste (wobei er außerdem superschnell kauen muss), um seine hohen Geschwindigkeiten beizubehalten. Sowohl im Goldenen Zeitalter als auch im Silbernen Zeitalter und heute im modernen Zeitalter wird die Energieerhaltung geflissentlich ignoriert. Mittlerweile wird Flashs kinetische Energie auf seine Fähigkeit zurückgeführt, eine so genannte »Geschwindigkeits-Kraft« anzuzapfen und sie in Geschwindigkeit umzuwandeln. Was nur eine schickere Art ist zu sagen: »Hey, immer mit der Ruhe, das ist hier bloß ein Comic.«

CHEESEBURGER UND H-BOMBEN

Als Nächstes stellen wir uns die Frage, warum ein Cheeseburger oder jedes andere Nahrungsmittel Flash mit Energie versorgt. Es ist

* Da nahezu die Hälfte der Energiemenge, die wir aufnehmen, zur Erhaltung der Körperfunktionen verbraucht wird, muss Flash sogar doppelt so viel verzehren, wie wir ursprünglich kalkuliert hatten.

nicht weiter schwer, bei einem bewegten Objekt seine kinetische Energie festzustellen, und auch die potenzielle Energie infolge der Gravitation lässt sich noch gut nachvollziehen, aber es existieren viele Formen von Energie, deren Einordnung in die Kategorien kinetisch oder potenziell nicht immer leicht fällt. Die Energie, die sich Flash mit der Nahrung zuführt, hängt nicht mit der kinetischen Energie der sich schnell bewegenden Atome zusammen, aus denen die Nahrung besteht (eine heiße Mahlzeit hat genauso viel Kalorien wie kaltes Essen), sondern hängt zusammen mit der potenziellen Energie der chemischen Bindungen zwischen den Atomen in der Nahrung. Da Energie niemals aus dem Nichts erzeugt oder zerstört, sondern nur immer umgewandelt werden kann, verfolgen wir ihren Weg zurück und betrachten genauer, woher die potenzielle Energie stammt, die in dem Cheeseburger steckt.

Um die potenzielle Energie zu verstehen, die in Nahrungsmitteln steckt, müssen wir uns ein wenig mit Chemie befassen. Wenn man zwei Atome zusammenbringt und die Rahmenbedingungen stimmen, werden diese beiden Atome eine chemische Verbindung eingehen und ein »Molekül« eines neuen Stoffes bilden. Ein Molekül kann beispielsweise aus nur zwei Sauerstoffatomen (O_2) bestehen und sehr klein sein, es kann aber auch sehr lang und komplex sein wie die DNA, die in sämtlichen Zellen unseres Körpers vorkommt. Die Frage, ob und warum zwei oder mehr Atome eine chemische Verbindung eingehen, und die Untersuchung der Bedingungen für einen solchen Vorgang sind die Grundlagen der Chemie. Alle Atome haben einen positiv geladenen Kern, um den ein Schwarm von Elektronen wirbelt. Die chemischen Eigenschaften eines Elements werden einerseits durch die Anzahl der Elektronen bestimmt, die es besitzt, und andererseits durch die Art und Weise, wie diese Elektronen ihre gegenseitige Abstoßung (sie sind alle negativ geladen) und die Anziehung durch den positiv geladenen Kern ausbalancieren. Wenn ein Atom einem anderen sehr nahe kommt, dann überlappen sich die Bereiche, in denen sich mit hoher Wahrscheinlichkeit Elektronen befinden, und je nach der Beschaffenheit der Atome kommt es entweder zu einer Anziehung oder einer Abstoßung. Wenn die Anziehungskraft überwiegt, haben wir es mit einer chemischen Bindung zu tun, und die Atome bilden ein Molekül. Überwiegt hingegen die Abstoßung, dann können die beiden Atome keine chemische Verbindung miteinander eingehen. Um festzustellen, ob eine Anziehungskraft besteht oder nicht, muss man recht komplizierte quantenmechanische Berechnungen durchführen (mehr zur Quantenmechanik in Teil 3). Wenn eine Anziehungskraft vorliegt, die Atome aber daran gehindert werden, eine Verbindung miteinander einzugehen, ist eine potenzielle Energie im Spiel, denn sobald die Barriere wegfällt, die die beiden Atome trennt, werden diese miteinander reagieren und ein neues Molekül bilden. Dementsprechend gehört zu dem Zustand zweier Atome, die eine chemische Verbindung eingegangen sind, eine niedrigere Energie als zuvor bei den beiden Einzelatomen – ebenso wie ein Ziegelstein über eine niedrigere potenzielle Energie verfügt, solange er am Boden liegt. Um einen Ziegel auf eine Höhe **h** zu heben, muss Arbeit verrichtet werden, genauso wie Arbeit verrichtet werden muss, um ein beliebiges Molekül in seine atomaren Bestandteile zu zerlegen.

Womit wir nun *endlich* (und ich kann das erleichterte »Gott sei Dank« aus der Leserschaft schon beinahe hören) so weit sind, erklären zu können, warum Flash essen muss. Oder besser, warum seine Nahrung ihn mit der Energie versorgt, die notwendig ist, damit er seine kinetische Energie aufrechterhalten kann. Wenn Flash rennt, verbrauchen seine Körperzellen Energie, die darauf verwendet wird, seine Beinmuskulatur zusammenzuziehen und wieder zu entspannen. Diese Energie in seinen Körperzellen stammt wiederum aus dem Frühstück, das Barry Allen verspeist hat. Doch woher stammt die Energie in den Lebensmitteln? Von Pflanzen, die entweder direkt konsumiert werden oder weiterverarbeitet sind (zum Beispiel zu Fleisch). Die gespeicherte Energie in unserer Nahrung ist nichts anderes als potenzielle Energie auf molekularer Basis. Pflanzen tun im Grunde nichts weiter, als dass sie kleine »molekulare Bausteine« nehmen und sie innerhalb der Zellen zu einem »Turm« zusammenbauen. Dieser Turm aus komplexen Zuckermolekülen ist, sobald er einmal zusammengesetzt ist, recht stabil. Der Prozess des Anhebens und Aufstapelns der einzelnen Bausteine zu einem Turm erhöht die potenzielle Energie der Bausteine (außer bei dem, der zuunterst liegt).

Also verrichten Pflanzen in der Tat »Arbeit«, wenn sie diese einfachen Bausteine zu komplexen Zuckermolekülen zusammensetzen und damit die potenzielle Energie des Moleküls am Ende des Synthetisierungsprozesses erhöhen. Die potenzielle Energie bleibt in den Zuckermolekülen gespeichert, bis die Mitochondrien in unseren Zellen die Moleküle mit Hilfe von Adenosintriphosphat (auch ATP genannt) aufspalten und die gespeicherte Energie freisetzen – ähnlich wie bei einem Turm aus Ziegelsteinen die Arbeit in Form von potenzieller Energie in die weiter oben gestapelten Ziegel einfließt und sich erst in dem Augenblick, wo der Turm umgestoßen wird, in kinetische Energie verwandelt. Die Energiemenge, die in den Zellen von Flashs Beinmuskulatur durch ATP freigesetzt wird, ist größer als die Energie, die benötigt wird, um »den Turm aus komplexen Zuckermolekülen umzustoßen«, wobei der Gewinn an Energie allerdings nicht so hoch ist wie der Aufwand, den die Pflanzenzellen betreiben mussten, um den Turm überhaupt erst aufzubauen.

Woher hatte die Pflanze diese Energie? Sie stammt aus einem Prozess namens »Photosynthese«, im Verlauf dessen das Sonnenlicht von der Pflanze absorbiert und dazu verwendet wird, die komplexen Zuckermoleküle aufzubauen. Das Licht stammt von der Sonne (keine Angst, wir haben es fast geschafft), wo es als Nebenprodukt einer Kernfusionsreaktion anfällt, bei der Wasserstoff-Atomkerne im heißen Sonneninneren zu Helium verschmolzen werden. Genau betrachtet ist sämtliche chemische Energie in unseren Nahrungsmitteln nichts weiter als umgewandeltes Sonnenlicht, das im Zuge eines Fusionsprozesses ähnlich der Explosion einer Wasserstoffbombe entstand. Folglich ist fast alle Energie auf der Erde letztendlich Sonnenenergie, ebenso wie die Kerne so gut wie aller Atome – vom ATP in Flashs Muskelzellen bis zu dem Ring, in dem er sein Kostüm versteckt – aus dem kosmischen Schmelzofen einer vor langer Zeit verglühten Sonne stammen.

Letztendlich ist sämtliches Leben nur deswegen möglich, weil die Masse eines Heliumkerns (der aus zwei Protonen und zwei Neutronen besteht) eine Kleinigkeit geringer ist, als die Masse von zwei Deuteriumkernen (solche Kerne bestehen jeweils aus einem Proton und einem Neutron). Unter einer Kleinigkeit verstehe ich in diesem

Zusammenhang die Tatsache, dass die Masse eines Heliumkerns exakt 99,3 Prozent der Masse von zwei Deuteriumkernen entspricht. Diese kleine Massendifferenz führt zu einem immens hohen Energieausstoß, denn sie wird, da $\mathbf{E = mc^2}$, mit dem Quadrat der Lichtgeschwindigkeit multipliziert.

Dadurch, dass die Masse eines Heliumkerns genau 99,3 Prozent der Masse von zwei Deuteriumkernen beträgt, wird Leben im Universum erst möglich. Wären es 99,4 Prozent, könnten sich keine Deuteriumkerne bilden, und die Heliumfusion würde gar nicht stattfinden. In diesem Fall würden die Sterne nur matt vor sich hin schimmern und wären nicht in der Lage, Elemente zu synthetisieren. Es gäbe auch keine Supernova-Explosionen, im Verlauf derer die schwereren Elemente entstehen, die dann ins All hinausgeschleudert werden, wo aus ihnen irgendwann Planeten und Menschen entstehen. Wären es dagegen nur 99,2 Prozent, so wäre die Fusionsreaktion zu effektiv: Bereits im frühen Universum würden dann so viele Protonen zu Helium verschmelzen, dass zur Zeit der Sternentstehung kaum noch Fusionsbrennstoff übrig wäre. Wie es zu dieser faszinierenden Feinabstimmung in den Grundlagen der Natur kommt, ist eine von den Fragen, über die sich Forscher derzeit den Kopf zerbrechen.

ATEMÜBUNGEN UNTER WASSER

Um rennen zu können, braucht Flash Energie. Diese ist in Form von komplexen Molekülen in seiner Nahrung gespeichert. Wir haben diese gespeicherte Energie mit der potenziellen Energie verglichen, die in einem Turm aus Einzelbausteinen steckt, da die Pflanze »Arbeit« verrichtet hat, um diesen Turm aufzubauen. Wir wandeln – nachdem wir die Pflanze verspeist haben – jene Energie in kinetische Energie um, indem wir den Turm umstoßen. Doch wodurch wird das Einstürzen des Turms ausgelöst? Woher weiß der Turm, dass die Zellen Energie benötigen und diese freigesetzt werden muss? Bei diesem Vorgang spielen eine Menge biochemischer Prozesse im Inneren der Körperzellen eine Rolle, doch der entscheidende Schritt, im Verlauf dessen die Menge der umzuwandelnden Energie festgelegt wird, ist eine Reaktion, bei der Sauerstoff zugeführt und Kohlendioxyd ausgestoßen wird. Ohne die Aufnahme von Sauerstoff kann die in den Zellen gespeicherte Energie nicht freigesetzt werden. Ohne die Aufnahme von Sauerstoff macht es auch keinen Sinn zu essen. Je schneller Flash rennt, desto größer ist seine kinetische Energie, folglich muss er auch entsprechend größere Mengen an potenzieller Energie aus seinen Zellen abrufen und demgemäß mehr Sauerstoff einatmen. Wir haben bereits die Unmengen von Essen betrachtet, die Flash verschlingen müsste, um die kinetische Energie für seine charakteristisch schnelle Fortbewegung aufzubringen. Wie sieht es mit seinem Sauerstoffbedarf aus? Würde Flash vielleicht die gesamte Erdatmosphäre wegatmen, wenn er rennt?

Um diese Frage zu beantworten, müssen wir erst herausfinden, wie viel O_2 Flash verbraucht, wenn er einen Kilometer rennt. Die Sauerstoffmenge, die ein Läufer verbraucht, ist abhängig von dessen Gewicht und wird bei Leistungssportlern mit einer Geschwindigkeit von 15 km/h mit 70 cm^3 pro Kilogramm Körpermasse pro Minute angesetzt. Wenn Flashs Masse 70 kg beträgt, dann verbraucht er rund 20 Liter O_2 auf jeden Kilometer. Wenn wir einmal annehmen, dass dieser Verbrauchswert auch dann gilt, wenn er mit viel höheren Geschwindigkeiten dahinjagt, dann ergibt sich folgende Rechnung: 20 Liter Sauerstoff enthalten rund eine halbe Billion Billionen Sauerstoffmoleküle, und bei einer Geschwindigkeit von 15 km/s bedeutet dies, dass Flash rund eine Billion Billionen Sauerstoffmoleküle *pro Sekunde* einatmen muss. Das hört sich zwar nach mächtig viel an, aber glücklicherweise gibt es in unserer Atmosphäre noch wesentlich mehr Sauerstoffmoleküle. Viel, viel mehr. Grob gerechnet befinden sich in der Erdatmosphäre über zehn Millionen Billionen Billionen Billionen O_2-Moleküle. So dass Flash selbst bei einem Sauerstoffverbrauch von einer Billion Billionen Molekülen pro Sekunde rund 400 Milliarden Jahre mit einer Geschwindigkeit von 15 km/s rennen (und atmen) müsste, bevor der Sauerstoffvorrat der Erdatmosphäre erschöpft wäre. Je schneller er rennen würde, desto rascher würde er auch die Luft verbrauchen, doch selbst wenn er nahezu mit Lichtgeschwindigkeit dahinrauschen würde (wozu er in der Lage ist, was er aber selten tut), würde es über 2 Millionen Jahre dauern, bis er bei diesem Tempo und der entsprechenden Atemfrequenz den Sauerstoff auf der Erde verbraucht hätte. Wenigstens können wir, zumindest was diesen Aspekt seiner Superschnelligkeit angeht, beruhigt aufatmen.

Der Erdatmosphäre droht also keine Gefahr, doch wie sieht es mit Flash aus? Ist er, wenn er mit mehreren hundert Kilometern pro Stunde durch die Gegend rennt, überhaupt noch in der Lage zu atmen? Zum Glück für den geölten Blitz trägt er ein Luftreservoir immer mit sich herum, wohin er auch rennen mag. In *Flash* # 167 wird diese Region stationärer Luft (stationär in Bezug auf Flash) als seine »Aura« bezeichnet. Strömungsphysiker würden stattdessen von den inneren Lagen einer laminaren Grenzschicht reden. Egal wie man die Region nennt, jedenfalls ist sie schuld daran, dass Golfbälle Dellen haben.

Um dies zu verstehen, können Sie zu Hause ein einfaches physikalisches Experiment durchführen: Drehen Sie das kalte Wasser an Ihrem Waschbecken auf, doch achten Sie darauf, dass das Ventil des Wasserhahns nur ein klein wenig geöffnet ist. Um bessere Resultate zu erzielen, entfernen Sie am besten noch das kleine Sieb. Wenn das Wasser nur ganz sacht aus dem Hahn strömt, sieht es aus wie ein glänzender, gleichmäßiger Zylinder, der an der Mündung des Wasserhahnes etwas breiter ist und sich aufgrund der Oberflächenspannung leicht verjüngt. Wenn wir das Geräusch nicht hören würden, könnten wir eventuell vermuten, dass es sich bei der Wassersäule nicht um eine in Bewegung befindliche Flüssigkeit, sondern um ein starres Gebilde handelt. Dieses Strömungsverhalten des Wassers, bei dem sich alle Moleküle ungehindert in der gleichen Richtung bewegen, bezeichnet man als »laminare Strömung«. Das Gegenteil davon können Sie betrachten, wenn Sie den Wasserhahn ganz aufdrehen. In diesem Fall schießt das Wasser in einem unregelmäßigen Strahl aus der Leitung, wobei es sich mit verschiedenen Geschwindigkeiten in unterschiedliche Richtungen bewegt. Dieses Strömungsverhalten wird auch als »turbulente Strömung« bezeichnet. Folglich wird man, wenn man Wasser möglichst effizient durch eine Leitung fließen lassen möchte, daran interessiert sein, dass sein Strömungsverhalten laminar ist und sich alle Wassermoleküle in die gleiche Richtung bewegen, da Strudel und Verwirbelungen in einer turbulenten Strömung immer auch bedeuten, dass einige Wassermoleküle sich gegen den Strom bewegen.

Doch auch wenn sich die Wassermoleküle bei einer laminaren Strömung – beispielsweise in einem Rohr – in die gleiche Richtung bewegen, so tun sie dies nicht mit der gleichen Geschwindigkeit. Jene Moleküle, die sich an den äußeren Rändern bewegen, kollidieren mit der Wand des Rohrs, geben ihre kinetische Energie an das Rohr ab (das aber nicht nachgibt, weshalb es sich zwar leicht erwärmt, sich jedoch nicht bewegt) und hören auf, sich zu bewegen. In unmittelbarer Nähe der Rohrwand befindet sich also eine Wasserschicht, die sich nicht bewegt. Das Wasser unmittelbar neben dieser Schicht hat ebenfalls einen Teil seiner kinetischen Energie verloren, jedoch nicht die gesamte Menge, denn anders als die Atome der Rohrwand können sich die Moleküle in diesem Teil der Grenzschicht nach wie vor bewegen. In der nächsten ringförmigen Zone, die sich nach innen anschließt, fließt das Wasser wiederum ein wenig schneller. Das heißt, dass selbst in einer laminaren Strömung konzentrische ringförmige Zonen existieren, in denen das Wasser umso schneller fließt, je näher diese Ringe am Zentrum liegen, wo die Geschwindigkeit am höchsten ist. In einer laminaren Strömung fließt das Wasser in jedem Abschnitt eines der Ringe in der gleichen Weise, während bei einer turbulenten Strömung über den gesamten Durchmesser des Rohres eine chaotische Bewegung herrscht.

Wenn wir nun ein Rohr durch eine stehende Flüssigkeit ziehen, verhält sich die Situation genau spiegelverkehrt. Das Wasser, das sich den Rohrwänden am nächsten befindet, wird mit dem Rohr mitgezogen, das Wasser daneben bewegt sich etwas langsamer und so weiter. Doch egal, ob wir Wasser durch ein Rohr strömen lassen oder ein Rohr durch Wasser ziehen, in beiden Fällen gilt, dass das Wasser in unmittelbarer Nähe des Rohres stationär bleibt, es sich – *jedenfalls relativ zum Rohr* – nicht bewegt. Solange es sich um eine laminare Strömung handelt, wird sich um ein bewegtes Objekt eine dünne Luftschicht bilden (das Beispiel mit dem Wasser lässt sich direkt auf Luftströmungen übertragen), die sich relativ zu dem Objekt nicht bewegt. Und wie in dem Beispiel mit dem Wasserhahn ist diese Grenzschicht umso beständiger, je langsamer die Bewegung durch die Flüssigkeit erfolgt. Bei zu hohen Geschwindigkeiten wird der Energieaustausch zwischen den konzentrischen Zonen gestört, und es kommt zu Turbulenzen. Ein Objekt, das sich mit einer bestimmten Geschwindigkeit bewegt, muss mehr Energie aufwenden, wenn es sich in einer turbulenten Strömung fortbewegt, als dies bei einer laminaren Strömung der Fall wäre.

Dies ist auch der Grund, warum Golfbälle Dellen haben. Die Aussparungen in den Golfbällen verringern den Durchmesser der turbulenten Strömung, die sich hinter dem Ball bildet, wenn er sich mit hoher Geschwindigkeit bewegt. Vereinfacht formuliert, reduzieren die Dellen den Luftwiderstand des Balles, da der Durchmesser des Luftsogs hinter dem Ball verringert und dadurch weniger Energie verbraucht wird. Dieser Effekt wurde zufällig entdeckt. In der Mitte des neunzehnten Jahrhunderts waren Golfbälle glatt und bestanden aus Guttapercha. Im Lauf der Zeit bemerkten jedoch einige Golfer, dass alte, oft benutzte Bälle mit Kratzern und Dellen häufig weiter flogen als neue. Experimentelle Untersuchungen und die Erkenntnisse aus der Strömungsphysik führten dann zur Optimierung des Designs in Form moderner Golfbälle mit den besagten Dellen.

Was für einen Golfball gut ist, wird Flash nicht schaden, und so kommt es, dass unser Held stets eingehüllt ist in eine Luftschicht, die sich mit ihm mitbewegt. Selbst wenn diese Lufthülle nur ein paar Zentimeter dick ist, enthält sie eine Billion Billionen Sauerstoffmoleküle – allerdings muss sie immer wieder mit Luft aus den angrenzenden Schichten aufgefrischt werden, damit dem roten Raser nicht schon nach ein paar Sekunden die Luft ausgeht und er wieder anhalten muss.

Doch stellt die »Aura« genannte Grenzschicht, die den blitzschnellen Kämpfer für Recht und Ordnung in den Flash-Comics umgibt, nicht nur die Versorgung des Helden mit Atemluft sicher, sondern sie bewahrt ihn auch vor weiteren hässlichen Unannehmlichkeiten des Luftwiderstands. Wenn beispielsweise ein Meteor zur Erde stürzt und sich dabei in einen Meteoriten verwandelt, so erhitzt sich seine Oberfläche infolge der extremen Reibungskräfte so stark, dass er teilweise verglüht.* Diese Reibungskräfte entstehen, wenn der Meteorit die Luft beim Eintritt in die Erdatmosphäre zur Seite schiebt. Wieso verglüht Flash nicht, wenn er mit hoher Geschwindigkeit dahinrast?

In *Flash* # 167 wird die Frage zwar beantwortet, doch nur wenige Comicfans fanden diese Erklärung überzeugend. In diesem Heft wird enthüllt, dass Flash seine »schützende Aura« zusammen mit anderen Superkräften von dem »Novizen eines Elfenordens aus der zehnten Dimension« namens Mopee erhalten hatte. In dieser Geschichte entfernte ebenjener Mopee (der übrigens eine verblüffende Ähnlichkeit mit Woody Allen hat) Flashs Aura, ließ ihm jedoch seine Superschnelligkeit. Folglich konnte Flash nach wie vor mit hoher Geschwindigkeit laufen, jedoch zog er sich infolge des enormen Luftwiderstands jedes Mal Brandverletzungen zu.

Dass Flash einen Plagegeist hatte, der ihm das Leben schwer machte, ist weniger verwunderlich als die Tatsache, dass der Flash des Silbernen Zeitalters während 62 Heften von ihm verschont blieb. In den fünfziger und sechziger Jahren musste sich fast jeder Superheld aus dem DC-Lager mit irgendeiner außerirdischen Nervensäge herumschlagen. Der Erste von dieser Sorte war Mr. Mxyzptlk, ein Wesen aus der fünften Dimension, gegen dessen magische Kräfte Superman machtlos war. Es gab nur eine Methode, Mxyzptlk in seine Dimension zurückzubefördern, und diese bestand darin, ihn dazu zu bringen, seinen Namen rückwärts aufzusagen, was zur Folge hatte, dass er für mindestens drei Monate nicht mehr zurückkehren konnte (vermutlich, um zu verhindern, dass sich bei den Lesern ein Abnutzungseffekt einstellte). Und damit Batman nicht hinter dem Stählernen zurückstehen musste, hatte auch er seinen Privatkobold namens Bat-Mite, dessen Versuche, es seinem Idol gleichzutun, immer wieder fehlschlugen und der so das dynamische Duo mehr als einmal in größte Schwierigkeiten brachte. J'onn J'onnz, der Martian Manhunter, hatte einen außerirdischen Kumpan namens

* Nicht alle Meteore verglühen beim Eintritt in die Erdatmosphäre. Um die riesige Menge Kryptonit zu erklären, die zur Erde gelangt ist, wurde in *Superman* # 130 behauptet, dass die Überreste des zerstörten Heimatplaneten von Superman gegen Luftreibung »immun« seien.

Zook, während Aquaman von einem Quälgeist namens Quisp geplagt wurde. Von den sieben Gründungsmitgliedern der Justice League of America blieben nur Wonder Woman und Green Lantern von einer Privatplage aus einer anderen Dimension verschont.

Doch es war nicht so sehr die Tatsache, dass Flash nun ebenfalls seinen eigenen Kobold hatte, die die Comicfans auf die Palme brachte, sondern vielmehr Mopees Behauptung, dass Flash seine Superschnelligkeit nur ihm zu verdanken habe. Für etliche Fans war Barry Allens Flash ein Science-Fiction-Held, und sie warfen den Autoren John Broome, Gardner Fox und Robert Kanigher sowie dem Herausgeber Julie Schwartz vor, dass ausgerechnet sie, die für die Einführung naturwissenschaftlicher Themen in die Comics des Silbernen Zeitalters verantwortlich waren, die wissenschaftlichen Aspekte nun über Bord geworfen hatten und Flashs Fähigkeiten auf »Zauberei« zurückführten. Mopee blieb ein weiterer Auftritt in *Flash* verwehrt, und er verschwand auf Nimmerwiedersehen. Was den Großteil der Fans von Comics des Silbernen Zeitalters betrifft, so hat es *Flash* # 167 nie gegeben.

12

DIE VERSCHWUNDENE ARBEIT – DIE DREI GESETZE DER THERMODYNAMIK

Henry Pym war in der Lage, die Polarität der »Pym-Partikel« umzukehren und sich auf diese Art und Weise in Giant-Man zu verwandeln. Die Schauspielerin Rita Farr (Elasti-Girl) von der Doom Patrol hatte in Afrika während der Dreharbeiten zu einem Film geheimnisvolle vulkanische Dämpfe eingeatmet und war seitdem in der Lage, bis zur Höhe eines fünfstöckigen Hauses anzuwachsen oder auf die Größe eines Insekts zusammenzuschrumpfen. Anders als bei diesen beiden gab es für Atom, einen weiteren Helden aus dem DC-Lager, nur eine Richtung des Wachstums – klein, kleiner, noch kleiner.

Atom ist eine meiner Lieblingscomicfiguren, denn im »wahren« Leben ist er der Physikprofessor Ray Palmer. Zum ersten Mal tauchte Professor Palmer in *Showcase* # 34 auf, wo seine vergeblichen Bemühungen geschildert werden, einen Verkleinerungsstrahl zu entwickeln. Er wird in seinem Forschungseifer angetrieben von ökonomischen Motiven, wie sich aus seinem Tonbandprotokoll nach dem Fehlschlagen von Experiment Nr. 145 ergibt: »Man stelle sich nur einmal vor, was durch die Kompression von Materie erreicht werden könnte: Farmer könnten ihre Ernte vertausendfachen, ohne mehr Ackerfläche zu benötigen. Güterzüge könnten die tausendfache Ladung befördern!« Wobei man vielleicht anmerken sollte, dass Experiment Nr. 145 nicht völlig fehlgeschlagen war – die Verkleinerung eines Stuhls auf die Größe von ein paar Zentimetern hatte durchaus geklappt, allerdings war der Stuhl anschließend, wie alle anderen

Versuchsobjekte zuvor, explodiert, was die Lagerhaltung in Palmers Visionen beträchtlich erschweren würde.

Die Lösung für die Probleme mit den Verkleinerungsstrahlen offenbarte sich Palmer bei einer nächtlichen Autofahrt, als er sah, wie ein Brocken Materie eines Weißen Zwergsterns unweit der Straße zur Erde stürzte. Dieses außerirdische Material entpuppte sich als der entscheidende Bestandteil, der Palmer bisher noch gefehlt hatte, um Gegenstände zu verkleinern, ohne dass sie hinterher explodierten. Vermutlich liegt es daran, dass diese Sternleiche das Wort »Zwerg« in seinem Namen trägt, dass ihm nun die von Physikern bis dahin unbemerkte Fähigkeit angedichtet wurde, Gegenstände zu verkleinern. Wir werden uns in einem späteren Kapitel noch eingehender mit Atoms Herkunft und dem Meteoriten aus Zwergstern-Materie befassen. Überflüssig zu sagen, dass der Mechanismus, vermittels dessen Ray Palmer seine Größe auf 15 Zentimeter (seine bevorzugte Größe bei der Verbrecherjagd) und weit darunter – er kann sogar kleiner werden als ein Elektron – reduziert, unter physikalischen Gesichtspunkten ebenso plausibel ist wie das Einatmen seltsamer Dämpfe aus dem Erdinneren oder die Verwendung von Pym-Partikeln.

Was Atom von Ant-Man oder Elasti-Girl unterscheidet, ist die Tatsache, dass er *nicht* einer konstanten Dichte unterworfen ist, er also seine Masse und seine Größe unabhängig voneinander verändern kann. Anscheinend bietet die superdichte Materie eines Weißen Zwergs zwei »wundersame Ausnahmen« zum Preis von einer.

Im Normalzustand ist Ray Palmer ein Meter achtzig groß und hat eine Masse von 82 Kilogramm. Eine Schrumpfung auf eine Größe von 15 Zentimetern bedeutet eine Verkleinerung um den Faktor 12. Seine Breite und seine Tiefe werden ebenfalls um den Faktor 12 reduziert – jedenfalls wenn er nicht aussehen will wie in einem Zerrspiegel. Folglich verringert sich sein Volumen um den Faktor $12 \times 12 \times 12$ oder 1728; dies bedeutet, dass seine Masse, wenn seine Dichte im Verlauf des Prozesses gleich bleibt, ebenfalls durch 1728 dividiert werden muss, womit er am Ende des Verkleinerungsvorgangs gerade mal 47 Gramm auf die Waage bringt. Nicht besonders beeindruckend, wenn man bedenkt, dass unser Held es immerhin mit solchen schurkischen Schwergewichten wie Chronos, dem Zeitdieb oder Doctor Light aufnehmen muss. Doch zum Glück für alle, die auf der Seite des Guten stehen, war Atom in der Lage, selbst bei geringer Körpergröße sein ursprüngliches Körpergewicht wieder herzustellen, indem er einfach den in der Gürtelschnalle seines Kostüms verborgenen »Größe- und Gewichtsregler« bediente (später baute er solche Regler auch in seine Handschuhe ein). Wie in Abb. 17 zu sehen, konnte er im leichten Zustand einen rosa Radiergummi als Trampolin benutzen und sich so auf Augenhöhe des Schurken hinaufkatapultieren, um im Augenblick des Zusammenpralls sein Gewicht wieder auf über 80 Kilogramm hochzuregeln. Folglich traf

Abb. 17
Das Cover von Atom # 4, *auf dem der Wunderwinzling seine Macht über Größe und Masse demonstriert. Zunächst reduziert er seine Dichte so weit, dass er einen Radiergummi als Trampolin benutzen kann, mit dem er sich in Reichweite des Ganovenkinns hinaufkatapultiert. An diesem Punkt erhöht er seine Masse drastisch, so dass sein Schwinger den »unschuldigen Dieb« ausknockt.*

sein Schwinger das Kinn des Schurken mit der gleichen Wucht wie ein Schlag von Ray Palmer in Normalgröße.*

Ein anderer Trick, den Atom gelegentlich anwendete, während er klein war, bestand darin, sich an der Krawatte des Schurken festzuklammern und dann schnell sein Gewicht auf über 80 Kilogramm zu erhöhen. Der Kopf des Gangsters wurde bei diesen Gelegenheiten abrupt nach unten gezogen und schlug meistens gegen eine Tischplatte oder einen ähnlich harten Gegenstand, wodurch er erst einmal außer Gefecht gesetzt war. Dies war zweifellos einer der Gründe dafür, dass die Unterwelt sich in den späten Sechzigern von allzu förmlicher Kleidung verabschiedete und als eine der ersten Branchen in modisch geradezu avantgardistischer Manier den »Casual-Friday-Look« am Arbeitsplatz einführte.

Indem er in der Lage war, seine Masse zu manipulieren (allerdings nur im verkleinerten Zustand), konnte Atom auf den Luftströmungen des Windes oder der Thermik dahingleiten und so von einem Ort zum anderen gelangen. (Er machte sich darüber hinaus gelegentlich die Tatsache zu Nutze, dass er sich kleiner machen konnte als ein Elektron, um sich per Telefon an weit entfernte Orte zu transportieren – wir werden die physikalischen Fragen, die mit diesem Trick zusammenhängen, in Kapitel 24 beleuchten.) Es gibt zahlreiche Darstellungen, auf denen Atom ähnlich wie in Abb. 18 elegant auf Luftströmungen dahingleitet. In diesem Panel aus *Atom* # 2 muss unser Held das Dach einer brennenden Scheune erreichen. Er verkleinert sich auf gerade mal einen Zentimeter Körpergröße und reduziert seine Dichte so sehr, dass er »leichter ist als eine Feder«, um sich anschließend »von den heißen Luftströmungen bis auf das Dach tragen zu lassen«. In Wirklichkeit wäre seine Luftreise wesentlich weniger geruhsam und elegant, sondern eher mit einer Achterbahnfahrt zu vergleichen, und Atom würde am eigenen Leib erfahren, was Thermodynamik bedeutet und wie sie durch die statistische Mechanik untermauert wird.

* Da Ant-Mans Dichte während des Schrumpfungsprozesses unverändert bleibt, verringert sich seine Schlagkraft mit dem Durchmesser seines Bizeps. Dass seine Fäuste dennoch eine solche Durchschlagskraft haben, liegt daran, dass ihre Oberfläche entsprechend der Kraft seiner Muskeln abnimmt.

Abb. 18 *Ein Panel aus* Atom # 2, *wo der winzige Titan seine Fähigkeit, sowohl seine Größe als auch seine Masse zu manipulieren, dazu einsetzt, um auf den heißen Luftströmungen eines brennenden Gebäudes in die Höhe zu steigen.*

DAS ERSTE GESETZ – MAN KANN NIE GEWINNEN

Ähnlich wie die von Isaac Newton formulierten drei Axiome der Mechanik gibt es auch drei Hauptsätze der Thermodynamik, der Lehre von Wärme, Energie und Temperatur. Das Gebiet der Thermodynamik wurde im neunzehnten Jahrhundert von Wissenschaftlern empirisch erforscht, die noch keine Erkenntnisse über den atomaren Aufbau der Materie hatten. Infolgedessen war es ein mühsamer Weg zu diesen Gesetzen. Auf ihm mussten solche Probleme gelöst werden wie die Beziehung zwischen Nutzarbeit und Wärme, eine quantitative Definition der Temperatur, die Natur von Phasenübergängen und die jedem mechanischen Prozess innewohnende Ineffizienz. Unsere Auseinandersetzung mit dem Thema wird sich hoffentlich weniger mühsam gestalten, und so beginnen wir die Betrachtung des ersten Gesetzes der Thermodynamik mit der einfachen Frage, warum überhaupt eine nach oben gerichtete Kraft auf Atom wirkt, während er auf der von der brennenden Scheune verursachten Luftströmung in die Höhe steigt.

Im neunzehnten Jahrhundert herrschte unter Wissenschaftlern die Annahme, dass Materie eine besondere Flüssigkeit namens »Caloricum« (zuvor auch Phlogiston genannt) enthielt. Bei der mechanischen Verformung von Gegenständen würde dieses Caloricum freigesetzt, weshalb das Objekt sich warm anfühlte oder sich ausdehnte, denn die »calorische« Flüssigkeit hatte angeblich die

Eigenschaft der »Selbstabstoßung«. Heutzutage hört sich das möglicherweise drollig an, aber bevor bekannt war, dass Materie aus Atomen besteht, stellte dieses Modell eine plausible Erklärung für die oben genannten und eine Reihe weiterer Phänomene dar. Das Geheimnis der wahren Beschaffenheit von Wärme wurde von James Prescott Joule, Benjamin Thompson und anderen gelüftet, die bewiesen, dass mechanische Arbeit direkt in Wärme umgewandelt werden kann, ohne dass dabei eine bestimmte Substanz freigesetzt werden muss. Der Begriff »Wärme« beschreibt jeglichen Austausch von Energie, ohne dass das daran beteiligte System Arbeit verrichtet (wobei Arbeit als Kraft mal Weg definiert ist). Dass jede Veränderung der Energie eines Gegenstandes stets das Resultat eines Wärmeaustauschs oder einer verrichteten Arbeit darstellt, ist die Grundaussage des ersten Hauptsatzes der Thermodynamik.

Aus dem Wissen, dass sämtliche Materie aus Atomen besteht, können wir ableiten, dass, wenn ein Gegenstand »heiß« ist, die kinetische Energie seiner Atome einen hohen Wert hat, während bei einem »kalten« Gegenstand die kinetische Energie seiner Atome niedrig ist. Die »Temperatur« eines Objekts ist daher ein nützlicher Indikator, der uns anzeigt, wie hoch die durchschnittliche Energie pro Atom des Gegenstandes ist. Wir sagen, ein Objekt hat eine hohe Temperatur, wenn seine Atome eine höhere kinetische Energie aufweisen als die eines anderen Gegenstandes, dessen Temperatur wir als »niedrig« und das wir als »kalt« bezeichnen.

Wenn wir zwei Gegenstände aneinander reiben, was, wie wir in unserer Betrachtung der Reibung gesehen haben, im atomaren Maßstab in etwa gleichbedeutend ist mit dem Aneinanderschaben zweier Gebirgsketten, so führt dies zu einer Umwandlung von kinetischer Energie (der makroskopischen Bewegung des oberen Objekts, das bewegt wird) in Vibrationen der Atome in den beiden Oberflächen. Diese Umwandlung von kinetischer Energie in den einzelnen Atomen nennt man Wärme, und die Temperatur der beteiligten Objekte erhöht sich, ohne dass dabei eine »calorische Flüssigkeit« vorhanden sein muss.

Aus Kapitel 11 wissen wir, dass Energie nur in zwei Geschmacksrichtungen geliefert wird: potenziell oder kinetisch. Betrachten wir zunächst die Luft in einem Zimmer. Die Unterschiede der gravitationsbedingten potenziellen Energien der Moleküle (diese Energie ergibt sich aus der Multiplikation des Gewichts eines Moleküls mit seiner Höhe über dem Boden) sind so gering, dass man sie ignorieren kann. Die Hauptkomponente der durchschnittlichen Energie der Luftmoleküle in einem Zimmer ist ihre kinetische Energie. Da die folgende Betrachtung nicht abhängig ist von der genauen chemischen Zusammensetzung der Atmosphäre, bleiben wir der Einfachheit halber bei der Bezeichnung »Luftmoleküle«. Die heiße Luft unterhalb von Atom in Abb. 18 hat eine höhere kinetische Energie als die kalte Luft oberhalb von ihm, wobei diese letzte Aussage unwissenschaftlich ist, denn so etwas wie »kalte Luft« oder »warme Luft« existiert nicht, sondern allenfalls Luft, die, verglichen mit anderen Objekten oder Bezugsgrößen, die Qualität heiß oder kalt hat, und als eine solche Bezugsgröße benutzen wir nun die Körpertemperatur von Mini-Superheld Atom.

Die heiße Luft von unten lässt Atom nicht nur in die Höhe steigen, sie erwärmt auch noch zusätzlich seinen Körper. Wenn ein schnell fahrendes Auto mit einem stehenden oder sich langsam bewegenden Wagen zusammenstößt, wird normalerweise das schnellere Auto verlangsamt, während sich die Geschwindigkeit des anderen Wagens erhöht. Ähnlich verhält es sich auch in Atoms Fall: Die Moleküle in der Luft haben eine höhere kinetische Energie als die in Atoms Körper und geben diese bei einem Zusammenstoß teilweise weiter an die Atome in seinem Anzug, die daraufhin heftiger vibrieren als zuvor. Da die Energie bei jedem Vorgang erhalten bleibt, wird die durchschnittliche Energie (also die Temperatur) der Luft im Gefolge der Kollision abnehmen, während die Temperatur des winzigen Titanen durch diesen Transfer von kinetischer Energie ansteigt. Anhand der Tatsache, dass Materie aus Atomen besteht, lässt sich auch verstehen, warum bei Objekten, die in thermischem Kontakt zueinander stehen, der Wärmefluss immer nur von dem Objekt mit der höheren Temperatur in Richtung auf jenes mit der niedrigeren Temperatur erfolgt und niemals andersherum. Umgekehrt gilt: Wenn Atom kalter Luft ausgesetzt ist, so bewegen sich die Atome in seinem Anzug viel schneller hin und her als die der ihn umgebenden Luft, mit denen sie kollidieren. Nach der Kollision hingegen bewegen sich die Atome in der Luft etwas schneller, während die in Atoms Anzug verlangsamt werden und er folglich abkühlt.

Wenn Atom leicht genug ist, um auf einem Luftzug dahinzugleiten (wie in Abb. 18 dargestellt) und die ihn umgebende Luft die gleiche Temperatur hat, wird er aus allen Richtungen mit annähernd gleicher Kraft bombardiert. In diesem Fall spielt es keine Rolle, wie leicht er auch sein mag, irgendwann wird er aufgrund der Erdanziehung zu Boden sinken. Der thermische Zug, der Atom in der Luft hält, resultiert daraus, dass die wärmeren Luftmoleküle unterhalb von Atom sich schneller bewegen als die kälteren Moleküle oberhalb von ihm. Aus diesem Grund finden pro Sekunde an seiner Unterseite mehr Kollisionen statt, die ihn nach oben schieben, als solche auf seiner Oberseite, die ihn nach unten drücken. Darüber hinaus ist die Kraft, die benötigt wird, um die Bewegung eines sich schnell bewegenden Moleküls umzukehren, größer, als wenn sich dieses Molekül langsamer bewegt. Kräfte treten immer paarweise auf: Wenn Atom auf die Luftmoleküle eine Kraft ausübt, welche die Bewegungsrichtung der Moleküle umkehrt, dann wirkt immer auch eine Kraft gleicher Stärke auf ihn selbst zurück. Es kommt also zu einer unausgeglichenen Kräftebilanz, denn es finden mehr Kollisionen auf seiner Unterseite statt, die ihn in die Höhe heben, als es auf seiner Oberseite Kollisionen gibt, die ihn nach unten drücken, und das Resultat ist eine nach oben gerichtete Kraft. Diese Kraft wirkt jedoch nicht gleichmäßig und sanft, sondern ruckartig und unregelmäßig, eine Folge zufällig verteilter Stöße ohne System. Gelegentlich werden statistische Abweichungen sogar dazu führen, dass Atom ein Stück weit hinabsinkt, doch insgesamt wird ihn das Temperaturgefälle von der Wärmequelle weg in kühlere Regionen transportieren.

In Abb. 18 gewinnt unser Held also nicht nur an kinetischer, sondern auch an potenzieller Energie. Zum einen heizt er sich infolge der vorbeiströmenden warmen Luft auf (das heißt, die kinetische Energie der Atome in seinem Körper wird erhöht), und zum anderen erreicht er eine größere Höhe und damit eine größere potenzielle Energie infolge der Arbeit als Resultat der aufwärts gerichteten Kraft der wärmeren Luftmoleküle. Der erste Hauptsatz der Thermodynamik besagt, dass die Veränderung von Atoms Gesamtenergie gleich der Summe seines Wärmeaustauschs mit der Umgebung und der auf ihn wirkenden Arbeit ist.

Ein anderes Beispiel: Wenn ein heißes Gas im Zylinder eines Motors gegen den Kolben drückt, diesen in Bewegung setzt und über eine Reihe von Wellen und Zahnrädern bewirkt, dass die Räder sich drehen, so bezeichnet man die Energie, die sich von dem heißen Gas auf den Kolben überträgt, als »Arbeit«. Die industrielle Revolution setzte erst ab dem Zeitpunkt ein, als Wissenschaftler und Ingenieure erkannten, dass sich während des Austauschs von Energie infolge des Wärmeflusses von Heiß nach Kalt Nutzarbeit gewinnen ließ, also eine Kraft, die über eine bestimmte Strecke wirkt. Bis dahin war zum Betreiben einfacher Maschinen wie Hebel und Flaschenzüge – die dazu dienten, eine Kraft zu verstärken – die Energie notwendig, die in Menschen, Zugtieren, Wind oder Wasserfällen gespeichert war. Die Arbeit von Menschen oder Tieren ist umgewandelte Energie, die aus der aufgenommenen Nahrung gewonnen wird. Die potenzielle Energie in der Nahrung hat jedoch außerdem etliche weitere Funktionen zu erfüllen, von der Aufrechterhaltung der Körpertemperatur über die Stoffwechselfunktionen und so weiter. Folglich stellt die Energiemenge, die notwendig ist, um einen Hebel nach unten zu drücken, nur einen Bruchteil der in der Nahrung gespeicherten Energie dar. Im Gegensatz dazu kann die potenzielle Energie, die frei wird, wenn man Kohle oder Öl verbrennt, wesentlich direkter in kinetische Energie und Arbeit umgewandelt werden. Auch wenn diese Art der Umwandlung nicht zu 100 Prozent effektiv ist, so ist sie doch weitaus vorteilhafter als die Verwendung von Lebewesen.

Der erste Hauptsatz der Thermodynamik besagt, dass unter den günstigsten Umständen – unter Ausschluss von Verlusten und Störfaktoren – die Gesamtmenge der Arbeit, die man mit einem Gerät erzeugen kann, exakt dem Wärmefluss (der Veränderung der kinetischen Energie) entspricht, der die Maschine antreibt. Infolge des Prinzips der Energieerhaltung ist es unmöglich, mehr Arbeit zu gewinnen, als der Wärmefluss von Heiß nach Kalt bereitstellt. Die

Überschrift dieses Kapitelabschnitts impliziert, dass das Universum dafür sorgt, dass man nie gewinnt (man also nie mehr herausbekommt, als man hineingesteckt hat).

Wenn also Gewinnen nicht in Frage kommt, wieso ist es dann so schwierig, sich wenigstens verlustfrei aus der Affäre zu ziehen? Wäre es nicht möglich, eine perfekte Maschine zu bauen, die, sobald sie einmal in Gang gesetzt ist, unaufhörlich weiterläuft, ohne weiteren Treibstoff zu verbrauchen? Nun, in einigen Augenblicken werden wir sehen, dass die willkürliche Bewegung der Atome von Gasen während des Wärmeaustausches der Menge der verwertbaren Arbeit einer beliebigen Maschine strenge Grenzen setzt, egal wie schlau sie auch konstruiert sein mag.

DAS ZWEITE GESETZ – MAN BEKOMMT NICHT EINMAL DEN EINSATZ ZURÜCK

Der Energieerhaltungssatz, der dem ersten Hauptsatz der Thermodynamik zugrunde liegt, erwähnt mit keiner Silbe die Unmöglichkeit, eine Maschine zu bauen, die zu 100 Prozent effektiv ist, bei der also die von ihr verrichtete Arbeit genau der Wärmeenergie entspricht, die ihr zugeführt wurde. Und in der Tat, wenn es nur den ersten Hauptsatz der Thermodynamik gäbe, hätten wir allen Grund zu der Annahme, dass Maschinen hundertprozentig effektiv sein *müssen*, denn wir wissen, dass Energie nie geschaffen oder vernichtet werden kann, sondern nur von einer Form in die andere umgewandelt wird. Um zu verstehen, wodurch die Umwandlung von Wärme in Arbeit begrenzt wird, müssen wir uns mit einem neuen Phänomen befassen, das eng mit der Energie zusammenhängt und genauso wichtig ist wie diese. Dieses Phänomen, »Entropie« genannt, ist fest mit dem Wärmefluss verknüpft und sorgt dafür, dass Atom ein holpriger Ritt bevorsteht, selbst wenn er nicht auf warmen Luftströmungen dahingleitet.

Wann immer sich in den Quinjet-Raumschiffen der Avengers oder dem Satelliten, der den Fantastic Four als Hauptquartier dient, eine Explosion ereignet, schießt die Luft aus dem Inneren der Raumschiffe unter großem Getöse in den umgebenden Weltraum hinaus. Warum? Was treibt die Luft dazu, durch das Loch in der Hülle des JLA-Satelliten hinauszuströmen? Eine verbreitete Redensart zur Erklärung, warum Luft stets in Regionen niedrigen Drucks strömt, besagt: »Die Natur verabscheut ein Vakuum.« Dennoch würde keines der newtonschen Axiome verletzt, wenn die gesamte Luft im Inneren des JLA-Satelliten verbleiben würde, selbst wenn die Tür aufstünde – obwohl eine solche Situation höchst unwahrscheinlich ist. Es ist die zufällige Bewegung der Luftmoleküle (die schließlich fast alle eine gehörige kinetische Energie besitzen), die zu dem rapiden Druckabfall im Inneren des Satelliten führt.

Stellen Sie sich vor, Sie sitzen in einem Raum, der durch eine Tür mit einem anderen Zimmer verbunden ist, aus dem sämtliche Luft herausgepumpt wurde. Solange die Verbindungstür hermetisch verschlossen ist, bemerken Sie gar nicht, dass nebenan ein Vakuum herrscht. Die Luftmoleküle in Ihrem Zimmer haben einen bestimmten Druck und eine bestimmte Temperatur und wirbeln fröhlich durch den Raum. Dieses stabile und friedliche Szenario wird sich abrupt ändern, sobald die Verbindungstür zwischen Ihrem Zimmer und dem mit dem Vakuum geöffnet wird (wobei sie in Richtung des luftleeren Raumes aufschwingt).

Anstatt zu fragen, warum die Luft aus Ihrem Zimmer in den anderen Raum strömt, sobald die Tür geöffnet wird, wäre es besser zu fragen, warum sie es nicht tun sollte. Diejenigen Luftmoleküle, die sich in Richtung Tür bewegten und von ihr abgeprallt wären, wenn sie geschlossen geblieben wäre, bewegen sich nun geradlinig weiter in das andere Zimmer (in völligem Einklang mit dem ersten newtonschen Axiom der Mechanik). Allerdings wäre, kurz bevor die Tür aufging, nur ein kleiner Teil der gesamten Luftmoleküle zufällig auf dem Weg in Richtung Tür gewesen. Einige der Luftmoleküle hätten sich von ihr fortbewegt und wären mit weiteren Luftmolekülen kollidiert, die in andere Richtungen unterwegs waren. Es ist daher vorstellbar, wenngleich wenig plausibel, dass außer jenen Luftmolekülen, die ohnehin schon in Richtung Tür unterwegs waren, alle anderen miteinander kollidieren und keines von ihnen in den anderen Raum eindringt. Dies ist ebenso wahrscheinlich, wie wenn bei noch geschlossener Tür sämtliche Moleküle aufgrund zufälliger Kollisionen die Zone in der Nähe der Tür meiden würden. Sie brauchten, wenn Sie in der Nähe der Tür säßen, keine Angst zu haben zu ersticken – ein ziemlich konstanter Anteil der Moleküle wird sich zu jedem Zeitpunkt in Ihre Richtung bewegen. Die Luftmoleküle füllen den gesamten Raum aus, der ihnen zur Verfügung steht – es gibt für sie keinen Grund, dies nicht zu tun. Ein einzelnes Luftmolekül kann die meiste Zeit über in einer Ecke des Raumes verharren, aber im Mittel werden sämtliche Winkel des Raumes gleichermaßen mit Luft erfüllt sein – ebenso wie bei einem Kartenspiel für jede der 52 Karten die Wahrscheinlichkeit, obenauf zu liegen, gleich hoch ist wie für alle anderen.

Luftmoleküle haben keinen freien Willen. Wenn eines davon nach einer Kollision auf die geschlossene Tür zufliegt, wird es sich nicht plötzlich umentscheiden, wenn die Tür vor seinem Eintreffen geöffnet wird. Der Unterschied, und es ist ein großer Unterschied, besteht darin, dass, sobald die Moleküle sich in den luftleeren Raum bewegen, es dort zunächst einmal keine anderen Moleküle gibt, mit denen sie kollidieren könnten. Für die Atome im ersten Zimmer existieren wesentlich mehr Möglichkeiten, in den zweiten Raum zu gelangen, als immer nur voneinander abzuprallen und niemals dort zu landen. Die Anzahl der verschiedenen Konfigurationsmöglichkeiten eines Systems heißt in der Physik »Entropie«: Ein brandneues Kartenspiel, bei dem sämtliche Karten in einer bestimmten Reihenfolge geordnet sind, hat eine niedrige Entropie, während nach gründlichem Mischen die Entropie ihren Maximalwert erreicht. Es ist sehr unwahrscheinlich, vier Asse hintereinander zugeteilt zu bekommen, wenn das Kartenspiel ordentlich durchgemischt ist, und es ist schwieriger zu sagen, wo ein bestimmtes Luftmolekül sich gerade befindet, wenn es statt nur in einem in zwei Zimmern sein könnte.

Es ist nicht unmöglich – und würde gegen kein physikalisches Gesetz verstoßen –, wenn sämtliche Luftmoleküle des Zimmers, in dem Sie gerade sitzen, als Ergebnis zufälliger Kollisionen plötzlich auf der anderen Seite des Zimmers landen würden, wo Sie nicht sitzen. Aber seien Sie unbesorgt, es ist wahrscheinlicher, dass Sie nach gründlichem Mischen die Karten eines Kartenspiels in der gleichen Reihenfolge geordnet in der Hand halten wie zum Zeitpunkt, als es frisch gekauft war. Die Chance, dass sämtliche Luftmoleküle in Ihrem Zimmer sich plötzlich auf eine Seite schlagen, sind so gering, dass Sie aller Wahrscheinlichkeit nach länger warten müssten, als das Universum existiert, bevor ein solcher Fall eintritt. Wenn Physiker sagen, dass Systeme sich in Richtung eines Zustandes maximaler Entropie entwickeln, dann drücken sie damit nur aus, dass die Situationen mit der höchsten Wahrscheinlichkeit diejenigen sind, die man auch tatsächlich beobachten wird. Wenn Sie Ihre Socken aus dem Trockner nehmen, besteht die Möglichkeit, dass Sie jedes Mal ein passendes Paar in der Hand halten, doch verlassen Sie sich lieber nicht darauf. Es existiert nur eine Möglichkeit, dass dieser Fall eintritt, während es wesentlich mehr verschiedene Sockenpaarungen gibt, bei denen die Socken nicht zueinander passen und Sie sie nach dem Ausräumen des Wäschetrockners sortieren müssen. Der Trockner mischt die Socken durch und unterwirft sie dem Zufallsprinzip, so dass jede einzelne Socke die Möglichkeit hat, mit jeder anderen ein Paar zu bilden. Mit der Entropie zusammenhängende Probleme gelten nur für solche völlig zufallsbedingten Situationen, und es ist offensichtlich, dass es viele Beispiele dafür gibt, wie einem System von außen eine Ordnung aufgezwungen werden kann (zum Beispiel durch manuelles Sortieren der Socken).

Wenn die Tür zwischen zwei Räumen geöffnet wird und die Atome in den zweiten, vorher luftleeren Raum wandern, sagen wir, die Entropie der Luftmoleküle nimmt zu, doch dies bedeutet im Grunde nur, dass etwas, das passieren *kann*, auch passieren wird. Es gibt weit mehr Möglichkeiten für die Luftmoleküle, sich gleichmäßig im Raum zu verteilen (wobei alle in etwa den gleichen Anteil an der Gesamtmenge der im Raum verteilten kinetischen Energie haben), als dass Möglichkeiten existieren, dass sich alle Moleküle in einer Ecke des Zimmers versammeln oder dass lediglich ein einziges Molekül die gesamte kinetische Energie der Atmosphäre auf sich vereint, während der Rest über gar keine kinetische Energie verfügt. Die Dinge, die man am häufigsten beobachtet, sind auch diejenigen, die mit der größten Wahrscheinlichkeit eintreten. Scarlet Witch, eine Mutantin aus der Marvel-Reihe *X-Men*, die zunächst Magnetos Brotherhood of Evil Mutants (Bruderschaft böser Mutanten) angehörte und später die Seiten wechselte und bei den *Avengers* zur Heldin wurde, hatte als Superkraft einen speziellen »Hexenfluch«, der es ihr erlaubte, auf einen Gegenstand zu deuten, woraufhin etwas völlig Unvorhergesehenes passierte. In *West Coast Avengers* # 42 wurde die Vermutung geäußert, dass ihre spezielle Kraft darin besteht, Wahrscheinlichkeiten zu verändern, so dass ein Ereignis, das zuvor höchst unwahrscheinlich erschien, nun mit großer Sicherheit eintraf. Angesichts dessen, was wir gerade behandelt haben, könnten wir ihre Mutantengabe als die Fähigkeit bezeichnen, die Entropie eines Systems zu verändern, so dass die seltenen Konstellationen (beispielsweise dass sich die Luft in einer Ecke des Raumes sammelt) viel schneller eintreten, als man vernünftigerweise annehmen würde.*

Um Nutzarbeit aus dem Gas, das im Zylinder eines Automotors komprimiert wird, oder dem Dampf eines Kessels zu gewinnen, ist es im Allgemeinen notwendig, dass das Gas aus dem beengten Raum entweichen und sich ausdehnen kann. Denken Sie an die Luftmoleküle in dem Zimmer, das durch eine Tür von einem luftleeren Raum getrennt ist. Es wäre doch schön, wenn sie so angeordnet werden könnten, dass sich die Tür von alleine öffnet, ohne dass wir aufstehen müssen. Wenn wir die Tür zwischen den beiden Räumen entriegeln, dann gibt es auf der einen Seite sehr viele Luftmoleküle, die gegen die Tür prallen, und auf der anderen Seite kein einziges, das dagegen hält. Es herrscht also ein Ungleichgewicht der Kräfte, aus dem eine Kraft resultiert, die auf die Tür wirkt und dazu führen kann, dass diese aufgestoßen wird. Ein ähnliches Ungleichgewicht der Kräfte ist es auch, das die Mitglieder der Justice League aus ihrem Hauptquartier an Bord ihres Satelliten zerrt, wenn in dessen Hülle plötzlich ein Leck gerissen wird. Dieses Ungleichgewicht der Kräfte entsteht sehr schnell – die Zeitspanne zwischen den Kollisio-

* Jahre später wurde Wandas Mutantenfähigkeit mit der so genannten »Chaos-Magie« in Verbindung gebracht, doch diese ist nur ein Hirngespinst. Kein Geringerer als Dr. Strange (der oberste Hexenmeister des Marvel-Universums) hat in *Avengers* # 503 verkündet, dass es so etwas wie »Chaos-Magie« nicht gibt.

nen einzelner Luftmoleküle beträgt bei Zimmertemperatur weniger als eine Nanosekunde (eine milliardstel Sekunde).

Ist die Luft in den Raum eingedrungen, in dem zuvor ein Vakuum herrschte, entspricht dies einem höheren Grad von Unordnung. Ihre Entropie hat also zugenommen. Wenn wir die Tür schließen, wird die Luft sie nicht noch einmal aufstoßen, außer ich schaufele sämtliche Luft aus dem zweiten Raum und stelle die ursprüngliche Konfiguration erneut her (ein Raum mit normalem Druck, der andere unter Vakuum). Dies kostet Kraft und Mühe, und wenn ich die gesamte Energie addiere, die ich verbraucht habe, um das System wieder in seinen Originalzustand zu versetzen, werde ich feststellen, dass ich wesentlich mehr Energie verbraucht habe als ich dadurch gewonnen habe, dass die Tür ohne mein Zutun geöffnet wurde. Egal wie geschickt ich es auch anstelle, es wird mir nie gelingen, sämtliche Energie eines Systems in Nutzarbeit umzuwandeln – es wird immer einen Teil geben, der die Entropie erhöht, wovon wir keinen Nutzen haben.

Wenn das Gemisch aus Benzin und Sauerstoff im Motor Ihres Wagens entzündet wird, läuft eine chemische Reaktion ab, bei der Wärme frei wird (das bedeutet, dass sich die Reaktionsprodukte schneller bewegen als die Ausgangsstoffe vor der explosiven Reaktion). Nur jene schnelleren Moleküle, die sich in die richtige Richtung bewegen, werden den Zylinderkolben in Bewegung versetzen und so letztendlich bewirken, dass die Räder sich drehen. Diejenigen Moleküle, die sich vom Kolben wegbewegen, sind unter dem Gesichtspunkt, dass man aus der chemischen Reaktion einen bestimmten Nutzen ziehen wollte, verschwendet. Es ist also nicht nur unmöglich, mehr Energie aus einem Prozess zu gewinnen, als man hineingesteckt hat, aufgrund der Entropiezunahme erhält man sogar zwangsläufig *weniger* Nutzarbeit, als man hineingesteckt hat, um das System überhaupt in Gang zu setzen. Das ist der Kern des zweiten Hauptsatzes der Thermodynamik. Kein Prozess ist zu 100 Prozent effizient – im Gegenteil, die meisten Motoren und Maschinen wandeln gerade mal ein Drittel ihrer Energie in Nutzarbeit um. Der zweite Hauptsatz der Thermodynamik ist eine strenge Gebieterin, der man anscheinend nicht entrinnen kann. Oder etwa doch?

Wäre es nicht möglich, dass ich mir Atoms Fähigkeiten zu Nutze mache, um dem zweiten Hauptsatz der Thermodynamik ein Schnippchen zu schlagen? Die Luftmoleküle in Ihrem Zimmer sind charakterisiert durch ihre Temperatur, aus der sich die durchschnittliche Energie der Luft ableiten lässt. Das Schlüsselwort dabei ist »durchschnittlich« – nicht alle Moleküle in der Raumluft haben die gleiche Energie. Manche bewegen sich schneller als der Durchschnitt, während andere langsamer dahintrudeln. Der Dampf, der aus einer frisch gebrühten Tasse Kaffee aufsteigt, ist ein schönes Beispiel dafür, dass in einer Ansammlung von Molekülen nicht überall die gleiche Energie vorhanden ist. Jene Wassermoleküle im Kaffee, die über genügend Energie verfügen, um den flüssigen Zustand zu verlassen (mehr über diese Phasenübergänge in Kapitel 14), bilden die Dampfwolken über dem Kaffee. Je höher die Anfangstemperatur des Kaffees ist, desto mehr Dampf wird sich über seiner Oberfläche bilden, denn es gibt einen größeren Anteil von Molekülen, deren kinetische Energie hoch genug ist, um aus der Flüssigkeit auszubrechen. Wenn Sie in Ihren Kaffee pusten, um ihn abzukühlen, senken Sie damit nicht die Temperatur des Kaffees durch die eisigen Temperaturen Ihres Atems von 36,5 Grad Celsius. Was Sie in Wirklichkeit tun, ist, den Dampf aufzuwirbeln und damit die energiereichsten Wassermoleküle fortzuschieben, so dass sie nicht wieder in den Kaffee zurückfliegen. Sobald diese Moleküle dauerhaft aus dem Kaffee/Dampf-System entfernt sind, wird die durchschnittliche Energie (also die Temperatur) des verbleibenden Kaffees abnehmen. Diesen physikalischen Prozess nennt man »Verdunstungskühlung«. Auf diesem Prinzip basiert die Funktionsweise von Kühlschränken, und außerdem ist es der Grund dafür, warum man beim Schwitzen stärker abkühlt, wenn ein kräftiger Luftzug herrscht, der die Ausdünstungen wegbläst.

Die Idee, Atom zu verwenden, um das zweite Gesetz der Thermodynamik zu überlisten, ist eine Variation des Prinzips der Verdunstungskühlung. Wir beginnen damit, dass wir Atom so weit schrumpfen lassen, dass er gerade mal ein bisschen größer ist als ein Luftmolekül. Außerdem geben wir ihm eine kleine Kiste mit einer verschließbaren Klappe. In diesem Beispiel verkörpert Atom den »Maxwell-Dämon«, eine Gestalt, die auf James Clerk Maxwell zurückgeht, der damit den zweiten Hauptsatz der Thermodynamik hinterfragte. Sämtliche Luftmoleküle im Raum haben die gleiche Temperatur, das heißt, man kann sie nicht benutzen, um mit einem Wärmestrom eine Maschine zu betreiben. Doch nun macht sich Atom die Tatsache zu Nutze, dass Temperatur eine Durchschnittsgröße ist, und er fischt sich einzelne Moleküle heraus, je nachdem, wie groß ihre kinetische Energie ist. Er schnappt sich also diejenigen Moleküle, die schneller als der Durchschnitt auf ihn zugeschwirrt kommen, macht den Deckel seiner Kiste auf, steckt sie hinein und macht den Deckel wieder zu (die Kiste ist wärmeisoliert, so dass die Moleküle darin ihre kinetische Energie behalten). Diejenigen Moleküle, die langsamer an ihm vorbeizischen, ignoriert er. Es dauert nicht lange, bis er eine gehörige Menge von Luftmolekülen eingesammelt hat, deren kinetische Energie größer ist als der anfängliche Durchschnittswert. Darüber hinaus ist der Durchschnittswert im Verlauf von Atoms Sammelaktion gesunken, denn er hat ja, ähnlich wie Sie, wenn Sie in den heißen Kaffee pusten, die schnelleren Moleküle entfernt. Atom könnte also nun diese Moleküle, die sich schneller bewegen als der Durchschnitt, nehmen und sie in thermischen Kontakt bringen mit einigen kälteren Molekülen, um mit dem daraus resultierenden Wärmestrom eine Maschine zu betreiben und so Nutzarbeit aus Luft zu gewinnen, die zuvor eine einzige konstante Durchschnittstemperatur hatte.

Könnte er, wenn wir nicht ihn selbst noch in Rechnung stellen müssten. Denn schließlich verbraucht er jedes Mal, wenn er die Kiste auf- und zumacht, ebenfalls Energie, die bei dem Sortieren der Moleküle anfällt. Diese Energie muss in die Bilanz mit einfließen, bei der die aufgewendete und die gewonnene Energiemenge miteinander verglichen werden. Diesen Beitrag zu vernachlässigen wäre in etwa so, wie wenn man behaupten würde, dass ein Auto nur ein paar Cent am Tag kostet, dabei aber die Benzinkosten unter den Tisch fallen lässt. Die Details hängen davon ab, wie Atom im Einzelnen vorgeht, aber immer wird sich herausstellen, dass seine Aktionen die Rechnung verderben. Beispielsweise kann es sein, dass wir, wenn wir die Wärme und die Arbeit in Rechnung stellen, die Atom selbst durch das Aussortieren und Einfangen der schnelleren Moleküle in den

Prozess einbringt (auch wenn dies nur kleine Beträge sein mögen), feststellen, dass er dadurch die durchschnittliche kinetische Energie in seiner Umgebung erhöht, so dass sich am Ende gar keine Temperaturdifferenz ergibt. Wenn Sie in Ihren Kaffee pusten und den Dampf über der Oberfläche verschwinden lassen, dabei aber die Moleküle an dieser Stelle nur durch solche ersetzen, die genauso heiß sind wie die gerade weggepusteten, wird Ihr Kaffee dadurch auch nicht kälter.

Egal wie sehr Sie sich auch anstrengen (und glauben Sie mir, es gab schon viele, die es versucht haben), es gibt – wie wir gleich sehen werden – nur eine einzige Möglichkeit, aus dieser Zwickmühle, die der zweite Hauptsatz der Thermodynamik darstellt, zu entkommen. Und leider ist uns auch diese Möglichkeit verwehrt.

Das dritte Gesetz — Aussteigen gilt nicht

Wenn die Entropie-Aspekte die Menge der Nutzarbeit begrenzen, die wir aus einem beliebigen Prozess gewinnen können – sei es der Motor eines Autos, eine Gasturbine oder die chemischen Reaktionen in den Mitochondrien unserer Zellen –, warum umgehen wir dieses Problem nicht einfach dadurch, dass wir unsere Aktivitäten auf Systeme ohne Entropie verlagern? Schließlich ist es ja vorstellbar, egal wie schwierig die Umsetzung in der Praxis auch sein mag, dass es ein System gibt, in dem alle Atome sich in einer präzisen gleichförmigen Konstellation befinden, so dass es keinerlei Unsicherheit darüber gibt, wo jeder einzelne der Bestandteile sich gerade befindet. Warum kann ich die beiden Systeme, die den Wärmestrom zum Betreiben meiner Maschine generieren, nicht so arrangieren, dass keine Entropie auftritt und ich mich um das zweite Gesetz nicht zu kümmern brauche?

Der Grund, warum dies nicht gelingt, besteht darin, dass die Entropie einer Substanz und ihre innere Energie (die für einen Wärmeaustausch zur Verfügung steht) miteinander in so enger Beziehung stehen, dass wir das eine nicht verändern können, ohne dass das andere davon ebenfalls betroffen wird. Die Entropie der Luftmoleküle in unserem Zimmer ist ein Maß ihrer zufälligen Bewegung. Wenn ich die kinetische Energie der Luft herabsetze, wird das Gas ab einem bestimmten Zeitpunkt zu einer Flüssigkeit kondensieren. Die Entropie einer Flüssigkeit ist geringer als die der selben Moleküle in gasförmigem Zustand, denn es besteht weniger Unsicherheit darüber, wo sich diese Moleküle gerade aufhalten (sie befinden sich in einer Pfütze am Boden, anstatt über den ganzen Raum verteilt zu sein). Aber selbst in flüssigem Zustand gibt es immer wieder zufällige Fluktuationen der Positionen und der Geschwindigkeiten der verschiedenen Moleküle. Wenn wir die Temperatur der Flüssigkeit noch weiter absenken, wird die kinetische Energie der Moleküle irgendwann nicht mehr ausreichen, um die Anziehungskräfte zwischen den einzelnen Molekülen zu überwinden, und das Material gefriert zu einem festen Körper. Die chemischen Bindungen zwischen den Molekülen haben bestimmte bevorzugte Ausrichtungen, also wird die natürliche Konfiguration des festen Körpers eine kristalline Struktur sein, bei der sämtliche Atome und Moleküle in einer bestimmten Art und Weise angeordnet sind. Bei sehr niedrigen Temperaturen werden sich sämtliche Atome an ihren idealen Positionen befinden, so dass wir ihren jeweiligen Ort bestimmen können.

Die Entropie eines jeden kristallinen Festkörpers wäre also gleich null, würden die Atome nicht noch immer an ihren Positionen in der kristallinen Struktur hin und her vibrieren. Auch der feste Körper hat ja nach wie vor eine Temperatur, egal wie niedrig sie auch sein mag, und dies bedeutet, dass die Atome in unserem Kristall hin und her zittern, weshalb die Entropie auch erst dann gleich null ist, wenn *sämtliche* Vibrationen *sämtlicher* Atome im Inneren des Festkörpers zum Stillstand kommen. Und diese Tatsache, dass die Entropie nur dann gleich null ist, wenn auch die Temperatur gleich null ist, ist die Aussage des dritten Hauptsatzes der Thermodynamik. In diesem Fall sagen wir, dass die Temperatur des festen Körpers den absoluten Nullpunkt erreicht hat. Wir benutzen das Attribut »absolut«, denn egal welches Thermometer man benutzt, es wird sich keine kinetische Energie mehr nachweisen lassen. Wobei es zu beachten gilt, dass es noch nicht einmal in den Tiefen des Alls so kalt ist. Auch im Vakuum des Weltalls wird man immer auf ein wenig Licht, Wärme- oder Mikrowellenstrahlung treffen, und all diese Strahlungsformen haben eine bestimmte Energie. Der überall im Weltraum anzutreffenden kosmischen Hintergrundstrahlung beispielsweise, einem Überbleibsel aus dem frühen Universum kurz nach dem Urknall, kann man eine charakteristische Temperatur von rund 3 Grad über dem absoluten Nullpunkt zuordnen. Also hat auch der Weltraum eine Temperatur, und damit auch eine von null verschiedene Entropie. Die einzige Möglichkeit, sich um den zweiten Hauptsatz der Thermodynamik herumzumogeln, besteht darin, Systeme zu verwenden, in denen die Entropie gleich null ist, doch dies ist nur bei einer Temperatur von absolut null der Fall. Wenn aber alle Elemente dieses Systems eine Temperatur von absolut null haben, wie kann dann ein Wärmefluss in Gang kommen, mit dem wir unsere Maschine betreiben könnten? Es hilf nichts, offensichtlich haben sich die drei Gesetze der Thermodynamik gegen uns und unser Vorhaben, eine völlig effiziente Maschine zu bauen, verschworen, und ebenso wie den Superschurken in den Comicheften bleibt uns nichts weiter übrig, als uns in unsere unvermeidliche Niederlage zu fügen.

Unsere Beschäftigung mit der Entropie basierte so stark auf den Bewegungen der einzelnen Atome, dass es im Nachhinein sehr erstaunlich erscheint, dass der zweite Hauptsatz bereits formuliert wurde, lange bevor die meisten Wissenschaftler davon überzeugt waren, dass Materie tatsächlich aus Atomen besteht. Erst ab der Mitte des neunzehnten Jahrhunderts wurde die Theorie von der atomaren Zusammensetzung der Materie seitens der Wissenschaft allmählich ernst genommen, wobei es anfangs nur wenige waren, die sich davon überzeugen ließen, während der größte Teil der Wissenschaftler dem skeptisch gegenüberstand. Diese Kritiker räumten zwar ein, dass die Vorstellung, Materie bestehe aus Atomen, recht nützlich war in Bezug auf die Vereinfachung etlicher Berechnungen über die Eigenschaften von Flüssigkeiten und Gasen, es ansonsten aber unsinnig sei, Gebilden eine physische Realität zuzusprechen, die so klein waren, dass man sie niemals würde sehen können.*

* Ein Glück, dass Atom diese verletzenden Kommentare nie zu hören bekam.

Etliche aus der alten Garde der anerkannten Physiker dieser Zeit, darunter vor allem Ernst Mach (nach dem die Schallgeschwindigkeit in der Luft benannt ist), vertraten diese Ansicht.

Dennoch setzte sich im Lauf der Zeit die atomare Hypothese durch, und zwar auf die gleiche Weise, wie alle revolutionären Ideen schlussendlich die Oberhand gewinnen. Oder wie Max Planck, selbst ein junger Wilder der Quanten-Revolution (über den wir in Teil 3 noch mehr erfahren werden), es einmal formuliert hat: »Eine neue wissenschaftliche Idee pflegt sich nicht dadurch durchzusetzen, dass ihre Gegner überzeugt werden und sich für belehrt erklären, sondern vielmehr dadurch, dass ihre Gegner allmählich aussterben und dass die heranwachsende Generation von vornherein mit der Wahrheit vertraut gemacht ist.«

Die entscheidende Wende, durch welche die jüngeren Wissenschaftler zu der Überzeugung gelangten, dass Atome tatsächlich existierten, kam, als es gelang, das Zittern sehr kleiner Objekte als das Resultat eines zufälligen Bombardements durch die noch kleineren Atome und Moleküle zu erklären, die von allen Seiten gegen diese Objekte prallen. Dieses Phänomen wird »brownsche Bewegung« genannt und geht zurück auf den Botaniker Robert Brown, der mittels eines neuen wissenschaftlichen Instruments, dem Mikroskop, die Wanderbewegungen eines Pollenkorns in einem Wassertropfen beobachtete. Die brownsche Bewegung wurde zwar schon 1828 entdeckt, doch eine befriedigende wissenschaftliche Erklärung wurde erst 1905 in der Doktorarbeit eines anderen jungen Überfliegers geliefert. Dieser junge Mann hieß Albert Einstein, und er war in der Lage, die Bewegungen des Pollenkorns als Ergebnis der Kollisionen mit den Molekülen des Wassertropfens quantitativ zu erfassen und außerdem einen Zusammenhang zwischen den Eigenschaften der Zitterbewegungen und der Temperatur des umgebenden Mediums herzustellen. Die genaue Übereinstimmung zwischen Einsteins Berechnungen und experimentellen Beobachtungen überzeugte viele Physiker, dass die Atom-Hypothese tatsächlich zutreffend war. Selbst wenn seine Untersuchung zur brownschen Bewegung nicht so revolutionär war wie seine Untersuchungen zur Relativität (die im selben Jahr veröffentlicht wurden), hätte sich Einstein schon allein damit einen hervorragenden Ruf als Wissenschaftler erworben.

Wenn unser Held Atom auf die Größe eines Pollenkorns schrumpft – das sind in etwa ein hundertstel bis ein zehntel Millimeter, also weniger als der Durchmesser eines menschlichen Haares –, wird er die von Brown beobachteten Zuckbewegungen am eigenen Leib erfahren. Die genannte Größe spielt eine entscheidende Rolle: Wenn er größer ist, kann das durchschnittliche Bombardement durch die Teilchen vernachlässigt werden, während er, wenn er sehr viel kleiner ist, zwischen die Atome in der Luft passt, so dass er keinerlei Probleme hat, solange er einen Treffer vermeiden kann. Zu jedem Zeitpunkt kann es passieren, dass mehr Luftmoleküle ihn von unten treffen, so dass er plötzlich in die Höhe gehoben wird, während er im nächsten Augenblick nach unten gestoßen wird – vielleicht nicht so heftig wie beim ersten Treffer, vielleicht aber auch schlimmer. Wohin ihn die Luft bei solch ziellosem Driften trägt, bestimmt der Zufall. Sicher ist nur, dass Atom ziemlich schnell ein Mittel gegen Seekrankheit brauchen wird.

Man kann die brownsche Bewegung auch am eigenen Leib erfahren, ohne dass man so klein ist wie Atom. Die zufälligen Kollisionen der Luftmoleküle mit unserem Trommelfell rufen einen Ausschlag der Membran hervor, der gerade oberhalb der unteren Schwelle unseres Hörvermögens liegt. Setzen Sie sich dreißig Minuten in einen schalldichten Raum, und Ihre Hörfähigkeit wird so weit zunehmen (ebenso wie die Empfindlichkeit Ihrer Augen auf Streulicht zunimmt, sobald Sie sich an einen verdunkelten Raum gewöhnt haben), dass Sie den Ausschlag Ihres Trommelfells infolge der Bewegung der Atome wahrnehmen. Es ist in einem sehr stillen Raum möglich, das Hintergrundrauschen der Entropie der Luft zu hören, also im Grunde genommen die Temperatur zu *hören*. Das Supergehör – es ist nicht länger eine exklusive Domäne von Kryptoniern!

13

Mutantenmeteorologie – Wärmeleitung und Konvektion

Wenn es darum ging, seine Helden mit Superkräften auszustatten, griff Stan Lee, der führende Autor und Herausgeber nahezu sämtlicher DC Comics des Silbernen Zeitalters mit schöner Regelmäßigkeit auf diverse Arten von Strahlung zurück. Der Biss einer radioaktiven Spinne verlieh Peter Parker die proportionalen Fähigkeiten und Kräfte einer Spinne. Die Fantastic Four wurden einem Bombardement mit kosmischen Strahlen ausgesetzt (hochenergetische Protonen, deren Ursprung unsere Sonne oder auch ferne Galaxien sind). Matt Murdock bekam eine Ladung radioaktiver Isotope in die Augen, die im wahrsten Sinne des Wortes vom Lastwagen fielen und dazu führten, dass er zwar erblindete, seine übrigen Sinne aber geschärft wurden. Zusätzlich mit einem »Radar-Sinn« ausgestattet, kämpfte er als Daredevil gegen das Verbrechen. Irgendwann hatte Lee die Nase voll von der Radioaktivität als Quelle bizarrer Superkräfte, und als er 1963 zusammen mit Jack Kirby unter dem Namen X-Men ein Team von Teenagern mit Superkräften ins Leben rief, erklärte er diese kurzerhand einfach zu Mutanten, die mit ihren seltsamen Fähigkeiten und Eigenschaften zur Welt gekommen waren.

Zu der Mannschaft, die in *X-Men* # 1* ihren Einstand gab, gehört Bobby Drake, Codename Iceman. Drakes Mutanteneigenschaft bestand darin, dass er die Temperatur seines Körpers und dessen unmittelbarer Umgebung auf unter 0 Grad Celsius herabsetzen konnte.

* Später bekannt geworden unter dem Namen *The Uncanny X-Men*.

Dabei wurde sein Körper von einer schützenden Schicht aus gefrorenem Wasser überzogen. Wie in *X-Men* # 47 erläutert, wird dieses Eis, das seinen Körper bedeckt und aus seinen Händen zu schießen scheint, wenn er seine Mutantenkräfte einsetzt, nicht von Bobby selbst produziert, sondern dadurch erzeugt, dass er die Temperatur seiner Umgebung absenkt und infolgedessen das Wasser, das in der Luft gelöst ist, dazu bringt zu kondensieren. Mittlerweile brauche ich nicht mehr großartig zu erklären, dass jegliche Wärme – also jegliche kinetische Energie –, die Bobby aus seiner Umgebung abzieht, nicht verloren geht, sondern zwangsläufig irgendeinem anderen physikalischen System zugeführt werden muss, wobei gemäß dem zweiten Hauptsatz der Thermodynamik die zugeführte Wärmemenge aller Wahrscheinlichkeit nach sogar größer sein wird als die aus der Umgebung abgezogene Menge Wärme. Kühlschränke entfernen die Wärme aus ihrem abgeschlossenen Innenraum, doch diese Wärme muss dann an irgendeinen anderen Ort geleitet werden. Darüber hinaus benötigen die Motoren und Kompressoren eines Kühlschranks Energie, und ein Teil dieser elektrischen Energie wird dabei nicht in Nutzarbeit umgewandelt, sondern nimmt ebenfalls die Form von »Abwärme« an. Die gesamte Abwärme eines Kühlschranks wird normalerweise an der Rückseite abgeschieden, die gewöhnlich an der Wand steht. (Wenn Sie jemals Ihre Küche heizen wollen, lassen Sie einfach die Kühlschranktür weit offen stehen. Während das Gerät sich damit abmüht, die Temperatur im Raum zu senken, sondert es mehr Wärme an die Umgebung ab, als es daraus abziehen kann.) Wo Iceman die überschüssige Wärme ablädt, die dabei entsteht, wenn er die Temperatur seiner Umgebung absenkt, bleibt ein Geheimnis.

Ursprünglich hatte Icemans kalte Hülle die Gestalt einer lockeren Schneeschicht, und erst als es ihm in *X-Men* # 8 gelungen war, seine Fähigkeiten besser zu kontrollieren, nahm er sein typisches eisig kristallines Erscheinungsbild an. Der Unterschied zwischen Schnee und Eis besteht in der Anordnung der Wassermoleküle, die sich beim Gefrieren von flüssigem Wasser ergibt. Schneeflocken entstehen im Inneren von Wolken aus Wasserdampf. Wenn Wasserdampf kondensiert, wird Energie an die umgebende Luft abgegeben. Die geringere Dichte der erwärmten Luft hält die Wolke am Schweben, ähnlich wie bei einem Heißluftballon. Kondensieren an einer bestimmten Stelle – beispielsweise an einem Staubkorn – genügend viele Wassermoleküle, dann bildet sich ein Tröpfchen. Solange die Temperatur in der Wolke oberhalb 0 Grad Celsius liegt, kann dieses Tröpfchen in Form von Regen zur Erde fallen und dabei seine potenzielle Energie in kinetische Energie umwandeln. Gefrorene Tröpfchen erreichen uns als Graupel oder Hagel. Die Konstruktion einer Schneeflocke ist eine wesentlich delikatere Angelegenheit. Eine Schneeflocke entsteht, wenn Wasserdampf langsam um ein Staubpartikel herum gefriert. Infolge ihrer chemischen Gestalt bilden die Wassermoleküle dabei eine sechseckige Gitterstruktur. Im Gegensatz dazu ähnelt die Anordnung von Metallatomen im festen Zustand eher einer Kiste mit Orangen oder einem Stapel Kanonenkugeln, wobei dieses dichte Arrangement bedingt wird durch die Eigenschaften der chemischen Bindungskräfte, die die Metallatome zusammenhalten. Wassermoleküle hingegen haben eine v-förmige Geometrie, wobei das Sauerstoffatom an der Ecke sitzt und die beiden Wasserstoffatome zu beiden Seiten herausragen wie die Ohren eines Hasen. Die Form der Wassermoleküle bedingt die Struktur ihrer Anordnung, und dabei ergibt sich ein Sechseck.

Die sechsfach punktsymmetrische Form der Schneeflocken ist also das Resultat der chemischen Struktur des Wassers, doch wie kommt es zu ihrer charakteristischen Gestalt, die an ein Spitzendeckchen erinnert? Im Inneren von Wolken, in denen sich Schneeflocken bilden, herrscht eine relativ niedrige Luftfeuchtigkeit. Bevor die Wassermoleküle in eine wachsende Schneeflocke eingebaut werden können, müssen sie in Richtung der Schneeflocke diffundieren. Die Wassermoleküle in einer Wolke werden allerdings nicht in eine bestimmte Richtung geschubst, sondern unterliegen der brownschen Bewegung, das heißt, sie bewegen sich einmal hierhin und dann wieder dorthin. Diese Art der »Zufallsbewegung« ist eine sehr langsame Methode, um irgendwohin zu gelangen, denn dass man sich mit dem nächsten Schritt auf sein Ziel zubewegt, ist ebenso wahrscheinlich wie dass man sich davon entfernt. Wenn Sie Ihre Hand über einen heißen Gegenstand halten, dann wird die Hitze, die Sie spüren, von Luftmolekülen übertragen, die ihre kinetische Energie wiederum aus der

Kollision mit anderen Luftmolekülen bezogen haben, und so weiter, bis wir schließlich an den Anfang der Kette gelangen: Luftmoleküle, die sich in einer Zufallsbewegung von der Wärmequelle entfernt haben. Diese Methode des Energietransports von einem Ort zum anderen nennt man Konduktion und ist ziemlich ineffizient. In den meisten Fällen werden Sie, solange der Gegenstand nicht glühend heiß ist, Ihre Hand schon ziemlich nahe an die Wärmequelle halten müssen, bevor Sie einen signifikanten Energietransfer bemerken werden.

In seiner 1905 erschienenen Arbeit über die brownsche Bewegung entwickelte Einstein eine Gleichung dafür, welche Strecke ein sich ziellos bewegendes Atom in Abhängigkeit von der Zeit zurücklegt, und aus dieser Gleichung lässt sich ableiten, dass das Wasser in einer wachsenden Schneeflocke für die Diffusion über eine Strecke von einem Zentimeter hundertmal länger braucht als für eine Distanz von einem Millimeter. Folglich wird sich an jenen Regionen der wachsenden Schneeflocke, die weiter außen liegen, schneller weiteres Wasser anlagern, da bei ihnen die Distanz, die die Wassermoleküle der Umgebung durch Zufallsbewegungen zurücklegen müssen, kürzer ist. Die Kristallregionen an den sechs Eckpunkten des Sechsecks wachsen bevorzugt und weil sie sich dadurch noch weiter nach außen erstrecken, werden sie auch im Anschluss schneller wachsen als alle ihre Nachbarregionen. Die genauen Details, wie sich die Flocke entwickelt – wie die Verästelungen sich weiter verzweigen, welche Rolle die abgegebene Energie der sich anlagernden Wassermoleküle dabei spielt, dass Teile der Schneeflocke schmelzen und wieder gefrieren –, hängt von minimalen Schwankungen der Temperatur und der Feuchtigkeit im Inneren der Wolke ab. Die endgültige Form der Schneeflocke ist das Ergebnis einer einzigartigen Kombination solcher Elementarprozesse rund um ein bestimmtes Staubpartikel, so dass man nie zwei völlig identische Schneeflocken finden wird, obwohl man gelegentlich auf verblüffende Ähnlichkeiten stößt. Letztendlich ergibt sich die wunderbare Symmetrie und Ordnung einer Schneeflocke aus den zufälligen Fluktuationen, die der brownschen Bewegung zugrunde liegen.

* * *

Mit fortschreitender Beherrschung seiner Mutantenfähigkeiten gelang es Iceman, »Gefrierstrahlen« aus seinen Händen abzuschießen und damit Menschen oder Gegenstände in eine Eisschicht zu hüllen oder sogar einen riesigen Eisberg zu seinen Füßen entstehen zu lassen. Um während der Kämpfe gegen solch üble Mutanten wie Magneto, den Blob oder die finsteren, roboterhaften Sentinels von der Stelle zu kommen, ließ Bobby des Öfteren eine »Eisrutsche« unter seinen Füßen entstehen, auf der er, wie in Abb. 19 illustriert, dahinglitt. Dabei ging er so vor, dass er zunächst einen Berg aus Eis unter sich wachsen ließ, von dem eine Rampe abzweigte, auf der Bobby in die von ihm gewünschte Richtung schlittern konnte. Nun, dies wäre mit den Gesetzen der Physik eventuell noch vereinbar – wenn man einräumt, dass jemand überhaupt die Temperatur seiner Umgebung in dieser Weise manipulieren kann, und darüber hinaus unterstellt, dass sich genügend Feuchtigkeit in der Luft befindet, um diese Eismengen zu produzieren. Was die Sache allerdings fragwürdig macht, ist die offensichtliche Stabilität von Bobbys Eisrampen, die erhalten blieb, zu welcher beachtlichen Länge sich diese Gebilde auch auswachsen mochten. Früher oder

Abb. 19 *Eine Szene aus* Spider-Man # 92, *in der Iceman, der Mutant aus dem Team der X-Men, aufgrund eines Missverständnisses einen Angriff auf Spider-Man startet (Fehleinschätzungen dieser Art, die dazu führen, dass zwei Helden einen Kampf gegeneinander ausfechten, bis sie schließlich feststellen, dass sie beide auf der gleichen Seite stehen, kamen in Marvel-Comics nur ein oder zwei Mal vor – pro Monat). Es überrascht nicht, dass Spider-Man so etwas wie Icemans Rampen noch nie zu Gesicht bekommen hat, denn sie weisen eine fragwürdige Stabilität auf, wenn sich der Mutantenheld zu weit vorwagt.*

später sollte man erwarten, dass die Eisrampen schlicht und einfach umkippen, wenn sich der Schwerpunkt zu weit nach vorne verschiebt.

Der Schwerpunkt? Geht es um die Wirkung von Kräften oder Drehmomenten, so verhalten sich ausgedehnte Körper in vielerlei Hinsicht so, als wäre ihre gesamte Masse an einem einzigen Raumpunkt konzentriert – völlig unabhängig davon, wie groß die Masse ist oder wie sie in Wirklichkeit verteilt sein mag. Diesen Raumpunkt bezeichnet man als Schwerpunkt des Körpers. Bei einem Lineal liegt der Schwerpunkt genau in der Mitte. Man kann das Lineal auf dem Zeigefinger balancieren und es so halten, dass seine Lage parallel zum Boden ist. Doch dies funktioniert nur so lange, wie sich der Finger genau unterhalb der Mitte befindet. Wenn Sie Ihren Finger nach der einen oder anderen Seite verschieben, wird das Lineal eine Drehbewegung vollziehen und herunterfallen. Der Schwerpunkt ist abhängig davon, wie die Masse des betreffenden Körpers verteilt ist. Bei einem Baseballschläger, der an einem Ende dicker und schwerer ist, wird der Schwerpunkt näher an dem dicken Ende liegen als an dem schmaleren Griff.

Um zu erkennen, dass Bobbys Eisrutschen nicht allzu weit in die Luft ragen können, ohne dass ein Unglück geschieht, legen Sie einfach ein Buch auf einen Tisch. Das Gewicht des Buches ist nach unten gerichtet und wird durch die Kraft, die vom Tisch ausgeht, ausbalanciert. Der Schwerpunkt des Buches liegt in der Mitte, und solange das Buch auf dem Tisch liegt, ist seine Lage stabil. Schieben Sie nun das Buch zur Tischkante. Zunächst wird das Buch nur ein Stück über die Kante hinausragen, doch dies stellt kein großes Problem dar. Der Teil des Buches, der in der Luft hängt, versucht eine Drehbewegung in Gang zu setzen, er übt also ein Drehmoment aus. Da allerdings ein größeres Gewicht noch immer auf der Tischplatte liegt und versucht, das Buch in die andere Richtung zu kippen, bleibt die Position des Buches unverändert. Wenn Sie es jedoch weiter über die Tischkante schieben, so dass der Schwerpunkt sich nicht länger oberhalb des Tisches befindet, wird das Buch eine Drehbewegung vollführen und zu Boden fallen. Dies liegt daran, dass das Drehmoment, das versucht, das Buch vom Tisch kippen zu lassen, größer ist als das entgegengerichtete Drehmoment, das bestrebt ist, das Buch auf dem Tisch zu halten.

Ähnlich verhält es sich, wenn Icemans Rampen zu lang werden. Bevor allerdings Rampe und Eisberg gemeinsam ins Kippen geraten, dürfte noch etwas anderes passieren: Wird die Hebelwirkung, die immer weiter anwächst, wenn Iceman auf immer längerer Rampe voraneilt, zu groß, dann dürfte bald die Festigkeitsgrenze des Eises erreicht sein, und seine Rutschbahn sollte schlicht und einfach abbrechen. Damit die Grundlagen der Mechanik wenigstens ansatzweise erfüllt sind, sollte Bobby Drake seine Rampen in regelmäßigen Abständen mit Stützpfeilern absichern. Die Tatsache, dass Icemans Konstruktionen in der Realität eine eher wacklige Angelegenheit darstellen, fand auch in den Heften selbst gelegentlich Erwähnung, wie durch Abb. 20 aus der Spezialstory »I, the Iceman« (»Ich, der Eismann!«) in *X-Men* # 47 belegt. Hier beantwortet unser Held die Frage von »irgendwelchen superschlauen Physikexperten« nach den Me-

Abb. 20
Eine Szene aus X-Men *# 47, wo Bobby Drake (Iceman) sich direkt an die Leser wendet und ihnen einen Einblick in die Grundlagen seiner mutationsbedingten Gefrierfähigkeiten gewährt und dabei gleichzeitig einen augenzwinkernden Hinweis auf die geringe Plausibilität von einigen (okay, von allen) seiner Fähigkeiten gibt.*

chanismen, die seine Leitern und Rampen halten, mit der unwiderlegbaren Behauptung: »Durch eine gehörige Portion Phantasie!«

* * *

Bei ihrem ersten Erscheinen in den Sechzigern war die *X-Men*-Serie kein herausragender Erfolg, weshalb sie 1970 eingestellt wurde. Fünf Jahre später beschloss die neue Geschäftsleitung bei Marvel Comics, die Heftreihe wieder aufleben zu lassen, und die *All-New, All-Different X-Men,* wie die großformatige Startnummer (geschrieben von Len Wein und gezeichnet von Dave Cockrum) verhieß, wurden augenblicklich ein Erfolg. Trotz der vollmundigen Ankündigung auf dem Cover tauchten einige der Figuren aus der ersten Reihe noch einmal auf, doch die neuen Gestalten wie Ororo Munroe (Storm), Logan (Wolverine), Peter Rasputin (Colossus) und Kurt Wagner (Nightcrawler) entwickelten sich bald zu Publikumslieblingen, auch wenn sich die Begeisterung darüber bei manchen in Grenzen hielt. So wird berichtet, dass Stan Lee sich darüber beklagt haben soll, Storms Fähigkeit, das Wetter zu manipulieren, sei unplausibel, während ihn die Fähigkeit von Colossus, seine Haut in »organischen Stahl« zu verwandeln (ich habe nicht den geringsten Schimmer, was das sein soll, noch wie es funktionieren könnte), ebenso unberührt ließ wie Nightcrawlers Fähigkeit zur Teleportation (die könnte ich vielleicht erklären, wenn Sie mir genügend wundersame Ausnahmen zubilligen). Etwas verwunderlich ist es schon, dass ausgerechnet »Wetter-Kräfte« einem Mann wenig plausibel erschienen, dem die Welt Gestalten wie den unglaublichen Hulk und Silver Surfer (worauf surft dieser Kerl denn überhaupt bei seinen Reisen durch die Unendlichkeit des Weltraums?)* verdankt. Stan sollte nicht vorschnell mit Steinen auf die Häuser von Superhelden werfen. Denn schließlich verfügte mit Iceman eine seiner eigenen Schöpfungen über die Fähigkeit, Temperaturgradienten zu generieren und zu manipulieren, und nichts anderes ist es, was Storm einsetzt, um meteorologische Phänomene zu kontrollieren.

* Kosmische Strahlen?

Hinter dem Wetter steckt im Grunde nichts weiter als die Absorption von Energie in Form von Sonnenlicht durch die Atmosphäre. Dieser Vorgang ist so einfach, dass man ihn nahezu gar nicht vorhersagen kann. Wenn man das Wort »Wetter« hört, fallen einem solche Begriffe wie »Wind«, »Regen« und »Schnee« ein (jedenfalls wenn man wie ich in Minnesota wohnt), und all diese Erscheinungen werden hervorgerufen von regionalen Temperaturunterschieden, die wiederum durch eine unterschiedliche Absorption des Sonnenlichts in der Atmosphäre bedingt sind.

Atmosphärische Zonen unterschiedlicher Temperatur hängen zusammen mit Veränderungen der atmosphärischen Dichte (die Anzahl der Luftmoleküle in einem gegebenen Volumen). Wenn eine Zone mit hoher Luftdichte neben einer solchen mit niedrigerem Luftdruck liegt, wird ein Luftstrom von der Hochdruck- zur Tiefdruckzone einsetzen, der den Druckunterschied ausgleicht. Diesen Luftstrom kann man in derselben Weise erklären, wie ich im vorangegangenen Kapitel im Zusammenhang mit der Entropie Luftströmungen in ein leeres Zimmer erklärt habe. Wenn durch eine konstante Zufuhr von Energie die Luftdichte einer Region dauerhaft niedriger ist als die einer anderen, so wird dieser Luftstrom – auch Wind genannt – über längere Zeit anhalten. Der Wind wiederum bewirkt die Wanderung von Wolkenfeldern und ändert damit die Absorption von Sonnenlicht in den entsprechenden Regionen, was seinerseits wieder Auswirkungen auf die Luftströmungen hat, die die Wolkenbildung beeinflussen, und so weiter. Und außerdem beeinflusst die Erdrotation den Drehsinn großräumiger Luftbewegungen.

Die Fähigkeit, das Wetter vorherzusagen, wird daher durch die mangelnde Genauigkeit eingeschränkt, mit der man für alle Orte im Raum gleichzeitig feststellen kann, welche Werte Luftgeschwindigkeit und Temperatur zu einem bestimmten Zeitpunkt haben. Darüber hinaus führen Veränderungen der Temperatur zu Veränderungen der Luftströme, die wiederum Auswirkungen auf die Absorption des Sonnenlichts haben, welche ihrerseits auf die Muster der Luftströme zurückwirken. Es liegt eine so genannte nichtlineare Rückkopplung vor, die zur Folge hat, dass selbst geringste Unsicherheiten bei der Bestimmung der Ausgangsbedingungen rasch zu völliger Unvorhersagbarkeit führen. Anders als bei dem, was Mathematiker als lineare Systeme bezeichnen – Systeme, bei denen kleine Veränderungen der Anfangsbedingungen lediglich geringe Variationen beim Endresultat nach sich ziehen –, führen bei nichtlinearen Systemen wie dem Wetter schon kleinste Abweichungen der Ausgangsbedingungen zu dramatischen Konsequenzen. Das bekannteste Beispiel hierfür ist vielleicht der so genannte »Schmetterlingseffekt«, dem zufolge der Flügelschlag eines Schmetterlings in Cleveland zu orkanartigen Stürmen in Chile führen kann. Die Meteorologen sind mittlerweile in der Lage, ziemlich genaue Aussagen über die kurzfristige Wetterentwicklung zu machen, doch alles, was über einen Zeitraum von ein paar Wochen hinausgeht, wird zwangsläufig eine höchst unzuverlässige Prognose darstellen, egal wie hoch die Qualität der Messungen auch sein mag.

Eine physikalisch plausible Erklärung von Storms Fähigkeit, das Wetter zu kontrollieren, besteht darin anzunehmen, dass sie fähig ist, nach Belieben Veränderungen der atmosphärischen Temperaturunterschiede vorzunehmen. Der Wind, auf dem Storm in Abb. 21 dahinfliegt, wird durch einen Temperaturgradienten unter ihr hervorgerufen. Vermutlich setzt Storm ihre Mutantenfähigkeit dazu ein, die unter ihr befindliche Luftschicht stärker zu erwärmen als die Luft oberhalb von ihr. Die Temperatur der Luft ist ein Maß für die mittlere kinetische Energie, so dass die Luftmoleküle sich bei niedrigeren Temperaturen langsamer durcheinander bewegen als bei höheren. Die raschere Bewegung führt dazu, dass sich erwärmte Luft ausdehnt, und wenn dieselbe Luftmenge dann ein größeres Volumen ausfüllt, ist die Luftdichte entsprechend geringer. Die Blase mit dünnerer Luft steigt in der umgebenden dichteren Luft auf – aus genau demselben Grund wie ein Heißluftballon. Sobald die heißen Luftmoleküle aufgestiegen sind und sich die kalten in Bodennähe befinden, werden die unteren Moleküle aus der Kollision mit dem aufgeheizten Boden Energie gewinnen, während gleichzeitig die heiße Luft im Zuge der Kollisionen mit der darüber gelegenen kalten Luft Energie abgibt. Es wird sich also erneut eine Situation einstellen, bei der sich warme Luft am Boden befindet und eine kalte Luftschicht darüber liegt – und schon beginnt der Kreislauf von neuem.

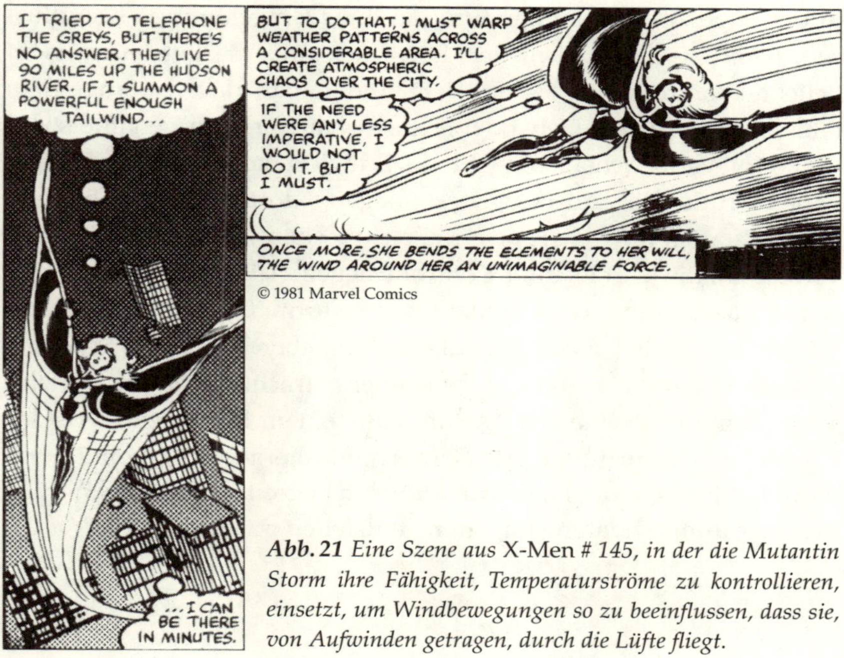

***Abb. 21** Eine Szene aus* X-Men # 145, *in der die Mutantin Storm ihre Fähigkeit, Temperaturströme zu kontrollieren, einsetzt, um Windbewegungen so zu beeinflussen, dass sie, von Aufwinden getragen, durch die Lüfte fliegt.*

Diesen Prozess nennt man »Konvektion«, und solche Kreisläufe sind eine hocheffiziente Methode des Energietransports von einer Wärmequelle zu einer kalten Zone durch den Wärmeleiter Luft. Dies ist auch der Grund, warum Doppelfenster eine gute Wärmeisolierung bieten: Durch die räumliche Trennung der Scheibe, die dem Zimmer zugewandt ist, und dem kalten, der Außenluft ausgesetzten Rahmen wird die Temperatur der Fensterinnenseite nicht allzu stark von der Raumtemperatur abweichen. Die kalte Fensteraußenseite kann keine Konvektionsströmung in Gang setzen. Sicherlich wird auch seitens der Luftmoleküle, die mit der warmen Innenscheibe kollidieren, Energie abgegeben, die dann an das kältere Außenfenster weitergegeben wird, doch diese Wärmeleitung verläuft wesentlich langsamer als die Konvektion.

Der Anteil des Wasserdampfes in der Luft ist abhängig von der mittleren kinetischen Energie (Umgebungstemperatur) und dem Druck der Moleküle in der Atmosphäre. Kältere Luft ist dichter und bietet den Wassermolekülen weniger Platz. Wenn Storm tatsächlich in der Lage ist, die Temperaturen in ihrer Umgebung zu beeinflussen, kann sie damit auch den Luftdruck und die Luftfeuchtigkeit beliebig kontrollieren. Es ist nicht undenkbar, dass sie außerdem fähig ist, begrenzte Regen- oder Schneeschauer auszulösen und sogar Blitze zu verursachen, obwohl sie Schwierigkeiten hätte, den genauen Ort des Blitzeinschlags festzulegen – dort kämen Einflussfaktoren ins Spiel (etwa, wie sich die elektrischen Ladungen im Boden verhalten), die jenseits ihrer Kontrolle liegen. Alles in allem lässt sich sagen, dass Stan Lee eine Mutantin wie Storm, die nicht ihre eigene Körpertemperatur, dafür aber die der umgebenden Atmosphäre beeinflussen kann, ruhig etwas gelassener betrachten könnte, wenn er schon keine Probleme mit Iceman hatte, einem Mutanten, der seine Körpertemperatur unter den Gefrierpunkt herabsetzen konnte und darüber hinaus in der Lage war, räumlich begrenzte Zonen von Kälte in seiner unmittelbaren Umgebung entstehen zu lassen.

* * *

Ein abschließender Gedanke über den Zusammenhang zwischen genetischen Mutationen und dem Gebiet der Thermodynamik. Wenn man Stan Lee folgt, dann gehören Mutanten, und dabei besonders jene mit dramatischen Superkräften, zu der völlig neuen Art des Homo superior, die sich erheblich von der Art der meisten Comicleser – Homo sapiens – unterscheidet. Modelle der Bildung neuer biologischer Spezies haben in den 1850er Jahren unabhängig voneinander sowohl Charles Darwin als auch Alfred Wallace veröffentlicht. Darwins ursprüngliche Formulierung der Evolutionstheorie besagte, dass die Entstehung der Arten ein langsamer, schrittweise verlaufender Prozess war, der mehrere hundert Millionen Jahre gedauert haben musste, um die derzeitige Artenvielfalt hervorzubringen. Das einzige Problem bestand darin, dass die Physik jener Zeit ein ungefähres Alter der Erde errechnet hatte – und dieses betrug nur zwanzig Millionen Jahre.

Einer der herausragenden Wissenschaftler des neunzehnten Jahrhunderts, William Thomson (später für seine Verdienste um die Entwicklung transatlantischer Telegrafenkabel als Lord Kelvin in den

Adelsstand erhoben), stellte eine Berechnung zur Wärmeleitung im Inneren unseres Planeten an, durch die Darwins Hypothese in Frage gestellt wurde. Wärmeleitfähigkeit ist eine grundlegende Eigenschaft jeglicher Materie – definiert ist sie über den Wärmefluss infolge einer gegebenen Temperaturdifferenz. Metalle haben eine hohe Wärmeleitfähigkeit, das bedeutet, sie sind in der Lage, Wärme sehr effizient abzuleiten, wenn zu der Materie, mit der sie in Kontakt kommen, ein Temperaturunterschied besteht (denken Sie an einen winterlich kalten Laternenmast mit einer Temperatur unterhalb des Gefrierpunkts in Kontakt mit einer 37 Grad warmen, feuchten Zunge). Holz ist dagegen ein sehr schlechter Wärmeleiter. Ausgehend von der durchaus vernünftigen Annahme, dass die Erde eine Kugel sei, die bei ihrer Entstehung aus etwa 3800 Grad heißem flüssigem Gestein bestand, und in dem Wissen um die Wärmeleitfähigkeit von Gestein konnte Lord Kelvin berechnen, wie lange es gedauert haben musste, bis die Erde sich auf ihre derzeitige Temperatur abgekühlt hatte. Seine Schlussfolgerung, dass die Erde mindestens zehnmal länger hätte existieren müssen, damit die Evolution hätte vonstatten gehen können, galt lange Zeit als das gewichtigste Argument gegen Darwins Theorie. Kelvins Kenntnisse der Thermodynamik genossen einen solchen Respekt, dass der absolute Nullpunkt (von dem im vorherigen Kapitel die Rede war), an dem keinerlei kinetische Energie mehr nachgewiesen werden kann, zu seinen Ehren als »null Kelvin« benannt wurde. Und seine Berechnungen waren korrekt.

Darwin konnte Kelvins Ergebnisse nicht in Frage stellen, aber er blieb weiterhin überzeugt von der Gültigkeit seiner Theorie der Evolution, da es zu viele biologische Phänomene gab, die sich mit ihrer Hilfe erklären ließen, als dass sie hätte völlig falsch sein können. Darwin starb 1882. Wenige Jahre später wurde die Radioaktivität entdeckt, und es stellte sich bald heraus, dass im Inneren der Erde eine Wärmequelle existiert, die Kelvin nicht in seine Berechnungen mit einbezogen hatte, weil er (ebenso wie der Rest der Welt) keine Ahnung hatte, dass es sie überhaupt gab. Diese zusätzliche Wärmequelle ließ die Zeitdauer, die nötig war, damit unser Planet auf die momentane Temperatur abkühlte, erheblich länger werden. Als Kelvin 1905 seine Berechnung aufs Neue anstellte und nun die bei radioaktiven Zerfallsprozessen freigesetze Energie mit einbezog, gelangte er zu dem Ergebnis, dass die Erde mindestens mehrere hundert Millionen Jahre alt sein müsse. Derzeit geht die Wissenschaft von 4,5 Milliarden Jahren aus, eine Zeitspanne, die bequem ausreicht, um eine Umgebung entstehen zu lassen, in der die Evolution vonstatten gehen kann. Als Darwin begraben wurde, wusste er nicht, dass Kelvin im Irrtum war, doch hatte er dessen ungeachtet stets an der Richtigkeit seiner Theorie der Evolution festgehalten.

Es gibt auch heutzutage Kritiker der Evolutionstheorie, die auf bestimmte biologische Phänomene verweisen, die durch die Theorie derzeit nicht erklärt werden, doch dies beweist nicht die Ungültigkeit einer Theorie. So stellt sich beispielsweise die Bewegung von drei Massen unter dem Einfluss ihrer gegenseitigen Schwereanziehung als eine überaus komplizierte Angelegenheit heraus, die sich nicht in aller Allgemeinheit exakt berechnen lässt, doch dies besagt nicht, dass die Theorie der Gravitation falsch ist. Es wird immer Lücken in unserem Wissen geben und viele Dinge, die wir heute noch nicht verstehen, aber die einzige Methode, diese Situation zu ändern, besteht in kritischem Nachdenken und experimenteller Überprüfung unserer Ergebnisse. Wenn Sie finden, dass die wissenschaftliche Methode in einem Teilgebiet der Wissenschaft mangelhaft ist, dann sollten Sie ehrlicherweise auch darauf verzichten, sich ihre Ergebnisse in anderen Teilbereichen des Lebens zu Nutze zu machen. Dabei lässt sich immerhin einiges Geld an Arzt- und Stromrechnungen sparen.

14 Wie die monströse Bedrohung durch den mysteriösen Melter die Zubereitung des Abendessens beschleunigt – Phasenübergänge

Nicht jeder Superheld besitzt Kräfte und Fähigkeiten, die weit jenseits dessen liegen, was ein normaler Sterblicher zu leisten vermag. Manche von ihnen – wie zum Beispiel Batman und Wildcat – treten beherzt den übelsten Schurken entgegen, ausgestattet mit nichts weiter als einem guten rechten Haken und dem Mut, die Unterwäsche über der Kleidung zu tragen. Natürlich versuchte Batman seine Chancen dadurch zu verbessern, dass er sein analytisches Gehirn, das ebenso durchtrainiert ist wie sein Körper, einsetzte, um eine faszinierende Vielzahl von Waffen zu bauen, die er in seinem Gürtel mit sich trug. Im Lager von Marvel Comics hatte man ebenfalls einen Ingenieur ersonnen, der zum Superhelden wurde und der in *Tales of Suspense* # 39 sein Debüt als der unbesiegbare Iron Man gab. Wann immer der geniale Elektroingenieur und Waffenkonstrukteur Tony Stark in seine elastische rot-goldene Rüstung schlüpft, hat er die Kraft von hundert Mann, kann mittels der Düsentriebwerke in seinen Schuhsohlen fliegen und darüber hinaus noch »Rückstoß-Strahlen« aus seinen Handschuhen abschießen, um seine Gegner zu Boden zu strecken.

Mit Tony und seinem Alter Ego des strahlenden Rächers werden wir uns in Kapitel 23 im Rahmen der Beschäftigung mit der Festkörperphysik noch eingehender befassen. Im Augenblick gilt mein Interesse einem von Iron Mans Dauerfeinden aus der Riege seiner mit Superkräften ausgestatteten Gegenspieler, die ihm immer wieder das Leben schwer machen. Wobei dieser Schurke einer der Ersten war, der Tonys verwundetes Herz* tatsächlich in Angst und Schrecken versetzen konnte. Denn wenn Sie einen Anzug aus Eisen tragen und Ihre einzige Superkraft von diesem Anzug herrührt, dann ist das Schlimmste, was Ihnen passieren kann, ein Schurke, der über einen »Schmelzstrahl« verfügt, der auf Eisen die gleiche Wirkung hat wie eine heiße Herdplatte auf Butter. Zu Iron Mans Missgeschick war Bruno Horgan im Besitz von haargenau einer solchen Strahlenpistole, und diese brachte er – kostümiert als der verbrecherische »Melter« (Der Schmelzer) – mit großem Vergnügen zur Anwendung. Als Melter 1963 zum ersten Mal an die Öffentlichkeit trat, erschien die Vorstellung von Schmelzstrahlen so abwegig, dass sie allenfalls zur Verwendung in Comicheften taugte. Mittlerweile haben Forschung und Technik solche Fortschritte gemacht, dass ein solches Gerät vermutlich zu Ihrem Haushalt gehört (Sie nennen es wahrscheinlich »Mikrowellenherd«).

Bevor wir beantworten können, warum feste Körper schmelzen, wenn sie sehr heiß werden, müssen wir uns einer grundlegenderen Frage widmen: Warum setzen sich Atome überhaupt zu festen Körpern zusammen? Letztendlich ist auch dies nur eine Frage der Energie und der Entropie. Unter bestimmten Umständen kann es vorkommen, dass die Gesamtenergie zweier Atome absinkt, wenn sie einander so nahe kommen, dass sich die »Orbits« ihrer Elektronen überlappen. Wenn dies geschieht, bildet sich eine chemische Verbindung zwischen den beiden Atomen. Allerdings nicht unter allen Umständen: Wenn die beiden Atome sich zum Zeitpunkt ihrer Annäherung mit sehr hoher Geschwindigkeit bewegen, so dass ihre jeweilige kinetische Energie sehr viel größer ist als der Energiegewinn, der aus dem Eingehen einer chemischen Verbindung resultieren würde, dann prallen die Atome voneinander ab, ohne dass eine chemische Bindung zustande käme. Es ist ja auch leichter, einen Anhänger auf den Haken zu nehmen, wenn man langsam zurück-

* Mehr zu dieser »Verwundung« in Kapitel 23, wenn wir die Herkunft von Iron Man beleuchten. Bleibt am Ball, ihr Gläubigen!

setzt, als wenn man mit 100 km/h darauf zurast. Bewegen sich die Atome dagegen langsam genug, dass ihre kinetischen Energien ungefähr im Bereich der bei der Bindung frei werdenden Energie liegen, dann ist die Wahrscheinlichkeit hoch, dass zusammentreffende Atome eine stabile Verbindung eingehen.

Was auf zwei Atome zutrifft, gilt genauso für 200 oder 2 Billionen Billionen Atome. Wenn die Temperatur eines Gases abgesenkt wird, nimmt die kinetische Energie der einzelnen Atome ab, und damit steigt die Wahrscheinlichkeit, dass die Atome, wenn sie kollidieren, durch Kondensation in einen neuen – flüssigen – Aggregatzustand der Materie übergehen. Durch Hinzufügen von thermischer Energie – Wärme – wird der Prozess umgekehrt, die Flüssigkeit kocht und geht wieder in den gasförmigen Zustand über. In ähnlicher Weise wird, wenn man die Temperatur einer Flüssigkeit immer weiter absenkt, ein Punkt erreicht, an dem die Atome nicht länger aneinander vorbeigleiten können und sie sich in einer festen Formation zu einem starren Gerüst anordnen. Wenn ich auf eine Ansammlung von Atomen Druck ausübe, zwinge ich sie, näher beieinander zu bleiben, als sie es gewöhnlich tun, wodurch sich die Temperatur verändert, bei welcher der Phasenübergang erfolgt.

Die exakte Temperatur und der Druck, bei dem ein Phasenübergang stattfindet, ist abhängig von der jeweiligen Bindung, die die Atome eingehen, wenn ihre Elektronenwolken überlappen. Um festzustellen, bei welcher Temperatur ein Phasenübergang wie Schmelzen oder Verdunsten eintritt, genügt es nicht, die Energiemenge zu bestimmen, die notwendig ist, um sämtliche chemischen Bindungen zu lösen, die einen festen Körper oder eine Flüssigkeit zusammenhalten. Wir müssen darüber hinaus auch noch in Rechnung stellen, ob die Ordnung in unserem Atomensemble bei dem entsprechenden Prozess zu- oder abnimmt, sprich: wie sich die Entropie verändert. Bei konstanter Energie neigen Systeme dazu, ihre Entropie zu vergrößern – unter gegebenen Bedingungen, egal wie diese im Einzelnen aussehen mögen, existieren nun einmal mehr Möglichkeiten, dass sich ungeordnete Konfigurationen herausbilden als schöne ordentliche Stapel. Der Wettlauf zwischen abnehmender Energie und zunehmender Entropie führt zu einem faszinierenden kollektiven

Phänomen, bei dem sämtliche Atome eines festen Körpers beschließen, bei der gleichen Temperatur zu schmelzen. Nur so am Rande: Die Bläschen im Kochtopf, die wir gemeinhin mit dem Kochen in Verbindung bringen, werden verursacht durch kleine Unregelmäßigkeiten in der Wärmeleitung eines durchschnittlichen Kochtopfs. Gewöhnlich sind einzelne Stellen am Boden des Topfes heißer als andere, und der Übergang vom flüssigen in den gasförmigen Zustand erfolgt zuerst an diesen Stellen. Unter Wasser bildet der Dampf dann eine elastische Blase, die zur Oberfläche steigt.

Um den Schmelzprozess in Gang zu setzen, müssen wir einem festen Körper Energie zuführen. Wir können dies auf die langsame, konventionelle Methode erledigen, indem wir den festen Körper in den Ofen legen, oder wir wählen die schnelle Masche à la Bruno Horgan mit seinem Schmelzstrahl. In einem normalen Ofen bewirken die Heizelemente – entweder Düsen mit Gasflammen oder elektrische Spulen – das Ansteigen der Temperatur im Ofeninneren. Wenn man einen Festkörper (beispielsweise einen Braten) in den Ofen gibt, so wird sich dessen Temperatur der des Ofens angleichen, indem die Luftmoleküle zuerst mit den Ofenwänden kollidieren, wobei sie ihre kinetische Energie erhöhen, um dann auf das Fleisch zu prallen. Beim Zusammenstoß mit der Oberfläche des Bratens übertragen die sich schnell bewegenden Luftmoleküle Energie auf das Fleisch. Bei einem herkömmlichen Backofen muss man warten, bis die heißen Luftmoleküle infolge ihrer zufälligen Bewegungen von den heißen Wänden zu dem kälteren Braten gelangen, während bei einem Umluftofen ein Gebläse dafür sorgt, dass die heiße Luft zirkuliert – dabei wird die Wärme dann genauso durch Konvektion übertragen wie in unserer Betrachtung von Storm aus dem Team der X-Men im vorangehenden Kapitel. In beiden Fällen erwärmt sich zuerst die Oberfläche des Bratens, und man muss, manchmal stundenlang, warten, bis die Temperatur in der Mitte des Bratens ansteigt. Mit höher werdender Temperatur im Inneren des Fleisches wird die Hin- und Herbewegung der Atome rund um ihren mittleren Aufenthaltsort immer heftiger. Ab einem bestimmten Wert ist diese Vibration in den Fasern des Bindegewebes und den Fettspeichern des Bratens so stark, dass diese Gewebe einen Phasenübergang durchmachen und schmelzen.* Da es sich dabei um die zähen, sehnigen Gewebe handelt, die die Muskelzellen in unserem Braten zusammengehalten haben, wird das Fleisch durch den Schmelzvorgang zarter und leichter zu verzehren. Das gleiche Prinzip wandte auch Flash an, um aus den Eisblöcken zu entkommen, in die Captain Cold ihn immer wieder einschloss.** Man kann diese Fasern teilweise auch mit chemischen Hilfsmitteln auflösen, indem man Zitronensaft oder eine Marinade mit Essig verwendet, doch auch in diesem Fall muss man sich, ähnlich wie bei einem konventionellen Ofen, gedulden, bis die chemischen Wirkstoffe ins Innere des Bratens vorgedrungen sind.

Wenn Sie's eilig haben, aber nicht mit Supergeschwindigkeit vibrieren können, gibt es noch eine weitere Technik, die Sie anwenden können. Diese besteht darin, dass Sie sämtliche Atome in dem festen Körper gleichzeitig schnappen und sie schnell hin und her schütteln, wobei die innere Reibung dafür sorgt, dass alle Teile des Bratens gleichmäßig und gleichzeitig gegart werden. Genau so wirkt ein Mikrowellenherd oder die tödliche Strahlenpistole von Melter.

Jedes Atom in einem festen Körper ist elektrisch neutral, sprich, die Zahl der positiv geladenen Protonen im Kern ist exakt so groß wie die der negativ geladenen Elektronen, die um den Kern herumzischen. Allerdings sind die Elektronen nicht immer in einer völlig symmetrischen Art und Weise um den Kern herum verteilt. Bedingt durch Unregelmäßigkeiten in der Wahrscheinlichkeitswolke und die speziellen Eigenschaften der chemischen Bindungen zwischen den Atomen kommt es vor, dass die Elektronendichte – und damit die

* Die durch die Wärmezufuhr bedingten chemischen und strukturellen Veränderungen während des Kochens können sehr komplex sein, für unsere Zwecke genügt es, wenn wir so tun, als handle es sich um einen einfachen Schmelzvorgang.

** Dadurch, dass er sehr schnell vor und zurück vibriert, überträgt Flash kinetische Energie auf die Eiskristalle, die ihn umgeben. Eine Vibrationsrate von 100000 Schwingungen pro Sekunde würde, selbst wenn er sich nur einen halben Zentimeter vor- und zurückbewegen kann, einer kinetischen Energie von **(1/2)mv²** gleich 35 Millionen $kg \cdot m^2/s^2$ entsprechen. Der Phasenübergang von Eis zu Wasser erfordert die Zufuhr von 336 $kg \cdot m^2/s^2$ pro Gramm Eis bei 0 Grad Celsius. Mit seiner zusätzlichen kinetischen Energie kann Flash 100 kg Eis schmelzen, um sich so zu befreien und Captain Cold hinter Gitter zu bringen.

Dichte negativer elektrischer Ladungen – auf einer Seite des Atoms größer ist als auf der anderen. In diesem Fall wird das Atom auf der einen Seite etwas stärker negativ und auf der anderen etwas stärker positiv geladen sein – ähnlich wie ein Stabmagnet, dessen eines Ende ein magnetischer Nordpol und dessen anderes ein magnetischer Südpol ist. Dieses Ungleichgewicht der Ladung ist nicht sonderlich gravierend, aber immerhin ausgeprägt genug, damit ein elektrisches Feld etwas hat, das es packen kann. Selbst Moleküle mit völlig symmetrischer Ladungsverteilung können durch ein elektrisches Feld von außen polarisiert werden.

Wenn man auf einen festen Körper ein ausreichend großes elektrisches Feld einwirken lässt, so werden die Atome mit einem Ladungsungleichgewicht sich an dem Feld ausrichten – ähnlich wie eine Kompassnadel sich dreht, bis sie schließlich in die Richtung eines externen Magnetfelds zeigt. Wenn ich nun die Richtung des elektrischen Feldes plötzlich umkehre, werden sich sämtliche Atome um 180 Grad drehen und in die entgegengesetzte Richtung zeigen. Bei einer weiteren Umkehrung des elektrischen Feldes zurück zur Ausgangsposition werden sich die Atome erneut drehen. Wenn ich diesen Vorgang ein paar Milliarden Mal pro Sekunde wiederhole, kommen die Atome kräftig ins Rotieren. Diese Vibrationsenergie wird sehr schnell die mittlere Energie eines jeden Atoms ansteigen lassen und dadurch die Temperatur erhöhen. Da das elektrische Feld tief in die Materie eindringt (von ein paar Ausnahmen abgesehen), bewegen sich unter dem Einfluss des oszillierenden elektrischen Feldes weit mehr Atome gleichzeitig hin und her als nur jene an der Oberfläche des Bratens. Da die Frequenz der Oszillation des wechselnden elektrischen Feldes im Mikrowellenbereich des elektromagnetischen Spektrums liegt, nennt man solche Kochgeräte Mikrowellenherde.

Mikrowellenerzeuger (genannt Magnetron) waren ursprünglich während des Zweiten Weltkrieges für Radargeräte entwickelt worden. Dass man sie auch zum Kochen einsetzen konnte, wurde 1945 zum ersten Mal bemerkt, als der Ingenieur Percy L. Spencer bei der Untersuchung der Reichweite der Mikrowellenenergie eines Magnetrons feststellte, dass ein Schokoriegel, den er in seiner Hosentasche mit sich trug, geschmolzen war. Ein nachfolgendes Experiment mit Popcorn bestätigte die Einsatzfähigkeit des Geräts zu nichtmilitärischen Zwecken.

Je leichter sich die Atome in einem Objekt hin und her bewegen und mit dem elektrischen Feld mitrotieren können, desto schneller wird die Temperatur des Objekts ansteigen. Deswegen werden Flüssigkeiten in einer Mikrowelle schneller warm als feste Gegenstände. Bohren Sie einmal ein tiefes Loch in einen großen Eisblock und füllen Sie es mit Wasser. Stellen Sie die »Eis-Tasse« mit Wasser in die Mikrowelle, und Sie werden feststellen, dass das Wasser zu kochen beginnt, während die »Tasse« kalt und stabil bleibt. Lassen Sie diese aber nicht zu lange in der Mikrowelle, denn nach einer gewissen Zeit wird auch sie unter dem Einfluss des sich immer wieder umkehrenden elektrischen Feldes schmelzen – und zwar schneller als in einem herkömmlichen Ofen.

Können wir aus den Beschreibungen auf den Seiten von *Tales of Suspense* oder *Iron Man* ableiten, dass die Waffe von Melter auf den gleichen Prinzipien beruht wie ein Mikrowellenherd? Ja und nein. Als Bruno Horgan in *Tales of Suspense* # 47 seinen ersten Auftritt hatte, war er ein Rüstungsindustrieller und als solcher ein Konkurrent von Tony Stark. Er war verbittert über die Auflösung eines Vertrages mit der Armee über die Herstellung von Kampfpanzern, nachdem das Militär herausgefunden hatte, dass Horgan »minderwertige Materialien« verwendete. Der Auftrag ging weiter an die Firma von Stark, obwohl dabei ein Interessenkonflikt vorlag, denn das Gutachten über die Verwendung minderwertiger Materialien durch Horgan war von Tony Stark verfasst worden. Im weiteren Verlauf gerät eines der – ebenfalls aus minderwertigen Komponenten bestehenden – Testgeräte in Horgans Labor außer Kontrolle, während dieser es gerade untersucht, und sondert einen Energiestrahl ab, der sämtliches Eisen, das damit in Berührung kommt, zum Schmelzen bringt.* Als Horgan merkt, dass der »Prüfstrahl«, den er hervorgerufen hat,

* Ich kann nicht oft genug betonen, dass es nahezu unmöglich ist, wahllos irgendwelche Stromkreise und Netzteile mit einem anderen Objekt zu kombinieren, um dann »zufällig zu entdecken«, dass es sich um einen voll funktionstüchtigen »Todesstrahl« handelt (ich spreche hier aus bitterer Erfahrung).

in Wirklichkeit ein Schmelzstrahl ist, entwickelt er eine tragbare Variante des Apparats und fasst, nicht ohne sich zuvor in ein fürchterliches blau-graues Kostüm zu gewanden (wobei er leider die verschiedenen Klischees den Kleidungsstil von Ingenieuren betreffend bestätigt), den Entschluss, seine Feinde zu zerstören und sich über den Rest der Welt zu erheben (wodurch er leider die verschiedenen Klischees über die ethische Haltung von modernen Kapitalisten bestätigt). Nachdem ihm zunächst eine Reihe von Erfolgen über Stark Industries und Iron Man gelingt, muss Horgan am Ende der Geschichte zu seiner Verblüffung feststellen, dass sein Strahl keine Wirkung mehr auf den Goldenen Rächer zeitigt. Melter war entgangen, dass Iron Man einen Mangel seiner Waffe erkannt hatte: Sie wirkte nur bei Eisen! Indem er sich einen Schutzschild aus »prägepoliertem Aluminium« baute, der seiner normalen Panzerrüstung zum Verwechseln ähnlich sah, schaffte es Tony, dem Melter Paroli zu bieten. Als sich beide Auge in Auge gegenüberstehen, ist es nur einem zufälligerweise geschmolzenen Gully zu verdanken, dass Horgan entkommen kann, um den Kampf eines Tages wieder aufzunehmen.

Aus dieser Geschichte müssen wir schließen, dass Horgans Waffe *kein* tragbares Mikrowellengerät ist. Das oszillierende elektrische Feld eines Mikrowellenherdes wirkt auf *sämtliche* Atome, während Horgans Waffe nur auf Eisen wirkt (26 Elektronen pro Atom), aber nicht auf Aluminium (mit 13 Elektronen). Später (in *Tales of Suspense* # 90) wurde Horgans Waffe noch ausgefeilter und hatte einen Regler, mit dem er sie auf Stein, Metall, Holz oder Fleisch (würg!) einstellen konnte. Diese Differenziertheit rettete Tony das Leben, als er in Zivilkleidung von Horgan mit dessen Waffe beschossen wurde, aber unverletzt blieb, weil Horgan nicht wusste, dass Tony Stark in Wirklichkeit Iron Man war und unter seinem Hemd einen Brustpanzer aus Metall trug (um den Granatsplitter in seiner Brust auf Abstand zu halten – siehe Kapitel 23). Daher nützte Melter seine Waffe wenig, denn der Wahlschalter stand auf »Fleisch« und nicht auf »Eisen«.

Nun ist es zwar in der Tat wahr, dass bei zwei Atomen, die eine chemische Bindung eingehen, der Betrag, um den die Gesamtenergie sinkt, jeweils von den beteiligten Atomen abhängt und auf diese Weise jede chemische Bindung eine eigene Energiesignatur hat.

Es ist also im Prinzip jedenfalls, möglich, eine Mikrowellenwaffe zu bauen, die auf die chemischen Bindungen in Stein und nicht auf die von Metall eingestellt ist. In ähnlicher Weise könnte man, indem man die Resonanzfrequenz auf Wasser einstellt, diesen Strahl als eine wirksame Waffe gegen Menschen und andere lebende Objekte einsetzen. Ein solcher auf Mikrowellen basierender »Hitzestrahl«, der extreme Schmerzen wie bei einer Verbrennung zweiten Grades hervorruft, wenn er auf eine Person gerichtet wird, wurde in der Tat vor kurzem entwickelt. Die Absicht hinter der Entwicklung dieser Waffe war das Bestreben, Menschenmengen besser kontrollieren zu können, da sich durch die Anwendung eines solchen Strahls eine Menschenansammlung sehr rasch auflösen wird in dem Bestreben, den brennenden Schmerzen zu entgehen. Allerdings ist es im Falle von Eisen oder Aluminium gleichgültig, wie die Frequenz des elektrischen Feldes eingestellt ist, denn die Bindungen der Atome in den beiden Metallen sind viel zu ähnlich, als dass eine Waffe, die dazu gebaut ist, Eisen zum Schmelzen zu bringen, nicht auch bei Aluminium wirken würde.

Andererseits wird durch die Diskussion über Melter und Tony Starks metallischen Ganzkörperbekleidung erneut eine Frage aufgeworfen, die den modernen Menschen schon seit geraumer Zeit plagt: Wenn wir einen Menschen zum Mond schicken können, warum können wir dann nicht Metall in eine Mikrowelle legen? Die Antwort lautet: Man *kann* Metall in eine Mikrowelle legen, aber die freien Elektronen im Metall können ernste Probleme hervorrufen. Metalle haben eine hohe Wärmeleitfähigkeit und können, wenn sie in einem Mikrowellenherd mit Papier in Berührung kommen, dieses entzünden. Wenn man an diese freien Elektronen, die sich über das gesamte Volumen des festen Körpers bewegen können, ein externes elektrisches Feld anlegt, so werden diese Elektronen sich nicht damit begnügen, lediglich hin und her zu zucken wie die Atome mit ihren festen Positionen.

Metall in einer Mikrowelle ist nicht mit anderen Leitern verbunden, und damit haben diese angestoßenen Elektronen keine Möglichkeit, sich zu entfernen – weshalb sie sich an einem Ende des Metalls anhäufen. Wenn es an diesem Ende scharfe Kanten oder spitze Ecken gibt, wird die Anhäufung von Elektronen bewirken, dass sich im Inneren des Metallgegenstandes ein neues, großes elektrisches Feld bildet. Wenn dieses Feld stärker wird als 12000 Volt pro Zentimeter, kann es zu einem Funkenschlag kommen, da die Luft nicht länger in der Lage ist, die hohe Spannung des Metallgegenstandes von der Wand des Ofens zu isolieren, und es zucken kleine Bogenblitze von dem Metall zur Wand des Ofens. Dabei spielt die Form des Gegenstandes eine gewisse Rolle: Bei einem Gegenstand mit runden Kanten kommt es unter Umständen gar nicht zu einer Entladung, während die spitze Ecke eines in Metallfolie eingepackten Stücks Butter einen Funken verursachen kann, der auf der Innenseite des Ofens dauerhafte Spuren hinterlässt. (Eine persönliche Mitteilung an meine Frau: Bitte entschuldige, Schatz.)

15

Electros Haftkraft – Die Elektrostatik

Bislang haben wir uns hauptsächlich mit der Frage beschäftigt, wie Kräfte – und dabei insbesondere die Gravitation – die Bewegung von Objekten beeinflussen. Ob es um die allmähliche Verlangsamung von Supermans Luftsprüngen oder die Beschleunigung von Gwen Stacys tödlichem Sturzflug ging, stets wurde für die Kraft **F** im zweiten newtonschen Gesetz **F = ma** die Gravitation herangezogen. Aber im Universum – auch dem des Comics – gibt es noch andere Kräfte.

Die Physiker haben entdeckt, dass genau *vier* Grundkräfte notwendig und hinreichend sind, um die vielfältigen und komplexen physikalischen Erscheinungen in der Natur zu erklären. Dabei handelt es sich um: (1) die Gravitation, (2) den Elektromagnetismus, (3) die starke und (4) die schwache Kraft.* Die beiden letzteren (mit ihren nicht sehr einfallsreichen Namen) wirken vor allem im Innern von Atomkernen. Während die starke Kraft die Protonen und Neutronen im Atomkern zusammenhält (ohne sie würden sich die positiv geladenen Protonen abstoßen, und es gäbe keine stabilen Elemente außer Wasserstoff), ist die schwache Kraft für manche Formen der Radioaktivität verantwortlich (die Kernzerfälle etwa, aus denen die Physiker, wie in Kapitel 11 erwähnt, auf die Existenz von Neutrinos schlossen). Ohne die schwache Kraft gäbe es nur wenige Superhelden und Superschurken. In unserem alltäglichen Leben haben wir

* Diese vier Kräfte in der Gestalt der Superschurken Graviton, Zzzax, Quantum und Halflife können, wie die West Coast Avengers in »The Unified Field Theory« herausfanden, recht beachtlich sein.

es, von der Gravitation einmal abgesehen, fast immer mit elektrostatischen Phänomenen zu tun. Unsere Muskelkraft, die Kraft, die der Stuhl auf unseren Hosenboden ausübt, so dass wir nicht durch die Sitzfläche fallen, die von den heißen Gasen in den Zylindern des Motors ausgeübte Kraft, die unser Auto fahren lässt – all diese Kräfte und noch viele mehr sind letztlich elektrischer Natur. Es ist daher an der Zeit, dass wir uns den Zwillingskräften der Elektrizität und des Magnetismus zuwenden, die, wie wir feststellen werden, bei genauerer Betrachtung eine einzige Kraft sind und aus diesem Grund als »Elektromagnetismus« bezeichnet werden.

Sehr wenige Superhelden besitzen Kräfte elektromagnetischen Ursprungs. Zwei der frühesten Comichelden des Silbernen Zeitalters, die sich elektrischer oder magnetischer Fähigkeiten bedienen, sind Lightning Lad und Cosmic Boy. Diese Helden aus der Zukunft haben ihren ersten Auftritt im April 1958 in *Adventure Comics* # 247, als sie gemeinsam mit Saturn Girl eine Reise in die Vergangenheit unternehmen, um Superboy für die Legion der Superhelden zu rekrutieren. Lightning Lad hat die Superfähigkeit, aus seinen Händen elektrische Blitze schießen zu lassen, während Cosmic Boy magnetische Gegenstände frei schweben lassen kann. Das dritte Gründungsmitglied der Legion, Saturn Girl, besitzt die übernatürliche Kraft der Telepathie, die, wie sich später zeigen wird, eng mit der Ausbreitung elektromagnetischer Wellen verknüpft ist. Somit sind also alle drei Gründer der Legion Illustrationen der elektromagnetischen Theorie in Aktion.

Die im Jahr 2958 gegründete Legion ist inzwischen im Jahr 3006 angelangt und besteht aus Teenagern verschiedener Herkunftsplaneten, die jeweils mit einer ganz speziellen Superkraft ausgestattet sind. Die Vorstellung eines in der Zukunft angesiedelten Clubs halbwüchsiger Superhelden erfreute sich bei den Comiclesern offenbar so großer Beliebtheit, dass sich die Legion der Superhelden zu einem festen Bestandteil der *Adventure Comics* entwickelte und schließlich sogar Superboy aus seinem eigenen Comic verdrängte. Inzwischen sind mehr als dreißig Helden in der Legion versammelt. Alle fundamentalen Kräfte der Natur und mehrere grundlegende Symmetrien der Naturgesetze wurden von den Verfassern der Legionsgeschichten herangezogen, um jeden Helden mit einer Superkraft auszustatten. Zu den Legionären gehören Star Boy, der Gegenstände schwerer machen kann, Light Lass, die sie leichter werden lässt, Element Lad, der in der Lage ist, Elemente zu verwandeln (was auf die Beherrschung der Kernkräfte schließen lässt), sowie Colossal Boy, der sich zu gewaltiger Größe aufblähen kann, während Shrinking Violet die Fähigkeit der Verkleinerung besitzt. Ferro Lad wiederum kann sich in eine Art organisches Eisen verwandeln (und ist damit eine jugendliche Ausgabe des Colossus der X-Men). Als Kind war ich zutiefst erschüttert, als er sich selbstlos opferte, um den Sun-Eater in *Adventure* # 353 zu zerstören.

Während nur wenige Helden auf die Elektrizität oder den Magnetismus als Quelle ihrer Superkraft zurückgreifen, missbrauchen die Superschurken sie häufig als Waffe, um Reichtum oder die Weltherrschaft (oder beides) zu erlangen. In den nächsten Kapiteln werden wir uns insbesondere mit zweien dieser Schurken auseinander setzen, Electro und Magneto (und raten Sie mal, welcher Schurke mit welcher Kraft verknüpft ist).

STATISCHE ELEKTRIZITÄT – DIE STÄRKSTE KRAFT DER NATUR!

Max Dillon ist ein fachlich kompetenter, aber egozentrischer Elektriker, der zufällig miterlebt, wie einer seiner Kollegen bei der Arbeit an einer Hochspannungsleitung verunglückt. Erst nachdem sein Boss ihm eine Belohnung von 100 Dollar verspricht (heute entspräche dies einem Wert von 600 Dollar), bequemt er sich dazu, seinem Kollegen zu helfen. Er rettet den Bewusstlosen und lässt ihn an einem Kabel zu Boden gleiten. Dabei wird Dillon selbst von einem Blitz getroffen, was höchst unerwartete Konsequenzen für ihn hat. Genau wie im Fall Barry Allens (alias Flash) hinterlässt dieses traumatische Erlebnis bei Dillon weder Verbrennungen noch neurologische Schäden, sondern er erwirbt vielmehr die Fähigkeit, elektrische Energie zu speichern und sie nach Belieben in Form von Blitzen zu entladen.* Dillons Unfall, der in *Amazing Spider-Man* # 9 geschildert wird, steigerte zwar seine körperlichen Fähigkeiten, seine unsozialen Charakterzüge blieben jedoch unverändert. Jedenfalls fiel ihm in Anbetracht seiner neuen furchteinflößenden elektrischen Kräfte nichts Besseres ein, als sich ein grelles, grün-gelb gemustertes Trikot mit leuchtend gelber Gesichtsmaske in der Form eines Blitzes zuzulegen und fortan als Electro ein verbrecherisches Leben zu führen (siehe Abb. 22). Ich persönlich hätte sicher einen anderen Aufzug für meine öffentlichen Auftritte gewählt, und wäre er nicht so ein mieser Kerl gewesen, hätten ihm seine Freunde vielleicht den einen oder anderen Modetipp gegeben. Aber genau solche Missgriffe sind es, die diesen mit Superkräften ausgestatteten Schurken so häufig zum Verhängnis werden.

Dillon stellte also fest, dass sein Körper elektrische Ladung speichern konnte, wodurch er in die Lage versetzt wurde, tödliche Stromschläge auszuteilen. Oft sieht man Electro im Comic, wie er zwischen zwei Transformatorentürmen eines »verlassenen« Elektri-

Abb. 22
Eine Szene aus Amazing Spider-Man # 9, *in der der Superschurke Electro ein sehr fortgeschrittenes Verständnis des Elektromagnetismus und einen weit weniger ausgereiften Modegeschmack demonstriert.*

* Sollten junge Leser im Silbernen Zeitalter des Comics zu dem Schluss gelangt sein, es könne einem kaum etwas Besseres widerfahren, als vom Blitz getroffen oder einer massiven Strahlungsdosis ausgesetzt zu werden – bevorzugt, während man einer anderen gefährlichen Tätigkeit nachgeht –, so kann man ihnen daraus kaum einen Vorwurf machen.

zitätswerks steht und sich auflädt, indem er den elektrischen Strom durch seinen Körper fließen lässt. (Über steigende Strompreise und Stromausfälle brauchte man sich also nicht zu wundern, wenn überall in New York ungenutzte, gleichwohl voll funktionsfähige Elektrizitätswerke zur freien Benutzung von Schurken herumstanden.) In aufgeladenem Zustand war Dillon fähig, mit den Händen Blitze zu schleudern, obwohl er sich manchmal auch über andere Körperteile entlud. Hatte er die gespeicherte Energie aufgebraucht, war er im Wesentlichen machtlos und musste sich erst wieder aufladen. Durch seinen außergewöhnlichen Unfall hatte sich Max Dillon also in eine wandelnde Elektroschockpistole verwandelt.

Was bedeutet es, »elektrische Fähigkeiten« zu besitzen und der Polizei oder kostümierten Superhelden elektrische Blitze entgegenschleudern zu können? Jeder, der schon einmal an einem kalten Wintertag über einen dicken Teppich geschlurft ist und dann eine Türklinke angefasst hat, weiß, dass Materie aus elektrisch geladenen Teilchen besteht. Im Gegensatz zur Masse eines Gegenstandes, die stets positiv ist, kommt die Ladung in zwei Varianten vor, die recht willkürlich als »positiv« und »negativ« bezeichnet werden. Es sei dahingestellt, ob die Redensart »Gegensätze ziehen sich an« in Herzensangelegenheiten ein verlässlicher Ratgeber ist, aber die zwischen positiv und negativ geladenen Objekten wirkende Anziehungskraft wird durch sie zutreffend beschrieben. Ebenso gilt, dass sich zwei Objekte gleicher Ladung, seien sie nun beide positiv oder beide negativ, abstoßen. Wenn zum Beispiel ein Päckchen beim Transport durch zufällige Reibungskontakte einen Ladungsüberschuss erwirbt, tragen die Styroporkügelchen im Innern des Päckchens eine Ladung mit demselben Vorzeichen. Dieser Umstand erklärt, warum sie sich gegenseitig abstoßen und beim Öffnen des Pakets hinausstieben. Die negativ geladenen Elektronen in einem Atom werden durch die elektrostatische Kraft von den positiv geladenen Protonen des Atomkerns angezogen. Je mehr Protonen ein Atom besitzt, desto größer ist die positive Ladung und desto stärker ist die Anziehungskraft, die vom Atomkern auf das Elektron wirkt. Andererseits gilt, je mehr Elektronen im Atom vorhanden sind, desto größer ist ihre gegenseitige Abstoßung. Diese beiden Kräfte – die Anziehungskraft des

Atomkerns und die wechselseitige Abstoßung der Elektronen – heben sich in der Regel gegenseitig auf. Unter anderem deshalb ist ein Uranatom mit 92 Elektronen und einer entsprechenden Anzahl positiv geladener Protonen im Kern ungefähr ebenso groß wie ein Kohlenstoffatom mit 6 Elektronen und 6 Protonen.

Die anziehende Kraft zwischen zwei entgegengesetzt geladenen Objekten und die abstoßende Kraft zwischen zwei Objekten gleicher Ladung besitzt interessanterweise dieselbe mathematische Form wie das in Kapitel 2 beschriebene newtonsche Gravitationsgesetz. Die Kraft zwischen zwei elektrisch geladenen Objekten mit **Ladung 1** und **Ladung 2** ist nämlich durch die folgende Gleichung gegeben:

$$\textbf{Kraft} = \textbf{k}\ [(\textbf{Ladung 1}) \cdot (\textbf{Ladung 2})]\ /\ (\textbf{Abstand})^2$$

Diese Gleichung, die dem französischen Naturwissenschaftler des achtzehnten Jahrhunderts Charles Augustin de Coulomb zugeschrieben wird, ist mit Newtons Gravitationsgesetz fast identisch. Der einzige Unterschied besteht darin, dass dort statt der jeweiligen Ladungen die Massen miteinander multipliziert werden und die Konstante »**G**« und nicht »**k**« heißt. Zur Erinnerung: Nach dem in Kapitel 2 beschriebenen newtonschen Gravitationsgesetz ist die Stärke der Kraft zwischen zwei Massen (**Masse 1** und **Masse 2**) gegeben durch die Formel

$$\textbf{Kraft} = \textbf{G}\ [(\textbf{Masse 1}) \cdot (\textbf{Masse 2})]\ /\ (\textbf{Abstand})^2$$

Mathematisch gesehen haben diese beiden Formeln für die Kraft die gleiche Form, nur dass »Masse« durch »Ladung« und die Konstante **G** durch die neue Konstante **k** ersetzt wird. Da Ladung und Masse verschiedene Größen sind, unterscheiden sich auch die Maßeinheiten der Konstanten **k** und **G**, damit sich in beiden Gleichungen die Einheit einer Kraft ergibt.

Wichtiger als die Verschiedenheit der Maßeinheiten ist jedoch die Tatsache, dass die elektrische Kraft für die bekannten Elementarteilchen weitaus stärker ist als die Gravitationskraft. Betrachten wir ein einzelnes Proton im Kern eines Wasserstoffatoms, das in einem bestimmten Abstand von einem Elektron umkreist wird. Das Proton zieht das Elektron sowohl aufgrund seiner Gravitation als auch aufgrund seiner positiven elektrischen Ladung an. Doch wenn wir **k** mit der elektrischen Ladung des Elektrons und der des Protons malnehmen, und andererseits **G** mit den Massen von Elektron und Proton, dann zeigt sich, dass die Kraft der elektrostatischen Anziehung zehntausend Billionen Billionen Billionen Mal (eine 1 gefolgt von 40 Nullen) stärker ist als die Gravitationskraft. Im atomaren Größenmaßstab spielt die Gravitation daher keine wichtige Rolle, und die Materie wird durch die elektrische Kraft zusammengehalten. Ohne sie gäbe es keine Moleküle, keine Chemie und folglich kein Leben.

Wenn die Gravitation so viel schwächer ist als die Elektrostatik, warum spielt sie dann für Planeten und Menschen eine so große Rolle? Die Antwortet lautet: Weil sie stets anziehend wirkt. Zwei Massen, gleichgültig wie groß oder klein, ziehen sich aufgrund ihrer Gravitation immer an. Obwohl es so etwas wie Antimaterie gibt, ist auch ihre Masse positiv, das heißt, auch sie übt eine ganz normale Anziehungskraft auf andere Materie aus. Soweit experimentell festgestellt werden konnte, gibt es nur eine Art von Masse mit genau einer Art positiver Gravitationsanziehung. Zwar interpretiert man gewisse rätselhafte astronomische Beobachtungen der jüngsten Zeit als Hinweise auf eine möglicherweise existierende »Antigravitation«, die mit einer geheimnisvollen »dunklen Energie« verknüpft sein soll, doch kann diese Erklärung noch nicht als gesichert gelten. So haben die Wissenschaftler zum jetzigen Zeitpunkt nicht den geringsten Schimmer, was sich hinter der dunklen Energie verbirgt (was erklärt, warum wir auch im Jahr 2006 noch nicht über die fliegenden Autos verfügen, die uns von Science-Fiction-Geschichten und Comics schon vor über fünfzig Jahren in Aussicht gestellt wurden).

Mit der Elektrizität verhält es sich ganz anders. Da es zwei verschiedene Arten elektrischer Ladung gibt – positive und negative –, ist es möglich, elektrische Felder abzuschirmen. Ein Elektron, das um ein Proton kreist, wird von diesem angezogen. Ein zweites Elektron, das in die Nähe dieses Teilchenpaars gebracht wird, wird vom Proton angezogen und vom anderen Elektron abgestoßen. Solange das zweite Elektron dem Proton nicht zu nahe kommt, heben sich die anziehenden und abstoßenden Kräfte genau auf, und das zweite Elektron ist in der Summe effektiv gar keiner Kraft ausgesetzt. Wenn wir die Gravitationsanziehung ebenso leicht aufheben könnten, dann wären Geräte wie die Antigravitationsscheiben des Evil Wizard, die Dinge oder Menschen frei schweben lassen, längst Allgemeingut. Ungeachtet dessen, ob Materie positiv oder negativ geladen oder neutral ist, besitzt sie immer eine positive Masse und ist der Gravitationsanziehung anderer Materie unterworfen. Die Gravitation setzt sich also letztendlich stets durch und hält Körper zusammen, auch wenn diese nicht elektrisch geladen sind.

Trotzdem steht fest: Die elektrostatische Wechselwirkung ist die stärkere Kraft. Betrachten wir noch einmal die oben angegebene Form des coulombschen Gesetzes. Wenn unser Körper nur zehn Prozent mehr negative als positive Ladung trüge, dann wäre die elektrostatische Abstoßung so groß, dass wir ein Bürogebäude mit einem ebenso großen Überschuss an negativer elektrischer Ladung anheben könnten. Dagegen übt das Gebäude trotz seiner um ein Vielfaches größeren Masse keine merkliche Gravitationsanziehung auf uns aus, auch wenn die Ansprüche unseres Jobs oder unseres Chefs diesen Eindruck gelegentlich erwecken mögen.

Aufgrund der Reibung zwischen seinen Stiefeln und dem Boden sollte Flash beim Rennen eine gewaltige statische Ladung aufbauen, genau wie dies geschieht, wenn wir im Winter über einen Teppich gehen. Die Reibung unserer Füße am Teppich ist ein auf atomarer Ebene sehr gewaltsamer Prozess und führt zur Übertragung von Elektronen auf unseren Körper. Die überschüssigen Ladungen stoßen sich gegenseitig ab und streben danach, unseren Körper wieder zu verlassen. Diese Chance bietet sich, wenn wir mit der Hand nach der Türklinke fassen. Plötzlich können die Ladungen wieder zur Erde gelangen (der ein paar Elektronen mehr oder weniger nichts ausmachen). Ist die Ladung groß genug, springen die Elektronen einfach durch die Luft über – analog zu einem Blitz, der es einer Gewitterwolke erlaubt, überschüssige Ladung in den Boden zu entladen. Auch beim Autofahren kommt es wegen der Reibung zwischen den Reifen und der Straße häufig zu einem Ladungsüberschuss, der durch Berühren des metallischen Türrahmens abgebaut werden kann, sobald das Auto hält. Allerdings ist die Entladung aus zwei Gründen schmerzhaft: Erstens ist die Oberfläche der Finger klein, so dass der Strom pro Flächeneinheit groß ist, zweitens enden in den Fingerspitzen sehr viele Nerven, so dass sie für den Strom empfindlich sind. Besser ist es, den Türrahmen oder den Griff mit dem Ellbogen zu berühren oder gar den ganzen Körper mit dem Metall in Kontakt zu bringen. Die belustigten Blicke, die Sie ernten werden, sind ein kleiner Preis für den geringeren Schmerz.

Die als Reibungselektrizität bekannte Art der elektrostatischen Aufladung wurde jüngst auch in *Flash* # 208 beschrieben. Der Rote Blitz hat die Bürger von Keystone City* wieder einmal vor dem Angriff einiger Schurken der Rogue's Gallery gerettet und empfängt gerade den Dank einiger Passanten. Während er noch Autogrammwünsche erfüllt, klopft ihm einer seiner Bewunderer anerkennend auf die Schulter, erhält einen elektrischen Schlag und fährt mit dem Aufschrei zurück: »Hey, was ist das denn? Seine Uniform ist ja total geladen!« Normalerweise entlädt sich diese überschüssige Ladung in das erste geerdete metallische Objekt in der Nähe des Superhelden, sobald dieser aufhört zu rennen. Die Tatsache, dass das Phänomen der Reibungselektrizität erst 2004 Eingang in das Heft fand, nachdem es Flash-Comics bereits seit mehr als fünfzig Jahren gab, lässt darauf schließen, dass sich Flash während eines Großteils seines lebenslangen Kampfes gegen das Verbrechen nicht nur über den Luftwiderstand hinwegsetzen und mörderische Beschleunigungen unbeschadet überstehen konnte, sondern dass er auch gegen den elektrostatischen Ladungsaufbau immun war.

Kehren wir zu Electro zurück, dessen elektrische Kräfte zweifellos darauf zurückzuführen sind, dass er große Mengen an positiver oder negativer elektrischer Ladung in seinem Körper zu speichern vermag. Anschließend kann er sich nach Belieben entladen, und zwar auf ähnliche Weise wie im obigen Beispiel des Funkens, der von unserer Fingerspitze zur Türklinke überspringt. Dazu passt auch die Tatsache, dass sich Electro vor seinen Einsätzen immer wieder

* Hier handelt es sich um Wally West Flash, den Adoptivsohn und Nachfolger von Barry Allen Flash. Während Central City die Heimatstadt des Letzteren war, operierte Wally West Flash von Keystone aus.

aufladen muss. Hat er seine elektrischen Blitze erst einmal alle verschleudert, ist er praktisch wehrlos und hat einem kräftigen Kinnhaken nichts mehr entgegenzusetzen.

* * *

Vor ungefähr sechzig Jahren führte der Ärger eines Schweizer Ingenieurs beim Wandern zu einer technischen Innovation. Als George de Mestral nämlich untersuchte, warum die Kletten, die sich unterwegs an seine Hosen hefteten, so hartnäckig daran kleben blieben, erfand er einen Verschluss, der aus Millionen von winzigen Haken und Schlaufen besteht. Der Klettverschluss war geboren. Unlängst haben Robert Full, Keller Autumn und ihr Team entdeckt, dass die Fähigkeit eines Geckos, an glatten Wänden und Decken entlangzukrabbeln, auf Millionen mikroskopischer Haare (so genannte *Setae*) an den Zehen des Geckos zurückzuführen ist. Ohne Miniaturhaken an den Wänden und Decken stellt sich jedoch die Frage, was die feinen Haare und damit den Gecko an der Decke festhält. Die Antwort lautet: statische Anziehung!

Obwohl die Fasern am Fuß eines Geckos elektrisch neutral sind, muss das kleine Reptil nicht erst über einen Teppich schlurfen, um an einer Wand haften zu bleiben. Es macht sich dazu die Ladungsfluktuationen in seinen Setae zu Nutze. Die Elektronen in diesen Fasern schwirren ständig umher. Mal befinden sich mehr Elektronen an dem einen Ende der Faser, mal an dem anderen, wodurch sich geringe Ladungsunterschiede ergeben. Wenn das näher an der Wand befindliche Ende der Faser zum Beispiel für einen Moment negativ geladen ist, erzeugt es in der Wand eine schwach positive Ladung, und zwischen Faser und Wand ergibt sich eine Anziehungskraft. Die resultierende Kraft, die als Van-der-Waals-Kraft bekannt ist, ist natürlich sehr schwach. Deshalb besitzt der Gecko auch *Millionen* solcher Fasern an jeder Zehe. Insgesamt erzeugen sie eine Anziehungskraft, die ausreicht, um sein Gewicht zu tragen. Und vielleicht auch das Gewicht von Peter Parker.

Die Autoren von Marvel deuten an, die Kletterfähigkeiten des Spinnenmanns seien elektrostatischer Natur, und in dem Film *Spider-*

Man (2002) kommt eine Szene vor, in der Hunderte mikroskopisch kleiner, mit Widerborsten versehener Fasern aus Peter Parkers Fingern sprießen, als er seine Spinnenkraft erlangt. Es zeigt sich, dass sowohl der Comic als auch der Film gar nicht so weit danebenlagen. So berichteten Forscher von der Universität Manchester in England jüngst über die Entwicklung eines Gecko-Klebebands, das aus Millionen winziger Fasern besteht und eine so starke Haftkraft besitzt, dass es Spider-Man tragen könnte, wenn er nur mit einer Handfläche daran hinge. Ein Klebeband, dessen Wirkung auf Ladungsschwankungen beruht, ist prinzipiell sofort benutzbar und wiederverwendbar – im Gegensatz zu Klebern, die eine gewisse Aushärtezeit benötigen und nur einmal verwendet werden können. Die Fasern auf dem Klebeband sind mikroskopisch klein (fünfzigmal kürzer als die Breite eines menschlichen Haars), um das Verhältnis von Oberfläche zu Volumen zu maximieren, denn nur die Fluktuationen der Ladungsüberschüsse an der Oberfläche der Faser tragen zur Anziehungskraft bei. Damit das Klebeband das Gewicht eines erwachsenen Menschen tragen kann, muss die Dichte der Mikrofasern zum Ausgleich für die extrem schwache Kraft jeder einzelnen Faser sehr hoch sein. Ob diese technischen Herausforderungen in naher Zukunft gelöst werden können, bleibt abzuwarten. Sollte »Gecko-Klebeband« jedoch jemals so allgemein gebräuchlich werden wie Klettband, dann werde ich für meinen Teil jedenfalls nie mehr auf einen Fahrstuhl warten.

16 Superman belehrt Spider-Man – Elektrische Ströme

Betrachten wir nun die elektrischen Blitze etwas genauer, die aus Electros Händen schießen. Eine ausreichend große positive Ladung kann Elektronen aus weiter Entfernung anziehen, sogar durch Kupferdrähte, die mehrere Kilometer lang sind. Der physikalische Begriff für das, was die Elektronen durch ein Kabel bewegt, ist »Spannung«. Elektronen sind negativ geladen, so dass eine positive Spannung sie in die eine Richtung zieht, während eine negative Spannung sie in die entgegengesetzte Richtung schiebt. »Strom« ist nur ein anderer Ausdruck für die Anzahl der Elektronen, die pro Sekunde an einem gegebenen Ort durch das Kabel hindurchfließen.

Stellen wir uns einen Gartenschlauch vor, der an einen Wasserhahn angeschlossen ist. In diesem Beispiel entspricht der Wasserdruck, der bewirkt, dass sich das Wasser durch den Schlauch bewegt, der Spannung. Die Wassermenge, die in einem bestimmten Zeitraum aus dem Schlauch herausfließt, ist der Strom. Kleinere Verstopfungen oder winzige Löcher im Schlauch, die den Wasserstrom behindern oder Wasser vorzeitig versickern lassen, bewirken einen Widerstand. Je schadhafter der Schlauch ist, desto größer muss der Wasserdruck sein, um denselben Wasserfluss (Strom) am Ende des Schlauches zu gewährleisten. Doch genau wie bei einem Wasserhahn am Waschbecken – aus dem Wasser fließt, ohne dass ein Schlauch den Wasserstrahl kanalisiert – kann ein elektrischer Strom auch ohne Kabel fließen, wenn die Spannung groß genug ist. Genau dies geschieht, wenn ein Funke von unseren Fingern zur Türklinke überspringt oder wenn beim Gewitter ein Blitz von einer Wolke zu Boden fährt. Mit zunehmender Entfernung wird eine immer stärkere Kraft benötigt, um die Ladungen zu bewegen. Das ist eine Folge des im vorigen Kapitel vorgestellten coulombschen Gesetzes, dem zufolge die elektrostatische Kraft zwischen Ladungen mit dem Quadrat ihres Abstands abnimmt. Ein langer Gartenschlauch mit vielen Windungen und Löchern bietet dem Wasser, das durch ihn hindurchfließt, mehr Widerstand als ein ähnlich beschaffener kurzer Schlauch. Deshalb erhalten wir einen elektrischen Schlag auch erst dann, wenn wir die Türklinke fast schon berühren: Luft ist nämlich ein ziemlich guter elektrischer Isolator. Damit die elektrische Ladung überspringen kann, muss das elektrische Feld eine Stärke von mehr als 12000 Volt pro Zentimeter erreichen. Dies ist auch der Grund, warum es wehtut, wenn es schließlich passiert, und warum wir mit Sicherheit nicht in die Reichweite von Electros massiven Entladungen kommen wollen.

Wenn wir den Wasserhahn in der Küche aufdrehen, fließt das Wasser unter normalen Umständen vom Hahn in den Abfluss und nicht zur Decke.* Warum? Im Fall unserer Wasseranalogie ist der Grund offensichtlich: Das Wasser wird von der Gravitation nach unten gezogen. Bei der elektrischen Ladung bestimmt der Ort des »Abflusses« die Richtung des Stroms. Elektrische Ladung kann nur fließen, wenn es einen Ort gibt, wo sie hin kann. Dies gilt übrigens auch für unser Beispiel mit dem Wasser. Wollen Sie wissen, wie man ein bis zum Rand gefülltes Wasserglas umdrehen kann, ohne einen Tropfen zu verschütten? Tun Sie es im Schwimmbad unter Wasser! Wenn das Wasser aus dem Glas keinen Ort hat, wohin es entweichen kann, bleibt es in seinem Behälter (abgesehen von einigen Wassermolekülen am oberen Rand des Glases, die aufgrund zufälliger Kollisionen mit den Wassermolekülen im Schwimmbecken ihre Plätze vertauschen).

Das Gleiche gilt auch für die Elektrizität. Unabhängig davon, wie groß die elektrische Ladung eines Objekts ist, wird es sich nicht entladen, solange alle anderen Objekte in der Umgebung genau dieselbe Ladung haben. Exakter ausgedrückt ist die Spannung, auf-

* Es sei denn, Sie hätten die Klempnerfirma Moe, Larry und Curly beauftragt.

grund derer sich die elektrischen Ladungen in die eine oder andere Richtung bewegen, ein Maß für die »Potenzialdifferenz«, die festhält, wie sich die potenzielle Energie einer gegebenen Ladung je nach Aufenthaltsort der Ladung ändert. Und genau das (neben seinem gewagten Modegeschmack) macht Electro so gefährlich: Er ist in der Lage, die Potenzialdifferenz, die zwischen ihm und seiner Umgebung herrscht, willkürlich zu beeinflussen, so dass er entscheiden kann, wann und wo er die überschüssige elektrische Ladung, die er gespeichert hat, entlädt.

Indem ich eine Spannung an einen Leiter anlege, erhöhe ich die potenzielle Energie der Elektronen in dem Leiter. Dies ist analog zu einem Ziegel, dessen potenzielle Energie größer wird, wenn ich ihn hoch über meinen Kopf halte. Der Ziegel behält seine zusätzliche potenzielle Energie so lange, bis ich ihn loslasse. Erst in diesem Augenblick verwandelt sich die potenzielle Energie in Bewegungsenergie: Der Ziegel gewinnt an Geschwindigkeit, während er fällt. Ebenso werden auch die Elektronen in einer Leitung durch das Anlegen einer Spannung nur dann schneller und vergrößern ihre Bewegungsenergie in Form eines elektrischen Stroms, wenn sie irgendwohin fließen können. Genauso wie der Ziegel seine potenzielle Energie so lange behält, bis ich ihn loslasse, fließen auch die Elektronen so lange nicht, bis sie elektrisch mit irgendetwas verbunden werden. Erinnern wir uns noch einmal an das Beispiel des an einen Wasserhahn angeschlossenen Gartenschlauchs. Ganz gleich, wie weit ich den Wasserhahn aufdrehe, wird kein Wasser aus dem Schlauch herausfließen, solange das hintere Ende verschlossen ist. Erst wenn ich den Verschluss öffne, damit das Wasser abfließen kann, bewirkt der Wasserdruck am Hahn (die Spannung), dass Wasser (Strom) durch den Schlauch fließt. Physikalisch würde man dies so ausdrücken: Damit ein elektrischer Strom durch den Draht fließen kann, muss dieser geerdet sein.* Die Erde ist offenkundig so groß und

* Streng genommen muss der Draht keine Verbindung zur »Erde«, sondern nur zu einem Ort mit niedrigerem Potenzial haben. Letztendlich endet jedoch jeder Strom in der Erde. Nehmen wir noch einmal unser Beispiel mit dem Wasser: Wir können einen Schlauch haben, der an beiden Enden an einen Wasserhahn angeschlossen ist. Durch diesen Schlauch fließt Wasser, solange zwischen den beiden Hähnen ein unterschied-

besitzt so viele elektrische Ladungen, dass es ihr nichts ausmacht, zusätzliche Elektronen aufzunehmen oder Elektronen an einen Draht abzugeben. Die Vorstellung, dass ein Strom nur fließen kann, wenn es einen Ort gibt, wohin er fließen kann, scheint – so einleuchtend dies sein mag – nicht jedem Superhelden geläufig zu sein.

In Kapitel 1 erwähnten wir einige der frühen Heldentaten des Stählernen, als er der Welt noch nicht allgemein bekannt war. So versucht er in *Superman* # 1 herauszufinden, wer hinter dem aalglatten Washingtoner Lobbyisten Alex Greer steckt, der durch Bestechung eines Senators Amerika in den Krieg in Europa verwickeln will. (Zur Erinnerung: Die Geschichte spielt 1939.) Es stellt sich heraus, dass der geheime Auftraggeber der Rüstungsmagnat Emil Norville ist (der natürlich am Krieg verdienen will). Aus unerfindlichen Gründen weigert sich Greer zunächst, diesem seltsamen Mann in hautengem, blau-rotem Trikot mit wehendem roten Umhang den Namen seines Auftraggebers preiszugeben. Um ihn zum Sprechen zu bringen, lässt sich Superman daher mit Greer unterm Arm absichtlich von einem hohen Gebäude fallen und rennt mit ihm, wie in Abb. 23 dargestellt, über Hochspannungsleitungen. Auf Greers ängstliches Protestgeschrei hin nimmt sich Superman die Zeit, ihm eine kurze Physiklektion zu erteilen. Ob diese Belehrung als Teil der psychologischen Foltermethoden anzusehen ist, mit denen Superman hofft, den Lobbyisten zum Sprechen zu bringen, muss der Leser selbst entscheiden. Jedenfalls klärt der Stählerne ihn auf, dass keine Gefahr bestehe, denn, so seine Begründung: »Vögel sitzen auf Telefonleitungen, ohne dass ihnen etwas passiert – solange sie die Masten nicht berühren und nicht geerdet sind!«

Superman hat vollkommen Recht. Gefährlich wird es erst, wenn man die Hochspannungsleitung und gleichzeitig den Leitungsmast (oder eine Leitung mit geringerer Spannung) berührt. Erst dann bietet sich dem Strom die Möglichkeit, zu einem Ort geringerer Spannung zu fließen. In dieser unglücklichen Situation verbindet der Körper die zwei Orte unterschiedlicher Spannung, und es fließt ein Strom.

licher Wasserdruck besteht. Damit dies jedoch über eine längere Zeit möglich ist, muss der Wasserhahn mit dem niedrigeren Druck in der Lage sein, sein überschüssiges Wasser abfließen zu lassen (zu »erden«, wie man im Fall der Elektrizität sagen würde).

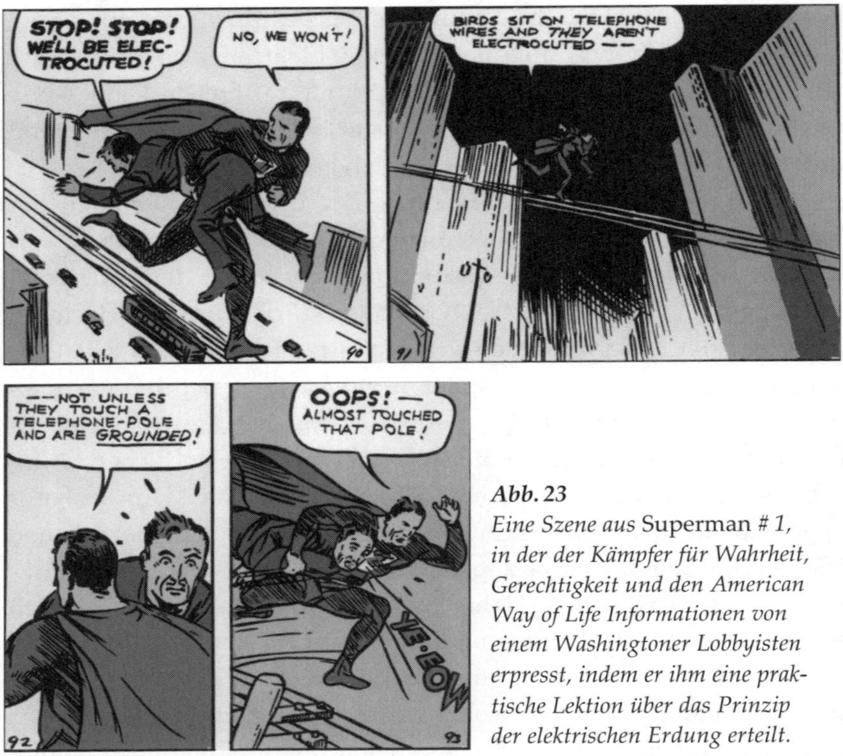

Abb. 23
Eine Szene aus Superman # 1, *in der der Kämpfer für Wahrheit, Gerechtigkeit und den American Way of Life Informationen von einem Washingtoner Lobbyisten erpresst, indem er ihm eine praktische Lektion über das Prinzip der elektrischen Erdung erteilt.*

Leider lässt *Amazing Spider-Man* # 9, der Band, in dem der Spinnenmann erstmals mit Electro zusammentrifft, ein solch grundlegendes Verständnis elektrischer Zusammenhänge vermissen. In einer Szene ihres sich zuspitzenden Kampfes gelingt es Spider-Man, einen Blitz Electros abzulenken, indem er ihm einen Metallstuhl entgegenschleudert. »Jeder, der auch nur ein bisschen was von Physik versteht, weiß, dass alle metallischen Gegenstände genau wie dieser Stuhl hier als Blitzableiter funktionieren können«, belehrt Spider-Man Electro. In Wirklichkeit lässt Spider-Mans völlig falsche Vorstellung von der Funktionsweise eines Blitzableiters den Verdacht aufkommen, dass es mit seinen angeblich fortgeschrittenen Physikkenntnissen nicht zum Besten bestellt ist. Wie dem auch sei, der elektrische Blitz macht einen Bogen um Spider-Man und jagt dem durch die Luft fliegenden Stuhl hinterher – obwohl der Stuhl mit nichts leitend verbunden ist! Warum um alles in der Welt sollte der Blitz von einem Stuhl angezogen werden – ob metallisch oder nicht –, wenn es doch von dort für den elektrischen Strom keine Möglichkeit gibt, irgendwohin zu fließen?

Noch abwegiger (vom physikalischen Standpunkt) wird die Situation in *Amazing Spider-Man* Annual # 1 (Februar 1964), wo Spidey wieder mit Electro zusammentrifft. Diesmal hat er sich vorsichtshalber einen Draht um sein Fußgelenk gebunden, um jederzeit elektrisch geerdet zu sein! Wenn man gegen einen Superschurken antritt, der tödliche Blitze schleudern kann, ist eine gute elektrische Erdung genau das, was man am allerwenigsten gebrauchen kann.

Das Funktionsprinzip eines Blitzableiters besteht nicht etwa darin, dass er aus Metall ist, sondern dass der Blitz in die am höchsten vorspringende Spitze eines Gebäudes einschlägt (idealerweise den Blitzableiter), von wo er durch ein Kabel sicher in die Erde abgeleitet wird, was die Gefahr eines Feuers senkt. Die elektrostatische Entladung zwischen Hand und Türklinke findet auch erst statt, wenn die Hand der Tür schon sehr nahe ist. Je kleiner die Entfernung, desto geringer ist nämlich der Widerstand, den der Funke überwinden muss. In ähnlicher Weise versucht der Blitz, die Entfernung und damit den Widerstand auf dem Weg zur elektrischen Erde zu minimieren. Dies erklärt, warum es nicht ratsam ist, bei Gewitter unter einem Baum zu stehen. In diesem Fall besteht nämlich die Gefahr, dass ein Blitz, der in den Baum einschlägt, sich durch unseren Körper einen Weg zur Erde sucht. Wird man im flachen Land von einem Gewitter überrascht, sollte man sich flach auf den Boden legen, um die Wahrscheinlichkeit zu verringern, vom Blitz getroffen zu werden. Wenn der Blitzableiter eines Gebäudes nicht geerdet ist und ein Blitz einschlägt, bahnt sich der Strom eben über das Dach und die Mauern einen anderen Weg zur Erde. Dieser Weg ist natürlich mit einem größeren Widerstand und entsprechend größerem Schaden für das Gebäude verbunden.

Solcher Schaden droht auch Spider-Man, wenn er sich absichtlich erdet und dadurch sicherstellt, dass Electros gesamte elektrische Energie auf ihrem Weg zu einem Ort mit geringerem elektrischen

Potenzial durch ihn hindurchfließt. Zwar werden Spider-Mans »Spinnenkräfte« das Schlimmste eines solchen elektrischen Schlags sicherlich verhindern, dennoch bringt er sich durch die Erdung in unnötige Gefahr.

Es ist nicht ganz klar, wer für diese Patzer verantwortlich ist: Autor Stan Lee oder Zeichner Steve Ditko. Diese Unsicherheit ist auf die besondere Methode zurückzuführen, wie in den sechziger Jahren Comics bei Marvel produziert wurden. Bei Marvels »Teuflischer Konkurrenz«, wie Lee scherzhaft seinen Konkurrenten DC Comics nannte, entwickelte ein Autor ein Skript, in dem nicht nur die Bildunterschriften, die Dialoge und die Gedankenblasen für jedes Bild, sondern auch die zeichnerische Gestaltung des Comics genauestens vorgegeben waren. Dieser Entwurf wurde von einem Redakteur überarbeitet und dann einem Künstler übergeben, der den Comic gemäß den Anweisungen des Skripts zeichnete. Anschließend wurden die Illustrationen getuscht, beschriftet und koloriert, und der Autor sah die Geschichte normalerweise erst wieder, wenn sie fix und fertig an den Kiosken zum Verkauf angeboten wurde. Ein solches Verfahren funktioniert prima, solange genügend Autoren und Redakteure zur Verfügung stehen, um die Fülle der monatlich produzierten Comictitel abzudecken. Bei Marvel gab es jedoch Anfang der sechziger Jahre nur einen einzigen Autor und Redakteur – und das war Stan Lee. Im Jahr 1965 (um nur ein Beispiel herauszugreifen) war Lee als Redakteur und Autor verantwortlich für die Serien *Fantastic Four, Spider-Man, The X-Men* und *The Avengers* sowie für die Geschichten mit Captain America und Iron Man (beide in *Tales of Suspense*), Dr. Strange, Human Torch sowie Nick Fury, Agent von S.H.I.E.L.D.* (in *Strange Tales*); Giant-Man, Sub-Mariner und The Incredible Hulk (in *Tales to Astonish*); *Daredevil* sowie *Sgt. Fury and His Howling Commandos* (ein Comic über den Zweiten Weltkrieg). Wenn sich die Welt der Marvel-Comics durch eine kohärente Struktur und Atmosphäre auszeichnete, dann lag dies zweifellos daran, dass ein einziger Künstler den verschiedenen Serien seinen Stempel aufdrückte.

* Supreme Headquarters International Espionage Law-Enforcement Division.

In Anbetracht der vielen Comics, die jeden Monat produziert wurden, war es zeitlich unmöglich, dass Lee für jede einzelne Geschichte ein vollständiges Skript entwarf. Derweil waren die Künstler, die für Marvel arbeiteten, Freiberufler. Sie lieferten die Illustrationen für eine Ausgabe ab, wurden bezahlt und nahmen die Anweisungen für die Gestaltung der nächsten Ausgabe entgegen (wenn sie nichts zeichneten, verdienten sie auch nichts). Zu den Künstlern, die damals für Marvel tätig waren, gehörten solche Titanen der Branche wie Jack Kirby, Steve Ditko, Don Heck, John Romita und Gene Colan – Künstler, die so begabt waren, dass sie sich sogar in den fünfziger Jahren, als die ganze Branche nicht zuletzt wegen des Wirbels um Werthams »Seduction of the Innocent« vom Untergang bedroht war, von ihrer Kunst ernähren konnten. Folglich waren sie Experten darin, Geschichten mit grafischen Mitteln zu erzählen, und brauchten keinen Autor, der ihnen Bild für Bild vorschrieb, was sie zeichnen sollten.

Stan Lee hatte deshalb eine clevere Idee, wie er das Dilemma, zu wenig Zeit, aber reichlich talentierte Zeichner zu haben, lösen konnte: Sollten doch die Künstler die Geschichte entwickeln. Lee schrieb also ein kurzes Exposé, bestehend aus wenigen Seiten oder Sätzen,* in dem er die Eckpunkte der Handlung, die Schurken und ihre Fähigkeiten umriss. Die Ausgestaltung dieses Handlungsgerüstes blieb den Künstlern überlassen. Lagen Lee dann die fertigen Illustrationen vor, schrieb er die Dialoge und Bildunterschriften, und der Comic ging in den Druck. Somit ist es also legitim, Lee und die jeweiligen Zeichner gemeinsam als Urheber jedes nach Marvel-Art produzierten Comics anzusehen, und Lee und Ditko müssen sich gemeinsam den Vorwurf gefallen lassen, für Spideys Unwissenheit in Bezug auf grundlegende elektrische Prinzipien verantwortlich zu sein.

* Manchmal sogar weniger. Einer Anekdote zufolge bestand Lees Exposé für den Klassiker *Fantastic Four* # 48, in dem das Superhelden-Quartett auf das kosmische Wesen Galactus trifft, aus folgendem Satz: »Die Fantastischen Vier bekämpfen Gott.« Kirby, der fand, dass ein solch weltenverschlingendes Wesen einen Herold haben müsse, der den unglücklichen Planeten auf den bevorstehenden Untergang vorbereitet, erfand die Figur des Silver Surfer. Lee erfuhr davon erst, als Kirbys Illustrationen im Marvel-Büro eintrafen.

Lee und Ditko mögen zwar keine sehr zutreffende Vorstellung von elektrischer Erdung gehabt haben, aber sie begriffen durchaus, dass Strom plus Wasser einen Kurzschluss ergibt. Und so ergreift Spidey auf dem Höhepunkt seines Kampfes gegen Electro in der Ausgabe # 9 einen Feuerwehrschlauch, wie er in den meisten Bürogebäuden vor der Erfindung von Sprinkleranlagen zur Verfügung stand, und setzt Electro damit einem kräftigen Wasserguss aus. Als er den Schlauch nimmt und das Hauptdruckventil öffnet, denkt er: »Verdammt!! Ich habe doch Naturwissenschaften studiert. Warum habe ich nicht gleich daran gedacht?« Und während er Electro ausgiebig duscht, fährt er fort: »Wasser und Strom vertragen sich nicht!!!«

Wie bereits oben erwähnt, sind Zweifel an Peter Parkers physikalischen Kenntnissen nicht ganz unberechtigt, aber er hat zweifelsohne Recht mit seiner Überlegung, dass sich Wasser und Strom nicht vertragen. Dies liegt daran, dass normales Leitungswasser, obschon elektrisch neutral, durch eine hohe Konzentration von Ionen verunreinigt und daher ein guter elektrischer Leiter ist. Aufgrund der großen Potenzialdifferenz zwischen Electro und seiner Umgebung stellt er eine ernst zu nehmende Gefahr für unsere Superhelden dar. Indem Spider-Man ihn mit Wasser begießt, erdet er Electro und sorgt dafür, dass die überschüssige Ladung, die Dillon in seinem Körper gespeichert hat, abfließt. Dies ist eine Physiklektion, die man im Marvel-Universum scheinbar gut verstanden hat. Als Electro von Daredevil in der zweiten Ausgabe des gleichnamigen Comics besiegt wird, hält ihn die Polizei mit einem Wasserschlauch so lange in Schach, bis er mit der grünen Minna sicher ins Gefängnis abtransportiert wird.

17

Wie aus Electro beim Rennen Magneto wird – Ampères Durchflutungsgesetz

Vermutlich sollten wir Lee und Ditko ihren im vorigen Kapitel geschilderten Patzer hinsichtlich der Verwendung von nichtgeerdetem Metall als Blitzableiter nicht länger zum Vorwurf machen. Der Druck, jeden Monat einen Comicband mit spannenden Geschichten produzieren zu müssen, hat im Laufe der Jahre zu mehr als nur einer Hand voll physikalischer Peinlichkeiten sowohl bei Marvel als auch bei DC geführt. Wie bereits mehrfach erwähnt, sollten diese Comics ja auch niemals als Physiklehrbücher herhalten. Umso beeindruckender ist es daher, dass in derselben Ausgabe von *Spider-Man*, in der Electro sein Debüt gibt, eine rätselhafte, aber fundamentale Eigenschaft der Elektrizität völlig richtig dargestellt wird – und zwar am Beispiel der Flucht Electros, nachdem er dreist am helllichten Tag eine Bank ausgeraubt hat. Wie Spider-Man klettert Electro mühelos die Mauer eines Gebäudes hoch, um sich vor seinen Verfolgern in Sicherheit zu bringen (siehe Abb. 22 auf S. 234). Ein Passant kommentiert die Szene so: »Schauen Sie doch nur. Dieser merkwürdig gekleidete Mann rennt an der Wand des Gebäudes hoch!« Und ein zweiter Beobachter ergänzt: »Er heftet sich mit Hilfe elektrischer Strahlen an die Eisenträger in dem Gebäude – er benutzt sie wie ein Magnet!! Unglaublich!«

Diese Szene weckt zweierlei Gefühle in mir: Nostalgie für eine längst vergangene Zeit, als Passanten noch die Muße hatten, Vorgänge um sich herum zu kommentieren, und Freude darüber, dass

Electros Flucht über die Hauswand eine physikalisch plausible Anwendung seiner Fähigkeiten ist. Der Stromexperte Max Dillon (Electro) weiß, ebenso wie der zweite Passant in der Abbildung, dass elektrische Ströme Magnetfelder erzeugen. Dieses Phänomen wurde erstmals von Hans Christian Ørsted beobachtet (nach dem eine Maßeinheit für die magnetische Feldstärke benannt ist) und von André Marie Ampère vollständig erklärt (nach dem die Einheit der elektrischen Stromstärke benannt ist). Doch wieso kann Electro, dessen Superfähigkeit die Beherrschung der Elektrizität ist, Magnetfelder erzeugen, und gebietet es dann nicht die Fairness, dass Magneto, der Meister des Magnetismus, seinerseits elektrische Ströme erzeugen kann? Die Antwort auf diese Fragen offenbart eine tiefe Symmetrie zwischen der Elektrizität und dem Magnetismus – und zwar sowohl im Comicuniversum als auch in der realen Welt.

Eine ruhende elektrische Ladung übt eine Kraft auf eine andere elektrische Ladung aus. Diese Kraft ist umso schwächer, je weiter die zweite Ladung entfernt ist. Abhängig von ihren Vorzeichen wird die zweite von der ersten Ladung entweder angezogen oder abgestoßen. Wir können daher sagen, dass es in der Umgebung der ersten Ladung ein »Kraftfeld« oder, anders ausgedrückt, ein »elektrisches Feld« gibt. Eine zweite Ladung, die in die Nähe der ersten gebracht wird, spürt eine Kraft, weil sie von dem elektrischen Feld der ersten Ladung gezogen oder weggestoßen wird. Die Stärke des elektrischen Feldes hängt von der Ladungsmenge am Ort der ersten Ladung ab und variiert mit der Entfernung von der Ladung. Je größer der Abstand, desto schwächer die Kraft auf die zweite Ladung. Wie sich aus dem coulombschen Gesetz ergibt, nimmt sie mit dem Kehrwert des Abstandsquadrates ab. Verdoppelt sich also der Abstand zwischen den beiden Ladungen, ist die Kraft nur noch ein Viertel so groß, verdreifacht sich der Abstand, beträgt sie nur noch ein Neuntel.

Daneben erzeugt eine elektrische Ladung noch ein anderes Feld, ein »Magnetfeld« – allerdings nur, wenn sie sich bewegt. Hält man einen Draht, durch den ein elektrischer Strom fließt, neben einen Kompass, wird die Kompassnadel genauso abgelenkt, als hielte man einen Magneten neben ihn (genau dies war Ørsteds Entdeckung). Tatsächlich verhalten sich zwei parallele Drähte, durch die Strom fließt, wie zwei Magnete. Je nach Richtung der Ströme ziehen sie sich an oder stoßen sich ab (wie zwei entgegengesetzt oder zwei gleich gerichtete Magnete). Das von Electros »elektrischen Strahlen« erzeugte Magnetfeld bewirkt also tatsächlich eine Anziehungkraft zwischen ihm und den im Gebäude befindlichen Stahlträgern, wodurch er in die Lage versetzt wird, Gebäude zu erklimmen oder sich (wie in *Daredevil* # 2) an vorbeifahrende Autos zu heften, um sich aus dem Staub zu machen.

Die Kraft, die zwischen stromdurchflossenen Drähten wirkt, ist nicht elektrostatischer Natur. Bevor der Strom fließt, ist der Draht elektrisch neutral. Die Anzahl der Elektronen in den Atomen des Drahtes wird durch die Anzahl der positiv geladenen Atomkerne genau ausgeglichen. Während ein Strom fließt, werden dem Draht an dem einen Ende ebenso viele Elektronen zugeführt wie am anderen Ende herauskommen. Die zwischen den Strom führenden Drähten wirkende zusätzliche Kraft ist auf das Magnetfeld zurückzuführen, das sie erzeugen.

Warum ist das so? Warum erzeugt ein elektrischer Strom ein Magnetfeld, das in jeder Hinsicht dem eines gewöhnlichen Magneten gleicht? Ein wichtiger Schlüssel zum Verständnis des Magnetismus ist die Erkenntnis, dass magnetische Erscheinungen auf elektrische Ladungen zurückzuführen sind, die sich relativ zueinander bewegen.

Wenn sich zwei elektrische Ladungen mit derselben Geschwindigkeit in dieselbe Richtung bewegen, dann befindet sich jede davon aus Sicht der jeweils anderen in Ruhe. In diesem Fall ist die einzige Kraft, die aus der Perspektive der beiden Ladungen zwischen ihnen wirkt, elektrostatischer Natur. Für einen ruhenden Beobachter, der die beiden Ladungen im Labor an sich vorbeifliegen sieht, ist da allerdings noch eine mit der Bewegung verknüpfte zusätzliche Kraft, die als Magnetismus bezeichnet wird. Dass die magnetische Kraft mit der Relativbewegung der elektrischen Ladungsträger verknüpft ist, lässt darauf schließen, dass es eine simple Erklärung für das Phänomen des Magnetismus gibt: die spezielle Relativitätstheorie, die von Einstein im Jahr 1905 entwickelt wurde. Obwohl es sicherlich nicht ganz einfach sein wird, diesen Zusammenhang in wenigen

Worten verständlich zu machen, werde ich versuchen, ohne Mathematik auszukommen.

Ich möchte zu diesem Zweck auf ein anschauliches Beispiel zurückgreifen, das Milton A. Rothman in seinem ausgezeichneten Buch *Discovering the Natural Laws* benutzt hat, um zu zeigen, wie auf relativ zueinander bewegte elektrische Ladungen eine Kraft wirkt, die nicht vorhanden ist, solange die Ladungen ruhen. Stellen wir uns zwei nebeneinander liegende Schienenstränge vor, von denen der eine im Abstand von jeweils einem Zentimeter negative Ladungen trägt, der andere positive Ladungen. Da dies alles nur in unserer Vorstellung existiert, können wir uns beide Ketten positiver und negativer Ladungen beliebig lang denken, so dass wir keine Angst haben müssen, dass uns die Ladungen ausgehen, wenn sie sich auf den Schienen bewegen. Eine positive Testladung, die in die Nähe der geladenen Schienen gebracht wird, verspürt effektiv keine Kraft, da sie von dem positiv geladenen Strang ebenso stark abgestoßen wie von dem negativ geladenen Strang angezogen wird. Nun versetzt man die Ladungen in Bewegung, so dass sie mit genau derselben Geschwindigkeit in entgegengesetzte Richtungen fließen, die negativen Ladungen nach links, die positiven nach rechts. Befindet sich die Testladung im Ruhezustand, zieht genau dieselbe Anzahl positiver wie negativer Ladungen pro Längeneinheit an ihr vorüber, und die effektiv auf sie einwirkende Kraft ist noch immer null. Doch wenn sich die positive Testladung mit derselben Geschwindigkeit wie die positiven Ladungen auf dem Schienenstrang nach rechts bewegt, macht sich tatsächlich eine Kraft bemerkbar.

Als wir in Kapitel 6 über Flash und die Auswirkungen seiner hohen Geschwindigkeiten diskutierten, kamen wir auf eine Besonderheit der speziellen Relativitätstheorie zu sprechen: die Eigenschaft, dass ein Beobachter für ein relativ zu ihm bewegtes Objekt eine kürzere Länge misst, als wenn sich dasselbe Objekt relativ zu ihm in Ruhe befände. Die Testladung, die sich mit derselben Geschwindigkeit und in dieselbe Richtung wie die positiven Ladungen bewegt, befindet sich relativ zu diesen Ladungen in Ruhe. Die positiven Ladungen haben also für sie immer noch einen Abstand von einem Zentimeter. Die Anordnung negativer Ladungen, die sich in die entgegengesetzte Richtung bewegt, ist dagegen aus der Perspektive der Testladung gestaucht, und die Abstände zwischen den einzelnen Ladungen sind kleiner als ein Zentimeter. Die auf die Testladung wirkende elektrostatische Anziehung und Abstoßung befindet sich nun nicht mehr im Gleichgewicht, so dass sie einer Anziehungskraft ausgesetzt ist. Für den mitbewegten Beobachter auf der Testladung ist diese Kraft elektrischer Natur. Wir außenstehende Beobachter dagegen müssen eine neue Art von Krafteinfluss einführen, um die Bewegung der Testladung zu erklären – den Magnetismus. Das Beispiel macht deutlich, dass ein bewegtes Objekt ohne effektive Ladung (das heißt ein elektrisch neutrales Objekt) keine zusätzliche Kraft erfährt, was mit dem experimentellen Befund übereinstimmt, dass magnetische Felder nur von (positiven oder negativen) elektrischen Strömen erzeugt werden.

Wir haben bereits darauf hingewiesen, dass die Reibung zwischen den Stiefeln von Flash und der Erde eigentlich eine elektrostatische Aufladung des Superhelden bewirken sollte. Da bewegte elektrische Ladungen magnetische Felder erzeugen, ist es rätselhaft, warum Flash, wann immer er mit Supergeschwindigkeit Schurken jagt, kein starkes Magnetfeld um sich aufbaut, das alle nicht niet- und nagelfesten metallischen Objekte (und durchaus auch manche von diesen) in einem Sog hinter sich herreißt. Wir können nur annehmen, dass beide Eigenschaften – die mangelnde elektrostatische Aufladung und das Fehlen magnetischer Felder – eine Wirkung seiner »Aura« sind, die es ihm außerdem erlaubt, die ungesunden Begleiterscheinungen des Luftwiderstands unbeschadet zu überstehen.*

Es ist schon merkwürdig, dass zur Erklärung des Magnetismus die spezielle Relativitätstheorie für bewegte elektrische Ladungen herangezogen wird. Schließlich ist es leicht, Relativitätseffekte zu ignorieren, wenn sich das betreffende Objekt viel langsamer als mit

* Als der extradimensionale Kobold Mopee in *Flash* # 167 Barry Allen Supergeschwindigkeit und eine schützende Aura verlieh, wusste er genau, was er tat! Am Ende der Geschichte verschwindet Mopee, bevor Barry Allen ihn fragen kann, wie Wally West (damals noch bekannt als Kid Flash) seine Aura erwarb. Heutzutage leitet sich die Aura des superschnellen Helden von der Geschwindigkeitskraft ab, was physikalisch ungefähr ebenso viel Sinn ergibt wie ein Kobold aus der zehnten Dimension.

Lichtgeschwindigkeit bewegt. Schon bei einem Zehntel der Lichtgeschwindigkeit ergibt sich nur ein sehr geringfügiger Fehler, lässt man die Relativität unberücksichtigt. Trotzdem gibt es auch für langsamere bewegte elektrische Ladungen einen durch die Entstehung des Magnetfeldes bedingten relativistischen Effekt. Der Effekt fällt kleiner aus, aber wie viel kleiner? Mathematisch lässt sich zeigen, dass die Stärke des von einer bewegten Ladung erzeugten Magnetfeldes allerhöchstens gleich der Stärke ihres elektrischen Feldes geteilt durch die Lichtgeschwindigkeit ist. Da die Lichtgeschwindigkeit eine sehr große Zahl ist, folgt daraus für ein gegebenes elektrisches Feld, dass das mit einer bewegten Ladung verknüpfte Magnetfeld sehr schwach ist. Gleichwohl ist es vorhanden. Erhöht man die Stärke des elektrischen Stroms, indem man entweder die Anzahl der elektrischen Ladungen oder ihre Geschwindigkeit steigert, wird ein größeres Magnetfeld erzeugt.

Die Anwendung von Ampères Durchflutungsgesetz, durch das elektrische Ströme und magnetische Felder miteinander verknüpft werden, ermöglicht die Herstellung so nützlicher Geräte wie Elektromagnete. Ein Elektromagnet ist eine Drahtspule mit einem Eisenkern. Der elektrische Strom, der durch die Drahtwindungen fließt, erzeugt ein Magnetfeld, das seinerseits ein starkes Magnetfeld in dem Eisenkern hervorruft. Genau eine solche Vorrichtung konstruiert der heranwachsende Superman in *Superboy* # 1, um einer Diebesbande das Handwerk zu legen, die unter dem Namen »Smash and Grab Gang« (so hieß sie wirklich) ihr Unwesen in der Stadt Coastville treibt. So stehlen die Schurken Panzer aus einem unzulänglich bewachten Armeedepot und terrorisieren damit die Bevölkerung. Obwohl Superboy ebenso gut herumfliegen und die Panzer einzeln einsammeln könnte, entscheidet er sich, wie in Abb. 24 dargestellt, für ein technisch anspruchsvolleres Vorgehen. »Ich brauche nur diese Lokomotive hier, einen Generator aus dem Elektrizitätswerk und einige Kilometer Draht«, so erklärt der jugendliche Superheld einem Opfer der Gangsterbande. Mit einem riesigen elektrischen Generator auf den Schultern fliegt Superboy zu dem leeren Tender einer Lokomotive und murmelt: »Wenn alles fertig ist, wird dieser Generator den Strom erzeugen, den ich brauche! Nun noch die Spule …«

© 1949 National Periodical Publications Inc. (DC)

***Abb.* 24** *Superboy demonstriert seine souveräne Kenntnis des Elektromagnetismus, indem er einen fahrbaren Elektromagneten konstruiert (aus* Superboy # 1*).*

© 1949 National Periodical Publications Inc. (DC)

***Abb.* 25** *Fortsetzung der Szene aus* Superboy # 1. *In dieser Episode besiegt der junge Superheld seine Gegner nicht durch bloße Muskelkraft, sondern durch Köpfchen.*

Im nächsten Bild wickelt er in Windeseile mehrere Kilometer Draht um die Lokomotive.

Auf der nächsten Seite sieht man Superboy, wie er die Maschine startet (anscheinend ist genügend Kohle vorhanden, um das schwere Gefährt in Gang zu setzen). Dabei verkündet er stolz: »Ich habe den größten Elektromagneten aller Zeiten gebaut, und einen, der sogar fahren kann!« Es trifft sich günstig für ihn, dass die Gleise nicht nur durch das Zentrum der Stadt, sondern genau an den Panzern der Schurken vorbei verlaufen. »Was ist passiert? Wir fliegen!«, ruft einer der Gangster, während sein Panzer von der magnetischen Lokomotive angezogen wird. »Das liegt an dieser Lokomotive dort!«, erklärt einer der schlaueren Schurken. »Sie ist ein Magnet, der unsere Stahlpanzer anzieht.«

So weit ist aus physikalischer Sicht alles richtig. Der Generator erzeugt einen elektrischen Strom, der durch den um die Lokomotive gewickelten kilometerlangen Draht fließt. Durch den Stromfluss wird ein Magnetfeld erzeugt, das sich von der Mittelachse der Spule nach außen erstreckt. Ein magnetisierbarer Körper wie die Lokomotive im Innern der Spule verstärkt das erzeugte Magnetfeld. Warum jedoch der von Superboy gebastelte Elektromagnet mit seinen starken magnetischen Feldern nicht bewirkt, dass die Räder der Lokomotive blockieren, bleibt ein Geheimnis.

18

WIE AUS MAGNETO BEIM RENNEN ELECTRO WIRD – MAGNETISMUS UND DAS FARADAYSCHE INDUKTIONSGESETZ

Der allererste Schurke, mit dem es die X-Men in der ersten Ausgabe des gleichnamigen Comics aufnehmen müssen, ist der Mutant Magneto, der Meister des Magnetismus, dessen Superfähigkeit darin besteht, magnetische Felder erzeugen und beherrschen zu können. Obwohl es ihm ein Leichtes ist, unseren Superhelden Raketen entgegenzuschleudern oder magnetische Gegenstände abzulenken, ist er gegen einen hölzernen Baseballschläger machtlos. Sogar manche metallischen Gegenstände sind gegen Magnetos übernatürliche Fähigkeit immun. Magneto kann zwar mühelos ein Auto schweben lassen, bei einem Silberlöffel oder einem Goldkettchen versagt seine Kraft jedoch. Woran liegt es, dass manche Materialien magnetisch sind, auch ohne dass ein elektrischer Strom durch sie hindurchfließt, und andere nicht? Was ist die Ursache des Magnetismus?

Die spezielle Relativitätstheorie mag letztlich für das von einem elektrischen Strom und seinen bewegten elektrischen Ladungen erzeugte Magnetfeld verantwortlich sein, aber hat sie auch etwas mit Magneten aus Eisen zu tun? Die Magnete, mit denen wir unsere Einkaufsliste an der Kühlschranktür befestigen, scheinen ganz ohne bewegte Teilchen auszukommen. Trotzdem erzeugen sie magnetische Felder. Wie sich herausstellt, erklärt die Relativitätstheorie auch den Magnetismus eines ruhenden Stücks Eisen.

Zu jedem einzelnen Proton, Elektron und Neutron im Universum gehört ein winziges Magnetfeld. Diese Felder sind im Gegensatz zu dem Magnetfeld der Erde oder dem von einem elektrischen Strom erzeugten Magnetfeld kaum messbar. Obwohl die um einen Atomkern kreisenden Elektronen grob mit winzigen, aus einer einzigen Schleife bestehenden Stromspulen verglichen werden können, die magnetische Felder erzeugen, haben Atome auch ohne diesen Effekt ein eigenes Magnetfeld. Woher stammt dieses winzige Magnetfeld subatomarer Teilchen? Um diese Frage beantworten zu können, benötigen wir die Quantenmechanik, auf die wir in Teil 3 näher eingehen werden. Ein fundamentales Prinzip der speziellen Relativitätstheorie besagt, dass Raum und Zeit als ein zusammenhängendes Gefüge namens »Raumzeit« zu betrachten sind. Passt man die grundlegenden Gleichungen der Quantenphysik an diese relativistische Forderung an, sagt die Theorie voraus, dass Elektronen, Protonen und Neutronen ein sehr schwaches eigenes Magnetfeld besitzen. Dieses so genannte »magnetische Moment« kann mathematisch nur mit Hilfe der relativistischen Form der Quantenmechanik erfasst werden, in der Raum und Zeit zu einer vierdimensionalen »Raumzeit« zusammengefasst sind. Letztlich ist die Relativitätstheorie also auch erforderlich, um das Phänomen des Magnetismus bei ruhender Materie zu verstehen. Salopp gesprochen könnte man es auf den folgenden kurzen Nenner bringen: Ohne Einstein keine Relativität und kein Magnetismus. Und ohne Magnetismus kein magnetisches Eisen und, wichtiger noch, keine Kühlschrankmagnete! Unsere Einkaufslisten würden unbeachtet und ungelesen zu Boden flattern. Und so ist es nur Einsteins überragenden Verdiensten um die theoretische Physik zu verdanken, dass uns ein schleichender Hungertod erspart bleibt.

Für gewöhnlich neigen die kleinen Magnetfelder von Elektronen dazu, sich paarweise zu verbinden, genau wie zwei Magnete, die sich so anordnen, dass ungleichnamige Pole nebeneinander liegen. Wenn sich die magnetischen Felder im Innern eines Atoms paarweise verbinden, verfügt das Atom über kein äußeres Magnetfeld mehr, ebenso wie es auch im Normalfall kein elektrisches Feld besitzt, da die positiven Protonen im Atomkern den negativ geladenen

Elektronen genau die Waage halten. Die meisten Stoffe wie Papier oder Plastik sind nicht magnetisch, und selbst bei den meisten Metallen wie Silber und Gold haben sich die magnetischen Momente paarweise verbunden.*

Wenn die meisten Stoffe keine äußeren Magnetfelder haben, weil die magnetischen Momente ihrer Atome paarweise verbunden sind, wie ist Magneto dann in der Lage, sich selbst oder andere Menschen wie in Abb. 26 frei schweben zu lassen? Die physikalische Grundlage dieses Kunststücks besteht darin, dass Magneto fähig ist, so große Magnetfelder zu erzeugen, dass er die magnetischen Felder unserer Atome und damit auch uns magnetisieren kann. So kann er jeden von uns (und auch jedes beliebige andere Objekt) in einen Magneten verwandeln.

Bevor wir uns in die Diskussion der elektromagnetischen Levitation stürzen, muss ich vorausschicken, dass Magneto Menschen nicht durch seinen Einfluss auf das Eisen in ihrem Blut schweben lässt. Die Frage, wie sich ein nichthomogener Druck auf die Venen und Arterien im menschlichen Körper auswirkt, wollen wir dabei ganz beiseite lassen und uns nur auf den Magnetismus des Blutes konzentrieren. Einige Metalle wie Eisen und Kobalt haben genau die richtige Anordnung nicht paarweise verbundener Elektronen-

* Dieser Aspekt wurde in *Atom* # 3 veranschaulicht. In dieser Folge reist der winzige Superheld Atom mit Hilfe des von Physikprofessor Alpheus V. Hyatt entdeckten »Zeitpools« in die Vergangenheit. Dabei projiziert der Professor Licht »aller Farben – selbst der feinsten Schattierungen« auf eine kleine Region im Raum und erzeugt so ein kleines Portal in andere Zeitalter. Da die Öffnung dieses Zeitpools nur einen Durchmesser von rund zehn Zentimetern hat, angelt der Professor mit einem Magneten an einer langen Schnur nach magnetischen Gegenständen aus der Vergangenheit. (Welchen »Schmetterlingseffekt« ein solches Stochern in der Vergangenheit auf die Gegenwart haben könnte, bereitet ihm offenbar kein großes Kopfzerbrechen.) Atom, der in der Lage ist, sich so stark zu verkleinern, dass er durch das Portal hindurchpasst, lässt sich gelegentlich mit dem Magneten in die Vergangenheit hinabgleiten, wo er aufregende Abenteuer erlebt, etwa die in der Einleitung erwähnte Episode, bei der es um die Umstellung vom julianischen auf den gregorianischen Kalender geht. Am Ende der Folge bringt Atom eine arabische Goldmünze aus dem fünften Jahrhundert v. Chr. mit zurück, auf der eine merkwürdige Mischung römischer Ziffern und arabischer Schriftzeichen zu sehen ist. Atom hält sich an der Münze fest und wird auf diese Weise von dem Magneten wieder in die Gegenwart befördert, wobei er feststellt: »Der Professor wird sich wundern, wie dieser Magnet eine Goldmünze festhalten konnte!« Und das tat der Professor wirklich – und völlig zu Recht.

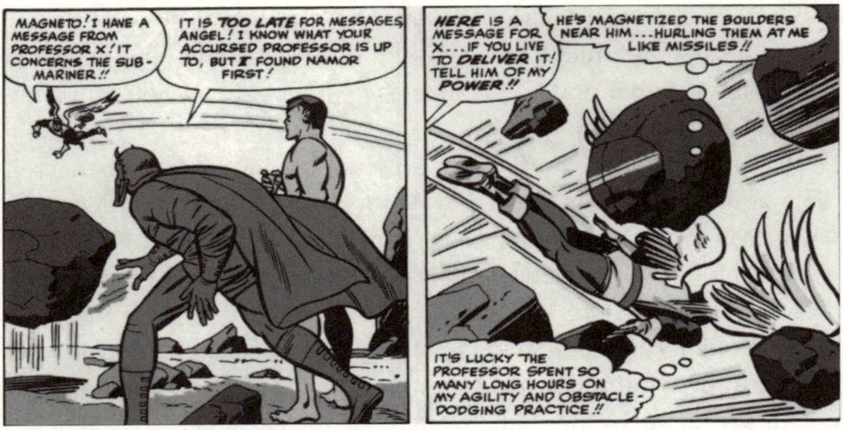

Abb. 26
Szenen aus X-Men # 6 *(oben) und* X-Men # 1 *(links), in denen sich Magneto seiner Fähigkeit bedient, nichtmagnetische Objekte wie Felsbrocken oder sich selbst durch das Prinzip der diamagnetischen Levitation schweben zu lassen. In der Szene oben bedroht er den geflügelten Mutanten Angel, und im Bild unten entkommt er ihm gerade.*

magnete, so dass ihre Atome ein äußeres Magnetfeld besitzen. Allerdings kommt das Eisen in unserem Blut hauptsächlich in der Form von Hämoglobin vor, einem Protein, dessen Aufgabe darin besteht, wechselweise Sauerstoff oder Kohlendioxyd aufzunehmen und durch den Körper zu transportieren. Das Hämoglobin ist ein sehr großes Molekül, das aus vier großen, miteinander verbundenen Proteinen, den Globinen, zusammengesetzt ist, die wie zusammengerollte Würmer aussehen. Jedes dieser Proteine enthält ein großes Molekül, die Hämgruppe, die aus Kohlenstoff, Stickstoff, Sauerstoff, Wasserstoff und Eisen besteht. Die Eisenatome in der Mitte jedes Hämmoleküls sind chemisch mit ihren Nachbaratomen verbunden. Für Eisen, das eine chemische Bindung mit Sauerstoffatomen eingegangen ist, gibt es einen Fachausdruck: Rost. Wie jeder weiß, der schon einmal mit Schrott zu tun hatte, ist Rost kaum magnetisch. Bei der gewöhnlichen Form des Rosts sind drei Sauerstoffatome mit zwei Eisenatomen verbunden. Diese als »Hämatit« bezeichnete Eisenverbindung ist nicht magnetisch, während der »Magnetit«, bei dem vier Sauerstoffatome mit drei Eisenatomen verbunden sind, magnetisch ist. Im Hämatit verschwindet das Magnetfeld des Eisens, weil sich die überschüssigen (nicht paarweise angeordneten) Elektronenmagnete des Eisens mit denen des Sauerstoffs verbinden. Je nachdem, ob das Hämoglobin ein Sauerstoffmolekül aufgenommen hat, um es zu einer Körperzelle zu transportieren, oder ob es ein Kohlendioxydmolekül befördert, das ausgeatmet werden soll, besitzt das Eisen entweder ein von außen nachweisbares Magnetfeld oder nicht. Aber zu jedem gegebenen Zeitpunkt kann immer nur ein Bruchteil unseres Blutes überhaupt von einem äußeren magnetischen Feld beeinflusst werden.*

Selbst wenn Eisen nicht durch Sauerstoffatome chemisch gebunden ist, ist es nicht notwendigerweise magnetisch – alles hängt von der Ausrichtung seiner Atome ab. Für gewöhnlich sind die Atome in einem Stück Eisen oder Kobalt so ausgerichtet, dass innerhalb winziger Regionen, so genannter weißscher Bezirke, die Magnetfelder der Atome jeweils in die gleiche Richtung zeigen. Wenn man allerdings die Entropie in die Überlegungen einbezieht, dann ergibt sich, dass die Magnetfelder dieser einzelnen Bezirke im Allgemeinen in ganz unterschiedliche Richtungen zeigen und sich so gegenseitig aufheben. Erhitzt man jedoch einen Eisenstab so lange, bis die Atome ganz viel Wärmeenergie haben und sich frei drehen können, und setzt ihn dann einem starken äußeren Magnetfeld aus, richten sich die weißschen Bezirke überwiegend in der Richtung des äußeren Feldes aus, und das Eisenstück besitzt, wenn es auf Zimmertemperatur abkühlt, ein starkes Magnetfeld. Bearbeitet man nun das magneti-

* In dem Film *X-Men 2: X-Men United* muss Magnetos Komplizin Mystique erst eine kleine Menge eines magnetischen Metalls in die Blutbahn des Wachtpostens injizieren, damit Magneto ihn überwältigen und aus seiner Plastikzelle fliehen kann.

sierte Stück Eisen mit einem Hammer oder erwärmt es in einem Ofen, veranlasst man die magnetischen Elementarbereiche dazu, sich willkürlich neu auszurichten, mit dem Effekt, dass der Magnet fast seine ganze Magnetisierung einbüßt. Bei manchen kreditkartengroßen biegsamen Kühlschrankmagneten sind die weißschen Bezirke in kleinen Längsstreifen angeordnet. Anstatt alle Bereiche völlig gleich auszurichten, ist es leichter, sie so anzuordnen, dass bei einer Reihe der Nordpol zum Kühlschrank weist, während er beim nächsten Streifen vom Kühlschrank weg zeigt, und so weiter.*

Materialien, in denen sich Bezirke mit jeweils gleich ausgerichteten Magnetfeldern aller beteiligten Atome bilden, werden als »ferromagnetisch« bezeichnet (in Anlehnung an das lateinische Wort für Eisen, das das bekannteste Beispiel für dieses Phänomen ist). Oftmals haben Atome in Festkörpern jedoch nur eine sehr schwache magnetische Wechselwirkung mit ihren Nachbarn. In einem starken äußeren Magnetfeld richten sie sich zwar parallel zu diesem aus. Wird das Feld jedoch wieder aufgehoben, geht die parallele Ausrichtung bei Zimmertemperatur rasch verloren. Solche Stoffe (wie zum Beispiel molekularer Sauerstoff, gasförmiges Stickstoffoxyd oder Aluminium) werden als »paramagnetisch« bezeichnet. Daneben gibt es noch eine dritte Klasse von Stoffen, bei denen sich die von den Elektronen auf ihren Umlaufbahnen um die Atome erzeugten Magnetfelder entgegengesetzt zu der Richtung eines externen Magnetfeldes ausrichten. Bedingt durch die Art der Wechselwirkung zwischen benachbarten Atomen und die chemische Anordnung der Atome dreht sich also der Nordpol des atomaren Magneten nach unten, wenn der Nordpol des externen Magnetfelds nach oben zeigt. Solche Stoffe, die versuchen, jedes äußere Magnetfeld durch entgegenge-

* Machen Sie einmal das folgende kleine Experiment: Nehmen Sie zwei kreditkartengroße Magnete und halten Sie sie so, dass ihre magnetischen Seiten einander zugewandt sind. Wenn sie so ausgerichtet sind, dass beide langen Seiten dieselbe Orientierung besitzen, dann können Sie sie mühelos aneinander vorbeigleiten lassen. Drehen Sie jetzt einen Magneten so, dass seine lange Seite im rechten Winkel zu der des anderen Magneten steht. Bei dem Versuch, die beiden Magnete aneinander vorbeigleiten zu lassen, werden Sie nun eine ruckartige Bewegung spüren, die daher rührt, dass das Magnetfeld des einen Magneten an die Wände der streifenförmig angeordneten magnetischen Elementarbereiche des anderen Magneten stößt.

setzte Ausrichtung des eigenen Magnetfeldes aufzuheben, nennt man »diamagnetisch«. Wassermoleküle sind diamagnetisch, und da wir hauptsächlich aus Wasser bestehen, gilt das Gleiche auch für uns.

Genau diese diamagnetische Eigenschaft unseres Körpers erklärt, warum Magneto in der Lage ist, sich selbst und andere, wie in Abb. 26 dargestellt, schweben zu lassen. In einem mäßig starken Magnetfeld kann unser Körper nicht magnetisiert werden. Die diamagnetische Wechselwirkung ist so schwach, dass die normalen Schwingungen, die Atome bei Zimmertemperatur vollführen, jeden Versuch zunichte machen, sie magnetisch auszurichten. In einem sehr starken Feld dagegen (ungefähr 200 000-mal stärker als das Magnetfeld der Erde oder 100-mal stärker als das Feld eines Kühlschrankmagneten) können die diamagnetischen Atome in unserem Körper veranlasst werden, sich parallel auszurichten – und zwar entgegengesetzt zur Richtung des äußeren Magnetfeldes. So wie zwei Magnete sich abstoßen, wenn man versucht, ihre beiden Nordpole zusammenzubringen, wird auch die magnetisierte Person von dem äußeren Magnetfeld, das die magnetische Ausrichtung der Atome überhaupt erst bewirkte, abgestoßen. Je stärker das von Magneto erzeugte Magnetfeld ist, desto größer ist die magnetische Abstoßung. Sie kann schließlich so groß werden, dass sie die Anziehungskraft der Erde übertrifft. (Das heißt, die nach oben gerichtete Kraft der magnetischen Abstoßung ist größer als die nach unten gerichtete Gewichtskraft, so dass sich insgesamt eine Kraft ergibt, die die Person vom Boden abheben lässt.) Um das zu erreichen, benötigt man schon ein sehr starkes Magnetfeld, und je schwerer die Person ist, desto mehr Kraft muss aufgewendet werden. Aber es ist möglich, und auf der Internetseite des Hochfeldmagnetlabors der Universität Nijmegen in den Niederlanden sind einige interessante Bilder und Filme von schwebenden Fröschen, Grashüpfern, Tomaten und Erdbeeren zu sehen, die die Realität der diamagnetischen Levitation demonstrieren.

* * *

Wenn ein elektrischer Strom ein Magnetfeld erzeugt, kann dann umgekehrt ein bewegtes Magnetfeld einen elektrischen Strom in einem Draht induzieren? Die Antwortet lautet »ja«, wie jeder Leser von *X-Men*-Comics weiß. Bislang benutzte Magneto seine übernatürlichen Fähigkeiten als Mutant in ungezählten Kämpfen mit den X-Men und gelegentlich auch mit schwächlichen Menschen vorwiegend dazu, beliebige metallische Objekte in Angriffswaffen oder Verteidigungsschilde zu verwandeln. Dabei zeigte es sich, dass seine Kraft am wirkungsvollsten bei solchen Metallen ist, die bereits magnetisch sind. Es gibt nur drei Elemente, die bei Zimmertemperatur magnetisch sind: Eisen, Kobalt und Nickel. So ist Magneto zwar ohne weiteres in der Lage, einen Stahlträger durch das in ihm enthaltene Eisen in jede gewünschte Form zu bringen. Um das diamagnetische Material eines goldenen Eherings zu magnetisieren, müsste er sich jedoch schon extrem anstrengen. Aber Magnetos wahre Macht liegt nicht darin, Kräfte auf magnetische Stoffe ausüben zu können, sondern in seiner Beherrschung elektrischer Ströme.

So konstruierte der Meister des Magnetismus einmal eine vollautomatische Anlage zur Regelung jener kraftmindernden Felder, mit denen er die X-Men daran hindern will, seine Pläne zur Eroberung der Welt zu durchkreuzen. Damit seine Vorrichtung nicht von den X-Men deaktiviert werden kann, gestaltete Magneto sie so, dass sie weder Knöpfe noch sonstige Regler zur Neuprogrammierung besitzt. Vielmehr steuert er sie durch Beeinflussung der von den elektrischen Strömen in den Schaltkreisen erzeugten Magnetfelder. Indem Magneto das Magnetfeld in der Umgebung der Anlage verändert, ist er ferner in der Lage, diese Ströme fließen zu lassen.

Wie kann ein sich veränderndes Magnetfeld einen elektrischen Strom erzeugen? Die Antwort führt uns zurück zum Ausgangspunkt unserer Diskussion über elektrische Ströme und magnetische Felder: zur Relativität von Bewegung.

Ebenso wie ein Magnet angezogen oder abgestoßen werden kann, wenn ein zweiter Magnet in seine Nähe gebracht wird, kann ein äußeres Magnetfeld eine Kraft auf einen elektrischen Strom ausüben. Wie im vorigen Kapitel beschrieben, erzeugen bewegte elektrische Ladungen ein Magnetfeld, das mit anderen Magneten wechselwirken kann – gleichgültig ob diese anderen Magnete wie ein Kühlschrankmagnet permanent magnetisch sind oder nur dann, wenn jemand einen elektrischen Strom einschaltet. Bewegen sich die Ladungen nicht, sondern verharren stationär in einem Draht, der sich in einem äußeren magnetischen Feld befindet, dann wirkt auf sie keine Kraft.* Was passiert jedoch, wenn der äußere Stabmagnet bewegt wird, während die Ladungen weiterhin bewegungslos in dem Draht verharren? Angenommen, der Magnet wird in Richtung des Drahtes bewegt. Aus der Perspektive des Magneten steht er selbst still, während sich der Draht auf ihn zu bewegt.

Beim Magnetismus dreht sich im Grunde alles um die Relativität von Bewegung. Wenn Sie mit verbundenen Augen in einem Auto sitzen, das mit konstanter Geschwindigkeit geradeaus fährt, woher wissen Sie am Ende der Fahrt, dass sich wirklich der Wagen und nicht die Landschaft bewegt hat? Wenn Sie das Tempo oder die Fahrtrichtung ändern, spüren Sie eine mit der Beschleunigung verbundene Kraft und wissen sofort, dass Sie selbst sich bewegen. Bei einer gleichförmigen, geradlinigen Bewegung können Sie jedoch nicht unterscheiden, ob Sie oder die Dinge Ihrer Umgebung sich bewegen. Alles, was Sie mit Sicherheit sagen können, ist, dass sich die Umgebung relativ zu Ihnen bewegt.

Ähnlich verhält es sich, wenn man einen Magnet auf einen Draht zu bewegt. Aus der Perspektive des Magneten verharrt er selbst in Ruhe, während sich die Ladungen in dem Draht (die beweglichen Elektronen ebenso wie die ruhenden positiv geladenen Ionen) auf ihn zu bewegen. Aufgrund seiner Bewegung in der Nähe eines Drahtes nimmt also der Magnet zwei elektrische Ströme aus positiven Ionen und negativ geladenen Elektronen wahr. Dabei wirkt auf die Ladungen in dem Draht eine Kraft, die dazu führt, dass sich die Elektronen bewegen. Genau auf diese Weise ist Magneto in der Lage, die Richtung elektrischer Ströme in beliebigen Geräten zu beeinflus-

* Um Genauigkeit bemühte Leser werden Wert auf die Feststellung legen, dass die Elektronen, auch wenn sich der Draht (relativ zu manchen Beobachtern) in Ruhe befindet, ständig hierhin und dorthin flitzen, weil sie eine ihrer Temperatur entsprechende kinetische Energie besitzen. Wichtig für unsere Diskussion ist jedoch die Tatsache, dass dabei ohne eine äußere Spannung oder ein veränderliches Magnetfeld kein systematischer Ladungstransport durch den Draht stattfindet – im Mittel bleibt die Ladungsmenge in jedem Drahtabschnitt dieselbe, so dass wir die Elektronen ebenso gut von vornherein als ruhend ansehen können.

sen. Allerdings hängt die Präzision, mit der ihm dies gelingt, davon ab, wie fein er die magnetischen Felder zu steuern vermag.

Wenn es bei der Frage, ob ein Magnetfeld elektrische Ladungen beeinflusst, nur auf die Relativbewegung ankommt, wie verhält es sich dann, wenn der Magnet ruht, während der Draht an dem Magneten vorbeigeführt wird? Wird dadurch eine Kraft erzeugt, die auf die Ladungen wirkt?

Darauf antwortet die Physik: »Ja, warum denn nicht?« In einem Draht, der durch den Raum bewegt wird, bewegen sich die Elektronen durch den Raum. Ob sich die Elektronen samt Draht bewegen oder ob sie sich durch einen ruhenden Draht bewegen, an den eine Spannung angelegt wird, das Ergebnis ist grundsätzlich dasselbe: In beiden Fällen passieren die Elektronen einen gegebenen Punkt im Raum mit einer bestimmten Geschwindigkeit. Relativ zum Magneten fließt damit ein elektrischer Strom, und wir wissen ja bereits, wie elektrische Ströme und Magnete miteinander wechselwirken. Auf die Ladungen in dem bewegten Draht wird dabei eine Kraft ausgeübt, die sie dazu anregt, sich zu bewegen. Indem wir den Draht durch das äußere Magnetfeld bewegen, wandeln wir die für die Bewegung des Drahtes aufgewandte Energie in eine Form der elektrischen Energie um, deren sichtbares Zeichen der durch den Draht laufende elektrische Strom ist. Für eine Leiterschleife (eine aus einer Windung bestehende Drahtspule) spielt es keine Rolle, ob der Magnet durch die Schleife gezogen oder die Schleife am Magnet entlanggeführt wird. Solange sich die Ladungen im Draht und das durch die Schleife tretende Magnetfeld relativ zueinander bewegen, wird ein Strom induziert, selbst wenn keine äußere Spannung angelegt wird. Dieser Mechanismus mag Ihnen weit hergeholt erscheinen, aber genau auf diese Weise wird der Strom erzeugt, der bei Ihnen aus der Steckdose kommt.

Ein Elektrizitätswerk, wie es auch Electro benutzt, um sich für eine lange Nacht des Verbrechens aufzuladen, funktioniert nach dem folgenden Prinzip: Ändert sich derjenige Anteil des Magnetfelds, der genau senkrecht zu der durch eine Leiterschleife (oder, allgemeiner, eine Drahtspule) definierten Ebene verläuft, so wird in dem Leiter ein Strom induziert. Dies ist die Aussage des nach seinem Entdecker

Michael Faraday benannten faradayschen Induktionsgesetzes. Die Richtung des induzierten Stroms ist dabei so, dass das von ihm erzeugte Magnetfeld dem veränderlichen äußeren Magnetfeld gerade entgegenwirkt. Das folgt, wie wir in Kürze sehen werden, aus dem Energieerhaltungssatz. Unter bestimmten Umständen wird dieser Strom als »Wirbelstrom« bezeichnet, aber er tritt stets auf, wenn die Stärke des durch eine Spule verlaufenden Magnetfeldes verringert oder vergrößert wird.

Stellen wir uns einen großen Magnet vor, der zu einem offenen Ring gebogen wurde. Nord- und Südpol liegen sich an der offenen Stelle gegenüber. Zwischen den beiden Polen, genau in der Lücke, befindet sich eine Leiterschleife. Anfangs ist die Ebene dieser aus einer Windung bestehenden Spule senkrecht zu den Feldlinien zwischen den Magnetpolen ausgerichtet, so dass das Magnetfeld senkrecht durch die Schleifenebene tritt. Wenn die Spule nun um 90 Grad gedreht wird, verlaufen die Feldlinien parallel zur Schleifenebene, und nur sehr wenige davon durchqueren die Schleife. Nach einer weiteren Drehung um 90 Grad ist die Schleifenebene wieder senkrecht zu den Feldlinien zwischen den Magnetpolen ausgerichtet, und das Magnetfeld verläuft wieder mitten durch die Schleife hindurch. Noch eine Vierteldrehung und die Feldlinien verlaufen wieder zum größten Teil außerhalb der Spule – und immer so weiter. Bei jeder Änderung des durch die Spule verlaufenden Magnetfeldanteils, sei es eine Vergrößerung oder eine Verkleinerung, wird ein Strom induziert. Die Richtung des induzierten Stromes wechselt mit der Drehung der Spule hin und her. Um einen solchen Wechselstrom in einen Gleichstrom zu verwandeln, gibt es verschiedene technische Tricks. Dass wir unseren Strombedarf durch Wechselstrom decken, hat mehrere praktische Gründe, auf die wir jedoch jetzt nicht näher eingehen wollen. In den USA lässt man die Spulen 60-mal pro Sekunde rotieren, weshalb der Wechselstrom dort eine Frequenz von 60 Hertz hat (mit der Einheit Hertz, abgekürzt Hz, für die Frequenz wird die Anzahl der Schwingungen pro Sekunde angegeben). In Europa hat der Wechselstrom eine Frequenz von 50 Hz.

Ein Strom fließt, wenn sich das durch die rotierende Spule verlaufende Magnetfeld ändert. Unter dem Aspekt der Energieerhaltung ist klar, dass zunächst Energie aufgewendet werden muss, um die Spule rotieren zu lassen. In dem Comicepos *The Dark Knight Strikes Again* #1, in dem Frank Miller eine düstere Zukunftsvision für das DC-Universum entwirft – Lex Luthor regiert das Land, und Superman und andere Superhelden müssen ihm dienen –, wird Flash gezwungen, ununterbrochen in einem Tretrad zu rennen, um einen Teil des Stroms für eine große Stadt zu erzeugen. Wie in Kapitel 11 beschrieben, hatte Flash durch seine Fähigkeit, eine geheimnisvolle »Geschwindigkeitskraft« anzuzapfen, ein Schlupfloch zur Umgehung des Energieerhaltungssatzes gefunden. Was lag also aus Luthors Sicht näher, als aus dieser Aufhebung physikalischer Prinzipien wirtschaftlichen Nutzen zu ziehen? In unserer Welt dagegen, in der bislang nicht die kleinste Ausnahme vom Prinzip der Energieerhaltung gefunden wurde, stammt die Energie, die zum Antrieb von Turbinen und zur Stromerzeugung benutzt wird, aus demselben Prozess, den wir zum Teekochen benutzen.

Alle kommerziellen Kraftwerke produzieren Strom durch das Kochen von Wasser. Mit dem entstehenden Dampf wird eine Turbine angetrieben, an die Drahtspulen angeschlossen sind, die sich in starken Magneten befinden. Durch die Drehung der Turbinen rotieren die Spulen, und elektrischer Strom wird erzeugt. Um das Wasser zum Kochen zu bringen, verbrennt man entweder Kohle, Öl, Erdgas oder Müll (wobei letzterer gern als Biomasse bezeichnet wird, weil es besser klingt). Alternativ kann man die bei Kernreaktionen frei werdende Wärme zum Kochen des Wassers und zum Antreiben der Turbine benutzen. Stets geht es jedoch darum, Dampf zu erzeugen, um eine Turbine anzutreiben, die mit einer zwischen den Polen eines Magneten befindlichen Spule verbunden ist. Die Energie, die in Kohle, Öl oder Müll gespeichert ist, hat denselben Ursprung wie die Energie in unserer Nahrung – sie geht auf die Photosynthese zurück, die in Pflanzen unter der Mitwirkung von Sonnenlicht stattfindet. Das Sonnenlicht wiederum ist ein Nebenprodukt der im Innern der Sonne ablaufenden Kernfusion. (Je nach politischer Neigung könnte man also alle Elektrizitätswerke entweder als Kernkraftwerke oder als Solarkraftwerke betrachten.)

Windräder drehen sich aufgrund von Temperaturunterschieden in der Atmosphäre, die wiederum auf eine unterschiedliche Absorption des Sonnenlichts in der Atmosphäre oder die Reflexion des Sonnenlichts an Wolken zurückgehen. Solarzellen (die in Teil 3 diskutiert werden) sind, wie der Name schon sagt, ebenfalls auf Sonnenlicht angewiesen, um zu funktionieren. Sogar Wasserkraft, bei der die potenzielle Energie von Wasser in einem Staudamm oder einem Wasserfall in kinetische Energie zum Betreiben einer Turbine verwandelt wird, ist darauf angewiesen, dass die Sonnenwärme Wasser verdampft, so dass es in höher gelegenen Regionen als Niederschlag fällt und Bäche und Flüsse mit stetigem Nachschub versorgt. Abgesehen von Versuchen, die Gezeiten zur Energiegewinnung zu nutzen, und von der Erdwärme, bei der die innere Wärme der Erde zum Kochen von Wasser benutzt wird, beruhen also alle Mechanismen zur Stromerzeugung in der einen oder anderen Weise auf der Umwandlung von Sonnenenergie. Ohne Sonnenlicht würde es uns nicht geben. Vielleicht hatten die Autoren von Superman ja etwas Tieferes im Sinn, als sie Kal-Els Superfähigkeiten nicht mehr mit Kryptons übermäßiger Gravitation, sondern mit dem Licht unserer Sonne in Verbindung brachten.

19

Electro und Magneto schlagen Wellen – Elektromagnetismus und Licht

Zwar mag es um die Mitte des neunzehnten Jahrhunderts nicht viele kostümierte Verbrechensbekämpfer an der immer weiter nach Westen vorrückenden Grenze der amerikanischen Zivilisation gegeben haben, dennoch bestand kein Mangel an Helden, die bereit waren, Kopf und Kragen für Wahrheit, Gerechtigkeit und den Lebensstil des Wilden Westens zu riskieren. Und welch ein Glück, dass es sie gab, denn so konnten die Comicverlage in den fünfziger Jahren von der wachsenden Beliebtheit der Cowboys profitieren und sich mit Western-Comics über den Niedergang der Superhelden und sinkende Verkaufszahlen, bedingt durch Dr. Werthams Kampagne gegen die »Verführung Unschuldiger«, hinwegretten. Aus dem Magazin *All-American Comics,* in dem die Abenteuer von Green Lantern und der Justice Society of America erschienen waren, wurde *All-American Western* mit Johnny Thunder als Aushängeschild (bei Tag war er Lehrer, bei Nacht Revolverheld), und aus *All-Star Comics* wurde *All-Star Western* mit den Trigger Twins. Im DC-Universum ritt der (physisch wie psychisch) von Narben gezeichnete einsame Rebell Jonah Hex als Rächer der Unschuldigen und Retter der Witwen und Waisen durch den Wilden Westen. Und auch Bat Lash und Vigilante sorgten – auf ihre Art – für Recht und Ordnung. Im Marvel-Universum waren die Western-Comics mit solchen Helden wie Two-Gun Kid, Kid Colt, Ringo Kid und Rawhide Kid eher Kindersache, obwohl sich ihr Betätigungsfeld von dem der DC-Helden kaum unterschied. In jeder Ausgabe ritten sie von Stadt zu Stadt (ohne sich je über den Weg zu laufen), legten Viehdieben das Handwerk und jagten Postkutschenräuber. Kaum vorstellbar, dass etwa um dieselbe Zeit, da selbst ernannte Gesetzeshüter im Wilden Westen für Recht und Ordnung sorgten (in der realen Welt ebenso wie in Wildwest-Comics), Physiker die Eigenschaften der Elektrizität und des Magnetismus aufklärten und so die Grundlagen für unseren modernen drahtlosen Lebensstil schufen.

Es war der schottische Physiker James Clerk Maxwell, der 1862, als in den USA noch der Sezessionskrieg tobte, ein neues Zeitalter wissenschaftlicher Erkenntnis einleitete, indem er Elektrizität und Magnetismus direkt miteinander verknüpfte – für die theoretische Physik ein gewaltiger Sprung nach vorn. Die von Coulomb, Gauss, Ampère und Faraday aufgestellten Formeln sind heutzutage unter dem Begriff »maxwellsche Gleichungen« bekannt, weil er als Erster erkannte, wie sie zusammenhängen und dass sie in ihrer Gesamtheit eine faszinierende Vorhersage treffen: die Existenz elektromagnetischer Strahlung. Keiner dieser Wissenschaftler spielte je die Hauptrolle in einer eigenen Comicserie, doch würden wir ohne sie noch immer bei Kerzenlicht lesen.

Um zu verstehen, wie ein Toaster oder eine elektrische Glühbirne funktioniert, wollen wir uns noch einmal den Vergleich mit dem Wasserschlauch ins Gedächtnis rufen, mit dem wir in Kapitel 16 elektrische Ströme erklärt haben. Der Wasserdruck am Hahn entsprach dabei der elektrischen Spannung und die Wassermenge, die pro Zeiteinheit den Schlauch durchfloss, dem elektrischen Strom. Dass ein bestimmter kontinuierlicher Wasserdruck gegeben sein muss, um einen stetigen Wasserfluss durch den Schlauch zu gewährleisten, wurde mit der Unvollkommenheit des Schlauches (seinem Widerstand) erklärt: Der Schlauch sollte hie und da verengt oder teilweise verstopft sein und außerdem kleine Löcher aufweisen, durch die ein Teil des Wassers dem Hauptfluss verloren geht. Bei gleich bleibendem Widerstand des Schlauchs gilt, je höher der Wasserdruck, desto stärker der Wasserstrom. Ebenso gilt bei gleich bleibendem Wasserdruck, je größer der Widerstand, desto schwächer der Strom. Diese unmittelbar einleuchtenden Prinzipien können in einer einfachen

Gleichung ausgedrückt werden, die von Georg Ohm, einem weiteren bahnbrechenden Wissenschaftler in der Pionierzeit des Elektromagnetismus, entdeckt wurde und deshalb als das ohmsche Gesetz bekannt ist:

Spannung = (Strom) · (Widerstand)

(Nach Ohm ist übrigens die Maßeinheit für den elektrischen Widerstand benannt.) Je länger und dünner ein Wasserschlauch ist und je mehr Verstopfungen und Löcher er aufweist, desto größer ist sein Widerstand gegenüber dem Durchfluss des Wassers. Ein hoher Wasserdruck am Anfang eines mehrere Kilometer langen, dünnen Schlauches lässt am anderen Ende dennoch nur ein dünnes Rinnsal herausfließen. Aus diesem Grund sind Starthilfekabel auch relativ kurz und dick. So soll gewährleistet werden, dass von dem Strom, den die erste Batterie liefert, noch genügend übrig bleibt, wenn er bei der zweiten Batterie eintrifft.

Die Löcher im Schlauch repräsentieren einen Energieverlust und erklären in unserem Wasserbeispiel, warum ein konstanter Wasserdruck (der ja eine gleichförmige Kraft bewirkt) im Gegensatz zu dem, was man aufgrund des zweiten newtonschen Axioms vermuten könnte, einen konstanten und nicht einen stetig anwachsenden Wasserstrom erzeugt. Natürlich haben Kupferdrähte keine Löcher, durch die die Elektronen versickern können, aber sie besitzen einen Widerstand. Durch die beschleunigende Spannung sind die Elektronen an dem einen Ende des Drahtes einer großen Kraft ausgesetzt. Sie besitzen folglich eine hohe potenzielle Energie. Während sie sich durch den Draht bewegen, verwandelt sich ihre potenzielle in kinetische Energie. Je größer ihre kinetische Energie, desto schneller bewegen sich die Elektronen und desto größer ist der Strom. Unvollkommenheiten oder Verunreinigungen im Draht wirken wie Fahrbahnschwellen. Die Elektronen, die sich mit großer Geschwindigkeit durch den Draht bewegen, prallen mit diesen Hindernissen zusammen und geben einen Teil ihrer Energie an sie ab. Dadurch beginnen die Atome in dem Draht zu schwingen, der Draht wird warm. Die Stromstärke bei einer gegebenen Spannung ergibt sich also aus der kinetischen Energie, die die Elektronen durch die angelegte Spannung gewinnen, und der aufgrund der Unvollkommenheit des Drahtes bedingten Energieverluste.

Diese Unvollkommenheiten rühren von Atomen her, die von der kristallinen Ausrichtung des restlichen Gitters abweichen. Genau wie die anderen Atome in dem Draht sind diese Störatome von eigenen Elektronenwolken umgeben. Kommt es zu Kollisionen zwischen den Ladungen des elektrischen Stroms und denen der Störatome, so fangen diese zu schwingen an. Betrachten wir eine leicht modifizierte Version des schwingenden Pendels von Kapitel 9 – eine, bei der die an einem dünnen Faden befestigte Masse eine elektrische Ladung trägt. Während die geladene Masse hin- und herschwingt, gleicht sie einem elektrischen Strom, allerdings einem, dessen Ladungsträger ständigen Geschwindigkeitsänderungen unterworfen sind. Dadurch wird ein Magnetfeld erzeugt, dessen Stärke ebenfalls variiert. Ein sich veränderndes Magnetfeld induziert nun aber wiederum ein elektrisches Feld. Die schwingende Ladung bewirkt also ein veränderliches elektrisches Feld, das mit einem phasengleichen veränderlichen Magnetfeld einhergeht, und diese gekoppelte Feldanregung läuft als Strahlung in den Raum hinaus. Je schneller die geladene Masse hin- und herpendelt, desto höher ist die Frequenz der erzeugten elektrischen und magnetischen Schwingungen. Da die elektrischen und magnetischen Wellen Energie besitzen, würde sich die Bewegung des geladenen Pendels auch dann verlangsamen, wenn es keinen Luftwiderstand gäbe. Die schwingenden elektrischen und magnetischen Felder, die von der harmonischen Bewegung des geladenen Pendels erzeugt werden, haben eine besondere Bezeichnung: Licht.

WARUM DIE IN COMICHEFTEN ANGEPRIESENEN RÖNTGENBRILLEN TOTALER NEPP SIND

Die oszillierenden Störatome in einem Strom führenden Draht erzeugen elektrische und magnetische Wechselfelder. Je schneller die mit den Störatomen verbundenen Elektronen in dem Draht schwingen, desto höher ist die Frequenz der erzeugten elektromagnetischen Wellen. Schon bei Zimmertemperatur vibrieren alle Atome in dem Draht (und ebenso die zugehörigen Elektronen) mit einer Rate von ungefähr einer Billion Schwingungen pro Sekunde. Das heißt, bei Raumtemperatur sendet jeder Körper elektromagnetische Wellen mit einer Frequenz von einer Billion Schwingungen pro Sekunde aus. Elektromagnetische Wellen dieser Frequenz werden als Infrarotstrahlung bezeichnet. Je höher die Temperatur, desto schneller oszillieren die Atome in dem Objekt, und desto höher ist die Frequenz der emittierten Strahlung.

Je nachdem, wie schnell die Ladungen in einem Atom schwingen, das heißt, wie viele Male sie sich pro Sekunde hin- und herbewegen, können die Wellen eine Wellenlänge von mehreren Metern oder auch nur vom Durchmesser eines Atomkerns haben (die Wellenlänge ist der Abstand zwischen zwei aufeinander folgenden Wellenbergen). Im ersteren Fall sprechen wir von langwelligen »Radiowellen« (mit einer Frequenz von rund einer Million Schwingungen pro Sekunde), im letzteren Fall von ultrakurzen »Gammastrahlen« (mit einer Frequenz von mehr als einer Million Billionen Schwingungen pro Sekunde). Gammastrahlen sind energiereicher und daher für den Menschen viel schädlicher als Radiowellen – was sich auch darin widerspiegelt, dass noch niemand Superfähigkeiten dadurch erlangt hat, dass er zu dicht an einer UKW-Rundfunkantenne stand. Doch im Grunde handelt es sich in beiden Fällen um dasselbe Phänomen. Damit die Atome in einem Draht, etwa dem Leuchtfaden einer Glühbirne, elektromagnetische Wellen emittieren, die für unser Auge wahrnehmbar sind, müssen die Atome rund tausend Billionen Mal pro Sekunde schwingen.

Wir sind nun endlich in der Lage zu verstehen, warum die Sonne scheint. Das Gas im Sonneninneren hat eine gewaltige Temperatur und einen entsprechend hohen Druck, der die Sonne trotz des gewaltigen Einflusses der Gravitation vor dem Kollaps bewahrt. Entsprechend der hohen Temperatur fliegen die Protonen in den tieferen Regionen so schnell, dass sie trotz der elektrischen Abstoßung kollidieren und zu schwereren Atomkernen verschmelzen können. So entstehen große Mengen an Heliumkernen. Die Masse eines Heliumkerns ist aber etwas geringer als die Summe von zwei Protonen und zwei Neutronen für sich genommen. Diese fehlende Masse (der so genannte Massendefekt) wird gemäß Einsteins Formel $\mathbf{E = mc^2}$ in Form von Energie freigesetzt. Diese freigesetzte Energie führt zu einem Gegendruck, welcher der nach innen gerichteten Gravitationsanziehung die Waage hält. Damit befindet sich die Sonne in einem relativ stabilen Gleichgewichtszustand, solange sie über genügend Brennstoffvorräte verfügt, um ihren hohen Bedarf von 600 Millionen Tonnen Wasserstoffkernen pro Sekunde zu decken. Ein Teil der bei der Kernfusion erzeugten Energie hat die Form von kinetischer Energie der Materieteilchen, und die in schneller Bewegung befindlichen, geladenen Heliumkerne emittieren elektromagnetische Strahlung, während sie beschleunigt werden. Unter Beschleunigung versteht man jede Änderung der Geschwindigkeit mit der Zeit. Jedes Mal, wenn der Heliumkern also schneller oder langsamer wird oder auch nur seine Richtung ändert, weil er aufgrund der hohen Dichte im Innern der Sonne mit anderen Kernen zusammenstößt, emittiert er Licht. Das Sonnenlicht, das wir sehen, ist bereits sehr alt, weil es sehr lange dauert, bis es aus dem Innern der Sonne an die Oberfläche gelangt. In einer nebligen Nacht ist es sehr schwer, etwas zu sehen, weil die dichte, wassergesättigte Atmosphäre das Licht in alle Richtungen streut. Das dichte Plasma im Sonneninneren streut Licht noch viel effektiver als der dichteste Nebel, und so benötigt das bei einer Kernfusion erzeugte Licht durchschnittlich 40 000 Jahre, bis es an die Sonnenoberfläche diffundiert.

Unsere Augen können sichtbares Licht wahrnehmen, weil das Sonnenlicht, das durch die Atmosphäre zur Erde dringt, zum größten Teil in diesem Bereich des elektromagnetischen Spektrums liegt. Als sich auf unserem Planeten Lebewesen mit Gesichtssinn entwickelten, waren ihre Augen so beschaffen, dass sie am empfindlichsten auf die am häufigsten vorkommende Art elektromagnetischer Wellen reagierten. Verglichen mit dem Licht im »sichtbaren« Bereich des Spektrums erreichen uns von der Sonne nur sehr wenig Röntgenstrahlen. Folglich läge die Welt für uns fast völlig im Dunklen, wenn sich unsere Augen an Röntgenstrahlung angepasst hätten.

Lebewesen, die tatsächlich in absoluter Dunkelheit leben, zum Beispiel in den Tiefen des Meeres, wohin das Sonnenlicht nicht vordringt, verschwenden keine genetischen Ressourcen auf die Entwicklung überflüssiger Sehorgane oder Hautpigmente, sondern verlassen sich zu ihrer Orientierung auf andere Sinne.

Skrupellose Geschäftsleute im Silbernen Zeitalter des Comics nutzten die lüsternen Instinkte ihrer Leser, um so genannte »Röntgenbrillen« zu verkaufen, die ihrem Träger versprachen, dass er in der Lage sein würde, durch undurchsichtige Gegenstände wie zum Beispiel Kleidung hindurchzusehen. Selbst wenn solche Röntgenbrillen wirklich nach einem ähnlichen Prinzip wie die »Nachtsichtbrillen« funktionieren würden, die Infrarotstrahlung in sichtbares Licht verwandeln (mehr darüber in Teil 3), gibt es außerhalb einer Zahnarztpraxis schlicht und ergreifend nicht so viel Röntgenstrahlung, dass sich die Anschaffung lohnen würde. Und versuchen Sie einmal, Ihr Geld von solchen Halsabschneidern zurückzubekommen!

Überwiegend nachtaktive Tiere besitzen mehr helligkeitsempfindliche Stäbchen als farbempfindliche Zapfen in der Netzhaut, so dass ihre Lichtrezeptoren besser geeignet sind, die wenige vorhandene elektromagnetische Strahlung wahrzunehmen. Tiere oder Menschen, die im Laufe der Evolution einen »Röntgenblick« entwickelt hätten*, wären dagegen unter evolutionärem Gesichtspunkt erheblich im Nachteil, da sie die meiste Zeit mit irgendwelchen Dingen zusammenstoßen würden. Je mehr Elektronen ein Atom besitzt, desto stärker wird Röntgenstrahlung von ihm gestreut. Aus diesem Grund können Röntgenstrahlen weiches (vorwiegend aus Wasser bestehendes) Gewebe durchdringen, bis sie von Knochen, die eine viel größere Dichte aufweisen, reflektiert werden. Supermans Augen sind angeblich in der Lage, Röntgenstrahlen zu emittieren und zu detektieren. Wir, die wir nicht das Privileg haben, von Krypton zu stammen, können dagegen nur dann sehen, wenn Licht von einer äußeren Quelle an einem Objekt reflektiert wird und diese Lichtstrahlen unsere Netzhaut treffen. Da es den menschlichen Körper

* Vorausgesetzt ist dabei, es könnten sich überhaupt geeignete chemische Verbindungen entwickeln, deren Reaktion auf Röntgenstrahlung solche »Augen« ermöglicht.

Energie und natürliche Ressourcen kostet, Sehnervenzellen auszubilden, die für niederwelliges Licht empfindlich sind, erscheint es wenig sinnvoll, eine Fähigkeit zu entwickeln, die nur höchst selten benötigt wird, um ein paar vereinzelte Röntgenstrahlen wahrzunehmen.

ICH WEISS, WAS SIE DENKEN: SIE WÜNSCHTEN, SIE HÄTTEN EINEN MIT ALUFOLIE BESCHICHTETEN HELM

Der Chef der als X-Men bekannten Gruppe von Mutanten mit Superfähigkeiten ist der mit telepathischen Fähigkeiten ausgestattete Charles Xavier, alias Professor X. Auch wenn er aufgrund seiner zerschmetterten Wirbelsäule an den Rollstuhl gefesselt ist, kann sich seine Truppe »guter« Mutanten doch keinen besseren General wünschen. Immerhin vermag er es, fremde Gedanken zu lesen und sogar seine eigenen Gedanken in die Gehirne anderer Menschen zu projizieren. Die physikalische Basis für die telepathischen Fähigkeiten des Professors (und seines weiblichen Schützlings Jean Grey sowie übrigens auch von Saturn Girl von der Legion der Superhelden) besteht darin, dass zeitabhängige elektrische Ströme elektromagnetische Wellen erzeugen, die ein Wesen mit superempfindlicher Wahrnehmung detektieren kann.

Alle Zellen in unserem Körper haben eine Funktion. Muskelzellen sollen eine Kraft erzeugen, sei es, um den Bizeps anzuspannen oder das Herz schlagen zu lassen. Leberzellen filtern Unreinheiten aus dem Blutstrom, die die Zellen des Magen- und Darmtrakts überhaupt erst dorthin beförderten. Die Aufgabe der Nervenzellen oder Neuronen wiederum besteht in der Informationsverarbeitung. Dies bewerkstelligen sie unter anderem durch die Übertragung und Veränderung elektrischer Ströme. Die elektrisch geladenen Objekte, die sich von Neuron zu Neuron fortpflanzen, sind jedoch keine Elektronen, sondern Kalzium-, Natrium- oder Kaliumatome, denen entweder Elektronen abhanden gekommen sind oder die sich irgendwie zusätzliche Elektronen beschafft haben (solche geladenen Atome nennt man »Ionen«). Eine Ansammlung von Ionen in einem Bereich des Gehirns erzeugt ein elektrisches Feld, welches wiederum Ionen in anderen Neuronen veranlasst, sich zu bewegen. Die sich bewegenden Ionen bilden einen elektrischen Strom, der ein Magnetfeld erzeugt. Neurowissenschaftler, die mit im Gehirn angebrachten empfindlichen Elektroden experimentieren, können die von bewegten Ionen generierten elektrischen Felder, die für gewöhnlich zufallsabhängig mit der Zeit variieren, messen. Je nachdem, wo im Gehirn die Elektrode platziert ist und welche Aufgabe das Gehirn gerade erfüllt, führen die gemessenen elektrischen Felder einige Zyklen einer regelmäßigen, periodischen Schwingung aus, bevor sie abrupt wieder im statistischen Hintergrund verschwinden. Neurowissenschaftler haben inzwischen mit der schwierigen Aufgabe begonnen, die damit verbundenen Spannungsschwankungen zu ermitteln und ihre Bedeutung für bestimmte Verhaltensweisen (falls eine solche Verbindung überhaupt hergestellt werden kann) zu bestimmen. Solch einfache Bausteine sind also letztlich die Grundlage des menschlichen Geistes in all seiner Komplexität.

Während die Wissenschaftler noch weit von einem Verständnis der Frage entfernt sind, ob und wie die Ionenströme im Gehirn Bewusstsein erzeugen, können wir uns auf einen Aspekt im Zusammenhang mit den neuronalen Strömen absolut verlassen: Bewegte elektrische Ladungen erzeugen Magnetfelder. Da die Ionenströme im Gehirn ständig ihre Richtung und Stärke ändern, variieren auch die von ihnen erzeugten Magnetfelder mit der Zeit und generieren ihrerseits elektrische Felder. Dies bewirkt, dass bei jeder elektrischen Aktivität im Gehirn sehr niederfrequente elektromagnetische Wellen ausgestrahlt werden. Die Wellenlängen, Amplituden und Phasen dieser elektromagnetischen Wellen hängen von den zeitlich variierenden Ionenströmen ab, von denen sie erzeugt werden. Da die Amplitude dieser Wellen (die Höhe des Wellenbergs) extrem klein ist, sind sie Milliarden Mal schwächer als die im Hintergrund stets vorhandenen Radiowellen. (Dass wir jederzeit von Radiowellen umgeben sind, fällt uns meist erst dann auf, wenn wir das Radio einschalten und keinen Sender klar einstellen können.) Trotzdem sind die von Gehirnströmen erzeugten elektromagnetischen Wellen vorhanden. Dass sie nur mit empfindlichen Sensoren direkt am Kopf der betreffenden Person gemessen werden können, steht auf einem anderen Blatt. Hier kommt wieder die »wundersame Ausnahme« zum Tragen. Wenn gewisse mächtige Mutanten wie Prof. X oder im 30. Jahrhundert lebende Bewohner des Mondes Titan (Saturn Girl) superempfindliche Gehirne entwickelt haben, können sie die von den Gedanken anderer Menschen erzeugten elektromagnetischen Wellen ohne Hilfsmittel lesen. Will man das verhindern, muss man wie Xaviers böser Stiefbruder Juggernaut, Magneto oder andere Feinde der X-Men vorsorglich einen Metallhelm tragen. Er schirmt den Kopf ab, so dass von außen kommende elektromagnetische Wellen draußen und innere drinnen bleiben.

Ein Stein, der in einen Teich geworfen wird, erzeugt aufgrund der kinetischen Energie, die er an die Wassermoleküle abgibt, kreisförmig nach außen strebende Wellen, die mit zunehmendem Abstand vom Ort des Auftreffens schwächer werden. Während die Kreise immer größer werden, verteilt sich die Energie der Wassermoleküle auf einen immer größeren Umfang. Die kinetische Energie der Wassermoleküle pro Längeneinheit des Kreisumfangs nimmt also mit zunehmender Ausbreitung der Welle ab, so dass ein Stein, der in der Mitte des Pazifischen Ozeans ins Wasser fällt, keine nachweisbaren Störungen an der Küste Kaliforniens hervorruft. Ebenso nimmt auch die Intensität elektromagnetischer Wellen ab, je weiter man sich von ihrem Ursprung entfernt. Diese Eigenschaft elektromagnetischer Strahlung erklärt, warum Prof. X, wenn er den Aufenthaltsort eines weit entfernten Mutanten bestimmen will, einen als »Cerebro« bezeichneten elektronischen Verstärker für seine geistigen Fähigkeiten benutzt. Dieses Gerät, das zunächst in *X-Men* # 7 als vollautomatischer Gehirnwellendetektor für Mutanten eingeführt wird, dient später auch als Verstärker für die telepathischen Fähigkeiten des Professors, indem es ihre Empfindlichkeit steigert. Dass zur Messung eines entfernten elektromagnetischen Signals ein externer Verstärker erforderlich ist, steht vollkommen in Einklang mit dem physikalischen Prinzip, das den übernatürlichen Fähigkeiten von Prof. X zugrunde liegt. Aus demselben Grund liegen auch die Signale von Rundfunk- und Fernsehstationen im Megawattbereich. Ein Watt ist die Einheit der Leistung und wird definiert als Energie (in Joule oder kg·m²/s²) pro Sekunde. (Ein Megawatt sind eine Million Watt.) Je größer die Leistung eines Rundfunksenders, desto höher ist die Intensität der elektromagnetischen Wellen bei einer weit entfernten Antenne, und desto stärker ist das vom Radio empfangene Signal. Kommerzielle Runkfunkanstalten erzeugen ihre Signale, indem sie elektrische Ladungen in einer großen Antenne schwingen lassen. Unsere eigenen Fernseh- oder Radiogeräte verwenden natürlich keine Cerebro-Technik zur Verstärkung weit entfernter Signale, sondern Transistoren, mit denen wir uns in Kapitel 23 eingehender befassen werden.

* * *

Die durch die Gedanken eines Menschen verursachten elektromagnetischen Wellen zu messen mag ja noch angehen. Aber kann man aus ihnen Rückschlüsse auf die neuronalen Ströme ziehen, die sie erzeugten – das heißt, kann man tatsächlich jemandes Gedanken lesen? Die Antwort lautet »ja«. Prof. X und Saturn Girl sind dazu in der Lage, und ihre Fähigkeit ähnelt vermutlich der im Folgenden beschriebenen Rückwandlung von Fernsehsignalen.

Fernsehsignale sind elektromagnetische Wellen, die von einem leistungsstarken Sender ausgestrahlt werden. Beim Auftreffen auf eine Dachantenne versetzen sie elektrische Ladungen in Schwingung, wobei die Frequenz und die Amplitude für das eintreffende Signal charakteristisch sind. Die in den elektromagnetischen Wellen codierte Information wird dann an das Fernsehgerät übertragen. Das Herzstück des Fernsehers ist die Bildröhre, bestehend aus einem großen Leuchtschirm, auf den ein phosphoreszierendes Material aufgedampft ist, das einen kurzen Lichtpuls abgibt, wenn es von einem energiereichen Elektron getroffen wird. Dieser Leuchtschirm befindet sich an einem Ende eines Glaskolbens. Am anderen, schmalen Ende befindet sich ein Draht, der so stark erwärmt wird, dass Elektronen austreten. Diese freien Elektronen werden nun durch Ablenkplatten aus Metall und eine geeignete Spannung in Richtung auf den Leuchtschirm am anderen Ende der Bildröhre fokussiert. Indem man eine bestimmte Spannung an die Ablenkplatten anlegt, kann der

Elektronenstrahl so gelenkt werden, dass er eine bestimmte Region auf dem Leuchtschirm trifft. Aus dem Inneren der Bildröhre hat man die Luft abgesaugt, damit der Elektronenstrahl nicht von Luftmolekülen abgelenkt oder gestreut wird. Immer wenn der Strahl auf den Leuchtschirm trifft und dabei seine kinetische Energie an die Phosphorschicht abgibt, bewirkt er die Aussendung eines Lichtblitzes. Die an die Ablenkplatten angelegten Spannungen werden daraufhin verändert, und der Elektronenstrahl wird auf eine andere Stelle des Leuchtschirms gerichtet, wo er weitere Lichtblitze im Phosphor auslöst oder, wenn der Strahl unterbrochen wurde, die Stelle dunkel bleibt. Dies wird so lange fortgesetzt, bis der Elektronenstrahl über den ganzen Leuchtschirm geführt wurde. Eine bestimmte Anordnung heller und dunkler Regionen auf dem Leuchtschirm ergibt das Fernsehbild.

Indem man das auf den Bildschirm projizierte Bild leicht verändert, kann der Eindruck von Bewegung vorgetäuscht werden. Eine Übertragung von Radiosignalen parallel zur Übertragung der Bildsignale sorgt für den Ton. Wenn drei verschiedene Leuchtsubstanzen oder Farbfilter in den Farben Rot, Grün und Blau am Ort des Auftreffens drei verschiedener Elektronenstrahlen verwendet werden, ergibt sich ein farbiges Bild daraus, wie stark jede einzelne Farbe an jedem Bildpunkt angeregt wird. Die physikalische Grundlage des Fernsehens besteht darin, dass die elektromagnetische Welle Informationen darüber enthält, wann genau welche Spannung an die Ablenkplatten angelegt werden soll.

Der veränderliche Elektronenstrahl in der Bildröhre emittiert seine eigenen elektromagnetischen Wellen, die sich von den mit der Antenne empfangenen Wellen unterscheiden, aber trotzdem etwas mit dem Fernsehbild zu tun haben. Wenn man eine empfindliche Antenne neben den Bildschirm stellt, könnte man diese elektromagnetischen Wellen empfangen und mit geeigneter Software das Bild rekonstruieren, das mit dem Elektronenstrom beabsichtigt wurde. Diese »Rückwandlung« ist eine sehr ineffiziente Methode, um auf zwei Fernsehschirmen dasselbe Bild zu erzeugen, aber es wäre ein geeignetes Verfahren, um an die Information auf einem Computerbildschirm zu kommen, ohne direkt in den Computer einzudringen. Oder um Informationen von einem Gehirn an ein anderes zu übermitteln.

Wie verhält es sich nun mit Prof. X' Fähigkeit, die Handlungen anderer mit Hilfe seines Mutantengehirns zu steuern? Neuere Experimente belegen, dass diese Idee vielleicht gar nicht so abwegig ist. Es wurde nachgewiesen, dass sich die von den Ionenströmen im Gehirn erzeugten schwachen Magnetfelder nicht nur messen, sondern auch von außen beeinflussen lassen. Neurowissenschaftler haben ein Verfahren entwickelt, das unter dem Namen Transkraniale Magnetstimulation (TMS) bekannt ist. Hierbei wird der Kopf einer Testperson einem nach dem Zufallsprinzip variierenden Magnetfeld ausgesetzt, das ausgewählte Regionen der Hirnrinde elektrisch stimuliert. Die Reaktionszeit des Probanden und seine Fähigkeit, willentlich eine Handbewegung auszuführen, werden durch die Anwendung des äußeren Magnetfeldes herabgesetzt.

Die Fähigkeit, die Handlungen anderer durch die Kraft des eigenen Geistes zu steuern, ist nicht auf Mutanten und vom Saturnmond Titan stammende Helden aus dem 30. Jahrhundert beschränkt. Auch mir sagt man solche erstaunlichen Kräfte nach. Mit meinen Vorlesungen kann ich meine Studenten dazu bringen, entweder den Hörsaal ziemlich schnell zu verlassen oder in einen tiefen und festen Schlaf zu fallen.

TEIL 3

DIE MODERNE PHYSIK

20 Reise in das Mikroversum – Die Atomphysik

Comicleser hegen die berechtigte Erwartung, dass der Held am Ende der Geschichte über seinen Widersacher triumphieren wird. Der Spaß liegt daher in den Herausforderungen, die er bis dahin in jeder monatlichen Folge zu bewältigen hat. Salopp formuliert könnte man es so ausdrücken: Je besser der Superschurke, desto fesselnder die Geschichte – und das ist vermutlich einer der Gründe, weshalb *Fantastic Four* in den sechziger Jahren so überaus populär waren. Gewiss spielten auch die Zeichnungen von Jack Kirby eine Rolle, ebenso wie der Plot und die Charakterisierung des unerschrockenen Quartetts aus der Feder von Stan Lee. Aber wenn ein Superheld nur so gut ist wie seine Nemesis, dann liefen die Fantastic Four in Heft # 5 (Juli 1962) sicherlich zu Höchstform auf, als sie »Gefangene des Dr. Doom« wurden.

Victor von Doom ist ein wissenschaftliches Genie, das nur noch von Reed Richards, dem Chef des heldenhaften Quartetts, übertroffen wird. Beide besuchten als »wissenschaftliche Stipendiaten« dieselbe Universität (in der Fantasiewelt des Comics konkurrieren höhere Bildungsanstalten um begabte Wissenschaftler wie amerikanische Universitäten im wahren Leben um Athleten). Von Doom flog jedoch von der Universität, als er bei einem seiner »verbotenen« wissenschaftlichen Experimente versehentlich das Labor in die Luft jagte und sich selbst verstümmelte. Seine Entstellung hinter einer eisernen Gesichtsmaske verbergend, entwarf er sich eine Hightech-Rüstung, die selbst Iron Man alle Ehre gemacht hätte, und widmete sich fortan als Dr. Doom dem Kampf um die Weltherrschaft. Da er vor Erreichen seines Abschlusses von der Uni flog, ist er natürlich kein echter

Doktor, und vermutlich ist es genau diese Verbitterung über den fehlenden Doktortitel, die – neben seinem Wunsch, Reed Richards zu demütigen – seinen finsteren Ehrgeiz nährt. Im Gegensatz zu den Schurken der DC Comics der sechziger Jahre, die am Ende der Geschichte unweigerlich gefangen und der Polizei übergeben wurden, schien es den Fantastic Four nie zu gelingen, Dr. Doom dingfest zu machen; der Kampf endete bestenfalls mit einem Unentschieden. Aber da Dr. Doom der diktatorische Herrscher über das kleine europäische Land Latveria war, blieb es sowieso stets etwas unklar, an welche Behörden man ihn als Staatsoberhaupt hätte übergeben sollen.

Davon abgesehen hätte es von Dooms Stolz ohnehin nie zugelassen, sich fangen zu lassen; lieber sah er dem (fast) sicheren Tod ins Auge, als dass er einfach aufgegeben hätte. Folglich endete ein typischer Kampf mit Dr. Doom so, dass er entweder irgendwo im Weltraum verloren ging, in einer anderen Dimension stecken blieb oder in eine Zeitfalle tappte – alles Schicksale, die er eigentlich den Fantastic Four zugedacht hatte. Auf dem Höhepunkt der treffend »The Return of Doctor Doom« (»Die Rückkehr des Dr. Doom!«) titulierten Episode (*Fantastic Four* # 10) wurde Doom von einem Verkleinerungsstrahl getroffen, den er zur Vernichtung der Fantastic Four vorgesehen hatte. Die Geschichte endet damit, dass Doom immer weiter schrumpft und schließlich verschwindet, aber natürlich sollte das nicht das Letzte sein, was wir von Doom zu hören und zu sehen bekamen. Sechs Ausgaben später, in *Fantastic Four* # 16, reisen unsere vier Superhelden in die Mikrowelt des Dr. Doom (»The Micro-World of Doctor Doom«), wo sie erfahren müssen, dass Doom sein Schrumpfmartyrium überlebt hat. Während er immer kleiner wurde, verschlug es ihn in eine »Mikrowelt«, die so winzig war, »dass sie auf einen Stecknadelkopf passte«. Später, in *Fantastic Four* # 76, wagen sich Reed, Ben und Johnny sogar in ein ganzes Mikroversum – ein Universum (oder mindestens eine Galaxie) von Mikrowelten. Das Mikroversum schien auf einem Staubkorn angesiedelt zu sein, das sich auf dem Objektträger eines Mikroskops in Reed Richards Labor befand. Somit war immerhin geklärt, warum sich Dr. Doom und die Fantastischen Vier in *Fantastic Four* # 16 zufällig genau über einem solchen Mikroplaneten befanden, als sie zu schrumpfen anfingen.

Wenn die Mikrowelt, die Doom vorfand und umgehend eroberte, tatsächlich auf einen Stecknadelkopf passte, dann muss ihr Durchmesser am Äquator ungefähr 1 Millimeter betragen haben. Der Durchmesser der Erde beträgt im Vergleich dazu rund 13000 Kilometer. Da auf einen Kilometer eine Million Millimeter kommen, ist die Mikrowelt rund 13 Milliarden Mal kleiner als die Erde. Rufen wir uns die Diskussion aus Kapitel 7 ins Gedächtnis, bei der es um die Schwierigkeiten im Zusammenhang mit der Verkleinerung von Objekten ging. Die Mikrowelt kann nicht einfach 6 Milliarden Mal dichter sein als unser Planet, es sei denn, sie bestünde aus der Materie eines Weißen Zwergs. Dagegen spricht jedoch, dass Dr. Doom, die Fantastic Four und die Bewohner der Mikrowelt in der Lage sind, ganz normal auf ihr herumzulaufen. Da ferner Dr. Doom und Reed Richards in der Mikrowelt ebenso clever und Ben Grimm (alias *Thing*) ebenso stark zu sein scheinen wie im Zustand ihrer normalen Größe, ist es auch unwahrscheinlich, dass ihnen beim Schrumpfprozess Atome abhanden gekommen sind. Somit müssen wir leider annehmen, dass die Mikrowelt des Dr. Doom das Schicksal seiner übrigen »Meisterpläne« teilt: Sie ist zwar vom Prinzip her beeindruckend, aber enttäuschend in der Ausführung.

* * *

Wenn schon eine Welt von der Größe eines Stecknadelkopfes so schwer zu konstruieren ist, was sollen wir dann von dem Abenteuer mit den tödlichen Diamanten des Verderbens in *Atom* #5 halten (»The Deadly Diamonds of Doom«)? In dieser Geschichte wird ein Diamantartefakt, das auf dem Mount Pico auf den Azure-Inseln gefunden wurde, von einem mit Ray Palmer (alias Atom) befreundeten Archäologen nach Ivy Town gebracht. Dort beginnt der Diamant, merkwürdige Strahlen auszusenden, die mehrere Menschen und eine Hauskatze in Diamantstatuen verwandeln. *Obwohl uns der Diamant fest und solide erscheint*, sinniert Professor Palmer, während er seine Größen- und Gewichtssteuerung bedient, *liegen zwischen den Atomen, aus denen er besteht, riesige leere Räume.*

Das ist nur allzu wahr. Der größte Teil eines Atoms besteht in der

Tat aus dem leeren Raum, der sich zwischen dem positiv geladenen Atomkern und dem mittleren Aufenthaltsort der negativ geladenen Elektronen erstreckt. Nachdem Tiny Titan zu subatomarer Größe geschrumpft ist, entdeckt er *im Innern eines Atoms* einen ganzen Planeten! Leider kann ich mir beim besten Willen nicht vorstellen, woraus dieser Planet bestehen könnte. Aus Atomen sicherlich nicht, da er ja kleiner als die Elektronen im Innern des Diamantartefakts ist. Die Entdeckung, dass sich in einem Atom gewöhnlicher Materie ganze Zivilisationen verbergen können, hätte Palmer gewiss den Nobelpreis, Reichtum und weltweiten Ruhm, wenn nicht mehr, eingebracht. Doch solche Dinge bedeuten ihm nichts, und so zieht er es gar nicht in Erwägung, diese Entdeckung – ebenso wie die der anderen Mikrowelten in *Atom* # 4 und # 19, in *Justice League of America* # 18 sowie in *Brave and the Bold* # 53 – zu veröffentlichen.

Obschon die in Comics vorkommenden atomaren Mikrowelten ins Reich der Fantasie gehören, ist die tatsächliche Welt im Innern eines Atoms, wie sie von der Quantenmechanik beschrieben wird, kaum weniger bizarr. Die »leeren Räume« eines Atoms werden von »Materiewellen« durchdrungen, die mit der Bewegung von Elektronen zusammenhängen. Diese Materiewellen sind der Schlüssel zum Verständnis der Atomphysik.

WAS TUN SIE, WENN ALLES, WAS SIE ZU WISSEN GLAUBEN, FALSCH IST?

Es ist nun für uns an der Zeit, in die Welt der Atome einzutauchen. Doch keine Sorge: Auch wenn es auf den nächsten Seiten etwas »physikalischer« zugehen wird, kehren wir danach schnell wieder zu den Comics zurück. Wir müssen nur etwas weiter ausholen, um zu verstehen, warum zumindest manche Physiker die Vorstellung von Paralleluniversen und unendlich vielen Welten ernst nehmen.

Gegen Ende des neunzehnten Jahrhunderts deuteten immer mehr experimentelle Befunde darauf hin, dass die in den vorigen Kapiteln erläuterten physikalischen Gesetze das Verhalten von Atomen und Licht nicht befriedigend erklären konnten. Zum Beispiel gelang es den Physikern einfach nicht, eine Begründung dafür zu finden, warum heiße Gegenstände glühen. Wenn wir einen Schürhaken ins prasselnde Kaminfeuer halten, glüht er mit zunehmender Erwärmung zunächst rot und später weiß. Dank der im vorigen Kapitel vorgestellten maxwellschen Gleichungen des Elektromagnetismus wussten die Physiker, dass die elektrischen Ladungen in den Atomen des Schürhakens durch die Erwärmung immer schneller hin- und herschwingen und dabei Licht emittieren. Je schneller sich die Atome bewegen, desto höher ist die Frequenz der erzeugten elektromagnetischen Strahlung. Im neunzehnten Jahrhundert verfügten die Wissenschaftler bereits über sehr ausgeklügelte Methoden zur Messung der Ultraviolett- wie auch der Infrarotstrahlung, denjenigen Strahlungsarten, die sich nach oben beziehungsweise nach unten hin an das Spektrum der sichtbaren elektromagnetischen Strahlung anschließen. Folglich konnten sie sehr präzise messen, wie viel Licht jeder Wellenlänge ein heißer Körper emittiert, während er immer stärker erwärmt wird. Dabei machten sie zwei überraschende Entdeckungen: Erstens, welcher Anteil an der ausgesandten Strahlung auf eine bestimmte Wellenlänge entfällt, hängt ausschließlich von der Temperatur des Körpers ab. Weder die Zusammensetzung des Materials noch seine Form oder Größe beeinflussen das Spektrum des emittierten Lichts. Zweitens, die Gesamtmenge des emittierten Lichts ist nicht unendlich und hängt ebenfalls von der Temperatur ab. Diese zweite Erkenntnis war der erste fallende Dominostein, der schließlich zur Entwicklung der Quantenmechanik führte.

Dass das von einem heißen Körper ausgestrahlte Licht nur von seiner Temperatur abhängt, lässt sich wie folgt verstehen: Würden zwei aus verschiedenen Materialien bestehende Objekte bei derselben Temperatur verschiedene Strahlungsspektren emittieren, dann, so lässt sich zeigen, gäbe es eine Möglichkeit, ohne jeden Wärmefluss zwischen ihnen Energie zu übertragen und so Arbeit zu verrichten. Obwohl dies eine sehr nützliche Verletzung des zweiten Hauptsatzes der Thermodynamik wäre, kommt sie genau aus diesem Grund nicht vor. Dass das Spektrum des ausgesandten Lichts *nur* von der Temperatur abhängt, hat jedoch auch etwas Gutes: Wir können die Abhängigkeit der Intensität des Lichts von der Wellenlänge dazu benutzen, die Temperatur von Objekten zu bestimmen, bei denen gewöhnliche Thermometer versagen. So konnte beispielsweise die Temperatur der Sonnenoberfläche (rund 6000 Grad Celsius) und die vom Urknall übrig gebliebene kosmische Hintergrundstrahlung (3 Grad über dem absoluten Nullpunkt) durch Beobachtung ihres Spektrums bestimmt werden.

Die zweite Entdeckung, dass die von einem glühenden Körper abgestrahlte Energie nicht unendlich ist, schockierte die Physiker eigentlich nicht sehr. Beunruhigend fanden sie vielmehr die Vorhersage der maxwellschen elektromagnetischen Theorie, wonach solch ein Körper in Form von Licht unbegrenzte Mengen an Energie abgeben sollte. Benutzte man die maxwellsche Theorie zur Berechnung der emittierten Lichtmenge bei niedrigen Frequenzen, so stimmten die Vorhersagen exakt mit den Beobachtungen überein. Ging die Frequenz des von einem heißen Körper emittierten Lichts jedoch in den ultravioletten Bereich des Spektrums über, erreichte die Intensität des gemessenen Lichts einen Maximalwert und sank danach bei noch höheren Frequenzen – entgegen der Vorhersage – wieder auf einen niedrigen Wert ab. Dieses Verhalten steht in Einklang sowohl mit dem Prinzip der Energieerhaltung als auch mit unserem gesunden Menschenverstand. Der berechneten Kurve zufolge sollte die Intensität allerdings mit steigender Frequenz unbegrenzt zunehmen. Dieses Dilemma wurde als die »Ultraviolett-Katastrophe« bezeichnet, obwohl es in Wirklichkeit nur eine Katastrophe für die Physiker war, die die Berechnungen angestellt hatten. Zahllose Wissenschaftler überprüften die Rechnungen immer wieder, aber sie konnten keinen Fehler entdecken.

Maxwells Gleichungen hatten sich in so vielen anderen Fällen bewährt (sie führten nicht nur 1895 zur Erfindung des Radios, sondern ermöglichten später auch die Entwicklung des Fernsehens sowie jegliche Form der drahtlosen Kommunikation), dass ihre grundsätzliche Korrektheit nicht angezweifelt werden konnte. Vielmehr vermuteten die Wissenschaftler, das Problem habe mit der Anwendung der maxwellschen Theorie auf die schwingenden Atome in einem glühenden Körper zu tun. Wieder versuchten viele, einen anderen theoretischen Ansatz zu finden, um das beobachtete Spektrum des von einem glühenden Körper emittierten Lichts zu erklären. Und hier spielt nun die Tatsache eine Rolle, dass das Spektrum ausschließlich von der Temperatur des Körpers abhängt. Hätte die Theorie des Elektromagnetismus nur bei einigen wenigen Fällen exotischer Materie versagt, so wäre dies zwar lästig, aber nicht welterschütternd gewesen. Das Unvermögen, eine Eigenschaft zu erklären, die *allen* Stoffen gemeinsam war, brachte jedoch die ganze Theorie in Misskredit, und es war klar, dass etwas getan werden musste.

Im Jahr 1900 entschloss sich der theoretische Physiker Max Planck daher zu einem ungewöhnlichen Schritt. In Anerkennung der Tatsache, dass verzweifelte Zeiten verzweifelte Maßnahmen erfordern, tat er das Einzige, was ihm einfiel, um das von einem glühenden Körper emittierte Lichtspektrum zu erklären: er schummelte. Ausgehend von der experimentell beobachteten Glühkurve bestimmte er zunächst die dazu passende mathematische Gleichung und machte sich dann daran, eine physikalische Rechtfertigung für sie zu finden. Er probierte verschiedene Modelle aus und stellte schließlich fest, dass die einzige Möglichkeit, zur erforderlichen Glühkurvengleichung zu gelangen, darin bestand, der Energie der Atome in dem glühenden Körper gewisse Beschränkungen aufzuerlegen. Planck schlug vor, dass die Elektronen in jedem Atom nur bestimmte Energien haben könnten. (Meine Darstellung hier ist vereinfacht – in Wirklichkeit machte sich Planck Gedanken zum Verhalten allgemeinerer harmonischer Oszillatoren, denn von der Existenz von Atomen war er zu diesem Zeitpunkt mitnichten überzeugt.) Abgeleitet von dem lateinischen Wort *quantus* für »wie viel« wurde diese Theorie als Quantenphysik bezeichnet. Dabei waren die Unterschiede zwischen benachbarten Energieniveaus äußerst gering. Und ich meine *wirklich* gering: Während die Energie eines gut getroffenen Tennisballs 50 $kg \cdot m^2/s^2$ beträgt, beläuft sich der Unterschied zwischen benachbarten Energieniveaus in einem Atom auf weniger als ein millionstel Billionstel von 1 $kg \cdot m^2/s^2$. Wenn Sie das nächste Mal in der Werbung hören, dass diese oder jene Innovation bei einem Auto oder einem Waschmittel einen »Quantensprung« darstellt, wissen Sie also, was davon zu halten ist.

Damit seine Rechnungen aufgingen, musste Planck eine neue Konstante einführen, die er mit »**h**« bezeichnete. Er nahm an, dass die Energie eines Atoms sich nur in ganzzahligen Vielfachen des Wertes **E = hf** (also **E = 2 hf** oder **E = 3 hf**) ändern könne, wobei **f** einer Frequenz entspricht, die charakteristisch für das bestimmte Element ist. Werte wie **1,6 hf** oder **17,9 hf** waren danach ausgeschlossen. Dies ist etwa so, als würde man sagen, ein Pendel könne nur mit einer Periode von einer Sekunde oder zehn Sekunden, nicht aber von fünf Sekunden pro Schwingungszyklus schwingen. Planck selbst hielt dies für merkwürdig, aber es war eine notwendige Annahme, damit seine Rechnungen zum richtigen Ergebnis führten. Er hatte eigentlich beabsichtigt, den Wert von **h** null werden zu lassen, sobald er den korrekten Ausdruck für das Spektrum eines glühenden Körpers gefunden hätte. Zu seinem Entsetzen stellte er fest, dass seine Gleichung, wenn er **h** null werden ließ, wieder zu demselben unendlichen Ergebnis für die Energie führte, das auch schon die klassische Theorie des Elektromagnetismus geliefert hatte. Die einzige Möglichkeit, dieses unsinnige unendliche Ergebnis zu vermeiden, bestand darin zu sagen, dass die Atome nicht beliebige Energiewerte annehmen können, sondern dass sich ihre Energie nur sprunghaft, das heißt in diskreten Schritten, von **E = hf** verändern kann. Da **h** sehr, sehr klein ist (**h** = 660 billionstel Billionstel Billionstel von $1\,\mathrm{kg \cdot m^2/s}$, nehmen wir diese »Körnigkeit« der Energie nicht wahr, wenn wir es mit großen Objekten wie Bällen oder fahrenden Autos zu tun haben. Auf der Energieskala eines Elektrons in einem Atom ist **h** aber sehr wohl bedeutsam und kann keinesfalls ignoriert werden.

Die Tatsache, dass die Energie eines Elektrons in einem Atom nur diskrete Werte annehmen und sich nicht kontinuierlich verändern kann, ist ausgesprochen seltsam. Stellen wir uns vor, welche Auswirkungen eine solche Quantelung der Energie für ein Auto hätte, das mit 100 Stundenkilometern auf der Autobahn fährt, wenn das plancksche Wirkungsquantum **h** viel größer wäre. Der Quantentheorie zufolge wäre die nächstlangsamere Geschwindigkeit des Autos 90, die nächsthöhere 110 Stundenkilometer, und dazwischen gäbe es nichts! Selbst wenn wir uns vorstellen könnten, das Auto führe mit

103 Stundenkilometern, und wir für diesen hypothetischen Fall ausrechnen könnten, wie hoch seine kinetische Energie wäre, wäre es aufgrund der Prinzipien der Quantenphysik dennoch physikalisch ausgeschlossen, das Auto mit dieser Geschwindigkeit fahren zu lassen. Stellen wir uns vor, das Fahrzeug würde Energie absorbieren (etwa aufgrund eines Windstoßes), dann könnte es nur dann wirklich schneller werden, wenn die Energie des Windes die Differenz der kinetischen Energie bis zur nächstmöglichen Energiestufe von 110 Stundenkilometern genau überbrücken würde. Bei einem etwas energieärmeren Windstoß würde das Auto einfach genauso schnell weiterfahren wie vorher. Nur wenn die Energie des Windes exakt dem Unterschied an kinetischer Energie zwischen 90 und 100 Stundenkilometern oder 90 und 110 Stundenkilometern entspricht, würde das Auto den Energieschub »akzeptieren« und mit einer höheren Geschwindigkeit weiterfahren. Der Übergang zu der höheren Geschwindigkeit vollzöge sich fast unmittelbar, und die Beschleunigung in diesem Augenblick wäre für die Insassen des Autos sicher alles andere als gesund. So lächerlich dieses Szenario auf Autos und Autobahnen übertragen erscheinen mag, spiegelt es doch zutreffend die Situation für Elektronen in einem Atom wider.

Gibt es irgendeine Möglichkeit zu verstehen, warum die Energie eines Elektrons in einem Atom nur bestimmte diskrete Werte annimmt? Das gibt es tatsächlich, aber zuvor müssen wir uns mit einer etwas kuriosen Vorstellung anfreunden. Alle »Merkwürdigkeiten« der Quantenphysik können im Grunde auf die folgende Aussage zurückgeführt werden: *Mit der Bewegung jeder Materie ist eine Welle verknüpft, und je größer der Impuls (die Bewegungsgröße) des Objekts, desto kürzer ist die Wellenlänge der Welle.*

Wenn sich etwas bewegt, besitzt es einen Impuls. Der französische Physiker Louis de Broglie vermutete im Jahr 1924, dass mit der Bewegung des Objekts eine Art von »Materiewelle« verknüpft sei, deren Wellenlänge (der Abstand zwischen benachbarten Wellenbergen oder -tälern) von dem Impuls des Objekts abhängt. Die Physiker sprechen heutzutage zwar eher von der »Wellenfunktion« eines Objekts, aber wir wollen bei dem Begriff »Materiewelle« bleiben, um uns daran zu erinnern, dass es um eine mit der Bewegung eines physischen Objekts verbundene Welle geht, gleichgültig ob es sich um ein Elektron oder eine Person handelt.

Diese Materiewelle ist keine Schwingung »von etwas«. Licht beruht auf Schwingungen elektrischer und magnetischer Felder, die von einer sich beschleunigenden elektrischen Ladung erzeugt werden. Die vom Wind gekräuselte Oberfläche eines Teiches oder die konzentrischen Wellenringe, die ein ins Wasser geworfener Stein erzeugt, sind eine Folge mechanischer Schwingungen der Wasseroberfläche. Schallwellen sind eine Folge der abwechselnden Verdichtung und Ausdehnung von Luft oder einem anderen Medium. Die mit dem Impuls eines Objekts verknüpfte Materiewelle ist jedoch mit keiner dieser Wellen vergleichbar. Getrennt von dem Objekt kann sie nicht existieren. Sie beruht weder auf einem elektrischen oder magnetischen Feld, noch benötigt sie ein Medium, um sich ausbreiten zu können. Trotzdem hat diese Materiewelle sehr konkrete physikalische Auswirkungen. Materiewellen können ebenso miteinander interferieren wie die konzentrischen Wellen, die zwei nebeneinander ins Wasser geworfene Steine erzeugen. Dort, wo sich die Wellen überlagern, entsteht ein kompliziertes Muster. Wenn Sie einen Physiker fragen, was sich eigentlich hinter dieser Materiewelle verbirgt, werden Sie viele mathematische Ausdrücke zu hören bekommen, die alle doch nur das eine bedeuten: *Ich weiß es nicht*. Zum ersten Mal gilt die Regel der »wundersamen Ausnahme« auch für die reale Welt und nicht nur für die bunt bedruckten Seiten eines Comichefts.

Solange sich ein Objekt nicht mit annähernd Lichtgeschwindigkeit bewegt, kann sein Impuls als das Produkt aus seiner Masse und seiner Geschwindigkeit ausgedrückt werden. Ein LKW hat einen größeren Impuls als ein Golf, wenn beide mit derselben Geschwindigkeit fahren, da die Masse des LKWs viel größer ist. Der Golf könnte nur dann einen größeren Impuls haben, wenn seine Geschwindigkeit deutlich höher wäre als die des LKWs. Der Impuls eines Objekts wird für gewöhnlich mit dem Buchstaben »**p**«*, die

* Zwar ist diese Abkürzung vielleicht nicht unmittelbar einleuchtend, aber die Physiker haben sich durchaus etwas dabei gedacht; sie leitet sich nämlich von dem lateinischen Wort *pellere* für »stoßend in Bewegung versetzen« ab.

Wellenlänge der Materiewelle mit dem griechischen Buchstaben lambda (**λ**) bezeichnet. Wie von de Broglie vermutet (und von Clinton Davisson und Lester Germer 1926 experimentell nachgewiesen), hängt die Wellenlänge der Materiewelle von dem Impuls des Objekts ab. Dabei gilt die folgende einfache Beziehung: Impuls mal Wellenlänge gleich der Konstanten **h** (**pλ** = **h**), wobei **h** genau die Konstante ist, die Planck eingeführt hatte, um die Eigenschaften glühend heißer Körper zu erklären.

Aus der Tatsache, dass der Impuls eines Objekts multipliziert mit der Wellenlänge seiner Materiewelle eine Konstante ist, folgt: Je größer der Impuls, desto kleiner die Wellenlänge. Da der Impuls seinerseits das Produkt aus Masse und Geschwindigkeit ist, besitzen große Objekte wie Bälle und Autos auch einen großen Impuls. Ein schnell geworfener Ball beim Baseball, ein so genannter Fastball, der rund 150 Kilometer pro Stunde erreicht, besitzt einen Impuls von rund 6 Kilogramm·Meter/Sekunde. Aus der Beziehung **pλ** = **h** ergibt sich, weil **h** so klein ist, dass die Wellenlänge der Materiewelle des Baseballs weniger als ein billionstel Billionstel des Durchmessers eines Atoms beträgt. Dies erklärt, warum wir im Stadion keine Materiewellen beobachten. Offensichtlich haben wir nicht die geringste Chance, so kleine Wellen jemals nachzuweisen. Und so bleibt uns nur der Trost, dass Bälle in der Regel fügsame Objekte sind, die den newtonschen Axiomen der klassischen Mechanik gehorchen.

Die Masse eines Elektrons ist dagegen sehr klein, und so besitzt es auch einen sehr kleinen Impuls. Je kleiner wiederum der Impuls, desto größer die Wellenlänge der Materiewelle, denn das Produkt der beiden ist schließlich gleich einer Konstante. Somit ist die Wellenlänge einer mit einem Elektron verbundenen Materiewelle im Innern eines Atoms ungefähr so groß wie das Atom selbst, und wenn man die Eigenschaften von Atomen untersucht, kommt man nicht umhin, diese Materiewellen zu berücksichtigen. Wenn sich DC-Superheld Atom also auf die Größe eines Atoms schrumpft, sollte er einige recht merkwürdige Dinge zu Gesicht bekommen. Da er mit dieser Körpergröße kleiner als die Wellenlänge des sichtbaren Lichts ist, dürfte sein normaler Gesichtssinn nicht mehr funktionieren, so wie wir mit unserer normalen Körpergröße keine Radiowellen sehen können, deren Wellenlängen mehrere Zentimeter bis Meter betragen. Im Comic wird angedeutet, dass Atom, der ungefähr die Größe der mit den Elektronen in Atomen verknüpften Materiewellen haben dürfte, das, was er um sich herum wahrnimmt, für das Abbild eines normalen Sonnensystems hält, da sein Gehirn gar nicht über das richtige Bezugssystem verfügt, um die von seinen Sinnesorganen empfangenen Signale anders zu deuten.

Stellen wir uns ein Elektron vor, das um einen Atomkern kreist und aufgrund der elektrostatischen Anziehungskraft von den positiv geladenen Protonen angezogen wird. Während sich das Elektron um den Atomkern bewegt, sind nur ganz bestimmte Wellenlängen mit dem Umfang seiner Umlaufbahn vereinbar. Ist das Elektron nämlich nach einem Umlauf an seinen Ausgangspunkt zurückgekehrt, dann muss die Materiewelle in derselben Phase ihrer Schwingung sein wie zu Beginn der Umlaufbahn. So seltsam die Vorstellung einer Materiewelle sein mag, wäre das Ganze doch noch viel seltsamer, wenn die Welle zum Beispiel mit einem Wellenberg begänne und nach einer kompletten Umlaufbahn mit einem Wellental endete. Um einen diskontinuierlichen Sprung von einem Maximum zu einem Minimum nach jedem vollendeten Umlauf zu vermeiden, muss man annehmen, dass nur bestimmte Elektronenwellenlängen möglich sind – solche nämlich, die sich nahtlos in eine vollständige Bahn einfügen. Dies kann man mit der Saite einer Violine vergleichen, bei der, wenn sie in Schwingungen versetzt wird, ebenfalls nur bestimmte Frequenzen möglich sind. Da die Wellenlänge der Materiewelle mit dem Impuls des Elektrons verknüpft ist, folgt daraus, dass für das Elektron nur bestimmte (diskrete) Impulswerte möglich sind. Der Impuls wiederum ist mit der kinetischen Energie verknüpft, so dass aus der Forderung, die Materiewelle dürfe nach Vollendung einer Umlaufbahn keine diskontinuierlichen Sprünge machen, unmittelbar folgt, dass das Elektron nur bestimmte diskrete Energiewerte innerhalb des Atoms annehmen kann.

Diese bestimmten Energien ergeben sich also direkt aus den für die Wellenlängen von Materiewellen geltenden Beschränkungen, die wiederum dadurch bedingt sind, dass das Elektron im Atom gebunden ist. Für ein Elektron, das sich frei durch den Raum bewegt, gelten keine Beschränkungen hinsichtlich des Impulses, und folglich kann seine Materiewelle jede beliebige Wellenlänge haben.* Eine Saite, deren eines Ende ich in der Hand halte, während das andere lose herunterhängt, kann jede beliebige Form annehmen, wenn ich sie in Schwingung versetze. Ist die Saite jedoch wie bei einer Violine an beiden Seiten eingespannt, dann ist ihr Bewegungsspielraum stark eingeschränkt. Wenn ich an der Saite zupfe, kann sie nur mit bestimmten Frequenzen schwingen, die von der Länge und der Dicke der Saite sowie von ihrer Spannung abhängen. So gibt es für eine gespannte Saite eine bestimmte niedrigste Grundfrequenz und viele höhere Obertöne, aber sie kann nicht mit beliebiger Frequenz schwingen.

In ähnlicher Weise wird das Elektron durch die elektrostatische Anziehung des positiv geladenen Atomkerns in einer Umlaufbahn festgehalten. Wenn das im Atom gebundene Elektron auf die richtige Art »gezupft« (angeregt) wird, kann seine Materiewelle einen höheren Energiewert annehmen. Kehrt es zu seiner niedrigeren Grundfrequenz zurück, muss es springen. Aufgrund des Energieerhaltungssatzes kann Energie nicht einfach verschwinden; das Elektron muss also, wenn es in seinen niedrigeren Energiezustand zurückkehrt, ein Energiepaket abgeben, das genau der Differenz zwischen seinem höheren und seinem niedrigeren Energieniveau entspricht. Da das Elektron nur bestimmte, diskrete Energiewerte haben kann, ähnlich den wenigen möglichen Obertönen einer gespannten Saite, wird dieser Übergang von einem Energiezustand in einen anderen als »Quantensprung« bezeichnet. Das dabei von dem Elektron ausgestrahlte diskrete Energiequant nimmt für gewöhnlich die Form von Licht an und wird als »Photon« bezeichnet (obwohl der Begriff erst 1926 von Gilbert Lewis geprägt wurde, geht die Vorstellung selbst auf Albert Einstein zurück, der sie im Jahr 1905 einführte – ein Jahr, das für ihn und die gesamte Physik ungemein ereignisreich war).

Wenn eine Glasröhre mit einem Gas, wie zum Beispiel Neon, gefüllt ist und ein elektrischer Strom durch das Gas geschickt wird,

* Unser voriger Vergleich mit einem Auto auf der Autobahn, das nur mit Geschwindigkeiten fahren kann, die Vielfache von 10 sind, wäre also nur gültig für ein Auto, das auf einer geschlossenen Rennstrecke Runden dreht.

kommt es zu Kollisionen zwischen den energiereichen Elektronen des Stroms und den Neonatomen. Falls die Elektronen genau die richtige Energie haben, können die Neonatome angeregt werden, in einen höheren Energiezustand überzugehen. Nach der Kollision kehren sie in ihren ursprünglichen niederenergetischen Zustand zurück, wobei sie ein Lichtteilchen, ein Photon, abgeben, das genau die Frequenz (und folglich die *Farbe*) hat, die dem Energieunterschied zwischen den beiden Energiezuständen entspricht. Dies erklärt die charakteristische Farbe von Neonlicht. Verschiedene Gase erzeugen verschiedene Farben. Obwohl man die Röhre mit jedem beliebigen Gas füllen kann, sind die Übergänge zwischen den verschiedenen Energiezuständen nur bei bestimmten Elementen so bemessen, dass die freigesetzten Lichtquanten in den sichtbaren Teil des Lichtspektrums fallen. Werden bei hochenergetischen Kollisionen viele höhere Energiezustände in den Atomen angeregt, werden auch Lichtquanten vieler verschiedener Wellenlängen abgegeben, sobald die angeregten Atome in ihren Grundzustand zurückkehren. Verschiedene Elemente haben verschiedene Grundfrequenzen und zugehörige Anregungszustände (Obertöne), genauso wie verschiedene Saiten einer Violine oder Gitarre je nach Länge, Dicke und Spannung der Saite verschiedene Schwingungsmoden haben. Zwei völlig gleiche Violinsaiten mit derselben Spannung haben exakt dasselbe Spektrum möglicher Frequenzen, wenn sie in Schwingung versetzt werden. Ebenso haben auch zwei gleiche Atome dasselbe Emissionsspektrum, wenn sie vom angeregten Zustand in den Grundzustand zurückkehren. Das Wellenlängenspektrum des von einem energiereichen Atom emittierten Lichts ist somit einzigartig und kann als der Fingerabdruck des betreffenden Elements betrachtet werden. So entdeckte man zum Beispiel das Element Helium, das leichter als Luft ist, anhand seiner charakteristischen Spektrallinien im Spektrum des Sonnenlichts (das Wort »Helium« leitet sich von dem griechischen Sonnengott Helios ab). Indem man das Muster der Wellenlängen mit den Emissionsspektren von Wasserstoff und anderen Gasen verglich, gelangte man zu dem Schluss, dass es sich um ein neues Element handeln müsse, das bis dahin unbekannt war. Zum Glück entdeckte man auf der Erde schließlich doch noch unterirdische Heliumvorkommen, sonst könnte man heute keine bunten Ballons in den Himmel steigen lassen.

Die Vorstellung, jedes bewegte Objekt sei mit einer Welle verknüpft, deren Wellenlänge umgekehrt proportional zu dem Impuls des Objekts ist, mutet zwar merkwürdig an, doch kann man mit ihrer Hilfe die Grundlagen der Chemie erklären. Bringt man zwei Atome nah genug zusammen, dass sie eine chemische Bindung eingehen können, entsteht dabei eine neue Art von Stoffbaustein, ein Molekül. Doch warum sollten Atome das tun? Die negativ geladenen Elektronen des ersten Atoms werden doch mit Sicherheit die negativ geladenen Elektronen des zweiten Atoms abstoßen. Vor dem Aufkommen der Quantenmechanik gab es keine befriedigende Erklärung dafür, warum das Universum nicht nur aus isolierten elementaren Atomen besteht.

Dass Atome chemische Bindungen eingehen, liegt an den Wechselwirkungen zwischen den Materiewellen ihrer Elektronen. Wenn sich zwei Atome in großer Entfernung voneinander befinden, überlappen sich die Materiewellen ihrer Elektronen nicht. Nähert man die Atome einander an, so dass sich die Elektronenwolken der Atome überschneiden, beginnen die Materiewellen der atomaren Elektronen miteinander zu interferieren und bilden ein neues Wellenmuster, genau wie zwei Steine, die in einen Teich geworfen werden. Das dabei entstehende komplizierte Muster unterscheidet sich deutlich von dem Wellenmuster, das jeder einzelne Stein erzeugt. In den meisten Fällen ist das Muster der interferierenden Materiewellen nur ein hochenergetisches, dissonantes Durcheinander, ähnlich der Kakophonie, die zwei musikalische Anfänger erzeugen, die ohne Ausbildung und Talent gleichzeitig Klarinette und Geige spielen. In diesen Fällen gehen die zwei Atome keine chemische Bindung ein und reagieren nicht miteinander. Gelegentlich überlagern sich die Materiewellen jedoch auf harmonische Weise und erzeugen ein neues Wellenmuster, das eine geringere Gesamtenergie besitzt als die Summe der Energien der zwei einzelnen Materiewellen. In diesem besonderen Fall können die zwei Atome durch die Wechselwirkung der Materiewellen ihre Gesamtenergie verringern. Befinden sie sich erst einmal in diesem Zustand niedrigerer Energie, muss zusätzliche

Energie aufgewendet werden, um sie wieder zu trennen. Dass also die zwei Atome eine dauerhafte chemische Bindung eingehen, obwohl sich die negativ geladenen Elektronen abstoßen, liegt an der wellenartigen Natur der Elektronen.

Leider ist die ganze soeben vorgestellte Argumentation – wonach die diskreten Energieniveaus im Atom daher rühren, dass es nur bestimmte Elektronenumlaufbahnen gibt, die einer ganzzahligen Anzahl von Wellenlängen der Materiewellen des Elektrons entsprechen –, so plausibel sie klingen mag, zu schön, um wahr zu sein. Selbst wenn der Vergleich mit unserem Sonnensystem noch so verlockend ist, dürfen wir uns das Elektron nicht so vorstellen, dass es sich im buchstäblichen Sinne auf einer kreisförmigen oder elliptischen Umlaufbahn um den positiv geladenen Atomkern bewegt. Es würde nämlich in diesem Fall auf seiner gekrümmten Bahn um den Atomkern ständig beschleunigt werden und dabei, wie im vorigen Kapitel erläutert, elektromagnetische Strahlung emittieren, wodurch es kinetische Energie verlieren würde. In weniger als einer billionstel Sekunde würde das Elektron auf einer spiralförmigen Bahn in den Atomkern stürzen, und es gäbe keine stabilen Elemente, keine Chemie und folglich kein Leben.

Trotzdem ist die Vorstellung, es gebe nur bestimmte zulässige Wellenlängen mit den entsprechenden diskreten Energieniveaus, durchaus gültig. Das Bild, das wir benutzt haben, um zu dieser Vorstellung zu gelangen, darf jedoch nur als eine nützliche Metapher und nicht als eine realistische Beschreibung betrachtet werden. Die von Heisenberg und Schrödinger weiterentwickelte Quantentheorie, die wir im nächsten Kapitel diskutieren werden, spricht daher auch nicht von einem punktartigen Elektron, das sich auf einer kreisförmigen Umlaufbahn um den Atomkern befindet und mit einer bestimmten Materiewelle verknüpft ist, sondern von einer »Wellenfunktion« des Elektrons. Ebenso wie es auch im Fall der schwingenden Violinsaite nicht sinnvoll ist zu fragen, wo auf der Saite sich die Welle genau befindet, erstreckt sich die Materiewelle des atomgebundenen Elektrons über das gesamte Atom, und wir können den Aufenthaltsort des Elektrons oder seine Umlaufbahn nicht näher bestimmen. Licht wird von den Elektronen immer nur dann emittiert oder absorbiert, wenn sie im Atom von einem Wellenmuster zu einem anderen übergehen. Wie wir im nächsten Kapitel sehen werden, sind die Materiewellen auch für die Schwierigkeiten auf unendlich vielen Planeten Erde verantwortlich!

21 Ist es ein Traum? Ist es ein Scherz? Ist es ein Märchen? – Die Quantenmechanik

Im vierten Heft der Comicserie *Showcase*, in dem berichtet wird, wie Barry Allen seine Fähigkeit der Supergeschwindigkeit erlangt und sich in den Flash des Silbernen Zeitalters verwandelt, findet eine symbolische Fackelübergabe vom Goldenen an das neue Silberne Zeitalter statt. Kurz bevor Polizeiwissenschaftler Allen vom Blitz getroffen und mit einer Mixtur exotischer Chemikalien übergossen wird, sieht man ihn, wie er in seinem Labor bei einem Glas Milch und einem Stück Kuchen entspannt in *Flash Comics* # 13 schmökert, auf dessen Cover der gleichnamige Held des Goldenen Zeitalters abgebildet ist. Als Barry Allen feststellt, dass der außergewöhnliche Unfall ihn mit Supergeschwindigkeit ausgestattet hat, überlegt er sofort, wie er diese neue Gabe zum Wohle der Menschheit einsetzen kann. Von seiner Lektüre vor dem Unfall inspiriert, legt er sich ein rot-gelbes Kostüm zu und nimmt als der Silver Age Flash seinen Kampf gegen das Verbrechen auf. (Da er sich offenbar nicht im Klaren darüber ist, dass er selbst eine Comicfigur im anbrechenden Silbernen Zeitalter der Superhelden ist, verzichtet er allerdings auf den Namenszusatz »Silver Age« und nennt sich nur »The Flash«). In einem Kunstgriff, der heute als »postmodern« bezeichnet würde, während er damals nur »witzig« war, erhielt also der Flash der vierziger Jahre (der ein anderes Kostüm trug und seine Superfähigkeit auf eine andere, aber nicht weniger unwahrscheinliche Weise bei einem Chemieunfall erlangt hatte) in den Flash-Comics der sechziger Jahre einen Auftritt als Comicfigur in Barry Allens »Realität«.

Der Flash des Goldenen Zeitalters (der im bürgerlichen Leben Jay Garrick hieß) wurde in den Heften des neuen Flash bis September 1961 als fiktiver Charakter behandelt. Dass in Wirklichkeit beide Superhelden existierten, allerdings in *parallelen Welten*, die durch eine »Vibrationsbarriere« voneinander getrennt waren, wurde in dem Klassiker »Flash of Two Worlds« (*The Flash* # 123) (Abb. 27) enthüllt.

In dieser Episode vibriert der superschnelle Flash des Silbernen Zeitalters (Barry Allen) zufällig mit genau der Frequenz, die erforderlich ist, um die Grenze zur Welt seines Idols, des Golden Age Flash (Jay Garrick), zu durchschreiten. Als er erkennt, dass er sich

Abb. 27
Das Titelbild von The Flash *# 123 lässt die Leser erstmals ahnen, dass es neben ihrer eigenen Welt mindestens noch zwei Parallelwelten gibt.*

in der Welt der Helden des Goldenen Zeitalters befindet, sucht er Jay und stellt sich ihm vor. »Wie Sie wissen«, so erklärt der Polizeiwissenschaftler, »können zwei Objekte denselben Platz in Raum und Zeit einnehmen, wenn sie mit verschiedenen Geschwindigkeiten schwingen!« Offensichtlich lagen Barry Allens Stärken eher in der Kriminologie als in der theoretischen Physik, denn ungeachtet ihrer Schwingungsfrequenz können sich zwei Objekte nie an demselben Ort in Raum und Zeit aufhalten, es sei denn, es handelt sich um masselose Objekte wie Photonen. (Wie wir außerdem in Teil 2 gesehen haben, hängt die Schwingung von Atomen in einem Festkörper nur von ihrer Temperatur über dem absoluten Nullpunkt ab.)

Der Autor von »Flash of Two Worlds« war Gardner Fox, der auch viele Folgen der früheren Serie geschrieben hatte. Seine Erklärung, wie der Flash des Silbernen Zeitalters auf seiner Erde Comics über die Abenteuer des Golden Age Flash in dessen Welt lesen konnte, liefert einen interessanten Einblick in seine Arbeitsgewohnheiten. So äußert Barry die Vermutung: »Ihre Abenteuer wurden von einem Schriftsteller namens Gardner Fox geschrieben, der behauptete, dass sie ihm in seinen Träumen eingefallen seien! Offenbar waren Fox' Gehirnströme im Schlaf auf die Schwingung Ihrer Erde eingestellt! Dies erklärt, wie er sich den Flash ›erträumen‹ konnte!«* Diese Begegnung des Silver Age Flash mit seinem Vorgänger, dem Golden Age Flash, kam bei den Comicfans so gut an, dass die Schwingungsbarriere zwischen Erde-1 und Erde-2 immer häufiger überwunden wurde. Entgegen der Reihenfolge ihres Erscheinens wurde die Welt, auf der der Held des Goldenen Zeitalters lebt, als Erde-2 bezeichnet, die Welt des neuen Helden als Erde-1. Die Welt des Lesers, in der alle Superhelden nur als fiktive Comiccharaktere existieren, erhielt die Bezeichnung Erde-P (Earth-Prime). Es war nur eine Frage der Zeit, bis die gesamte Riege der *Justice League of America* des Silbernen Zeitalters – bestehend aus Flash, Green Lantern, Atom, Batman, Superman, Wonder Woman und anderen Superhelden – mit ihren Vorgängern aus der Justice Society of America von Erde-2 zusammentraf, um gemeinsam

* Obwohl Barrys Erklärung im Grunde gar nicht so aufregend ist, war es im Silbernen Zeitalter des Comics einfach üblich, jeden Satz, der nicht eine Frage war, mit einem Ausrufezeichen zu beenden!

Abenteuer zu bestehen. Die Begegnung dieser Superteams war so populär, dass sie rasch zu einer jährlichen Tradition wurde. Aber natürlich ließ der Reiz dieser jährlichen Treffen irgendwann dann doch nach. Die Justice League erweiterte daher ihren Aktionsradius und besuchte bald noch andere Welten, wie etwa Erde-3, wo sich als ihr böses Gegenstück das Crime Syndicate of America gebildet hatte (mit diesem Namen wollte man sich vermutlich von den europäischen Verbrecherkollegen absetzen). Captain Marvel, alias Billy Batson, der sich in einen Superhelden verwandeln konnte, indem er »Shazam!« rief, bevölkerte mit seinen Nebendarstellern die Erde-S und erhielt im Laufe der Zeit ebenfalls Besuch von der Justice League of America.* Erde-X, Erde-4 und andere folgten, und schließlich konnte nur noch der Begriff »Multiversum« die scheinbar unendliche Anzahl alternativer Universen treffend beschreiben.

Die Ausgaben von *Justice League of America,* in denen die Begegnungen zwischen den Helden des Silbernen und des Goldenen Zeitalters beschrieben werden, tragen stets Titel wie »Crisis on Earth-2« oder »Crisis on Earth-3«. Allerdings wurde das Beziehungsgeflecht mit der Zeit immer verwickelter, und es gab so viele alternative Handlungsfäden, dass DC Comics 1985 beschloss, das Multiversum auszudünnen. Die auf ein Jahr angelegte Miniserie, in der dieser Prozess beschrieben wurde, trug den Titel *Crisis on Infinite Earths*. Sie bot den Autoren und Herausgebern von DC Comics die Gelegenheit, schwächelnde Helden der weniger beliebten Welten auszusondern und alle Helden der besser verkäuflichen Titel auf einer Erde (zufälligerweise der Erde-1 des Silbernen Zeitalters) zu vereinen. Unter Comicfans ist die Miniserie *Crisis on Infinite Earths* daher vor allem wegen des Ablebens von Barry Allen Flash und Supergirl bekannt (beide fanden einen heroischen Tod im Kampf gegen den bösen Tyrannen, der es auf die Vernichtung der Erde-1 des Silbernen Zeit-

* Inzwischen hatte DC das langwierige Gerichtsverfahren wegen Urheberrechtsverletzung und Plagiat von Superman gegen den Verlag von Captain Marvel, Fawcett, gewonnen. Wirtschaftlich geschwächt von dem Prozess, sah sich Fawcett gezwungen, DC die Rechte an Captain Marvel zu verkaufen. Und siehe da: Kaum war die DC-Verlagsführung selbst im Besitz der Rechte, machte sie sich offenbar keine Sorgen mehr darum, dass die Captain-Marvel-Comics eine unfaire Konkurrenz zu Superman darstellen und dessen wirtschaftliches Überleben gefährden könnten.

alters abgesehen hatte) sowie wegen des Versuchs, jede Spur von Superboy aus der Geschichte Supermans zu tilgen. Während Allen und Supergirl im Gegensatz zu vielen anderen verblichenen Comic-Superhelden nicht wieder zum Leben erweckt wurden (höchstens für kurze Gastauftritte in anderen Episoden, um deren Verkaufserfolg zu steigern), hatte der jugendliche Clark Kent durchaus schon wieder einige Abenteuer als Verbrechensbekämpfer zu bestehen.

So lächerlich dies alles klingen mag, könnte die Vorstellung einer unendlichen Anzahl von Parallelwelten eines der merkwürdigsten Beispiele für die korrekte Wiedergabe physikalischer Ideen in Comics sein!* Genau vier Jahre vor der Veröffentlichung von *Showcase* # 4 wurde nämlich das Konzept einer unendlichen Anzahl paralleler Universen ernsthaft als eine Interpretation der Gleichungen der Quantenmechanik vorgestellt. Anders ausgedrückt: *Manche Physiker glauben, dass der Vorstellung paralleler Universen in der theoretischen Physik eine ernsthafte Rolle zukommt, ohne dass sich dabei Widersprüche ergäben.* Den gegenwärtigen Theorien zufolge würden solche alternativen Welten, falls sie existieren, nicht nach dem Muster des DC-Universums, sondern eher nach dem des Marvel-Universums funktionieren. Dort lassen kleine Änderungen an der Geschichte einer Comicfigur divergierende Welten entstehen, die von jemandem aus einer anderen Realität ungeachtet seiner Schwingungsfrequenz niemals besucht werden können. Ein Beispiel dafür sind die vom Watcher präsentierten Geschichten wie »What if Gwen Stacy Had Lived?« (»Was wäre, wenn Gwen Stacy überlebt hätte?«).

GROSSE GEISTER HABEN DIESELBEN EINGEBUNGEN

Bisher haben wir in diesem Buch vor allem die so genannte »klassische Mechanik« behandelt. Die »Mechanik« eines Objekts zu verstehen bedeutet, dass man seine Statik (zum Beispiel den größten Winkel, unter dem eine Leiter noch sicher an der Wand stehen bleibt)

* Diesmal ist das Ausrufezeichen gerechtfertigt!

und seine Bewegung (etwa die Geschwindigkeit, mit der die Leiter fällt, wenn sie von der Wand wegrutscht) vorhersagen kann, wenn man die äußeren Kräfte kennt, die auf es einwirken. Die grundlegende Gleichung, die bestimmt, wie sich ein makroskopisches Objekt auf die Einwirkung einer Kraft hin verhält, ist unser alter Bekannter, das zweite newtonsche Axiom, **F = ma**. Für die Bewegung großer Objekte (wie Autos, Bälle und Menschen) sind die Gravitation, die Reibung und die Elektrostatik die beherrschenden Kräfte. Selbst als wir uns mit der Elektrizität und dem Magnetismus befassten, benutzten wir die Formel **F = ma**, wobei es sich bei dem **F** auf der linken Seite der Gleichung entweder um die (anziehende oder abstoßende) Coulomb-Kraft zwischen elektrischen Ladungen handelte oder um die Kraft eines Magnetfeldes auf eine bewegte elektrische Ladung. Dass die »Quantenmechanik« als ein von der »klassischen Mechanik« abgetrennter Bereich der Physik zu betrachten ist, liegt daran, dass die Gleichung **F = ma** versagt, sobald es um Elektronen und Atome geht.

Nach allerlei vergeblichen Bemühungen, die klassische Mechanik (insbesondere die newtonschen Gesetze) mit den atomaren Gegebenheiten in Einklang zu bringen, mussten die Physiker widerstrebend einsehen, dass im Innern von Atomen eine andere Art von »Mechanik« gilt. Um zu beschreiben, wie Atome auf äußere Kräfte reagieren, war eine neue Gleichung vonnöten. Rund 25 Jahre dauerte es, bis nach vielen Irrungen und Wirrungen Werner Heisenberg und Erwin Schrödinger gleichzeitig, aber unabhängig voneinander das für Atome geltende korrekte Äquivalent für **F = ma** fanden.

Aber keine Sorge: Mit den mathematischen Details der von Heisenberg und Schrödinger verfolgten Ansätze wollen wir uns nicht aufhalten. In Abb. 28 ist zwar die Schrödinger-Gleichung wiedergegeben, aber nur damit wir sie wie ein exotisches Tier im Zoo bestaunen können. Während Heisenbergs Ansatz auf der linearen Algebra beruht, benutzte Schrödinger komplexe partielle Differenzialgleichungen. (Der Einfachheit halber wollen wir uns im restlichen Kapitel auf Schrödinger konzentrieren.) Eine halbwegs ausführliche Erläuterung dieser mathematischen Theorien würde den Pakt verletzen, den wir eingangs geschlossen und bis jetzt gehalten haben, nämlich dass wir keine Mathematik verwenden wollen, die über ein solides Grundwissen hinausgeht (die Algebra, die wir bisher benutzt haben, hat mit linearer Algebra etwa ebenso viel zu tun wie eine Stubenfliege mit einer Stube).

Trotzdem lohnt es sich an dieser Stelle, zwei Anmerkungen zu der benutzten Mathematik zu machen. Erstens, während Isaac Newton die Infinitesimalrechnung erst *erfinden* musste, um die von ihm entdeckten Axiome der Mechanik anwenden zu können, waren sowohl Heisenberg als auch Schrödinger in der glücklichen Lage, auf bereits vorhandene mathematische Methoden zurückgreifen zu können. So waren sowohl die lineare Algebra als auch die partiellen Differenzialgleichungen, die Heisenberg und Schrödinger benutzten, um ihre physikalischen Ideen auszudrücken, von Mathematikern schon im achtzehnten und neunzehnten Jahrhundert erfunden worden und hatten sich bis 1925 längst etabliert.

Häufig entwickeln Mathematiker einen neuen Zweig der Mathematik oder Analysis aus reiner Freude an der Erschaffung eines logisch aufgebauten, in sich stimmigen Regelwerks. Und manchmal entdecken Physiker viel später, dass für die Beschreibung des Verhaltens eines von ihnen untersuchten Teilbereichs der Natur just jene Werkzeuge unverzichtbar sind, die ursprünglich nur als intellektuelle Spielerei eines Mathematikers erfunden wurden. Zum Beispiel wäre Einstein die Formulierung der allgemeinen Relativitätstheorie im Jahr 1915 wohl viel schwerer gefallen, wenn er sich nicht auf die von Bernhard Riemann schon 1854 entwickelte Geometrie gekrümmter Räume hätte stützen können. Dieses Szenario, dass Physiker die Fortschritte von morgen mit den mathematischen Werkzeugen von gestern erzielen, hat sich bereits so oft wiederholt, dass die Physiker nichts mehr dabei zu finden scheinen.

Die zweite Anmerkung zu den von Heisenberg und Schrödinger aufgestellten Theorien betrifft ihre Äquivalenz: Obwohl die beiden Wissenschaftler ganz verschiedene Zweige der Mathematik benutzten und ihre Formeln ganz verschieden aussehen, zeigt sich bei näherer Untersuchung (wie Schrödinger sie 1926 vornahm), dass ihre Theorien mathematisch äquivalent sind. Aber vielleicht ist das ja doch nicht so verwunderlich, denn schließlich beschreiben sie dieselben physikalischen Phänomene (Atome, Elektronen und Licht) und beruhen auf denselben experimentellen Daten, auch wenn die von ihnen benutzten mathematischen Sprachen weit auseinander liegen.

Schrödinger und Heisenberg entwickelten ihre verschiedenen Beschreibungen der Quantenwelt völlig unabhängig voneinander im selben Jahr. Das Phänomen, dass bestimmte Ideen manchmal in der Luft liegen, einfach weil ihre Zeit gekommen ist, beschränkt sich nicht auf die theoretische Physik, sondern lässt sich auch in anderen Bereichen feststellen. Gewöhnliche Nachahmung ist natürlich der Hauptgrund dafür, warum sich Fernsehprogramme und Hollywoodfilme oft so ähneln, ebenso wie auch die rasche Verbreitung von Superhelden-Comics nach dem Erfolg Supermans in Action Comics darauf zurückzuführen ist, dass viele andere Verlage, einschließlich National Comics, hofften, auf den fahrenden Zug aufspringen zu können. Es gibt jedoch durchaus einige wohl dokumentierte Beispiele dafür, dass verschiedene Filmstudios oder Fernsehanstalten gleichzeitig ein bestimmtes Genre, wie etwa den Piratenfilm oder Arzt-Soaps, unabhängig voneinander wiederentdeckten. Diese Synchronizität gibt es auch im Comicgenre, wie das Beispiel der X-Men und der Doom Patrol zeigt. Im März 1964 veröffentlichte DC Comics *My Greatest Adventures* # 80, in dem ein Team von Außenseiter-Superhelden wie Robotman, Negative Man und das obligatorische weibliche Teammitglied Elasti-Girl sein Debüt gibt. Ihr Anführer ist ein an den Rollstuhl gefesseltes Genie, den sie nur als Chief (Häuptling) bezeichnen. Er überzeugt sie, sich zu einer Gruppe zusammenzuschließen und ausgerechnet jener Gesellschaft zu helfen, die aufgrund ihrer außergewöhnlichen Fähigkeiten nichts von ihnen wissen will. Dabei müssen sie sich häufig mit Gegenspielern aus einer Bruderschaft des Bösen herumschlagen. Drei Monate später kam das erste Heft einer neuen Marvel-Serie, *X-Men* #1, auf den Markt, in dem ein Team von Mutanten wie Cyclops, Beast, Angel, Iceman und das obligatorische weibliche Teammitglied Marvel Girl seinen Auftritt hat. Diese mit Superfähigkeiten ausgestatteten Teenager wurden von dem an den Rollstuhl gefesselten und über telepathische Kräfte verfügenden Professor X angeführt, der sie rekrutierte und dazu ausbildete, genau jener Gesellschaft beizustehen, die aufgrund ihrer außergewöhnlichen Fähigkeiten nichts von ihnen wissen will, wobei auch sie häufig Gegenspieler aus einer Bruderschaft der bösen Mutanten bekämpfen müssen.

Trotz einiger erheblicher Unterschiede (Professor X ist kahlköpfig und glatt rasiert, während der Chief rotes Haar und einen Bart hat) haben sich viele Comicfans in Anbetracht der auffallenden Übereinstimmungen gefragt, ob die X-Men nach dem Vorbild der Doom Patrol entworfen wurden. Interviews mit den Autoren beider Comics und Nachforschungen von Comichistorikern deuten aber darauf hin, dass das fast zeitgleiche Erscheinen vermutlich ein Zufall war. Die lange Vorlaufzeit, die nötig ist, um einen Comic zu entwerfen, zu schreiben, zu zeichnen, zu tuschen und zu beschriften, bis er schließlich in den Druck und anschließend in den Verkauf gelangt, lässt darauf schließen, dass die X-Men sich bereits in Produktion befanden, als die Doom Patrol erstmals erschien.

Ein weiteres Beispiel für das fast zeitgleiche Erscheinen erstaunlich ähnlicher Comics ist *Swamp Thing* (geschrieben von Len Wein) und *Man-Thing* (geschrieben von Gerry Conway und Roy Thomas), die 1971 im Abstand von nur einem Monat bei DC beziehungsweise Marvel veröffentlicht wurden und von scheußlichen moosbewachsenen Sumpfmonstern handeln. Sowohl Wein als auch Conway beteuern, ihre Schöpfungen seien nicht voneinander beeinflusst, und die Tatsache, dass sie sich zu der Zeit eine Wohnung teilten, ist reiner Zufall.

* * *

Wenn das Verhalten von Objekten auf atomarer Ebene von den mit ihrer Bewegung verknüpften Materiewellen bestimmt wird, dann benötigt die Atomphysik eine Gleichung, die beschreibt, wie sich diese Wellen mit der Zeit im Raum ausbreiten. Viele Physiker bemühten sich Anfang der zwanziger Jahre darum, eine solche Gleichung zu finden, aber erst Erwin Schrödinger (Abb. 28) gelang es im Jahr 1925, die richtige mathematische Formel gewissermaßen zu erraten.

Mit der Schrödinger-Gleichung besaßen die Physiker endlich ein Werkzeug, mit dessen Hilfe sie die Wechselwirkungen von Atomen

Foto von Francis Simon, mit freundlicher Genehmigung von AIP Emilio Segrè Visual Archives, Francis Simon Collection.

Abb. 28 *Erwin Schrödinger, theoretischer Physiker, Nobelpreisträger und Frauenheld, in Gedanken bei der nach ihm benannten Schrödinger-Gleichung, die die Grundlage der Quantenmechanik und unseres modernen hochtechnisierten Lebensstils ist.*

und Licht verstehen konnten. Nichts anderes hatte Schrödinger mit seiner Gleichung im Sinn gehabt. Doch nur eine Generation später entwickelte eine neue Riege von Wissenschaftlern auf der Grundlage der Erkenntnisse, die die Schrödinger-Gleichung ermöglichte, den Transistor, den Laser, die Kernspaltung (Grundlage der Atombombe) und die Kernfusion (Grundlage der Wasserstoffbombe). Dabei war insbesondere der Weg zur Entwicklung des Transistors und des Lasers mit Schwierigkeiten gepflastert, die nur mit Hilfe der Quantentheorie gemeistert werden konnten. Noch eine Generation später folgte die Erfindung des CD-Players, des PCs, des Mobiltelefons und des DVD-Players – um nur einige Beispiele zu nennen. Und da keines dieser Wunderwerke der Technik auf den Transistor oder den Laser verzichten kann, wären sie ohne die Schrödinger-Gleichung nicht möglich gewesen. Es verwundert daher wenig, dass bis zur Einführung des Euro in seinem Heimatland Österreich Schrödingers

Porträt auf den 1000-Schilling-Scheinen abgebildet war. Denn schließlich kann er mit Fug und Recht als einer der Architekten des heute für selbstverständlich gehaltenen modernen Lebensstils betrachtet werden.

Ich sagte vorhin, Schrödinger habe die Form der Materiewellengleichung »gewissermaßen erraten«. Dies mag überspitzt ausgedrückt sein. Erwin Schrödinger benutzte seine außerordentliche physikalische Intuition, um eine neuartige Gleichung zu entwickeln, die das Verhalten von Atomen beschreibt. Wir Normalsterblichen werden vielleicht niemals begreifen, wie solche Geistesgrößen wie Newton oder Schrödinger ihre erstaunlichen Leistungen vollbringen. Die Intuition, die zur Formulierung einer neuen Theorie der Natur führt, ist vielleicht noch beeindruckender als die, die einer künstlerischen Schöpfung zugrunde liegt, denn eine neue physikalische Theorie muss nicht nur originell und mathematisch schlüssig sein, sie muss auch mit den experimentellen Beobachtungen übereinstimmen. Die eleganteste physikalische Theorie ist nutzlos, wenn sie von Experimenten widerlegt wird.

Auch wenn wir nicht genau wissen, wie Schrödinger zu seiner erstaunlichen Einsicht gelangte, wissen wir doch recht genau, wo und wann er sie hatte. Wissenschaftshistoriker berichten, dass Schrödinger seine berühmte Formel 1925 entwickelte, als er im Haus eines Freundes in den Schweizer Alpen verlängerte Weihnachtsferien machte. Ferner wissen wir, dass er nicht allein war, obwohl es nicht seine Frau war, die ihn begleitete. Welche seiner zahlreichen Freundinnen ihm Gesellschaft leistete, entzieht sich jedoch unserer Kenntnis.

An dieser Stelle verspürt der Leser vielleicht den Wunsch, noch einmal Schrödingers Foto in Abb. 28 zu betrachten. (Möglicherweise haben wir eine Antwort auf die Frage gefunden: Warum grinst dieser Mann?) Schrödinger sieht eigentlich nicht wie der typische Frauenheld aus. Sollte man sich jemals gefragt haben, ob es eine mathematische Formel gibt, die einen Menschen für das andere Geschlecht attraktiv macht, dann ist vielleicht die Schrödinger-Gleichung ein erster vielversprechender Kandidat. Allein schon der in diesem Kapitel vorgestellte kurze Abriss der Quantenphysik wird zweifellos, wenn Sie nur fest daran glauben, Ihre erotische Anziehungskraft steigern. Ganz zu schweigen von dem unwiderstehlichen Sex-Appeal, den ein enzyklopädisches Wissen über Superhelden-Comics verleiht!

SCHRÖDINGERS ZWEI-WELTEN-KATZE

Schrödingers Gleichung ist das für Elektronen und Atome geltende Äquivalent von **F = ma**. Ebenso wie das newtonsche Gesetz die Beschleunigung **a** und davon ausgehend die Geschwindigkeit und den Ort eines Objekts beschreibt, wenn die äußere Kraft **F** bekannt ist, so erlaubt es die Schrödinger-Gleichung, bei Kenntnis der potenziellen Energie (dem **V** in der Gleichung) die Wahrscheinlichkeit pro Volumenelement Ψ^2 auszurechnen, mit der das Elektron an einem bestimmten Ort in Raum und Zeit anzutreffen ist. Sobald ich weiß, mit welcher Wahrscheinlichkeit sich das Elektron an bestimmten Orten aufhält, kann ich den *durchschnittlichen* Aufenthaltsort beziehungsweise den *durchschnittlichen* Impuls des Elektrons berechnen. Da die *Durchschnittswerte* die einzig zuverlässigen Größen sind, sollten wir von einer Theorie auch gar nicht mehr fordern.

Wenn wir in der Quantenphysik von *Durchschnittswert*en sprechen, so meinen wir damit etwas anderes als die Durchschnittswerte, um die es in Kapitel 12 bei der Erörterung der Thermodynamik ging. Damals bezogen wir uns auf die durchschnittliche Energie pro Atom in einem Objekt – wie sie durch seine Temperatur ausgedrückt wird –, einfach weil es bequem war. Prinzipiell könnten wir jedoch, wenn wir über genügend Zeit und Rechnerkapazität verfügten oder superschnell wie Flash oder Superman wären, den Ort und den Impuls jedes einzelnen Luftmoleküls in einem Raum verfolgen. Dies würde es uns erlauben auszurechnen, welche Kräfte in jedem Augenblick pro Flächeneinheit auf die Wände wirken. Der Durchschnittswert dieser Krafteinwirkung bestimmt das, was wir den Druck nennen, dem die Wände ausgesetzt sind. In Quantensystemen wird dagegen unsere Fähigkeit, genaue Messungen durchzuführen, durch die wellenartigen Eigenschaften der Materie grundsätzlich beschränkt. Durchschnittswerte sind das Beste, das wir erzielen können.

Was hat es mit der wellenartigen Natur der Materie auf sich, dass es so schwierig ist, den genauen Ort eines Elektrons in einem Atom präzise zu bestimmen? Stellen wir uns eine gespannte Violinsaite mit einer Grundfrequenz und mehreren höheren Obertönen vor. Nehmen wir an, die Saite schwingt mit einer gegebenen unhörbaren Frequenz. Wenn ihre Schwingungen so schnell wären, dass wir sie nicht sehen können, wie stellen wir fest, ob sie schwingt? Eine Möglichkeit bestünde darin, die Saite zu berühren und die Schwingung mit unseren Fingern zu ertasten. Wenn wir einen so hochentwickelten Tastsinn wie Matt Murdock, alias Daredevil, hätten, könnten wir sogar die genaue Frequenz bestimmen, mit der die Saite hin- und herschwang. Ich benutze bewusst die Vergangenheitsform, weil die Saite, nachdem wir sie berührt haben, nicht mehr so weiterschwingen wird wie vorher. Sie wird entweder ganz aufhören zu schwingen oder eine andere Frequenz haben.

Möglicherweise lässt sich die Schwingungsfrequenz auch dadurch bestimmen, dass wir die Finger nur ganz nah an die Saite halten, ohne sie direkt zu berühren. So spüren wir vielleicht die durch die vibrierende Saite verursachten Schwingungen in der Luft. Im Interesse einer möglichst genauen Messung wäre es allerdings erforderlich, die Fingerspitzen sehr nah an die Saite heranzubringen. In diesem Fall würden die Luftschwingungen von unseren Fingern zur Saite zurückgeworfen werden, was das Schwingungsmuster verändern könnte. Je größer der Abstand zwischen unseren Fingern und der Saite, desto schwächer ist dieser Einfluss, aber desto ungenauer ist auch die Bestimmung der Schwingungsfrequenz.

Die Schwingungen der Materiewelle eines atomgebundenen Elektrons sind ebenso störanfällig. Wenn man den Ort eines Elektrons zu messen versucht, beeinflusst man die mit dem Elektron verknüpfte Materiewelle. Über die Rolle des »Beobachters« in der Quantenphysik ist viel geschrieben worden. Letztendlich lässt sich die Situation jedoch auf den folgenden einfachen Nenner bringen: Wenn das, was man betrachten möchte, kleiner als die Sonde ist, die man zu seiner Betrachtung benutzt, dann ist der Vorgang der Betrachtung mit einer Störung des Betrachteten verbunden.

Mit Hilfe der Quantentheorie lässt sich die »Halbwertszeit«, die durchschnittliche Zeit, die man warten muss, bis die Hälfte einer großen Anzahl radioaktiver Isotope zerfallen ist, sehr genau bestimmen. Sie ist allerdings ungeeignet, um vorherzusagen, wann ein einzelnes Atom zerfallen wird. Das Problem mit einzelnen Ereignissen kann am besten durch das folgende Beispiel veranschaulicht werden: Ich habe eine Münze und darf sie genau einmal werfen. Wie hoch ist die Wahrscheinlichkeit, dass sie mit der Zahl nach oben landet? Rein intuitiv werden Sie vermutlich antworten, 50 Prozent, andererseits befürchten Sie vielleicht eine Falle. Und damit hätten Sie ganz Recht – es ist eine Fangfrage. Wer sagen würde, die Chance, dass die Münze mit der Zahl nach oben landet, sei 50 Prozent, den würde ich auffordern, es zu beweisen. Und das ist unmöglich, solange Sie nur einen Wurf haben und wir nicht in einer Welt mit Münzen leben, die auf beiden Seiten eine Zahl haben. Wenn Sie die Münze tausendmal werfen (oder tausend Münzen einmal werfen), werden Sie feststellen, dass die Münze in annähernd 50 Prozent der Fälle mit der Zahl nach oben landet. Geht es aber um ein einzelnes Ereignis, sind Wahrscheinlichkeitsaussagen nur von sehr begrenztem Nutzen. Mehr als solche Wahrscheinlichkeitsaussagen hat die Schrödinger-Gleichung allerdings nicht zu bieten. Viele ältere Physiker, die an die uhrwerkartige Präzision der newtonschen Mechanik gewöhnt waren, konnten sich damit nicht abfinden und schlugen ein Gedankenexperiment mit einer Katze vor, das eine wahre »Büchse der Pandora« öffnete.

Das Versuchsszenario sah wie folgt aus: Eine Katze, eine versiegelte Giftphiole und ein kleiner Behälter mit einem einzelnen Atom eines radioaktiven Isotops befinden sich in einer Kiste. Das radioaktive Element hat eine Halbwertszeit von einer Stunde, was der Quantenmechanik zufolge bedeutet, dass nach einer Stunde eine fünfzigprozentige Chance besteht, dass es zerfallen ist. Findet ein radioaktiver Zerfall statt, wird ein Alphateilchen (das nichts anderes als ein Heliumkern ist) emittiert. Die Giftphiole ist so konstruiert, dass sie sich öffnet und ihre giften Dämpfe freigibt, sobald das Alphateilchen auf sie trifft. Nach einer Stunde besteht also eine fünfzigprozentige Chance, dass die Katze tot ist, und eine fünfzigprozentige Chance, dass die Phiole intakt blieb und die Katze lebt.

Der Schrödinger-Gleichung zufolge kann die Katze vor Ablauf des Versuchszeitraums von einer Stunde, zu welchem Zeitpunkt die Kiste geöffnet wird, nur als »Überlagerung« (so etwas Ähnliches wie der Durchschnitt) einer toten und einer lebendigen Katze betrachtet werden. Erst wenn der Deckel geöffnet wird, bricht die »Wellenfunktion der Durchschnittskatze« zusammen, und wir haben eine Wellenfunktion, die entweder eine hundertprozentig lebendige oder eine hundertprozentig tote Katze beschreibt. Ohne den Deckel zu öffnen, können wir jedoch nicht wissen, welche es sein wird. Wären die Wände der Kiste durchsichtig, könnte man nicht ausschließen, dass das Licht von außen den Zerfallsprozess stört (wir erinnern uns: Quantensysteme können durch den Prozess der Beobachtung beeinflusst werden). Obschon jüngste Experimente mit verschränkten Zuständen von Lichtquanten, wie sie in *JLA* # 19, der neuesten Version der *Justice League of America*, beschrieben sind, diese Interpretation der Quantentheorie zu stützen scheinen, wurde sie von vielen Physikern als unbefriedigend empfunden, und so ist viel Gehirnschmalz und Erfindungsreichtum aufgeboten worden, um die durch Schrödingers Katze heraufbeschworenen Merkwürdigkeiten zu vermeiden. Eine der provokanteren Lösungen dieses Problems, die wir im Folgenden erläutern wollen, ermöglicht es Flash und Superman, alternative Welten zu besuchen.

Im Jahr 1957 entwickelte Hugh Everett III die These, dass in dem Augenblick, in dem die Katze in die versiegelte Kiste eingeschlossen wird, zwei parallele Universen entstehen, die sich sofort voneinander abspalten: ein Universum, in dem die Katze nach Ablauf einer Stunde noch lebt, und ein anderes, in dem sie dann bereits tot ist. Wenn wir die Kiste öffnen, bringen wir also weder sich überlagernde Wellenfunktionen zum Kollaps, noch ist die Katze, bevor wir nachsehen, zu 50 Prozent tot und zu 50 Prozent lebendig. Vielmehr bestimmen wir nach Ablauf einer Stunde nur, in welcher Welt wir leben – in einer Welt, in der die Katze lebt, oder in einer, in der sie tot ist. Tatsächlich gibt es für *jeden* Quantenprozess, der mindestens zwei mögliche Ergebnisse hat, ebenso viele Universen wie Möglichkeiten. Sobald sich die beiden Welten gemäß den zwei möglichen Ergebnissen eines bestimmten Quantenereignisses voneinander getrennt haben, schlagen sie verschiedene Entwicklungswege ein, die im Weiteren davon beeinflusst werden, welche Myriaden von Quantenereignissen der ursprünglichen Gabelung folgen. Liegt die Verzweigung noch nicht sehr lange zurück, dann können sich die beiden Erden noch vergleichsweise ähnlich sein. Je mehr Zeit jedoch seit der Abspaltung verstrichen ist, desto mehr Gelegenheit besteht, dass nachfolgende Quantenereignisse Ergebnisse zur Folge haben, die von denen auf der anderen Erde abweichen. Die Geschichte dieser zweiten Erde mag zwar unserer eigenen ähneln, aber es können sich genauso gut dramatische Unterschiede ergeben haben.*

Somit liefert die Quantentheorie die physikalische Erklärung sowohl für die »What If?«-Geschichten im Marvel-Universum als auch für die alternativen Erden der DC Comics. Und so kann Jay Garrick auf der einen Erde bei einem Chemieunfall »harten Wasserdampf« einatmen, dadurch die Fähigkeit der Supergeschwindigkeit erlangen und sich fortan als Flash, zusammen mit seinen Kollegen von der Justice Society of America, dem Kampf für Gerechtigkeit widmen, während auf einer anderen Erde der Polizeiwissenschaftler Barry Allen vom Blitz getroffen und gleichzeitig mit verschiedenen Chemikalien überschüttet wird, wodurch ihm ebenfalls die Gabe der Supergeschwindigkeit zuteil wird, die er benutzt, um fortan mit seinen Kollegen von der Justice League of America das Böse zu bekämpfen. Auf wieder einer anderen Erde kann der mit Supergeschwindigkeit ausgestattete Johnny Quick mit seinen Kumpanen vom Crime Syndicate of America allerlei Missetaten verüben. Prinzipiell gibt es entsprechend der unendlichen Zahl möglicher Ergebnisse aller möglichen Quantenereignisse unendlich viele Welten, doch besteht ein Eckpfeiler der Viele-Welten-Theorie darin, dass eine Kommunikation zwischen diesen multiplen Welten für gewöhnlich ausgeschlossen ist. Aber eben nur »für gewöhnlich«. Offenbar ist es für jemanden, der wie Flash mit Supergeschwindigkeit vibrieren kann, ein Leichtes, zwischen diesen Welten hin- und herzupendeln – solange Leser bereit sind, Geld für solche Geschichten auszugeben.

* Eine ausgezeichnete Zusammenfassung der obigen Diskussion über Schrödingers Katze findet sich in *Animal Man* # 32. Es empfiehlt sich jedoch, mit der Vorgeschichte in Ausgabe # 27 zu beginnen.

Für die Physiker hatte der Vorschlag von Hugh Everett III eine ganz anders geartete Krise unendlicher Welten zur Folge. Der Versuch, das Problem der schrödingerschen Katze mit der Viele-Welten-Theorie zu lösen, war für die meisten Physiker ein Beispiel dafür, den Teufel mit dem Beelzebub auszutreiben. Trotzdem ist die Theorie logisch und physikalisch in sich schlüssig, und niemand konnte sie bisher widerlegen.

Die Physiker, die sich nicht damit abfinden mochten, dass eine vollständige Theorie der Natur nur Wahrscheinlichkeiten vorhersagen kann, fanden auch die Vorstellung schwer verdaulich, dass am laufenden Band unendlich viele alternative Universen entstehen. Das »Viele-Welten-Modell« ist seit seiner Veröffentlichung als die »verrückte Tante« der Quantentheorie betrachtet und bis vor kurzem auf dem sprichwörtlichen Dachboden versteckt worden. So habe ich während meines gesamten Studiums nie etwas von ihr gehört. Das änderte sich erst, als ich als Doktorand zufällig über ein herrenloses Exemplar des Buches *The Many-Worlds Interpretation of Quantum Mechanics* von Bryce DeWitt und Neill Graham stolperte. In dem erfolgreichen Bemühen, mich vor meiner Seminararbeit zu drücken, nahm ich das merkwürdige Buch zur Hand und begann, darin zu lesen. Und so erfuhr ich, dass es irgendwo in einem anderen Universum einen anderen James Kakalios gibt, der seine Aufgaben pünktlich erledigt (nicht, dass mir dieses Wissen viel genutzt hätte).

Obwohl sich nur wenige Physiker mit der Viele-Welten-Interpretation anfreunden können, gibt es eine Gruppe theoretischer Physiker, die sie begeistert aufgegriffen hat.

WARUM SUPERMAN DIE GESCHICHTE NICHT ÄNDERN KANN

In den Jahren seit der Entdeckung der Schrödinger-Gleichung haben die Wissenschaftler nicht nur erforscht, wie die Materiewelle eines Elektrons mit elektrischen und magnetischen Feldern wechselwirkt (eine Theorie, die als Quantenelektrodynamik oder QED bekannt ist), sondern auch, wie sich die Materiewellen von Quarks in einem Atomkern verhalten (die so genannte Quantenchromodynamik oder QCD). Nun würden die theoretischen Physiker gern noch wissen, wie die Gravitation als Quantenphänomen beschrieben werden kann. Obschon es mit der allgemeinen Relativitätstheorie eine hervorragende Theorie für die Gravitation und mit der QED eine wunderbare Theorie für die Quantennatur der Elektronen gibt, ist es bisher noch niemandem gelungen, diese beiden Theorien zu einem kohärenten Ganzen zu verbinden. Die Theorie, die einer Quantentheorie der Gravitation am nächsten kommt, ist die so genannte Stringtheorie.

Grob vereinfacht besteht die wesentliche Aussage der Stringtheorie darin, dass Masse im Grunde nichts anderes als die Energie einer Welle oder, besser gesagt, der Schwingung eines elementaren fadenförmigen Gebildes sei, das als String bezeichnet wird. Der Theorie zufolge sind diese Strings die elementaren Bausteine, aus denen sich alles im Universum zusammensetzt. Viele Physiker stehen der Stringtheorie in ihrer jetzigen Form skeptisch gegenüber. Der erste Einwand betrifft den etwas lästigen Umstand, dass die Theorie elf Dimensionen (zehn Raumdimensionen und eine Zeitdimension) benötigt, damit die Gleichungen aufgehen. Schließlich leben wir, nach allem, was wir wissen, in einer Welt mit nur drei räumlichen Dimensionen, und niemand hat bisher auch nur die geringste Spur weiterer Dimensionen entdeckt.* Zur Auflösung dieses Widerspruchs haben die Stringtheoretiker die Vermutung aufgestellt, dass es zwar in Wirklichkeit elf Dimensionen gebe, sieben davon aber zu winzigen Bällen aufgerollt seien, deren Durchmesser mit weniger als einem milliardstel Billionstel Billionstel Zentimeter in der Größenordnung der so genannten Planck-Länge liege. Damit sind wir beim zweiten Nachteil der Stringtheorie angelangt: Die Erforschung derartig winziger Größenskalen erfordert so hohe Energien, dass selbst die leistungsfähigsten Teilchenbeschleuniger der nächsten Generationen sie nicht werden erreichen können. Wenn es aber ausgeschlossen ist, die Theorie auf experimentellem Weg zu verifizieren, dann ist das einzige Kriterium, das Anhaltspunkte da-

* Ausgenommen natürlich solche Kobolde wie Mr. Mxyzptlk, Bat-Mite, Mopee und möglicherweise Dr. Strange, als er in *Strange Tales* # 129 die Warnung erhält, sich vor Triboro zu hüten, »dem Tyrannen der sechsten Dimension«.

für bietet, ob sich die Theorie auf der richtigen Fährte befindet, ihre mathematische Eleganz. Dieses Kriterium kann jedoch trügerisch sein. Auch wenn es zutrifft, dass die Gleichungen der klassischen Mechanik, der Elektrizität und des Magnetismus sowie der Quantenmechanik eine gewisse mathematische Schönheit aufweisen, gibt es *a priori* keinen Grund anzunehmen, dass die Natur Rücksicht darauf nimmt, ob wir die Gleichungen schön finden oder nicht.

Wenn Ihnen schwingende Strings und Extradimensionen recht abgehoben vorkommen, wird es Sie freuen, dass sich einige Physiker, die auf dem Gebiet der Quantengravitation arbeiten, einer Frage zugewandt haben, die – zumindest im Comicuniversum – von ungleich größerer praktischer Bedeutung ist: der Frage nach dem Zusammenhang von Zeitreisen, logischen Widersprüchen und Parallelwelten. So haben unlängst einige Physiker behauptet, es sei zwar extrem unwahrscheinlich, dass Zeitreisen jemals technisch verwirklicht werden könnten, gleichwohl seien sie physikalisch nicht ausgeschlossen. Das Problem bei Zeitreisen in die Vergangenheit wird durch das berühmte »Großvaterparadoxon« verdeutlicht. Wenn man in die Vergangenheit reisen könnte, ist es theoretisch möglich, den eigenen Großvater umzubringen, noch bevor er überhaupt Kinder zeugen konnte. In diesem Fall hätte man die eigene Geburt verhindert, allerdings erst nachdem man bereits geboren wurde. Um einen Ausweg aus dieser misslichen Lage zu finden, haben theoretische Physiker die Viele-Welten-Interpretation von Hugh Everett III aus der Schublade gezogen. Wenn es wirklich eine unendliche Anzahl alternativer, paralleler Welten gibt, dann (so die Argumentation der Theoretiker) sind die Verzerrungen der Raumzeit, die erforderlich sind, um in die Vergangenheit zu reisen, so groß, dass man dabei unvermeidlich in ein paralleles Universum befördert wird. Wir können also bedenkenlos so viele Großeltern meucheln, wie wir möchten, ohne befürchten zu müssen, die eigene Existenz zu gefährden, denn unser tatsächlicher Großvater befindet sich sicher in der Vergangenheit unseres eigenen Universums, wo unsere Mordlust in alternativen Welten ihm nichts anhaben kann.

Erstaunlicherweise wurden diese höchst modernen Vorstellungen der theoretischen Physik schon 1961 in dem Comic »Superman's

Greatest Feats« in *Superman* # 146 vorweggenommen. In dieser Episode bittet Lori Lemaris, eine Meerjungfrau aus der versunkenen Stadt Atlantis, Superman um einen Freundschaftsdienst: Er soll in die Vergangenheit reisen, um den vor Millionen von Jahren stattgefundenen Untergang von Atlantis zu verhindern. (Lori und Superman verbindet zwar »eine besondere Beziehung«, aber sie ist nicht seine Freundin.) Obwohl Superman sie zunächst daran erinnert, dass alle seine früheren Versuche, nachträglich in die Geschichte einzugreifen (geschildert in früheren Ausgaben von *Action Comics* und *Superman*) zum Scheitern verurteilt waren, lässt er sich schließlich von Loris Bitten (und, wie es scheint, von ihren schönen Augen) erweichen, es doch wenigstens zu probieren.

Analog dazu, dass es mit beträchtlicher Anstrengung und einer Geschwindigkeit von mehr als 340 Metern pro Sekunde möglich ist, die Schallmauer zu durchbrechen (die Anstrengung ist, wie in Kapitel 5 erläutert, unter anderem darauf zurückzuführen, dass die Luft verdrängt werden muss), wurde in DC Comics vorgeschlagen, dass es mit noch größerer Anstrengung und einer weitaus höheren Geschwindigkeit möglich sein müsse, die »Zeitmauer« zu durchbrechen. (Sowohl Flash als auch Superman, die beide die notwendige Geschwindigkeit erreichen konnten, reisten schon bald kreuz und quer durch die Zeit, so wie die Handlung es erforderte.) In *Superman* #146 begibt sich also unser Held in rasender Geschwindigkeit rund 8000000 Jahre in die Vergangenheit und trifft gerade in dem Augenblick auf der Insel Atlantis ein, als die dort angesiedelte Hochkultur Gefahr läuft, von den gigantischen Wellen eines unterseeischen Bebens verschlungen zu werden. Superman rast zu einer anderen Insel, auf der in sicherer Entfernung von dem Unterseebeben eine weitere fortschrittliche Hochkultur beheimatet ist. Warum wir von dieser antiken Zivilisation nie etwas gehört haben, wird nicht erläutert.

Aus Gebäuden, die auf dieser Insel abgerissen werden sollen, borgt sich Superman ein »seltsames Metall« und fertigt daraus einen riesigen Kran, mit dem er die gesamte Insel Atlantis aus dem Meer hebt, sie in sicherer Entfernung auf einer verlassenen Insel absetzt und sie damit vor dem Beben bewahrt. (Woraus dieses »seltsame Metall« bestehen könnte, das eine so außergewöhnlich hohe Zug-

Abb. 29 *Superman reist durch die Zeit, um zu verhindern, dass Abraham Lincoln von John Wilkes Booth erschossen wird. Doch gelingt es ihm wirklich?*

festigkeit besitzt, dass mit seiner Hilfe eine ganze Insel angehoben werden kann, ist eine Frage, der wir hier lieber nicht nachgehen sollten.)

Im Gegensatz zu allen bisherigen Versuchen gelingt es Superman diesmal tatsächlich, den Lauf der Geschichte zu verändern. Er beschließt daher, die Gelegenheit zu nutzen, um auf seiner Heimreise in die Gegenwart verschiedene andere historische Ereignisse zu »korrigieren«. So bewahrt er Christen davor, im römischen Kolosseum von Löwen gefressen zu werden*, er nimmt den Platz des amerikanischen Nationalhelden Nathan Hale ein, als der von den Briten wegen

* Tatsächlich wurden die Christen im römischen Circus maximus den Löwen zum Fraß vorgeworfen.

Abb. 30 *Superman muss erkennen, dass die Geschichte trotz seiner abenteuerlichen Reisen in die Vergangenheit unverändert geblieben ist.*

Spionageverdachts hingerichtet werden soll, er verhindert General Custers vernichtende Niederlage am Little Bighorn River, und am 14. April 1865 stattet er dem Ford's Theater in Washington einen Besuch ab.

Wie in Abb. 29 gezeigt, hat John Wilkes Booth – Sekunden bevor er auf Präsident Lincoln schießen will – noch Zeit »*Sic semper* – Ulp!« zu äußern, bevor Hände, die Diamanten zermalmen können, seine Pistole zerquetschen. Superman benimmt sich nun wie ein Kind in einem Süßwarenladen der Geschichte. Völlig euphorisch ob seiner vermeintlichen Erfolge, beschließt er, die Bevölkerung seines Heimatplaneten Krypton zu retten. Da er seine Superfähigkeiten im roten Licht von Kryptons Sonne Rao verliert (inzwischen hatte man seine

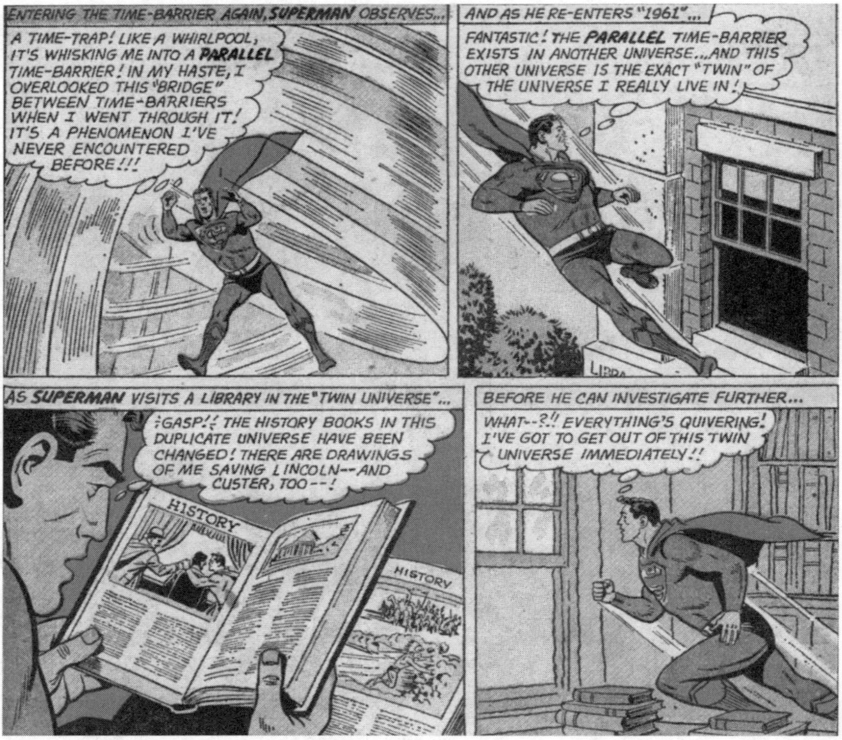

Abb. 31 *Superman entdeckt schon 1961, was die Quantentheoretiker erst seit kurzem vermuten: dass Zeitreisen notwendigerweise die Existenz alternativer, paralleler Welten implizieren.*

erstaunlichen Fähigkeiten der gelben Sonne der Erde zugeschrieben), kommt Superman auf die Idee, aus versunkenen Schiffen auf der Erde eine Flotte von Raumschiffen zur Evakuierung der Menschen von Krypton zu bauen. Mit Hilfe seines Teleskopblicks beobachtet er, wie seine Eltern mit dem Säugling Kal-El auf einem neuen Planeten landen. Hier dämmert Superman jedoch, dass er ein Paradoxon geschaffen hat, denn wenn seine Eltern ihn als Baby nicht zur Erde geschickt hätten, wie kann er sie dann jetzt retten?

Bei seiner Rückkehr in die Gegenwart des Jahres 1961 entdeckt Superman, der Mann von Morgen, dass alle Geschichtsbücher unverändert geblieben sind (siehe Abb. 30). Lincoln wurde tatsächlich im Ford's Theater erschossen, und auch Nathan Hale und General

Custer blieb ihr trauriges Schicksal trotz Supermans vermeintlichem Eingreifen nicht erspart. Superman kann das nicht verstehen, denn »gewiss berichten die Geschichtsbücher doch die Wahrheit«. (Räusper!) Indem er seinen Weg durch den Zeitstrom zurückverfolgt, trifft Superman auf eine parallele Erde (Abb. 31), auf der die Geschichtsbücher tatsächlich Supermans Verdienste um die Korrektur der »Fehler« der Vergangenheit gebührend würdigen.

Und so entdeckte Superman schon 1961, was die theoretischen Physiker erst 2001 wiederentdeckten, dass Zeitreisen nur in der Viele-Welten-Interpretation der Quantenmechanik möglich sind. Superman veränderte tatsächlich den Lauf der Geschichte – aber in einem alternativen Universum, nicht in seinem eigenen (siehe Abb. 31). Ein ähnliches Phänomen wird auch in dem Marvel-Comic *Avengers* # 267 beschrieben, in dem sich herausstellt, dass Kang der Eroberer, böser Herrscher über die Zeit, ganz allein eine riesige Anzahl alternativer Welten erschuf. Diese unglaubliche Leistung ist das Nebenprodukt seiner häufigen Zeitreisen, auf denen er versucht, sich seiner Superhelden-Feinde zu entledigen. Ein weiteres Beispiel für den erstaunlichen Weitblick der Comicliteratur, die der Physik manchmal weit voraus ist.

22 MIT DEM KOPF DURCH DIE WAND – TUNNELPHÄNOMENE

Es gibt einen Aspekt der Quantenmechanik, den angehende junge Wissenschaftler oft besonders schwer akzeptieren können: die aus der Schrödinger-Gleichung folgende Vorhersage nämlich, dass Materie unter bestimmten Bedingungen eine an sich undurchdringliche Barriere passieren kann. Schenkt man der Quantenmechanik Glauben, haben Elektronen gewisse Ähnlichkeit mit Kitty Pryde von den X-Men, die als Mutantin die seltene Gabe besitzt, massive Wände durchqueren zu können (siehe Abb. 32), oder auch mit Flash, der durch Wände hindurch»vibrieren« kann (siehe Abb. 33). Dass diese Vorhersage der Quantenmechanik höchst merkwürdig klingt, tut ihrer Wahrheit keinen Abbruch.

Die Schrödinger-Gleichung ermöglicht es uns, die Wahrscheinlichkeit zu berechnen, mit der sich ein Elektron von einer Region im Raum in eine andere bewegt, auch wenn uns der gesunde Menschenverstand sagt, dass das Elektron niemals in der Lage sein dürfte, dorthin zu gelangen. Stellen wir uns vor, wir befänden uns in einem Stadion. Das Spielfeld ist an drei Seiten von einem Absperrseil und an der vierten Seite von einer Betonwand begrenzt. Auf der anderen Seite der Betonwand befindet sich ein zweites Spielfeld, das mit dem ersten vollkommen identisch ist. Es teilt sich die Wand mit dem ersten Spielfeld und ist an den übrigen drei Seiten ebenfalls von einem Absperrseil umgeben. Wir können uns auf dem ersten Spielfeld frei bewegen, aber da wir über keinerlei Superkräfte verfügen, sind wir außerstande, die Betonwand zu überspringen, um in das zweite Feld zu gelangen. Wendet man die Schrödinger-Gleichung

Abb. 32 *Eine Szene aus* X-Men # 130. *Kitty Pryde, die noch kein Mitglied der X-Men ist, benutzt ihre Mutantenfähigkeit, Wände zu durchdringen, dazu, sich an die White Queen des Hellfire Club anzuschleichen.*

auf diese Situation an, erlebt man allerdings sein blaues Wunder: Nach den Berechnungen ergibt sich eine sehr hohe Wahrscheinlichkeit dafür, dass wir uns im ersten Spielfeld befinden (so weit alles erwartungsgemäß), und eine kleine, aber durchaus von null abweichende Wahrscheinlichkeit, auf der anderen Seite der Wand im zweiten Spielfeld aufzutauchen (wie kann das sein?). Die Wahrscheinlichkeit, dass wir eine Wand durchdringen, ist zwar für gewöhnlich sehr gering, unmöglich ist ein solches Ereignis jedoch nur, wenn seine Wahrscheinlichkeit exakt null ist.

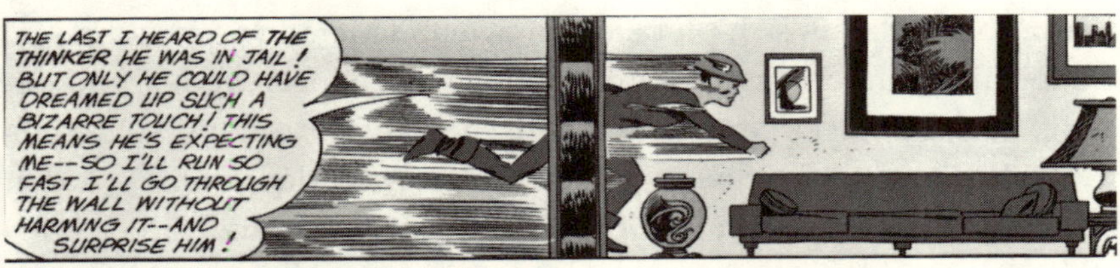

Abb. 33 *Eine Szene aus* Flash # 123. *Jay Garrick, der Flash des Goldenen Zeitalters, demonstriert den als Tunneln bekannten quantenmechanischen Prozess. Die Materiewelle eines Objekts hat eine kleine, aber durchaus von null verschiedene Chance, eine massive Wand zu durchdringen. Je schneller sich das Objekt der Wand nähert, desto größer ist die Tunnelwahrscheinlichkeit. Wie Jay richtig bemerkt, bleibt die Wand bei der Durchtunnelung unversehrt.*

Dass wir jemals durch die Wand in das zweite Spielfeld gelangen, ist nach der klassischen Theorie völlig ausgeschlossen; es handelt sich um ein Phänomen, das charakteristisch für die Quantenmechanik ist. Bekannt unter der Bezeichnung »Tunneln«, weckt dieser Name jedoch völlig falsche Vorstellungen: Beim Durchqueren der Wand entsteht nämlich weder ein Tunnel, noch bleibt sonst irgendein Loch zurück. Außerdem bewegen wir uns weder unter der Wand hindurch, noch fliegen wir über sie hinweg. Wollten wir den Rückweg vom zweiten Spielfeld ins erste antreten, müssten wir die (nach dem ersten Tunneln unversehrte) Barriere erneut durchdringen, wobei die Wahrscheinlichkeit dafür ebenso gering ist wie beim ersten Mal. Je schneller wir auf die Wand zurennen, desto größer ist die Chance, auf der anderen Seite anzukommen, wobei dies aber wohlgemerkt nicht durch ein Überspringen der Wand geschieht. Wenn wir die Abb. 33 betrachten, sehen wir, dass superschnelle Helden wie Flash (und zwar der des Goldenen wie auch des Silbernen Zeitalters) massive Hindernisse genau auf diese Weise überwinden. Sie sind in der Lage, ihre kinetische Energie so zu erhöhen, dass die Wahrscheinlichkeit für das Durchqueren der Wand gemäß der Schrödinger-Gleichung annähernd 100 Prozent beträgt.

Betrachten wir zwei Metalle, die durch ein Vakuum voneinander getrennt sind. Ein Elektron in dem ersten Metall gleicht der Person auf dem ersten Spielfeld. Das Vakuum entspricht der Betonwand und das zweite Metall dem zweiten Spielfeld. Für ein Elektron in dem einen Metall gibt es eine kleine, aber von null verschiedene Wahrscheinlichkeit, sich plötzlich im zweiten Metall wiederzufinden. Dabei überwindet das Elektron den Vakuumspalt weder funkenartig, noch besitzt es genügend kinetische Energie, um von selbst aus dem Metall zu entweichen. (Dies ist auch gut so, denn sonst würden alle Gegenstände permanent Elektronen verlieren, und die elektrostatische Anziehung wäre unser hartnäckigstes Alltagsproblem.) Es ist vielmehr so, dass die mit zunehmender Entfernung schwächer werdende Materiewelle des Elektrons in den Spalt hineinragt. Ein ähnliches Phänomen tritt beim Übergang von Lichtwellen von einem optisch dichten in ein weniger dichtes Medium auf. Unter Bedingungen, bei denen das Licht eigentlich vollkommen an der Grenzfläche reflektiert werden sollte, findet dennoch eine kleine Lichtbeugung in das weniger dichte Medium statt. Die Amplitude der gebeugten Welle (die Höhe ihres Wellenbergs) wird kleiner, je tiefer sie in das weniger dichte Medium vordringt. Da das Quadrat der mit dem Elektron verknüpften Wellenfunktion die Wahrscheinlichkeit für das Antreffen des Teilchens an einem Punkt in Raum und Zeit angibt, impliziert eine Materiewelle mit von null verschiedener Amplitude, dass das Elektron mit einer gewissen Wahrscheinlichkeit in dem zweiten Metall anzutreffen ist. Wenn der Vakuumspalt, verglichen mit der Wellenlänge der Materiewelle des Elektrons, nicht zu groß ist (typischerweise weniger als ein Nanometer), dann hat die Materiewelle in dem zweiten Metall noch immer eine gewisse, nicht vernachlässigbare Amplitude. Oder anders ausgedrückt: Das Elektron bewegt sich von einer Seite auf die Barriere zu und wird meistens von ihr reflektiert. Bei einer Million aufprallenden Elektronen werden jedoch abhängig von der Höhe und Dicke der Barriere vielleicht 990000 Elektronen reflektiert, während 10000 auf der anderen Seite landen.

Ist der Abstand zwischen den beiden Metallen zu groß, wird diese Wahrscheinlichkeit selbst für die energiereichsten Elektronen sehr klein. Da der Impuls eines Menschen sehr groß ist, folgt daraus, dass die Wellenlänge der uns zugeordneten Materiewelle sehr klein ist – viel kleiner als ein billionstel Billionstel des Durchmessers eines Atoms und viel kleiner als die Dicke der Betonwand, die uns von dem zweiten Spielfeld trennt. Trotzdem besteht eine winzige Chance, dass unsere Materiewelle auf die andere Seite der Wand gelangt, wenn wir mit großer Geschwindigkeit auf die Wand zurennen. Je größer unsere kinetische Energie, desto größer die Wahrscheinlichkeit, dass wir die Wand durchtunneln. Wer daran zweifelt, kann gern gleich anfangen, es zu probieren. Sie dürfen sich nur nicht entmutigen lassen, wenn die ersten Versuche nicht sofort von Erfolg gekrönt sind.

Elektronen in einem Festkörper springen mit einer Rate von mehr als tausend Billionen Mal pro Sekunde hin und her. Folglich haben sie in einer Sekunde tausend Billionen Chancen, eine Barriere zu durchtunneln. Wenn man genügend Elektronen gegen ein Hindernis prallen lässt und die Barriere nicht zu breit und zu hoch ist, wird ein nennenswerter Anteil der Elektronen auf die andere Seite gelangen. Dieser quantenmechanische Tunneleffekt ist für Elektronen nicht nur zweifelsfrei erwiesen, er ist auch das dem Rastertunnelmikroskop zugrunde liegende Funktionsprinzip. Dabei handelt es sich um ein einzigartiges Mikroskop, das die Abbildung atomarer Strukturen erlaubt.

Wie in Abb. 34 schematisch dargestellt, kann eine Abtastspitze aus Metall, die sehr nah an eine Metalloberfläche herangeführt wird, ohne sie zu berühren, in den Bereich der Elektronenwolken, die jedes Atom umgeben, gelangen. Wenn die Elektronen eines Atoms der Metalloberfläche zur Abtastspitze tunneln, registriert ein Messinstrument, das mit der Spitze verbunden ist, einen elektrischen Strom. Ob ein Tunneln stattfindet, hängt in äußerst empfindlicher Weise von der Entfernung zwischen den Atomen der Metalloberfläche und der Abtastspitze ab. Ändert sich die Entfernung auch nur um die Breite eines Atoms, so kann dies die Tunnelwahrscheinlichkeit um einen Faktor 1000 erhöhen oder verringern. Indem man die

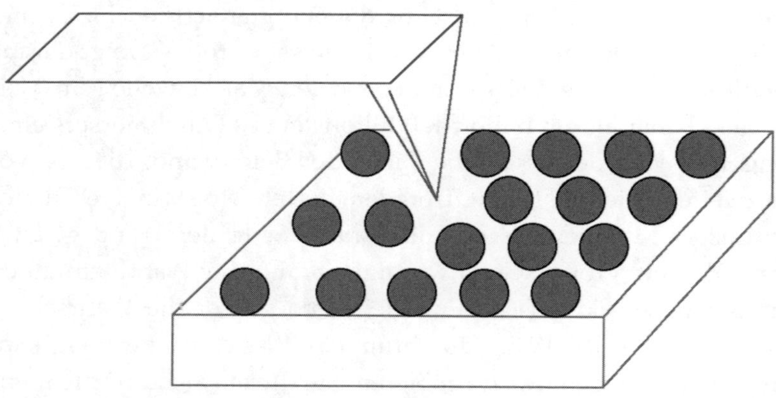

Abb. 34 *Schematische Darstellung des dem Rastertunnelmikroskop zugrunde liegenden Mechanismus. Eine feine Abtastspitze aus Metall wird sehr nah an eine leitende Oberfläche herangeführt. Sehr nah heißt: bis auf wenige Atomdurchmesser. Fährt die Spitze über ein Oberflächenatom hinweg, kann es passieren, dass eines seiner Elektronen zur Abtastspitze tunnelt. Wenn sich die Spitze genau über einem Atom befindet, ist die Tunnelwahrscheinlichkeit hoch und der Strom in der Spitze groß. Auf diese Weise können die Atome der Oberfläche abgetastet und bildlich dargestellt werden.*

Abtastspitze langsam über die Oberfläche führt und den Strom an jedem Ort misst, kann die Position jedes Atoms der Oberfläche sichtbar gemacht werden.

Eine solche Aufnahme ist in Abb. 35 wiedergegeben. Sie zeigt die Anordnung von Kohlenstoffatomen auf der Oberfläche eines Grafitkristalls (der uns vielleicht besser unter dem Namen »Bleistiftmine« bekannt ist). Die Graustufen entsprechen übrigens nicht der Realität (Kohlenstoffatome sind weder schwarz noch weiß, noch sonst irgendwie farbig), sie dienen nur dazu, die Stärke des an jedem Punkt gemessenen Stroms darzustellen, die wiederum die Elektronendichte an jedem Ort widerspiegelt. Anhand von Abb. 35 können wir erkennen, dass die Kohlenstoffatome in Grafit hexagonal angeordnet sind, ähnlich wie die sechsseitigen Plättchen, die die Grundform einer Schneeflocke bilden. Dass Kohlenstoffatome ein hexagonales Gitter bilden, impliziert, dass ein Grafitkristall aus übereinander gelagerten Schichten von Kohlenstoffatomen wie in Abb. 35 besteht.

Beim Aufbau eines dreidimensionalen Kristalls aus zweidimensionalen Schichten werden im Prinzip die Schichten wie bei Blätterteiggebäck einfach übereinander gestapelt. Die Plättchen in festem Grafit sind so locker miteinander verbunden, dass sie leicht vonein-

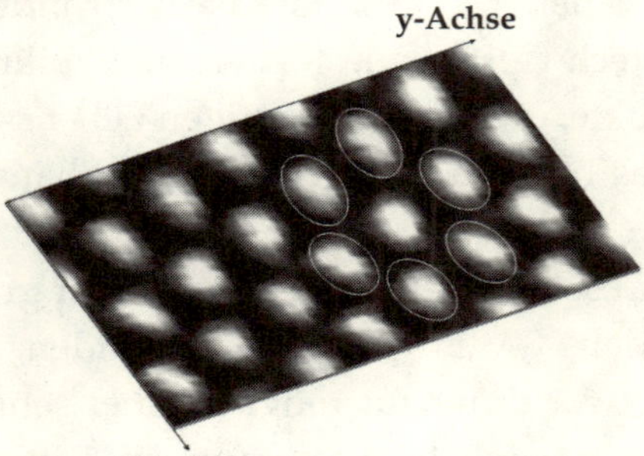

Abb. 35 *Aufnahme eines Rastertunnelmikroskops. Dargestellt sind die Oberflächenatome von Grafit, einer Form von Kohlenstoff, die für Bleistiftminen verwendet wird. Die weißen Flecke zeigen die Punkte an, an denen der Tunnelstrom an der Abtastspitze sehr hoch war (siehe Abb. 34). Das hexagonale Gitter der Kohlenstoffatome ist deutlich zu erkennen. Die verschiedenen Grautöne sind ein Maß für die Intensität des Tunnelstroms. Die y-Achse erstreckt sich über 1 nm, die x-Achse über 0,5 nm. Mit freundlicher Genehmigung von Dr. Laura Adams und Prof. Allen Goldman von der Universität Minnesota.*

ander gelöst werden können, indem man mit der Bleistiftspitze über Papier fährt. Dass diese Form festen Kohlenstoffs ein besseres Schreibinstrument ergibt als eine Form, bei der die Kohlenstoffatome in allen vier Richtungen gleich starke Bindungen haben (diese Form ist unter der Bezeichnung »Diamant« bekannt), lässt sich direkt aus der Aufnahme seiner atomaren Struktur ableiten.

Im nächsten Kapitel wird es um die Physik der Transistoren und Dioden gehen, und auf die Gefahr hin, die Pointe vorwegzunehmen, möchte ich schon einmal verraten, dass diese Halbleiter-Bauelemente im Wesentlichen Ventile sind, die einen Stromfluss steuern und verstärken. Eine Möglichkeit, Strom zu steuern, bietet der Tunneleffekt. Zwischen zwei Leitern, die nah beieinander liegen, aber durch eine dünne isolierende Schicht voneinander getrennt sind, kann normalerweise kein Strom fließen. Durch Anlegen einer Spannung an die sandwichartige Struktur kann die Höhe der trennenden Barriere variiert werden. Wie erwähnt, hängt die Tunnelwahrscheinlichkeit empfindlich von dieser Höhe ab. So kann der Tunneleffekt dazu benutzt werden, den Elektronenfluss durch die Struktur zu steuern. Solche »Tunneldioden« sind ein wesentliches Bauteil in Mobiltelefonen und vielen anderen Produkten der Halbleiterelektronik. Quantenmechanisches Tunneln ist daher keine esoterische Erfindung, die nur für abgehobene Hightech-Geräte wie Rastertunnelmikroskope relevant ist. Viele der Produkte, die unseren heutigen Lebensstil charakterisieren, wären ohne das Tunneln als berechenbares Phänomen nicht möglich.

Wenn wir die Gesetze der Quantenphysik auf große Objekte wie Kitty Pryde von den X-Men (Abb. 32) anwenden, stellen wir fest, dass das Tunneln zwar durchaus möglich, aber sehr unwahrscheinlich ist. Wie unwahrscheinlich? Angenommen, Kittys Masse betrüge 50 Kilogramm (schließlich ist einer ihrer Codenamen Sprite, was so viel wie Elfe bedeutet) und sie könnte so schnell rennen, dass sie pro Sekunde eine Million Mal gegen die Wand rennen würde, dann würde es dennoch weit länger als das geschätzte Alter des Universums dauern, bevor sie erwarten könnte, die Wand quantenmechanisch zu durchtunneln. Die wundersame Ausnahme spielt hier also offenbar eine sehr große Rolle. Mit unseren neu gewonnenen physikalischen Erkenntnissen können wir Kitty Prydes Superfähigkeit somit als die Gabe beschreiben, ihre makroskopische Quantenwellenfunktion willentlich so zu beeinflussen, dass ihre Tunnelwahrscheinlichkeit auf annähernd 100 Prozent steigt. Eine recht nützliche Fähigkeit, wenn man seinen Schlüssel im Auto hat stecken lassen.

Ein Rätsel, das Comicleser seit langem beschäftigt, ist die Frage, warum Kitty Pryde, wenn sie Wände durchdringen kann, dabei nicht durch den Boden fällt? Wie ist es überhaupt möglich, dass sie in ihrem immateriellen Zustand des »Phasens« laufen kann? In *X-Men* # 141 wurde argumentiert, dass Kitty, während sie sich im Phasenmodus befindet, auf einem Luftkissen läuft und nicht wirklich Kontakt mit dem Boden hat. Falltüren, die sich unter ihr öffnen, bringen sie also in diesem Zustand nicht in Gefahr. Nehmen wir einmal an, sie könnte wirklich auf Luft laufen – das heißt, die Luft böte der rückwärts gerichteten Stoßkraft ihrer Füße irgendwie genügend Widerstand, so dass eine vorwärts gerichtete Stoßkraft wirksam würde –, dann stellte sich immer noch die Frage, wie ihr teilweise materieller Fuß ihrem immateriellen Körper durch die Wand folgen kann.

Wenn allerdings der Mechanismus, der sie in die Lage versetzt, massive Barrieren zu durchdringen, wirklich quantenmechanisches Tunneln ist, dann ist es völlig logisch, dass sie dabei nicht durch den Boden fällt. Wenn ein Elektron eine Barriere durchtunnelt, wird die Energie dabei erhalten. Besaß das Elektron auf der einen Seite der Barriere eine bestimmte Energie, dann hat es auf der anderen Seite, nach Beendigung des Tunnelprozesses, wieder dieselbe Gesamtenergie. Tatsächlich kann das Durchtunneln nur stattfinden, wenn die Energie des Objekts auf beiden Seiten exakt übereinstimmt.

Technisch gesehen kann sie also beim Tunneln nicht laufen, da sie ihre Energie nicht durch das Abstoßen von irgendeinem Objekt – gleichgültig ob fester Boden oder Luftkissen – erhöhen darf. Gleichzeitig kann sie auch keine Energie verlieren. Sie braucht sich somit nur ganz normal der Wand zu nähern, dann ihre Mutantenfähigkeit zur Maximierung ihrer Tunnelwahrscheinlichkeit anzuschalten, und schon würde sie mit derselben Geschwindigkeit, mit der sie sich der

Wand näherte, durch die Barriere gleiten. In den Fällen, in denen sie wie in *Astonishing X-Men* # 4 durch eine mehrere Meter dicke Metalldecke nach unten in ein unterirdisches Labor gleiten möchte, müsste sie in ihrem körperlichen Modus einen kleinen Hüpfer machen und dann, kurz bevor sie wieder auf dem Boden aufkommt, ihre Mutantenfähigkeit des Tunnelns aktivieren. Dadurch würde sie ihre Bewegung mit der letzten kinetischen Energie ihres körperlichen Zustandes fortsetzen und mit stetiger Geschwindigkeit abwärts sinken. Vermutlich wäre sie gut beraten, ihre Superfähigkeit so lange aktiviert zu lassen, bis sie sich in dem unteren Raum wieder in Bodennähe befindet, denn solange sie noch an der Decke schwebt, wäre sie aufgrund der Erdanziehungskraft mit einer beträchtlichen potenziellen Energie konfrontiert.

23

Der unbesiegbare Shellhead – Festkörperphysik

Kein anderer Superheld verdeutlicht so wie Iron Man mit seiner ausgeklügelten Hightech-Rüstung den Wert solider Physikkenntnisse, insbesondere auf dem Gebiet der Halbleitertechnologie, die ein Teilbereich der Festkörperphysik ist. Das Herzstück seiner bemerkenswerten offensiven und defensiven Fähigkeiten war der Transistor, ein – im Jahr 1963 – modernes Wunderwerk der Technik.

Tatsächlich revolutionierte der Transistor mit seiner Fähigkeit, Spannungen zu verstärken und zu steuern, unser Leben. Anfangs benutzte man ihn ausschließlich als Ersatz für die bis dahin benutzten Vakuumröhren in Radio- und Fernsehapparaten, so dass diese Geräte immer leichter und leistungsfähiger wurden. Mit der Entwicklung von Techniken zur Herstellung immer kleinerer Transistoren wurden sie zunehmend auch für mathematische Berechnungen eingesetzt, was schließlich zur Entwicklung elektronischer Computer führte. Der Halbleitertransistor ist das Kernstück fast jedes elektronischen Geräts, das wir heute benutzen. Und inzwischen haben wir uns genügend physikalische Kenntnisse angeeignet, um verstehen zu können, wie dieses bemerkenswerte Bauteil funktioniert. Doch bevor wir uns in die Halbleiterphysik stürzen, wollen wir noch kurz einen Blick auf jene Ereignisse werfen, die dem Comicdebüt von Iron Man* vorausgingen.

* Aufgrund des zylindrischen Helms seiner ersten eisernen Rüstung erhielt Iron Man den Spitznamen »Shellhead« (was vielleicht am ehesten mit »Hülsenkopf« wiedergegeben werden kann). Dieser Beiname begleitet ihn seit mehr als vierzig Jahren, wie stromlinienförmig und elegant die späteren Versionen seines Helms auch geworden sind.

Der Kalte Krieg nahm in den Superhelden-Comics der späten fünfziger und frühen sechziger Jahre einen breiten Raum ein. In den DC Comics zum Beispiel spielten Kampfpiloten, die aus dem »richtigen Holz geschnitzt waren«, in mehreren Serien eine prominente Rolle. Als Green Lantern, ein Außerirdischer, in *Showcase* # 22 mit seinem Raumschiff auf der Erde bruchlandete und seinen Kraftring beauftragte, vor seinem Tod noch einen tapferen, ehrlichen und furchtlosen Menschen ausfindig zu machen, dem er den Ring und die Energie verleihende grüne Laterne anvertrauen könnte, wählte der Ring den amerikanischen Testpiloten Hal Jordan aus. (Ein anderer Pilot namens Ace Morgan führte in *Showcase* # 6 die Helden von Challengers of the Unknown an.) Bei Marvel wiederum unternahmen im Jahr 1961, im selben Jahr, in dem sowohl russische als auch amerikanische Astronauten erstmals in den Weltraum vorstießen, ein Wissenschaftler, seine Freundin, ihr halbwüchsiger Bruder und ein ehemaliger Jagdflieger einen ungenehmigten Raketenflug, um die Kommunisten im Wettlauf zu den Sternen zu schlagen. Die Strahlendosis, die sie abbekamen, als sie durch einen Gürtel kosmischer Strahlung flogen, verwandelte sie in die Fantastic Four.

Die »rote Gefahr« des Kommunismus war in den Marvel-Superhelden-Comics noch lange allgegenwärtig. So verdankte der unglaubliche Hulk, der ein Jahr nach den Fantastischen Vier das Licht der Welt erblickte, seine Existenz den dunklen Machenschaften eines kommunistischen Spions. Bei der Explosion der von ihm selbst entwickelten Gammabombe wurde der Physiker Dr. Robert Bruce Banner einer hohen Strahlendosis ausgesetzt, weil sein Assistent – in Wirklichkeit ein kommunistischer Spion (man sollte meinen, ein Forschungsassistent mit dem Namen »Igor« hätte die Sicherheitsbeamten misstrauisch gemacht) – absichtlich den Countdown nicht abbrach in der Hoffnung, den führenden Bombenexperten der USA zu beseitigen. Dieser Schuss ging jedoch nach hinten los, weil er stattdessen den Hulk erschuf.

In den frühen Marvel-Comics gab es eine Reihe von Helden wie Human Torch, Ant-Man, Spider-Man, Thor und die Avengers, die der sowjetischen Gefahr die Stirn boten. Doch keiner der mächtigen Marvel-Superhelden der frühen sechziger Jahre war so eng mit dem

Kalten Krieg verbunden wie der unbesiegbare Iron Man, im bürgerlichen Leben Tony Stark. Eingeführt wurde der brillante Erfinder und Industrielle in *Tales of Suspense* # 39. Dank seiner meisterhaften Beherrschung der Transistortechnik entwickelte Stark viele neue Waffen für das Militär, um so den Vereinigten Staaten in Indochina zum Sieg über den Kommunismus zu verhelfen. Nicht zufrieden damit, seine neuen Waffen nur im Labor zu testen, begleitete Stark ein Inspektionsteam in den Dschungel von Vietnam, um die Effektivität seiner Erfindungen in der Praxis zu überprüfen. Doch, o weh, rasch begreifen wir, warum sich Führungskräfte selten so tatkräftig um die Qualitätskontrolle ihrer Produkte bemühen. Eine Sprengfalle tötet die militärischen Berater, die Stark begleiten; er selbst wird lebensgefährlich von einem Granatsplitter verletzt, der in der Nähe seines Herzens stecken bleibt. Zu allem Überfluss wird er noch gefangen genommen und in das versteckte Lager von Wong-Chu gebracht, dem »roten Guerilla-Tyrannen«. Ein Arzt aus Wong-Chus Camp stellt fest, dass der Granatsplitter wandert und in wenigen Tagen Starks Herz erreichen und ihn töten wird.

Wong-Chu bietet Stark einen Deal an: Arbeite in meinem Waffenlabor (offenbar handelt es sich um ein ungewöhnlich gut ausgestattetes Guerillacamp), dafür operieren wir dich und retten dein Leben. Stark willigt ein in der Absicht, in den wenigen Tagen, die ihm noch verbleiben, eine Waffe zu entwickeln, mit der er sowohl sein Leben retten als auch Wong-Chu besiegen kann. Gemeinsam mit dem brillanten Physiker Professor Yinsen, der ebenfalls von Wong-Chu gefangen genommen wurde, konstruiert Stark einen Brustpanzer aus Metall, der, sobald er elektrisch geladen ist, verhindern soll, dass der Granatsplitter sein Herz erreicht. Da er sich im Klaren darüber ist, dass er und Professor Yinsen Angriffs- und Verteidigungswaffen benötigen werden, um aus dem Guerillacamp zu fliehen, integriert er den Brustpanzer in eine eiserne Rüstung, die ein ganzes Arsenal von transistorbetriebenen Waffen enthält. Die Rüstung wird gerade noch rechtzeitig fertig, um zu verhindern, dass der Granatsplitter Starks Herz erreicht, doch Yinsen wird getötet, während die Brustplatte noch aufgeladen wird. Nun gibt es kein Halten mehr: Der Eiserne besiegt den kommunistischen Guerillaführer, rächt Yinsens Tod und befreit die anderen Gefangenen. Während er sich durch die Dschungel Nordvietnams nach Hause durchschlägt (eine Geschichte, die erst Jahre später in *Iron Man* # 144 vollständig erzählt wird), benutzt Tony Stark seine ausgeklügelte Rüstung noch mehrfach, um Amerika gegen die kommunistische Aggression zu verteidigen.

Und man staunt, in welchem Maße der Eiserne die kommunistischen Feinde anlockte! Manchmal schien es geradezu, als zöge seine Hightech-Rüstung »Rote« magnetisch an. In den ersten vier Jahren seiner Laufbahn legte sich Iron Man mit mehr kommunistischen Schurken an als fast alle anderen Marvel-Superhelden zusammen. So kämpfte er in *Tales of Suspense* # 42 gegen den roten Barbaren; in *Tales of Suspense* # 46 und 52 gegen den Crimson Dynamo, einen russischen Wissenschaftler, der sich eine Rüstung wie ein Kraftwerk zulegt, um Iron Man zu besiegen; in *Tales of Suspense* # 50, 54, 55, 61, 62 gegen den Mandarin, einen chinesischen Warlord, der nach dem Vorbild des von Sax Rohmer geschaffenen Schurken Fu Manchu gestaltet wurde und über zehn tödliche Ringe der Macht verfügt; und schließlich in *Tales of Suspense* # 69–71 gegen Titanium Man, eine russische Version des Iron Man mit einer noch mächtigeren Rüstung, die geschaffen wurde, um Iron Man vor den Augen der Öffentlichkeit zu besiegen und damit der Welt die Überlegenheit des Kommunismus über den Kapitalismus zu beweisen. In all dieser Zeit erhielt Tony Stark die Fiktion aufrecht, Iron Man sei sein Leibwächter, was in Anbetracht der vielen Versuche kommunistischer Agenten, ihn zu kidnappen oder seine Forschungspläne zu stehlen, keine abwegige Erklärung war.

Als ob die ständigen Kämpfe mit kostümierten Schurken nicht aufreibend genug wären, wurde Stark auch noch andauernd vor verschiedene Senatsausschüsse zitiert, in denen er dazu aufgefordert wurde, seiner patriotischen Pflicht nachzukommen und die Technik des Iron Man dem Militär zur Verfügung zu stellen. Senator Byrd (nein, *nicht* der altgediente Senator aus West Virgina) hatte offenbar keine Ahnung, dass das Geheimnis von Iron Mans Erfolg – der Transistor – längst Allgemeingut war. Der Transistor wurde 1947 von drei Physikern an den Bell Laboratories in Murray Hill in New Jersey – dem Forschungslabor der Bell Telephone Company – erfunden. Um die Verbreitung dieser neuen Technik zu fördern, führten die Bell

Laboratories Seminare für andere an der Nutzung von Transistoren interessierte Firmen durch und machten sie mit den Grundlagen der neuen Halbleiterphysik vertraut. Es reicht eben nicht aus, eine bessere Mausefalle zu bauen, man muss auch dafür sorgen, dass die Mäuse davon erfahren!

KLEIDER MACHEN LEUTE

Nach seinem ersten Erscheinen wurde die Rüstung des Eisernen fast ständig weiterentwickelt, um neuen modischen und funktionellen Anforderungen Rechnung zu tragen. Während die Rüstung in *Tales of Suspense* # 39 noch grau war, zog Stark ab der nächsten Ausgabe eine goldene Rüstung vor, wohl um einen besseren Eindruck auf das schöne Geschlecht zu machen. Man sollte zwar meinen, dass sich ein steinreicher Industrieller mit dem Aussehen eines Errol Flynn (er war das Vorbild, nach dem die Zeichner den schnurrbärtigen Tony Stark entwarfen) keine Gedanken darum machen muss, ob sein geheimes Alter Ego Iron Man anziehend auf die Damen wirkt, aber vermutlich ist es genau dieser Perfektionismus auch in Detailfragen, der für Tony Starks Erfolg verantwortlich war. Kaum ein Jahr später erhielt seine Rüstung schon wieder ein neues Design (siehe Abb. 36). Sie hatte nun eine körperbetontere Form und war in den Farben Rot und Gelb gehalten. Mit geringen Abweichungen charakterisiert sie die äußere Erscheinung des Eisernen bis heute.

Auch die Waffen, die in die Rüstung integriert waren, wurden fast ständig weiterentwickelt. Anfangs verfügte Stark über »Magnetumkehrprojektoren« in den Handflächen seiner Handschuhe, die jedoch bald von »Repulsorstrahlen«, einer Art von »Kraftstrahlen«, abgelöst wurden. Eine in den Brustpanzer eingelassene große Scheibe beherbergte ein »variables Kraft-Spotlight«, das zu einem »Unistrahl« weiterentwickelt wurde (die Funktion dieser Vorrichtung entzieht sich meiner Kenntnis). Ursprünglich befand sich außerdem auf seiner linken Schulter eine Radioantenne, aber Fortschritte in der drahtlosen Kommunikation erlaubten es, diese Funktion in seinen eisernen Panzer zu integrieren.

Die gesamte Rüstung dürfte auch in ihrer flexibleren, stromlinienförmigeren Ausführung ziemlich schwer sein. Stark kann nur deshalb in ihr herumlaufen und tonnenschwere Gegenstände hochheben, weil sie mit »winzigen Transistoren« ausgestattet ist, die seine Kräfte enorm verstärken. Und diese Extrakraft hat er auch bitter nötig. Um das Gewicht von Iron Mans Rüstung abzuschätzen, nehmen wir an, sie sei circa drei Millimeter dick und besitze die durchschnittliche Dichte von Eisen, nämlich rund acht Gramm pro Kubikzentimeter.

Die Fläche seiner Rüstung können wir abschätzen, indem wir Tonys Rumpf, Kopf sowie Arme und Beine als verschieden große Zylinder behandeln. (Sie erinnern sich noch an das kugelförmige

Abb. 36
Bilder aus dem Bonusteil »All about Iron Man« (»Alles über den Eisernen«) in Tales of Suspense # 55, *in dem die Rüstung des Goldenen Rächers der sechziger Jahre mit allen Funktionen erläutert wird. Außerdem erfährt der Leser, dass der Akku, der Iron Mans Transistoren mit Energie versorgt, umso stärker entladen wird, je mehr er sie benutzt.*

Huhn in Kapitel 10? Diesmal gehen wir von einem zylindrischen Iron Man aus.) Wenn Tony ungefähr 1,80 Meter groß ist und Konfektionsgröße XXXL trägt, hat er eine Gesamtoberfläche von rund 27000 Quadratzentimetern. Das Eisenvolumen seiner Rüstung kann nun ausgerechnet werden, indem wir ihre Fläche mit der Dicke (einem Drittel Zentimeter) multiplizieren, was ein Metallvolumen von ungefähr 9000 Kubikzentimeter ergibt. Dieses Volumen multipliziert mit der Dichte (7,9 g/cm^3) ergibt eine Masse von rund 70000 Gramm beziehungsweise 70 Kilogramm, was einem Gewicht von rund 700 Newton entspricht. Und hierbei ist das Gewicht seiner transistorgesteuerten Zusatzausrüstung noch gar nicht berücksichtigt. Abgesehen von dem Brustpanzer, den er ständig am Körper trägt, um den Granatsplitter von seinem Herz fern zu halten, schleppt Tony häufig die ganze schwere Rüstung – gut getarnt von einem darüber liegenden Oberhemd (siehe *Tales of Suspense* # 55) – in einem Aktenköfferchen mit sich herum. Allein durch dieses regelmäßige Gewichtstraining, eine Begleiterscheinung seiner heimlichen Identität als Iron Man, dürfte Tony somit beachtliche Oberkörper- und Oberarmmuskeln entwickelt haben.

Das Gewicht der Rüstung führt uns zur nächsten Frage: Wie kann Iron Man mit seinen Düsenstiefeln fliegen? Wenn der Anzug eine Masse von 70 Kilogramm und Iron Man selbst eine von 80 Kilogramm besitzt, entspricht das einer Gesamtmasse von 150 Kilogramm, entsprechend einer Gewichtskraft von 1500 Newton. Die Triebwerke in seinen Stiefeln müssen also eine diesem Gewicht entsprechende nach unten gerichtete Kraft von rund 1500 Newton erzeugen, nur damit Iron Man in der Luft schwebt. Vermutlich beruhen seine Antriebsdüsen auf einer chemischen Reaktion, bei der die Reaktionsprodukte mit hoher Energie aus den Sohlen seiner Stiefel herausgeschleudert werden. Da jede Kraft eine gleich starke Gegenkraft hervorruft, erzeugt diese nach unten gerichtete Kraft einen Aufwärtsschub, der Iron Man in die Höhe hebt. Soll eine Beschleunigung erzielt werden, müssen seine Stiefel noch mehr Kraft liefern, denn nur die sein Gewicht übersteigende Kraft bewirkt eine Beschleunigung ($\mathbf{F} = \mathbf{ma}$).

Häufig muss Tony zwischen seiner Firma Stark Industries auf Long Island und dem im Herzen von Manhattan gelegenen Hauptquartier der Rächer (Avengers Mansion) hin- und herpendeln. Die Entfernung beträgt rund 80 Kilometer, die der Goldene Rächer in etwa 10 Minuten Flugzeit zurücklegt. Dies entspricht einer durchschnittlichen Geschwindigkeit von 480 Stundenkilometern, was fast halbe Schallgeschwindigkeit ist! Selbst wenn wir von der Energie absehen, die Iron Man bei dieser Geschwindigkeit aufwenden muss, um die Luft aus seinem Weg zu verdrängen, muss er für sich und seine Rüstung immer noch die dieser Bewegung entsprechende kinetische Energie aufbringen. Da die kinetische Energie in Abhängigkeit von der Masse **m** und der Geschwindigkeit **v** durch $\mathbf{(1/2)mv^2}$ gegeben ist, entspricht das einem Energiebedarf von 1,33 Millionen $kg{\cdot}m^2/s^2$. Im Vergleich dazu verbraucht der Durchschnittsbürger eine Energie von rund 8 Millionen $kg{\cdot}m^2/s^2$ an einem ganzen Tag. Wenn Iron Man größere Distanzen zurücklegen muss, verzichtet er auf den Einsatz seiner Stiefeltriebwerke und benutzt stattdessen motorisierte Rollerskates, die in seine Stiefel integriert sind. Das ist nicht nur energiesparender, weil keine Kraft aufgewendet werden muss, um den Eisernen entgegen der Schwerkraft in der Luft zu halten, sondern auch weil Iron Man, immer wenn er seine Geschwindigkeit verringert, die Rotationsenergie seiner Rollen benutzen kann, um mit Hilfe einer Lichtmaschine wie in einem Auto seine Batterien aufzuladen. In gewisser Weise nahm Tony Stark also die jüngsten Entwicklungen auf dem Gebiet des Hybridfahrzeugbaus vorweg.

In den siebziger Jahren wurde Iron Mans Rüstung ganz im Trend der Zeit mit Solarzellen beschichtet, was es ihm erlaubte, sich aufzuladen, wann immer er direkter Sonnenstrahlung ausgesetzt war. Die Energie, die in den USA an einem durchschnittlichen Tag von der Sonne auf die Erde gelangt, beträgt rund 200 $kg{\cdot}m^2/s^2$ pro Sekunde pro Quadratmeter. Wir haben soeben ausgerechnet, dass Iron Mans Rüstung eine Oberfläche von rund 27000 Quadratzentimetern besitzt. Das bedeutet, die Energiemenge, die Iron Man pro Sekunde erreicht, liegt bei 270 $kg{\cdot}m^2/s^2$ (wobei in jedem beliebigen Augenblick nur immer die Hälfte seiner Oberfläche von der Sonne beschienen sein kann), während seine Stiefel einen Energiebedarf von mehr als 1 Million $kg{\cdot}m^2/s^2$ haben. Wenn die Solarzellen einen Wirkungsgrad von 50 Prozent bei der Umwandlung der Sonnenenergie in Speicherenergie für Tony Starks Batterien haben (und die meisten handelsüblichen Solarzellen haben nur einen Wirkungsgrad von rund zehn Prozent), dann müsste Iron Man für diesen einen kurzen Flug fast drei Stunden Sonnenenergie tanken. Dabei haben wir weder die Energie berücksichtigt, die erforderlich ist, um das in den Anzug integrierte Kühlsystem zu betreiben (die Verdrängung von Luft bei 480 Stundenkilometern ist nämlich eine schweißtreibende Angelegenheit), noch haben wir in Erwägung gezogen, dass er während des Flugs gezwungen sein könnte, seine Repulsorstrahlen zu feuern. Im Verlauf eines typischen Tages verbraucht Iron Man also sehr viel schneller Energie, als er sie mit Hilfe seiner Solarzellen in den Akkus wieder aufladen kann.

Wir müssen den Autoren von Iron Man zugute halten, dass ihre Bemühungen, einen Mechanismus zu finden, mit dem Tony die Akkus seiner Rüstung wieder aufladen kann, darauf hinweist, dass sie die Bedeutung des Energieerhaltungssatzes kannten. Seit dem ersten Erscheinen Iron Mans in *Tales of Suspense* # 39 war klar, dass das Betreiben der von Stark entwickelten Multifunktionsrüstung große Mengen an Energie erforderte und seine potenziell vorhandenen Energiereserven umso schneller erschöpft wurden, je größer sein Energieverbrauch war. Ein jederzeit verfügbarer Vorrat an elektrischer Energie war nicht nur zur Aktivierung seiner Düsenstiefel und Servomotoren erforderlich, die er zur Steigerung seiner Kraft und Beweglichkeit benötigte, sondern auch um seinen Brustpanzer mit Energie zu versorgen. Dieser Panzer schützte sein Herz vor dem lebensbedrohlichen Granatsplitter, den er seit jenem verhängnisvollen Tag in Vietnam in sich trug. Und so war der Iron Man der sechziger Jahre nach einem besonders erschöpfenden Kampf des Öfteren gezwungen, in dramatischen Szenen mit letzter Kraft zu einer Steckdose zu robben, um seine Batterien wieder aufzuladen.

Selbst nachdem er über einen solarbetriebenen Kampfanzug verfügte, konnte es gelegentlich passieren, dass er sich bis auf den letzten Tropfen Energie verausgabte. In *Iron Man* # 132 mobilisierte Tony buchstäblich alle Energiereserven, um den unglaublichen Hulk in einem aufregenden, harten Zweikampf zu besiegen. Nur indem er die gesamte in seinem Anzug gespeicherte Energie in den letzten

Schlag legte, gelang ihm das Unmögliche: den Hulk außer Gefecht zu setzen. Doch der Preis war hoch. Ohne die geringste Energiereserve, um seine Rüstung zu bewegen, war Tony in seinem starren Panzer hilflos gefangen. Schlimmer noch, die Schutzklappen vor seinen Augen- und Mundschlitzen, die er geschlossen hatte, um sich vor den explodierenden Kraftstrahlen zu schützen, waren fest arretiert. Somit erwartete ihn ein qualvoller Erstickungstod, sobald die Luft in seinem Anzug verbraucht war. Es dauerte die ganze folgende Ausgabe, bis Ant-Man es geschafft hatte, sich durch die Abgasöffnung in Iron Mans Düsenstiefel bis ganz nach oben zu arbeiten, um das Schutzvisier zu öffnen, wobei er geschickt alle internen Schutzmechanismen der Rüstung umgehen musste.

ER KÄMPFT UND KÄMPFT MIT REPULSORSTRAHLEN

Von allen Waffen, über die Iron Man verfügt, sind seine »Repulsorstrahlen«, die von Scheiben in den Handflächen seiner eisernen Handschuhe emittiert werden, die wirksamsten. Bei seinem ersten Auftritt in *Tales of Suspense* #39 benutzte er noch eine Vorläuferversion, um sich aus Wong-Chus Gefangenenlager zu befreien, die »Magnetumkehrstrahlen«. Als Wong-Chus Leibwächter feststellen, dass die kleinen Handfeuerwaffen wirkungslos am Eisenpanzer des Eindringlings abprallen, versuchen sie, ihn mit Bazookas und Granaten aufzuhalten. In Abb. 37 sieht man, wie Tony die Kampfpause, in der die schwereren Waffen herangeschafft werden, dazu nutzt, »die Ladung des magnetischen Turbo-Isolators umzukehren und seine abstoßende Wirkung mit Hilfe eines Zylindertransistors um das Tausendfache zu erhöhen!« Während die Strahlen aus seinen Handschuhen die Geschosse in alle Richtungen ablenken, ruft er: »Da! Umkehrmagnetismus – funktioniert wie Zauberei!« Tatsächlich kann es auch gar nicht anders funktionieren, denn mit Hilfe der Halbleiterphysik lässt sich so etwas nicht bewerkstelligen.

An der oben zusammengefassten Szene ist nur ein Aspekt physikalisch korrekt, und der betrifft den »Zylindertransistor«. So etwas wie »magnetische Turbo-Isolatoren« gibt es nicht; das ist nur pseudo-

***Abb. 37** Bei seinem Debüt in* Tales of Suspense *#39 benutzt Iron Man einen Zylindertransistor und einen »magnetischen Turbo-Isolator«, um aus einem vietnamesischen Gefangenenlager zu fliehen.*

technisches Kauderwelsch. (Der Zusatz »Turbo« soll das Ganze wahrscheinlich ein bisschen aufpeppen.) Es gibt allerdings nichtmetallische Magnete – das heißt elektrische Isolatoren, die trotzdem ein großes Magnetfeld erzeugen –, und es gab Transistoren, die wie kleine Zylinderhüte von der Größe eines Bleistiftradiergummis geformt waren. Am unterem Ende des Zylinders befand sich eine kleine Platte, aus der die Elektroden herauskamen (Anfang der sechziger Jahre hatte das Zeitalter der Mikrominiaturisierung von Transistoren, das es ermöglichte, Millionen solcher winziger Bauteile auf einem wenige Millimeter großen Chip unterzubringen, noch nicht begonnen). Das Bild, das Tony Stark dabei zeigt, wie er ein solches Bauteil benutzt, um den Strom für seinen »magnetischen Turbo-Isolator« zu verstärken, ist physikalisch plausibel, das vorletzte Bild, in dem er besagten Turbo-Isolator verwendet, um Granaten und Bazooka-Geschosse mit Hilfe des Umkehrmagnetismus abzulenken, dagegen nicht.

Auch wenn jedes Elektron, Proton und Neutron im Innern eines Atoms ein eigenes Magnetfeld besitzt, führt das natürliche Bestreben von Magneten, sich so anzuordnen, dass jeweils Nord- und Südpol aneinander stoßen, dazu, dass sich die inneren Magnetfelder gegenseitig aufheben und die meisten Atome kein äußeres Magnetfeld besitzen. Ein Magnetfeld, das Iron Man mit Hilfe eines leistungsstarken Elektromagneten in der Handfläche seiner Rüstung erzeugen würde, wäre also nur dann wirksam, wenn: (1) die auf ihn geschossenen Granaten aus irgendeinem Grund bereits magnetisch wären, (2) sie so perfekt abgefeuert würden, dass ihre magnetischen Nordpole alle in dieselbe Richtung zeigten, und (3) das von ihm selbst erzeugte Magnetfeld so ausgerichtet wäre, dass es die ankommenden Geschosse abstoßen würde (andernfalls würde er sie anziehen und beschleunigen). Es ist jedoch nicht anzunehmen, dass die Widersacher Tony Starks stets so entgegenkommend sind, passend ausgerichtete magnetische Geschosse auf ihn zu feuern.

Ironischerweise haben Iron Mans Magnetumkehrstrahlen ausgerechnet bei nichtmagnetischen Objekten bessere Erfolgsaussichten! Erinnern wir uns an die Diskussion über Magneto und das Phänomen der diamagnetischen Levitation in Kapitel 18. Im Gegensatz zu Metallen wie Eisen oder Kobalt, bei denen sich die Magnetfelder im Innern der Atome parallel zu einem äußeren Magnetfeld ausrichten, sind viele Materialien wie beispielsweise Wasser diamagnetisch. In diesem Fall orientieren sich die atomaren Magnete entgegengesetzt zur Richtung eines äußeren Magnetfelds. Das heißt, alle Südpole der atomaren Magnete orientieren sich in Richtung der Südpole des äußeren Magneten, was dem Verhalten eines Eisenmagneten genau entgegengesetzt ist. Ausgerechnet der Versuch, ein Objekt zu magnetisieren, führt also dazu, dass sich eine abstoßende Kraft zwischen dem Objekt und dem äußeren Magnetfeld ausbildet. In Kapitel 18 haben wir gesehen, dass ein von Magneto erzeugtes Magnetfeld, wenn es mehr als 200 000-mal stärker als das der Erde ist, zu einer abstoßenden Kraft führt, die das nach unten wirkende Gewicht eines Objekts übertrifft und es somit vom Boden anhebt. In ähnlicher Weise könnte Iron Mans Umkehrmagnetismus Objekte abstoßen, aber nur, wenn sie diamagnetisch sind. Bei den meisten metallischen Objekten, die entweder ferromagnetisch oder paramagnetisch sind (sich also parallel zu einem äußeren Magnetfeld ausrichten), würde seine Waffe also versagen. Magneto ist durch seine Mutantenkraft befähigt, so starke Magnetfelder zu erzeugen, aber Iron Man musste auf die altbewährte Methode mit Elektromagneten zurückgreifen (ähnlich demjenigen, den Superboy in Kapitel 18 konstruierte). Da Iron Man jedoch keinen elektrischen Dynamo bei sich führt, würden schon ein paar Strahlen aus seiner Umkehrmagnetismus-Kanone seine Batterien schneller erschöpfen als ein Kampf mit dem Hulk. Außerdem hätten solche Waffen einen beachtlichen Rückstoß. Wenn sie eine Kraft großer Stärke liefern, die auf das Ziel wirkt, wirkt dabei automatisch eine gleich starke Kraft in die Gegenrichtung auf die Waffe und damit auf den, der die Waffe hält. Es war somit sehr umsichtig von Tony Stark, seine Repulsorstrahlen in die Handschuhe einzubauen. Durch Arretierung der Servomotoren, die es ihm normalerweise erlauben, seine gepanzerten Arme zu bewegen, verwandelt er seine Eisenrüstung in eine große, starre, träge Masse, die geeignet ist, den Rückstoß seiner Waffe aufzufangen.

Auch wenn der »Umkehrmagnetismus« physikalisch wenig praktikabel sein mag, verlassen tragbare elektromagnetische Pulswaffen allmählich das Stadium der Comicfantasien und halten Einzug in militärische Forschungseinrichtungen. Natürlich kann es sich bei diesen Waffen aus den oben dargelegten Gründen nicht um die von Iron Man benutzten »magnetischen Repulsorstrahlen« handeln. Die Energiemenge, die nötig ist, um ein so großes Magnetfeld zu erzeugen, dass es Gegenstände mit Hilfe der diamagnetischen Abstoßung ablenken kann, ist so groß, dass es effektiver wäre, konventionelle Waffen zu verwenden. Dennoch arbeitet das Militär derzeit aktiv an der Entwicklung so genannter PEP-Waffen (pulsed energy projectiles). Indem man im Innern der Waffe eine große Spannung erzeugt, die blitzschnell, binnen einer tausendstel Sekunde, entladen werden kann, lässt sich eine recht hohe Leistung (Energie pro Zeiteinheit) erreichen. Diese Energie wird von den elektromagnetischen Pulsen in einem genau lokalisierten Gebiet am Ziel so schnell abgegeben, dass die Wärme nicht abgeleitet werden kann. Extrem kurze Strahlungspulse von Hochleistungslasern werden in physikalischen Forschungseinrichtungen benutzt, um zum Beispiel kleine Regionen auf der Oberfläche eines Kristalls wegzuschmelzen. Derselbe Prozess könnte aber auch zu offensiven Zwecken eingesetzt werden. Der große Nachteil solcher Waffen ist ihr hoher Energiebedarf. Wenn man ein kleines Kraftwerk mit sich führen muss, um eine elektromagnetische Pulswaffe abfeuern zu können, wäre der Überraschungseffekt im Kampf dahin.

FESTKÖRPERPHYSIK LEICHT GEMACHT

Was ist ein Transistor, jenes elektronische Bauelement, das zumindest nach Auffassung von Stan Lee mit so wundersamen Fähigkeiten ausgestattet ist, dass sie Iron Man in die Lage versetzen, den Mandarin, den Crimson Dynamo und Titanium Man zu besiegen? Eine kurze Antwort könnte lauten: Ein Transistor ist ein Ventil, das den Fluss des elektrischen Stroms durch einen Stromkreis reguliert. Solche Antworten kann man sich zwar leicht merken, aber sie verraten uns nichts darüber, wie Transistoren wirklich funktionieren. Als Erstes sollten wir vermutlich klären, was genau ein Halbleiter ist, ein Material, das weder zu den Metallen noch zu den Isolatoren gehört. Wir hören andauernd, dass wir im »Siliziumzeitalter« leben, aber was ist an Silizium so besonders? Auf den nächsten Seiten werde ich versuchen, mehr als fünfzig Jahre Festkörperphysik zusammenzufassen, um diese Fragen zu beantworten.

Silizium ist ein chemisches Element wie Kohlenstoff, Sauerstoff und Gold. Der Kern eines Siliziumatoms besteht aus 14 positiv geladenen Protonen und (im Normalfall) 14 elektrisch neutralen Neutronen. Zur Wahrung der Ladungsneutralität ist der Atomkern von 14 negativ geladenen Elektronen umgeben. Diese Elektronen besetzen die als »Orbitale« bezeichneten quantenmechanischen Gegenstücke zu Elektronenbahnen, die sich, wie in den Kapiteln 20 und 21 beschrieben, aus der wellenartigen Natur der Materie ergeben. Die möglichen Orbitale sind typisch für das jeweilige Element und bestimmen, welche Energien ein Elektron des Atoms annehmen kann.

Die Quantenmechanik gestattet uns, mit Hilfe der Schrödinger-Gleichung die erlaubten »Umlaufbahnen« der Elektronen in einem Atom zu berechnen. Zu wissen, welche verschiedenen Orbitale ein Elektron in einem Atom zur Auswahl hat, ist so ähnlich, wie die Anzahl und Anordnung der Stühle in einem Klassenzimmer zu kennen (bitte schütteln Sie jetzt nicht den Kopf; der Vergleich mit einem Klassenzimmer wird sich noch als sehr nützlich erweisen, um die Eigenschaften von Metallen, Isolatoren und Halbleitern zu erklären). Ein nur mit Stühlen gefüllter, ansonsten leerer Klassenraum entspricht noch keiner Schulklasse – wenn man so will, stellt er eine »virtuelle Schulklasse« dar; erst wenn die Schüler hereinkommen und ihre Plätze einnehmen, haben wir es mit einer wirklichen Schulklasse zu tun. Eine Klasse mit nur einem Schüler entspricht einem quantenmechanischen System mit nur einem Elektron auf einer der möglichen Bahnen. Wir wollen diese Anordnung als Wasserstoff bezeichnen, denn in seiner neutralen, stabilen Form besitzt Wasserstoff nur ein Elektron. Bei zwei Schülern sprechen wir von Helium, bei vierzehn von Silizium und so weiter. In unserem hypothetischen Beispiel würden die ersten Schüler, die den Raum betreten, die Plätze vorne in der Nähe der Tafel besetzen. Die Nachzügler setzen sich auf die Stühle im hinteren Teil der Klasse, weiter von der Tafel (dem Ort des positiv geladenen Atomkerns) entfernt. Diese Anordnung, bei der alle Plätze in Tafelnähe von einem Schüler besetzt sind, beschreibt die Konfiguration mit der niedrigsten Energie – wobei die Energie jedes einzelnen Schülers umso geringer ist, je näher er an der Tafel sitzt. Bei einem Kohlenstoffatom mit sechs Elektronen sind die dem Kern am nächsten gelegenen Elektronenbahnen besetzt. Gewinnt das Kohlenstoffatom Energie, etwa indem es Licht absorbiert, springen manche seiner Elektronen auf eine höherenergetische Bahn. In unserem Klassenzimmer entspricht das Schülern, die sich weiter nach hinten setzen, obwohl in Tafelnähe noch Stühle frei wären.

Ob ein Stoff ein Metall, ein Halbleiter oder ein Isolator ist, hängt von der Energiedifferenz zwischen der höchsten mit einem Elektron besetzten Stufe und der nächsten unbesetzten Stufe ab. Wenn wir noch einmal auf unseren Vergleich mit einem Klassenzimmer zurückkommen, so können wir uns einen Festkörper als einen sehr großen Hörsaal vorstellen, dessen Sitzplätze von seinen Atomen zur Verfügung gestellt werden. Abgesehen von den Sitzen im Parkett hat der Hörsaal noch einmal dieselbe Anzahl von Plätzen im Rang, die aber leer sind. Auch im Hörsaal gilt: Je weiter vorne ein Elektron sitzt, umso geringer ist seine Energie. Wenn die Elektronen auf den niederenergetischen Plätzen im Parkett* bei Anlegen einer Spannung an den Festkörper Strom führen sollen, müssen sie an Energie gewinnen. Diese Energie können sie jedoch nur absorbieren, wenn es für das Elektron einen leeren Platz auf einem höheren Energieniveau gibt, den es besetzen kann (denken Sie an die Diskussion der gequantelten Energieniveaus in Kapitel 20). Die elektrischen Eigenschaften jedes Festkörpers werden durch die Anzahl der Elektronen auf den niederenergetischen Parkettplätzen und die Energiedifferenz zwischen den besetzten Plätzen im Parkett und den nächsten freien höherenergetischen Plätzen im Rang bestimmt.

Der Unterschied zwischen Isolatoren und Metallen kann anhand dieses Vergleichs gut verdeutlicht werden. Ein Isolator ist ein Festkörper, bei dem jeder Platz im Parkett besetzt ist, während ein Metall ein Stoff ist, bei dem nur die Hälfte der unteren Plätze belegt ist. In einem Metall stehen einem Elektron viele freie Parkettplätze zur Verfügung, und das Anlegen einer Spannung, sei sie groß oder klein, kann die Elektronen beschleunigen und sie dazu anregen, einen höheren Energiezustand einzunehmen (was gleichbedeutend damit ist, dass sie einen elektrischen Strom bewirken). Metalle sind gute

* Die niedrigsten Energieniveaus werden als Erstes mit Elektronen aufgefüllt. Streng genommen erhält jedes Elektronenpaar in einem Atom seinen eigenen Hörsaal (denn aufgrund ihrer inneren Magnetfelder ordnen sie sich stets paarweise an, wobei sich Nord- und Südpol aneinander lagern). Die chemische Reaktionsfähigkeit und die elektronischen Eigenschaften des entsprechenden Festkörpers werden durch die Elektronen bestimmt, die als Letztes ihre Plätze in freien Energieniveaus einnehmen. In den nachfolgenden Ausführungen geht es immer um den gemeinsamen Hörsaal dieser Elektronen.

elektrische Leiter, weil ihre unteren Sitzreihen nur zur Hälfte mit Elektronen besetzt sind. Es gibt daher für die Elektronen viele Möglichkeiten, sich ein paar Reihen nach hinten zu setzen – Energie zu gewinnen –, ohne das Parkett verlassen zu müssen. Beim Isolator ist dagegen jeder Platz belegt, und so kann beim Anlegen einer Spannung kein Strom fließen, solange nicht einige Elektronen in den Rang befördert werden. Wenn ich die Temperatur des Isolators erhöhe, indem ich von außen zusätzliche Energie in Form von Wärme zuführe, können einige der Elektronen aus dem Parkett in den leeren Rang aufsteigen – was ein sehr viel größerer Schritt ist, als innerhalb des Parketts die Reihen zu wechseln. Dort gibt es für das Elektron viele freie Plätze, so dass es zum Strom beitragen kann, aber nur, solange die Temperatur erhöht ist. Wenn die Temperatur sinkt, kehren die Elektronen zu ihren früheren niederenergetischen Plätzen im Parkett zurück.

Wenn der Isolator Energie in Form von Licht absorbiert, kann das ein Elektron unmittelbar in den Rang befördern. Kehrt das Elektron anschließend auf seinen Platz im Parkett zurück, muss es aus Gründen der Energieerhaltung die zuvor absorbierte Energiemenge wieder abgeben. Dies geschieht entweder dadurch, dass es Licht genau dieser Energie emittiert, oder indem es ein Atom zum Schwingen anregt (Wärme). Das ist der Grund, warum sich ein von Licht beschienener Körper erwärmt – die Elektronen absorbieren die Energie des Lichts und geben sie in Form von Wärme wieder ab. Reicht die Energie des Lichts nicht aus, um ein Elektron vom höchsten besetzten Platz im Parkett auf den niedrigsten unbesetzten Platz im Rang anzuheben, wird das Licht nicht absorbiert. In diesem Fall ignorieren die Elektronen im Festkörper das Licht, und es geht einfach durch ihn hindurch. Nichtleitende Materialien wie zum Beispiel Fensterscheiben sind transparent, weil die für dieses Material charakteristische Energiedifferenz zwischen den besetzten Plätzen im Parkett und den leeren Plätzen im Rang dem ultravioletten Teil des Spektrums entspricht, so dass das sichtbare Licht mit seiner niedrigeren Energie einfach hindurchgeht. Dagegen können Metalle Licht stets absorbieren, weil sie immer über freie Plätze in dem nur halb gefüllten Parkett verfügen. Ganz gleich, wie niederenergetisch das Licht sein mag, kann ein Elektron in einem Metall diese Energie absorbieren und anschließend wieder abgeben, wenn es auf seinen niederenergetischen Platz zurückkehrt. Das ist auch der Grund, warum Metalle glänzen. Sie geben stets die Lichtenergie wieder ab, die sie absorbiert haben, und es gibt keine untere Grenze für die Energie, die sie aufnehmen können.

Ein Halbleiter ist nun einfach ein Isolator mit einer (im Vergleich zur Energie des sichtbaren Lichts) relativ kleinen Energiedifferenz zwischen den besetzten unteren Reihen und den nächsthöher gelegenen freien Plätzen. Für eine solche Energiedifferenz wird ein bestimmter Teil der Elektronen bei Zimmertemperatur über genügend Wärmeenergie verfügen, um auf einen Platz im Rang befördert zu werden. Wenn Elektronen dazu angeregt werden, einen höherenergetischen Zustand zu besetzen, kann das Material auf zweierlei Weise Strom führen. Für jedes Elektron, das in den Rang befördert wurde, ist im Parkett ein Platz frei geworden. Die leeren Stühle im vorher voll besetzten Parkett können als »positive Elektronen« oder »Löcher« betrachtet werden und ermöglichen ebenfalls einen Stromfluss. Wenn sich ein Elektron, neben dem ein Platz frei geworden ist, auf diesen umsetzt, dann ist die freie Stelle eine Position weiter gewandert. Auf diese Weise können wir uns vorstellen, dass sich das Loch als Reaktion auf eine äußere Spannung weiterbewegt und einen Strom bewirkt. Natürlich kehren die Elektronen irgendwann auf ihre leeren Plätze im Parkett zurück (wobei es nicht notwendigerweise ihre ursprünglichen Plätze sein müssen). Wenn bestimmte Halbleiter Licht absorbieren, gibt es genügend angeregte Elektronen im Rang und Löcher im Parkett, um das ursprüngliche isolierende Material in einen guten elektrischen Leiter zu verwandeln. Sobald das Licht abgeschaltet wird, füllen die Elektronen die Löcher im Parkett wieder auf (es kommt zur »Rekombination«), und das Material verwandelt sich wieder in einen Isolator. Dieser Effekt heißt Fotoleitung. Da sich die elektrische Leitfähigkeit solcher Materialien drastisch verändert, wenn sie Licht ausgesetzt sind, werden sie auch als Lichtsensoren benutzt, etwa in Rauchdetektoren, Fernbedienungen für Fernseher und automatischen Türöffnern in Supermärkten.

Halbleiter-Bauelemente werden für gewöhnlich aus Silizium hergestellt, da dieses Element eine Energielücke knapp unterhalb des Energiebereichs von sichtbarem Licht besitzt. Darüber hinaus ist es ein sehr häufig vorkommendes Element (Sand besteht meistens aus Siliziumdioxyd), das relativ leicht aufbereitet und bearbeitet werden kann. Gelegentlich kommt es vor, dass die für Silizium spezifische Größe der Energielücke die Leistung eines Bauteils einschränkt, so dass ein anderer Halbleiter wie zum Beispiel Germanium oder Galliumarsenid verwendet wird. Die Fähigkeit der Nachtsicht, über die sowohl Iron Man als auch das Militär verfügen, beruht auf den fotoleitenden Eigenschaften eines bestimmten Halbleiters mit einer kleinen Energielücke im infraroten Bereich des elektromagnetischen Spektrums.

Alle Körper geben aufgrund ihrer Temperatur elektromagnetische Strahlung ab. Das heißt, ihre Atome schwingen mit einer bestimmten Frequenz, die ihre durchschnittliche kinetische Energie widerspiegelt. In einer dunklen, mondlosen Nacht nimmt die Temperatur der meisten unbelebten Körper ab, da sie kein Sonnenlicht mehr absorbieren. Sie emittieren daher weniger und niederfrequentere Strahlung. Beim Menschen dagegen sorgen Stoffwechselprozesse für eine gleich bleibende Körpertemperatur von rund 37 Grad Celsius. Folglich emittieren wir im infraroten Bereich des Spektrums eine beträchtliche Menge Licht (vergleichbar etwa der Leistung einer 100-Watt-Glühbirne). Unsere Augen sind für diesen Bereich des Spektrums nicht empfindlich, aber es gibt Halbleiter, die eine große Fotoleitfähigkeit besitzen, wenn sie Infrarotlicht ausgesetzt sind. Bei Nacht hebt sich das von einem warmblütigen Menschen abgegebene Infrarotlicht deutlich von der kühleren Umgebung ab.

Bestimmte Nachtsichtgeräte, die nach dem Prinzip des »Wärmebildverfahrens« funktionieren, detektieren dieses Licht mit Hilfe von Halbleitern, die die von einem Körper bei rund 37 Grad Celsius abgegebene Infrarotstrahlung absorbieren. Der durch die Lichteinwirkung im Halbleiterdetektor entstandene Strom wird dann zu einem benachbarten Material transportiert, das chemisch so geartet ist, dass es einen Lichtblitz abgibt, wenn die durch Photonenabsorption angeregten Elektronen und Löcher rekombinieren. Auf diese Weise wird das von unseren Augen normalerweise nicht wahrnehmbare infrarote Licht in den sichtbaren Teil des elektromagnetischen Spektrums verschoben, so dass wir im Dunkeln sehen können. Tagsüber detektieren diese Geräte neben dem Infrarotlicht auch sichtbares Licht. Alle Körper haben bei gleicher Temperatur ungefähr dieselbe Strahlungsintensität (vergleiche die Diskussion der Glühkurven in Kapitel 20). Wenn unbelebte Gegenstände aufgrund des absorbierten Sonnenlichts tagsüber wärmer sind als nachts, ist der Kontrast zwischen der von ihnen und von einem Menschen emittierten Strahlung schwächer und die Nützlichkeit eines solchen Geräts entsprechend geringer.

WELCHE AUGENFARBE HAT DIE UNSICHTBARE?

Das Verständnis der fotoelektrischen Leitfähigkeit von Halbleitern versetzt uns endlich in die Lage, eine Frage zu beantworten, über die Comicfans schon seit langem gerätselt haben: Warum ist die Unsichtbare nicht blind? Als die Fantastic Four ihren verhängnisvollen Raketenflug unternahmen, erwarb Sue Storm (inzwischen Mrs. Susan Richards) die Fähigkeit, sich nach Belieben unsichtbar machen zu können. Wie schafft sie das, und wie kann sie sehen, wenn das sichtbare Licht einfach durch sie hindurchgeht? Noch grundlegender ist natürlich die Frage: Wie können wir überhaupt sehen?

Die Moleküle, aus denen unsere Körperzellen bestehen, absorbieren Licht im sichtbaren Bereich des elektromagnetischen Spektrums. Diese Absorptionsfähigkeit kann durch bestimmte Moleküle wie zum Beispiel Melanin, das eine dunklere Färbung der Haut bewirkt, erhöht werden. Durch die hohe Dosis kosmischer Strahlung, der die Unsichtbare bei ihrem Raketenflug ausgesetzt war, erlangte sie die Fähigkeit, die »Energielücke« aller Moleküle ihres Körpers zu vergrößern (darin besteht vermutlich die »wundersame Ausnahme«, die die Grundlage ihrer Superfähigkeit bildet). Wenn der Energieabstand zwischen den besetzten Plätzen des niederenergetischen Parketts und den leeren Reihen des höherenergetischen Rangs so stark vergrößert wird, dass er in den ultravioletten Bereich des Spektrums reicht, dann wird das sichtbare Licht von den Molekülen des Körpers ignoriert, und es geht einfach durch ihn hindurch. Dies ist nicht so abwegig, wie es scheinen mag. Schließlich besitzen wir alle unsichtbare Zellen, die für sichtbares Licht durchlässig sind. Tatsächlich benutzen Sie sie genau jetzt, während Sie diese Worte durch die durchsichtigen Linsen Ihrer Augen lesen.

Das Sonnenlicht enthält einen beträchtlichen Anteil ultravioletten Lichts, das energiereicher als das sichtbare Licht ist. Normalerweise denken wir nicht an diesen Teil des Sonnenspektrums. Meist wird er uns erst dann schmerzlich bewusst, wenn wir an einem sonnigen Hochsommertag zu lange in der Sonne waren und einen Sonnenbrand bekommen haben. Wenn Sue unsichtbar wird, absorbiert und reflektiert sie noch immer Licht im ultravioletten Bereich des Spektrums. Aber wir können sie nicht sehen, weil die Zäpfchen und Stäbchen unserer Netzhaut ultraviolettes Licht nicht absorbieren. Besondere UV-Brillen (wie die des Dr. Doom in seiner gepanzerten Gesichtsmaske) können das von Sue reflektierte UV-Licht in den sichtbaren Bereich des Spektrums verschieben, indem sie einen ähnlichen Mechanismus verwenden wie die »Nachtsichtgeräte«, die niederenergetisches Infrarotlicht in den sichtbaren Bereich des Spektrums verschieben.

Dies erklärt auch, wie die Unsichtbare sehen kann. Wenn sie unsichtbar ist, werden die Stäbchen und Zäpfchen in ihren Augen für das von uns abprallende, gestreute Ultraviolettlicht empfindlich, das unsere Augen nicht wahrnehmen können. Die Welt, die Sue erblickt, während sie unsichtbar ist, hat nicht die Farben, die wir gewohnt sind, denn die Verschiebung der Wellenlängen des von ihr detektierten Lichts hat nichts mit den Farben des Regenbogens zu tun. Fenster erscheinen uns durchsichtig, weil sie sichtbares Licht passieren lassen und ultraviolettes Licht absorbieren. Wir können ultraviolettes Licht nicht sehen, deshalb bemerken wir seine Absorption nicht. Wenn Sue jedoch unsichtbar ist, wird sie ein Fenster als einen großen dunklen Fleck wahrnehmen, während andere Gegenstände für sie durchsichtig erscheinen. Mit etwas Übung dürfte sie ganz gut mit dieser neuen Wahrnehmung zurechtkommen.

Das soeben beschriebene Modell zur Erklärung, wie Sue sehen kann, während sie unsichtbar ist, wurde im Dezember 2002, im dritten Band der *Fantastic Four* # 62, vorgeschlagen (dies entspricht der 491. Ausgabe, wenn man die Zählung seit dem erstmaligen Erscheinen 1961 zugrunde legt). In dieser von Mark Waid geschriebenen und von Mike Wieringo gezeichneten Ausgabe erfahren wir, dass Sues Sehvermögen, während sie unsichtbar ist, darauf beruht, dass sie die gestreute kosmische Strahlung detektiere, die überall um uns herum vorhanden, für die aber unser normaler Gesichtssinn nicht empfindlich sei. Das ist zwar prinzipiell die richtige Idee, aber die falsche Lichtquelle. Bei der kosmischen Strahlung handelt es sich nicht um Photonen, sondern überwiegend um Protonen, die mit hoher Geschwindigkeit aus dem Weltraum auf die Erde prasseln und beim Zusammenprall mit Atomen in der Atmosphäre Schauer von Elektronen, Gammastrahlung (hochenergetische Photonen), Myonen (mit den Elektronen verwandte Teilchen) und andere Elementarteilchen erzeugen. Strahlenschäden oder den Erwerb von Superfähigkeiten durch strahlungsbedingte Mutation haben wir normalerweise nicht von dieser kosmischen Strahlung zu befürchten, da die Anzahl dieser hochenergetischen kosmischen Teilchen sehr gering ist. Zumindest auf Höhe des Meeresspiegels kommt auf jede Million Billionen Photonen, die uns von der Sonne erreichen, gerade mal ein Teilchen der kosmischen Strahlung! Wenn Sues Sehvermögen von kosmischer Strahlung abhinge, würde sie ständig mit irgendwelchen Gegenständen und Personen zusammenstoßen. Es ist viel wahrscheinlicher anzunehmen, dass ihre Sehfähigkeit auf demselben Mechanismus beruht, der dafür sorgt, dass sie durchsichtig werden kann – nämlich auf der Verschiebung ihrer molekularen Bindungen in den ultravioletten Teil des Spektrums.

WAS IST EIN TRANSISTOR — UND WARUM SOLLTE UNS DAS ÜBERHAUPT INTERESSIEREN?

Kehren wir zurück zu Tony Stark und seiner transistorbetriebenen Rüstung. Als Tony die abstoßende Wirkung seines magnetischen Turbo-Isolators verstärken wollte, benutzte er einen Zylindertransistor. Wie sind Transistoren in der Lage, schwache Signale zu verstärken, Radios tragbar und Repulsorstrahlen leistungsfähig zu machen?

Auch wenn Halbleiter als fotoelektrisch leitende Bauelemente nützlich sind, würde wohl niemand vom Siliziumzeitalter sprechen, wenn dies ihre einzige Anwendung wäre. Das, was Halbleiter so ungemein praktisch macht, ist die Tatsache, dass man ihre Leitfähigkeit um einen Faktor von mehr als einer Million verändern kann, indem man sie absichtlich chemisch verunreinigt, das heißt ihnen eine kleine Menge Fremdatome zusetzt. Doch damit nicht genug: Abhängig von den jeweils verwendeten Fremdatomen können dem Halbleiter entweder Elektronen zugeführt oder Elektronen weggenommen werden. Durch Letzteres entstehen – um an unser obiges Beispiel anzuknüpfen – in dem ursprünglich voll besetzten Hörsaal Löcher, die ebenfalls zu einem Stromfluss beitragen können. Wenn man ein Material mit Elektronenüberschuss mit einem Halbleiter mit Elektronenmangel (Löchern) zusammenbringt, erhält man eine Solarzelle, und wenn man dem noch eine dritte Schicht mit Elektronenüberschuss hinzufügt, hat man einen Transistor hergestellt.

Man weiß seit langem, dass das Hinzufügen bestimmter chemischer Substanzen die optischen und elektronischen Eigenschaften von Isolatoren verändern kann. Schließlich beruht genau darauf die Herstellung von buntem Glas. Gewöhnliches Fensterglas besitzt eine Energielücke, die größer ist als die Energie des sichtbaren Lichts. Genau aus diesem Grund ist es ja durchsichtig. Fügt man jedoch dem geschmolzenen Glas eine kleine Menge von Mangan hinzu, erscheint das Glas nach dem Abkühlen violett. Mangan kann bei einer bestimmten Energie, die genau in der Mitte der Energielücke von Glas liegt, Licht absorbieren, was etwa so ist, als hätten wir einige zusätzliche Stühle auf der Treppe zwischen dem voll besetzten Parkett und dem leeren Rang abgestellt. Bestimmte Wellenlängen des sichtbaren Lichts, die das Material normalerweise ungestört passiert hätten, bewirken nun in den zugesetzten Manganatomen einen Übergang zwischen verschiedenen Energieniveaus. Auf diese Weise werden bestimmte Wellenlängen aus dem vom Glas durchgelassenen weißen Licht entfernt, wodurch das Fensterglas eine Farbe erhält. Verschiedene Beimischungen wie zum Beispiel Kobalt oder Selen geben dem normalerweise durchsichtigen Glas verschiedene Farben (Blau beziehungsweise Rot).

Das gleiche Prinzip gilt auch für Halbleiter, nur dass die Fremdatome, die wir hinzufügen, eine andere Wirkung haben. Sie sorgen dafür, dass Elektronen – um bei unserer Analogie mit dem Hörsaal zu bleiben – sehr leicht in den höherenergetischen Rang befördert oder aus dem voll besetzten Hörsaal entfernt werden können, so dass an ihrer Stelle Löcher zurückbleiben. Ein Halbleiter, bei dem die eingebrachten Fremdatome Elektronen zur Verfügung stellen, heißt »n-dotiert«, da die Elektronen negativ geladen sind, während ein Halbleiter mit Verunreinigungen, die Elektronen aus den besetzten niedrigeren Energiezuständen aufnehmen, in Anspielung auf die dadurch entstehenden positiv geladenen Löcher »p-dotiert« genannt wird. Das Besondere an Halbleitern mit Fremdatomen ist nicht, dass ihre Leitfähigkeit drastisch verändert werden kann (wenn wir nur einen besseren Leiter haben wollten, könnten wir einfach ein Metall benutzen). Wahrhaft bahnbrechend ist das, was geschieht, wenn wir einen n-dotierten mit einem p-dotierten Halbleiter zusammenbringen. Die überschüssigen Elektronen und Löcher an der Grenzfläche dieser beiden verschiedenen Materialien vereinigen sich zwar rasch, aber daneben gibt es schließlich noch die Fremdatome, die auch eine elektrische Ladung besitzen. Die positiv geladenen Fremdatome in der n-dotierten Region und die negativ geladenen in der p-dotierten Region erzeugen ein elektrisches Feld, wie es auch zwischen positiven und negativen Ladungen im freien Raum existiert. Dieses elektrische Feld weist in eine bestimmte Richtung. Wenn ich versuche, einen Strom durch die Kontaktfläche zwischen dem n-dotierten und dem p-dotierten Halbleiter fließen zu lassen, wird er sehr leicht in Richtung des Feldes fließen, aber sehr schwer entgegen dieser Richtung. Ein solches Bauteil wird im Dunkeln als »Diode« und wenn Licht darauf fällt, als »Solarzelle« bezeichnet. Wenn der p-n-Übergang Licht absorbiert, entstehen Paare von Elektronen und Löchern, und ein Strom beginnt zu fließen, auch ohne dass die Anordnung an eine Batterie angeschlossen ist. Die Ladungen werden von dem inneren elektrischen Feld ebenso zuverlässig in Bewegung versetzt wie von einer äußeren Spannung. Eine Solarzelle kann so dank der durch

Lichteinfall produzierten Elektronen und Löcher in Verbindung mit dem inneren elektrischen Feld, das die geladenen Fremdatome zurückgelassen haben, einen elektrischen Strom erzeugen. Es handelt sich um eine der wenigen Methoden der Stromerzeugung, die nicht auf der Bewegung eines Drahtes durch ein Magnetfeld beruhen, so dass dieses Halbleiter-Bauelement unabhängig von fossilen Brennstoffen funktioniert.

Um einen Transistor zu erhalten, nutzt man die Richtungsabhängigkeit des elektrischen Stroms einer Diode und sorgt außerdem dafür, dass sich das innere elektrische Feld gezielt steuern lässt. Das Ergebnis ist eine Art elektrisches Ventil, bei dem ein Eingangssignal bestimmt, wie weit das Ventil geöffnet wird, wovon wiederum abhängt, ob ein großer oder ein kleiner Strom fließt. Greifen wir noch einmal auf unseren Vergleich des elektrischen Stroms mit einem Wasserfluss aus Kapitel 16 zurück. Ein Feuerwehrschlauch ist an die städtische Wasserversorgung angeschlossen. Sobald das Ventil, das den Schlauch mit dem Wasserhahn verbindet, geöffnet wird, fließt Wasser durch den Schlauch. Wird das Ventil nur einen Spalt geöffnet, ist der Wasserfluss schwach, wird es weiter geöffnet, erhöht sich auch die aus dem Schlauch strömende Wassermenge. Für gewöhnlich muss ich das Ventil manuell betätigen, um es weiter zu öffnen oder zu schließen. Stellen wir uns nun ein Ventil vor, das mit einem zweiten, kleineren Wasserschlauch verbunden ist. Wie weit sich das Ventil öffnet, möge direkt davon abhängen, wie viel Wasser durch den zweiten Schlauch fließt. Wenn ich den Wasserfluss im zweiten Schlauch als mein »Signal« betrachte, dann wäre der aus dem Hauptschlauch strömende Wasserfluss eine verstärkte Version dieses Signals.

Auf diese Weise kann eine kleine Spannung verstärkt werden, ohne dass die in ihr codierten zeitabhängigen Informationen verändert werden. Wenn Iron Man den Strom für seinen magnetischen Turbo-Isolator oder für die Servomotoren, die hinter der Schlagkraft seiner Rüstung stecken, um das Tausendfache erhöhen möchte, benutzt er Transistoren, um ein paar kleine Eingangsströme ganz gewaltig zu verstärken. Doch ganz gleich, was Tony Stark sagen mag, Transistoren liefern in Wirklichkeit keinen Strom, sondern erlauben es nur, ein kleines Signal um ein Vielfaches zu verstärken. Dazu benötigen sie einen beträchtlichen Vorrat an elektrischer Energie, etwa in der Form einer externen Batterie. Wie in unserem Beispiel mit dem Wasserschlauch kann das »Transistorventil« das schwache Eingangssignal nur dann verstärken, wenn der Feuerwehrschlauch an die Wasserleitung angeschlossen ist. Anstatt Strom zu liefern, verbrauchen Transistoren also Strom, aber ihr Verbrauch ist weitaus geringer als der Verbrauch der von ihnen abgelösten alten Vakuumröhren. Es ist folglich nur allzu verständlich, dass sich Iron Man nach einem anstrengenden Kampf erst einmal wieder aufladen muss. Auch wenn man Tony oft sieht, wie er nach überstandenem Abenteuer mit letzter Kraft erklärt, seine Transistoren müssten aufgeladen werden, bin ich sicher, dass er eigentlich die Batterien für seine Transistoren meint. Ein solcher Versprecher ist mehr als verzeihlich, wenn man bedenkt, wie geschlaucht man sich nach ein paar Kampfrunden mit Titanium Man fühlen muss.

Vor dem Aufkommen von Transistoren wurden schwache Eingangsströme mit Hilfe von Heizdrähten und Gittern verstärkt, die die Bewegung der Elektronen durch den Raum steuerten. Dabei wurde ein Strom durch einen Glühdraht geschickt, bis dieser anfing, weiß zu glühen, und Elektronen aus dem Metall herausgeschleudert wurden. Die Elektronen wurden von einer positiven Spannung beschleunigt, die in einer gewissen Entfernung an eine Sammelstelle, den »Kollektor«, angelegt wurde und die freien Elektronen anzog. Zwischen dem Heizdraht und dem Kollektor befand sich ein dünnmaschiges Gitter, das wie ein Ventil wirken konnte: Legte man das Eingangssignal an das Gitter an, dann regulierte es den zum Kollektor fließenden Strom analog zu dem sich öffnenden oder schließenden Ventil in unserem Wasserbeispiel. Um Kollisionen mit Luftmolekülen zu vermeiden, die den Elektronenstrahl auf dem Weg zur Kollektorelektrode ablenken würden, war die ganze Anordnung in einem Glaszylinder untergebracht, aus dem man die Luft weitestgehend entfernt hatte. Diese so genannten Elektronenröhren waren nicht nur unhandlich, sondern hatten auch einen hohen Energiebedarf, um die Drähte zu erhitzen und die Kollektorelektrode zu betreiben. Außerdem benötigten sie eine gewisse Aufwärmzeit nach dem Anschalten und waren sehr zerbrechlich. Halbleiterbasierte Transistoren sind klein, robust und kompakt. Ihr Energieverbrauch ist gering, und sie stehen sofort zur Verstärkung eines Stroms bereit. Trotzdem dauerte es viele Jahre, bis der 1947 erfundene Transistor die Vakuumröhre in den meisten elektronischen Geräten ersetzt hatte.

Ein Schaltelement wie ein Transistor wird nicht zufällig entdeckt, sondern muss sorgfältig aus Halbleiterstrukturen mit hohem Reinheitsgrad und geringer Defektdichte gebaut werden, damit der Verstärkungsprozess funktionieren kann. Die unermüdliche Arbeit und die innovativen experimentellen Techniken, die es John Bardeen, Walter Brattain und William Shockley an den Bell Laboratories in Murray Hill, New Jersey, erlaubten, den ersten Transistor der Welt zu bauen, wurden 1956 mit dem Nobelpreis für Physik ausgezeichnet. An dem Tag, als Bardeen erfuhr, dass er ein zweites Mal den Nobelpreis erhalten würde (nämlich im Jahr 1972 für seine mit Leon N. Cooper und John Robert Schrieffer entwickelte Theorie der Supraleitung), versagte sein transistorbetriebener Garagentoröffner, als wolle er darauf hinweisen, wie notwendig weitere Forschung auf dem Gebiet der Festkörperphysik sei.

Mit der Verbesserung der Herstellungs- und Qualitätssicherungsverfahren und der Verfügbarkeit immer kleinerer Transistoren erkannte man eine weitere wichtige Anwendungsmöglichkeit für dieses besondere elektronische Schaltelement. Ein kleiner Eingangsstrom am Transistor bewirkt einen kleinen Ausgangsstrom, eine relativ bescheidene Erhöhung des Eingangsstroms bewirkt einen signifikant höheren Strom. Die Ausgangsleistung eines Transistors kann also entweder ein »niedriger Strom« oder ein »hoher Strom« sein. Der Zustand eines niedrigen Stroms wird als »Null«, der eines hohen Stroms als »Eins« bezeichnet. Geringfügige Veränderungen an der Eingangsleistung eines Transistors können entweder eine Eins oder eine Null am Ausgang zur Folge haben. Wenn man buchstäblich Millionen von Transistoren in ausgeklügelten Anordnungen miteinander kombiniert und sich eines Teilbereichs der Mathematik bedient, der als boolesche Algebra bekannt ist (sie wurde von einem Mathematiker namens George Boole mehr als 90 Jahre vor der Erfindung des Transistors und mehr als 70 Jahre vor der Entwicklung der Schrödinger-Gleichung geschaffen), kann man die Schaltelemente herstellen, die heutigen Mikrocomputern zugrunde liegen.

Eine erschöpfende Beschreibung, wie Computer »Einsen« und »Nullen« verarbeiten, um größere Zahlen darzustellen und mathematische Operationen im Binärcode durchzuführen, würde ein eigenes Buch erfordern. Ich möchte hier nur feststellen, dass das Herzstück aller Mikrocomputer und integrierten Schaltungen der Transistor ist. Die »Chips«, die unseren Mobiltelefonen, Laptops und DVD-Playern zugrunde liegen – elektronischen Geräten, die eine immer größere Rolle in unserer Gesellschaft spielen –, sind einfach Plattformen für die ausgeklügelte Anordnung und Verbindung einer großen Zahl von Transistoren. Die ganze computerisierte und drahtlose Technik, die uns im einundzwanzigsten Jahrhundert umgibt, wäre ohne den Transistor nicht möglich, dessen Entwicklung seinerseits ohne die bahnbrechenden Erkenntnisse der Pioniere der Quantenphysik und des Elektromagnetismus undenkbar gewesen wäre.

Als Schrödinger seine berühmte Gleichung entwickelte, ging es ihm nicht um die Erfindung eines CD-Players oder darum, die Vakuumröhre zu ersetzen. Trotzdem gäbe es unseren modernen Lebensstil ohne seine Arbeiten und die anderer Grundlagenforscher nicht. Ohne die Bemühungen einer kleinen Hand voll Physiker, die das Verhalten der Natur erforschten, sähe unser Leben ganz anders aus. Doch von wenigen Ausnahmen abgesehen, wurden diese Wissenschaftler nicht von dem Wunsch getrieben, kommerzielle Geräte und praktische Anwendungen zu entwickeln. Vielmehr ließen sie sich von ihrer Neugier leiten, von dem Wunsch, wie Dr. Henry Pym es in *Tales to Astonish* # 27 ausdrückte, »nur an Dingen zu arbeiten, die ihre Fantasie anregten«.

TEIL 4

WAS HABEN WIR GELERNT?

24

Bizarres – Superhelden-Irrtümer

Wir begannen dieses Buch mit der Erörterung der Frage, wie Superman im Einklang mit den newtonschen Axiomen der Mechanik mit einem einzigen Satz über die höchsten Hochhäuser springen kann, und endeten mit Kitty Prydes quantenmechanischem Tunneln durch massive Wände und Iron Mans transistorbetriebener Rüstung. Unterwegs haben wir viele der Themen gestreift, die zum Lehrplan eines ordentlichen Physikstudiums gehören, von den Grundlagen der Anfängervorlesung (wie die newtonschen Axiome und der Energieerhaltungssatz) bis zu den fortgeschrittenen Themen der höheren Semester (wie Quantenmechanik und Festkörperphysik). Allerdings würde ich meine Pflichten vernachlässigen, wenn ich Sie, liebe Leser, in dem Glauben ließe, Superhelden-Comics stünden absolut *immer* mit den Gesetzen der Physik in Einklang. Ich möchte daher zum Abschluss noch einige jener seltenen Beispiele diskutieren, in denen die Comicbücher in puncto Physik absolut falsch liegen, egal wie viele wundersame Ausnahmen man den Geschichten zugestehen mag.

Cyclops geheime Mutantenfähigkeit

Der erste junge Mutant, den Prof. Charles Xavier für sein Team von Superhelden, die X-Men, anwarb, war Scott Summer mit Decknamen Cyclops. Scotts besondere Fähigkeit – und sein Fluch zugleich – waren die Strahlen »reiner Kraft«, die seine Augen aussandten. Diese Kraftstrahlen konnten Betonwände durchschlagen und einen herabstürzenden zwei Tonnen schweren Felsblock in der Luft aufhalten. Nur zwei Materialien waren gegen Scotts optische Strahlen immun: seine eigene Haut (was ein Glück war, denn sonst hätte er sich selbst die Augenlider verbrannt) und »Rubinquarz«. Scott war daher gezwungen, ständig Sonnenbrillen aus diesem exotischen Material oder, wenn er als Superheld unterwegs war, ein Visier zu tragen. Der Schutzschirm seines Visiers konnte mit Hilfe von Knöpfen an der Seite des Visiers oder in den Handflächen seiner Handschuhe geöffnet werden. Durch das Visier wurden seine Augenstrahlen zu einem einzigen breiten roten Kraftstrahl gebündelt, was auch seinen Decknamen erklärt. Wenn der Schutzschirm seines Visiers gesenkt war oder er seine Sonnenbrille trug, absorbierte der Rubinquarz die destruktive Wucht seiner optischen Kraftstrahlen, und Scott konnte die Welt deutlich, aber in einen roten Schimmer getaucht, sehen.

Als Quarz bezeichnen Geologen die kristalline Form des Siliziumdioxyds. Wenn die Moleküle des Siliziumdioxyds ungeordnet vorliegen, wie Murmeln, die achtlos in eine Kiste geworfen wurden, spricht man von »Glas«, wenn sie jedoch sorgfältig in einem Muster angeordnet sind, wird das Mineral »Quarz« genannt. So wie es verschiedene Arten gibt, Murmeln in einem regelmäßigen Muster anzuordnen, gibt es auch verschiedene kristalline Konfigurationen von Quarz. Wenn das Mineral eine kleine Menge an Eisen und Titan enthält, schimmert es leicht rosafarben (ähnlich wie das gefärbte Glas in Kapitel 23) und wird als »Rosenquarz« bezeichnet. Eine Verteilung feiner Rubinteilchen in dem Quarz führt zu wolkigen braunen und beigefarbenen Adern, und dieses dunkle, rauchige, wenig durchscheinende Mineral wird als »Rubinquarz« bezeichnet.

So merkwürdig und unpraktisch es wäre, Augen zu haben, die Kraftstrahlen aussenden, so dass man ständig eine Brille aus Rubinquarz tragen müsste, und so wenig plausibel eine solche Vorstellung aus physikalischer Sicht sein mag, ist sie doch durch unsere »Wundersame Ausnahme«-Regelung gedeckt. Es gibt jedoch, unabhängig davon, wie Cyclops' optische Kraftstrahlen funktionieren mögen, eine wichtige Szene, die in allen X-Men-Comics und -Filmen unterschlagen wird: die Szene nämlich, die zeigt, was mit Scott passiert, wenn er seiner mächtigen Mutantenfähigkeit freien Lauf lässt. Was wir niemals zu sehen bekommen, aber wovon wir genau wissen, dass es nach den Gesetzen der Physik passieren muss, ist der heftige Ruck, mit dem Scotts Kopf aufgrund des Rückstoßes seiner Kraftstrahlen nach hinten gerissen wird.

Das dritte newtonsche Axiom belehrt uns, dass Kräfte stets paarweise auftreten – das heißt, jede Kraft geht zwingend mit einer Gegenkraft gleicher Stärke, aber entgegengesetzter Richtung einher. Wir können nichts anstoßen, wenn wir uns nicht von etwas abstoßen können. Raketen funktionieren nach demselben Prinzip: Wenn sie bei hoher Geschwindigkeit heiße Gase ausstoßen, werden sie in Einklang mit dem dritten newtonschen Axiom durch den dabei erzeugten Rückstoß in die entgegengesetzte Richtung nach vorn katapultiert. Ebenso müsste ein von den Augen emittierter Kraftstrahl, der in der Lage ist, einen zwei Tonnen schweren Felsbrocken in der Luft schweben zu lassen (was eine Kraft von rund 20000 Newton erfordert), einen gleich großen Rückstoß auf Cyclops' Kopf ausüben, so dass dieser nach hinten geschleudert würde. Aus dem zweiten newtonschen Axiom, wonach Kraft gleich Masse mal Beschleunigung ist, folgt, dass Cyclops' Körper (mit einer angenommenen Masse von, sagen wir, 80 Kilogramm) sehr rasch eine Beschleunigung erfahren würde, die mehr als dem Zwanzigfachen der Schwerebeschleunigung auf der Erde entspricht. Von seiner anfänglich ruhenden Position müsste sich Cyclops' Kopf also, wann immer er seine besondere Fähigkeit einsetzt, mit mehreren hundert Stundenkilometern nach hinten bewegen. Daraus müssen wir schließen, dass Cyclops neben seinen starken optischen Kraftstrahlen noch eine zweite verborgene Superkraft besitzt, nämlich außerordentlich starke Nackenmuskeln.

STELLEN SIE SOFORT DAS GEBÄUDE HIN!

Wie eingangs erwähnt, wurden Supermans Kräfte im frühen Goldenen Zeitalter des Comics darauf zurückgeführt, dass auf seinem Heimatplaneten Krypton eine viel stärkere Anziehungskraft herrschte als auf der Erde. Ausgehend von seiner Fähigkeit, mit einem Satz über ein sehr hohes Gebäude zu springen, rechneten wir in Kapitel 1 aus, dass die Schwerebeschleunigung auf Krypton mindestens 15-mal größer als bei uns gewesen sein muss. Der Mann aus Stahl bestand also gar nicht wirklich aus Stahl, sondern er besaß einfach nur Muskeln und ein Skelett, die an eine stärkere Gravitation angepasst waren. Stellen Sie sich vor, Sie heben eine 1,5-Liter-Packung Fruchtsaft hoch, die eine Masse von rund 1,5 Kilogramm besitzt. Wenn Sie wissen möchten, wie es sich anfühlt, auf einem Planeten zu leben, dessen Anziehungskraft 15-mal schwächer als die Erdanziehung ist, dann leeren Sie die Packung bis auf ungefähr ein halbes Glas (circa 100 Milliliter) aus. Verglichen mit dem Gewicht der vollen Packung werden Sie feststellen, dass sie nun viel leichter ist. In *Action Comics* # 1 ist Superman in der Lage, ein Fahrzeug mit einem Gewicht von rund 1500 Kilogramm hochzuheben. Diese Last ist für Superman (der an Kryptons stärkere Anziehungskraft adaptiert ist) nicht schwerer als für uns ein Gewicht von 100 Kilogramm.

Wir haben bereits erwähnt, dass sich Superman aufgrund seiner wachsenden Beliebtheit vom Helden des kleinen Mannes in den Star eines Multimillionen-Dollar-Marketing-Imperiums verwandelte. Entsprechend potenzierten sich die Gefahren, denen er zu trotzen hatte, und auch seine Feinde wurden immer mächtiger. Und so mussten zwangsläufig auch Supermans Körperkräfte wachsen. Es dauerte nicht lange, bis er ganze Panzer, Lastwagen, Lokomotiven, Ozeanriesen, Jumbojets und riesige Bürogebäude in die Höhe stemmte. Bei den Marvel-Comics verfügte der unglaubliche Hulk über ähnlich märchenhafte Fähigkeiten. Seine Kräfte waren darüber hinaus mit seinem Adrenalinspiegel korreliert, weshalb die Metamorphose von dem unscheinbaren Bruce Banner in einen zweieinhalb Meter großen muskelbepackten, wutschnaubenden grünen Koloss immer dann einsetzte, wenn er emotionalem Stress ausgesetzt war. Die Korrelation mit dem Adrenalinspiegel erklärt außerdem, warum der Hulk immer stärker wurde, je wütender er war. Wenn man ihn nur genügend reizte, konnte er ein ganzes Schloss in die Luft schleudern, einen Steilabhang abreißen und sogar einen Berg aufhalten, der ihn und eine Reihe anderer Marvel-Superhelden in der Miniserie *Secret Wars* unter sich zu begraben drohte. Während Reed Richards versuchte, in Windeseile Iron Mans Rüstung so zu verändern, dass sowohl die Nova-Flamme von Human Torch als auch Captain Marvels elektromagnetische Energie ausreichend verstärkt wurden, damit sie einen Fluchttunnel in den Berg sprengen konnten, beleidigte und verspottete er den Hulk unablässig, da er wusste, dass ihr Überleben davon abhing, das grüne Monster genügend in Rage zu bringen.

Superman wurde schließlich so stark, dass er fliegend zwei Hochhäuser auf den Händen balancieren konnte, als handele es sich bloß um zwei Pizzas (siehe Abb. 38 aus *World's Finest* # 86)! Bei näherer Betrachtung dieser Abbildung offenbart sich uns zumindest einer der Gründe, warum Superman diese Gebäude ohne weiteres von Gotham City zu einer Ausstellung nach Metropolis transportieren konnte: Sie waren offenbar nicht an das städtische Wasser- und Stromnetz angeschlossen. Nicht minder erstaunlich als der Kraftakt selbst ist Supermans Bemerkung: »Ich habe die Erlaubnis bekommen, die zwei Gebäude aus Gotham City, die Sie haben wollten, auszuleihen.« Wen man um Erlaubnis bitten könnte, zwei Hochhäuser

Abb. 38 *Szene aus* World's Finest *# 86, in der der Mann aus Stahl sein Kraftniveau, verglichen mit seinem ersten Auftritt in* Action *# 1, enorm gesteigert hat. Damals hob er nur ein Auto in die Höhe, was die Zuschauer schon so erschreckte, dass sie in Panik flohen. Dagegen scheint in der Szene links niemand beunruhigt darüber zu sein, dass ein fliegender Mensch zwei Hochhäuser transportiert.*

abzutransportieren, liegt so jenseits meines Vorstellungsvermögens, dass ich darüber gar keine Spekulationen angestellt habe. Ich bezweifele, dass die Hausverwalter dieser Gebäude befugt wären, Superman eine solche Erlaubnis zu erteilen. Aber wer würde es schon wagen, sich auf eine Diskussion einzulassen, wenn Superman fragt, ob er die Gebäude für eine Wohltätigkeitsveranstaltung in einer anderen Stadt ausleihen kann? Am besten, man evakuiert die Gebäude schleunigst und sagt: »O.K., Superman!«

Selbst wenn man akzeptiert, dass jemand wirklich stark genug ist, die Gebäude anzuheben, sei es, weil es sich um einen merkwürdigen Besucher von einem anderen Planeten oder um einen Physiker handelt, der versehentlich eine hohe Dosis Gammastrahlung abbekam, so verletzt diese Vorstellung dennoch aus einem anderen Grund die Gesetze der Physik: Gebäude, Ozeanriesen und Jumbojets sind nämlich einfach nicht dafür gemacht, angehoben zu werden.

Sie sind entweder dafür konstruiert, irgendwo zu stehen, wie ein Bürogebäude, oder sie sind so gebaut, dass sie gestützt werden müssen – punktuell wie ein Flugzeug auf dem Rollfeld von seinen drei Rädern oder großflächig wie ein Schlachtschiff von dem Wasser, das es verdrängt. Das Problem mit dem Anheben eines Bürohochhauses besteht beispielsweise darin, dass jede noch so kleine Abweichung von der Vertikalen dazu führen würde, dass aufgrund der Gravitation ein Drehmoment entstünde, wodurch das Gebäude noch weiter in die Horizontale gekippt würde.

Da Hochhäuser oder Schlösser große Gebäude sind, ist auch der Abstand zwischen ihrem Rand und ihrem Schwerpunkt (den wir in Kapitel 8 als »Hebelarm« bezeichnet haben) sehr groß. Außerdem sind sie recht schwer, was dazu führt, dass ein beträchtliches Gewicht versucht, sie zu kippen. Je größer ein Bauwerk ist, desto größer ist der Abstand von seinem Rand zu dem Punkt, an dem Superman oder der Hulk es halten, und desto größer sind der Hebelarm und entsprechend auch das Drehmoment, das versucht, das Gebäude zu drehen. Das Drehmoment für die Gebäude, die Superman in Abb. 38 trägt, ist um ein Vielfaches größer als die Belastung, die Stahlbeton aushalten kann, ohne zu brechen (Stahlbeton ist ein Beton, der zur Erhöhung seiner Zugfestigkeit mit Stahleinlagen verstärkt wurde).

Ein Gebäude, das man aus seiner Verankerung reißt und an einen anderen Ort fliegt, würde unterwegs einfach auseinander brechen. Superman hielte also bei seiner Ankunft in Metropolis nicht zwei intakte Gebäude, sondern nur noch ein paar Betonblöcke in Händen. Statt irgendwelche Bewilligungen einzuholen, sollte er sich daher lieber schon mal Gedanken machen, wie er sich dafür entschuldigen will, dass er zwei Häuser durch Hochheben kaputtgemacht hat.

In späteren Comics haben manche Autoren durchaus erkannt, dass es ungeachtet der Kräfte des Superhelden unmöglich ist, ein Gebäude hochzuheben, ohne dass es zerbricht. In *Fantastic Four* # 249 hebt ein Superman-Verschnitt namens Gladiator das Baxter Building (das Hauptquartier der Fantastischen Vier) an einer Ecke des Fundaments hoch und schüttelt es, allerdings ohne es zu zerstören. Reed Richards, der klügste Mensch im Marvel-Universum, erkennt sofort, dass das, was der Gladiator tut, physikalisch unmöglich ist, und stellt die Vermutung auf, dass der Gladiator die bis dahin unbekannte Superfähigkeit der taktilen Kinese besitzen muss, die in Comics als die Fähigkeit definiert ist, ein Objekt schweben zu lassen, mit dem man körperlich in Kontakt steht. Natürlich gibt es so etwas wie die taktile Kinese nicht, aber immerhin reduziert sie die benötigten wundersamen Ausnahmen, damit die Story weitergehen kann, auf eine überschaubare Anzahl.

Wenn wir Giant-Man mit einem Riesenmammutbaum vergleichen (und zwar nicht nur aufgrund seiner manchmal etwas steifen Persönlichkeit), stellen wir fest, dass größere Bäume dickere Stämme besitzen. Um ihre in luftige Höhe emporragende große Masse tragen zu können, benötigen sie eine breite Basis. Etwa um die Zeit der amerikanischen Unabhängigkeitserklärung im Jahre 1776 bewiesen zwei Mathematiker in Europa, Leonhard Euler und Joseph Louis Lagrange, dass eine Säule unterhalb einer gewissen Höhe stabil ist und von ihrem Gewicht zusammengedrückt wird, während sie oberhalb dieser Höhe (die von der Festigkeit des Baumaterials abhängt) gegen seitliche Kräfte instabil wird. Die geringste Ablenkung von der exakt senkrechten Ausrichtung erzeugt wie im Fall der Wippe in Kapitel 8 eine große Drehkraft beziehungsweise ein »Drehmoment«, was dazu führt, dass sich die Säule unter ihrem eigenen Gewicht durchbiegt. Giant-Man kann prinzipiell so groß werden wie ein Riesenmammutbaum (vorausgesetzt, er bleibt unterhalb der Größe, die das in Kapitel 10 beschriebene Kubik-Quadrat-Gesetz festlegt), wenn er sich bewegt wie ein solcher. Jeder Versuch, einem Superschurken hinterherzurennen oder gar ihn zu bekämpfen, würde zwangsläufig dazu führen, dass sich sein Oberkörper über die Beine nach vorne neigen würde, was wiederum zur Folge hätte, dass sein ganzer Körper ins Trudeln käme. Und bevor man auch nur Luft geholt hätte, um bis drei zu zählen, läge Giant-Man schon auf der Nase.

Genau dieses Schicksal ereilte unweigerlich Stilt-Man (Stelzenmann), einen frühen Widersacher Daredevils. Stilt-Man besaß einen vollmechanisierten Anzug mit zwei integrierten hydraulischen Stelzen, die es ihm in ausgefahrenem Zustand erlaubten, die Größe eines mehrstöckigen Gebäudes anzunehmen. Mit der Kette seines Knüppels gelang es Daredevil jedoch stets, Stilt-Man zu Fall und die jeweilige Folge zu einem raschen Abschluss zu bringen.

Ein weiteres Rätsel, das mit dem Schwerpunkt zusammenhängt, ist die Frage, wie Spider-Mans Widersacher Doctor Octopus laufen kann. Der Wissenschaftler Otto Octavius benutzte vier an einem besonderen Gurt um seine Taille befestigte roboterähnliche Greifarme, um damit radioaktive Isotope zu untersuchen. Bei dem unvermeidlichen radioaktiven Unfall wachsen die Greifarme mit seinem Körper zusammen, und Doctor Octopus ist geboren. Allerdings sind diese Tentakel sehr schwer, und wir sehen ihn häufig, wie er auf seinen zwei Beinen steht, während sich alle vier Greifarme hinter ihm ringeln! In dieser Position müssten sie ein so großes Drehmoment erzeugen, dass Doc Ock flach auf den Rücken oder die Nase fiele, je nachdem, ob sie sich hinter ihm oder vor ihm befinden. Eine einfache Methode, Doctor Octopus kampfunfähig zu machen oder gar zu entwaffnen, bestünde also darin, einen Apfel nach ihm zu werfen, wenn man sieht, dass seine Arme nicht auf dem Boden ruhen.

Das schnelle und unbefriedigende Ende solcher Abenteuer, das sich ergäbe, wenn man die Physik zu ernst nimmt, zeigt mehr als deutlich, warum es keinen großen Bedarf an Comic schreibenden Physikprofessoren gibt.

DIE JUSTICE LEAGUE MIT DEM MOND AN DER LEINE

Ein weiterer höchst unrealistischer Kraftakt findet zum Abschluss eines Abenteuers der Justice League im Jahr 2001 statt (die Gerechtigkeitsliga hat inzwischen auf den Namenszusatz »of America« verzichtet, auch wenn die Comicserie, in der ihre Abenteuer erscheinen, noch immer unter dem Akronym JLA firmiert). In *JLA* # 58 schleppen Superman, Wonder Woman und Green Lantern den Mond in die Erdatmosphäre, um einen Angriff aufständischer Marsmenschen abzuwehren. Aber vermutlich sollte ich von vorne anfangen und erklären, warum sie das für eine gute Idee hielten.

Marsmenschen wurden 1955 in das DC-Universum eingeführt, als ein Physikprofessor in *Detective Comics* # 225 bei dem Versuch, eine interstellare Kommunikationsanlage zu entwickeln, versehentlich einen Teleportationsstrahl erzeugte, mit dem er unfreiwillig J'onn J'onzz vom Mars zur Erde holte. J'onn nahm schließlich unter dem Namen Martian Manhunter eine Karriere als kostümierter Verbrechensbekämpfer auf und war 1960 ein Gründungsmitglied der Justice League of America. Mit seiner überaus beeindruckenden Palette von Superfähigkeiten – darunter der Fähigkeit zu fliegen, Superkraft, Unverwundbarkeit, Mars-Atem (entsprechend Supermans Superatem), Supergehör und Marsblick – konnte er es durchaus mit Superman aufnehmen. Darüber hinaus besaß er noch ein paar Fähigkeiten, von denen dieser nur träumen konnte, wie zum Beispiel mentale Telepathie, Unsichtbarkeit und die Fähigkeit, seine Gestalt zu verändern. So wie Superman das Kryptonit brauchte, damit er nicht jedes Problem in Nanosekunden löste, benötigte der noch mächtigere Martian Manhunter eine noch gewöhnlichere Achillesferse zur Rechtfertigung, warum er sich überhaupt mit anderen Superhelden zu einer Superhelden-Liga zusammenschloss. Und so wurde enthüllt, dass J'onn wie alle Marsmenschen sehr empfindlich auf Feuer reagierte. Um den Martian Manhunter außer Gefecht zu setzen, brauchte man nicht nach exotischen Meteoriten vom untergegangenen Planeten Krypton zu suchen, es reichte völlig aus, ein gewöhnliches Päckchen Streichhölzer zu zücken.

In der bereits erwähnten Ausgabe von *JLA* (# 58) zeigt sich, dass J'onn J'onzz gar nicht der letzte Überlebende der Marsmenschen ist, wie er irrtümlich glaubt. Die Erde wird nämlich von einer kleinen Armee böser Marsmenschen angegriffen, von denen jeder einzelne J'onn J'onzz' Superfähigkeiten besitzt. Die Justice League lockt die bösen Marsmenschen zum Mond, wo diese nicht befürchten müssen, von Feuer geschwächt zu werden. Während J'onn J'onzz seine mentale Telepathie einsetzt, um die Schurken abzulenken, schleppen Superman, Wonder Woman und Green Lantern den Mond mit Hilfe eines Monsterkabels in die Troposphäre der Erde. Dort bietet ein stattlicher Haufen von mit Zauberkräften ausgestatteter Superhelden sein ganzes Arsenal magischer Fähigkeiten auf, um zu verhindern, dass der Mond und die Erde aufgrund ihrer gewaltigen gegenseitigen Anziehungskraft in einer geologischen Katastrophe aufeinander prallen. Da unser Trabant nun über eine brennbare Atmosphäre verfügt, bleibt den übertölpelten Schurken vom Mars nichts anderes übrig, als sich zu ergeben und widerspruchslos ihre Verbannung in eine andere Dimension (die Phantomzone) hinzunehmen. Selbst wenn man das alles im Rahmen einer wundersamen Superausnahme akzeptieren wollte, hat die Geschichte dennoch einen gravierenden physikalischen Haken.

Das zweite newtonsche Axiom, **F = ma**, besagt, dass die Beschleunigung, die sich ergibt, wenn Kraft auf ein gegebenes Objekt wirkt, von der Masse des Objekts abhängt. Ende der neunziger Jahre war Superman laut DC Comics in der Lage, hier auf der Erde eine Masse von vier Milliarden Kilogramm hochzuheben – das entspricht einer Gewichtskraft von 40 Milliarden Newton. Wenn wir annehmen, dass sowohl Wonder Woman als auch Green Lantern in Anbetracht dessen, was auf dem Spiel stand, ebensolche Kräfte mobilisierten, dann entspräche die Gesamtkraft, die diese drei Helden aufboten, um den Mond zur Erde zu ziehen, 120 Milliarden Newton. Wir wollen weiter annehmen, dass die Anziehungskraft der Erde unseren drei Superhelden bei ihrem Kraftakt nicht zur Hilfe kommt, da die mit Zauberkräften ausgestatteten Helden die Gravitation der Erde irgendwie aufheben (dies erleichtert uns die Rechnung). Der Mond hat eine Masse von rund siebzig Milliarden Billionen Kilogramm. Ziehen wir das zweite newtonsche Axiom heran, dann stellen wir fest, dass der Mond durch die ausgeübte Kraft tatsächlich beschleunigt würde, allerdings nur in sehr geringem Maße. Die Beschleunigung betrüge gerade einmal 1,7 Billionstel m/s^2 (die Schwerebeschleunigung auf der Erdoberfläche bringt es dagegen auf immerhin rund 10 m/s^2). Es würde folglich sehr lang dauern, den Mond über die Entfernung von 384 000 Kilometern von seiner normalen Erdumlaufbahn in eine Position in der oberen Atmosphäre zu befördern – rund 670 Jahre, wenn Sie es genau wissen wollen! J'onn J'onzz müsste sich also schon ein paar außerordentliche Tricks einfallen lassen, um die bösen Marsmenschen mehr als sechs Jahrhunderte von den Geschehnissen in ihrer Umgebung abzulenken!

KANN MAN MIT ENGELSFLÜGELN FLIEGEN?

Ein weiteres ursprüngliches Mitglied der 1963 eingeführten Mutantentruppe der X-Men war Warren Worthington III, alias Angel, dessen besondere Gabe in zwei großen gefederten Flügeln bestand, die aus seinem Rücken sprossen. Keiner der anderen Mitglieder der X-Men besaß die Fähigkeit zu fliegen, und so war Angel, von Ice Man abgesehen, der sich über seine Brücken aus Eis fortbewegen konnte, der einzige Held, der nicht laufen oder den Bus nehmen musste, wenn er aufgerufen wurde, die Bruderschaft der Bösen Mutanten zu bekämpfen.* Andere geflügelte Superhelden oder Superschurken wie DC Comics' Hawkman und Spider-Mans in der Verkleidung eines Geiers auftretender Widersacher Vulture benutzten Antigravitationsgeräte, wie zum Beispiel Hawkmans N-tes Metall, um die Erdanziehungskraft zu überwinden. Ihre Flügel, die im Falle Hawkmans und Hawkgirls am Rücken und im Fall des Geiers an den Armen befestigt waren, dienten hauptsächlich zur Steuerung, um das Manövrieren in der Luft zu erleichtern. Dagegen benutzte Angel von den X-Men seine Flügel als Mittel der Fortbewegung. Schließlich

* Meines Erachtens bekennen sich heutzutage viel zu wenig Organisationen in ihrem Firmennamen oder auf Briefpapier und Visitenkarten zu ihrem Status des »Bösen«.

ist es doch nahe liegend, dass man fliegen kann, wenn einem schon Flügel aus dem Rücken wachsen. Aber stimmt das?

Dass Vögel und Flugzeuge die Fesseln der Gravitation abstreifen können, liegt an ein und demselben physikalischen Prinzip: dem dritten newtonschen Axiom, das besagt, dass mit jeder Krafteinwirkung eine Gegenkraft gleicher Stärke, aber entgegengesetzter Richtung einhergeht. Manchmal liest man zwar, die durch ein schnell bewegtes Objekt verursachte Druckänderung (der so genannte Bernoulli-Effekt) sei der Grund dafür, warum Flugzeuge fliegen, aber das ist ein verbreiteter Irrtum. Wir sind dem Bernoulli-Effekt bereits in Kapitel 5 begegnet, als wir untersuchten, wie Flash den Gauner Toughy Boraz mit Hilfe eines durch Supergeschwindigkeit erzeugten Luftsogs hinter sich herzieht. Jemand, der so schnell rennt wie der Rote Blitz, muss, während er rennt, die Luft aus seinem Weg verdrängen, was zwangsläufig dazu führt, dass sich hinter ihm eine Region bildet, in der eine geringere Luftdichte herrscht. Während die Luft zurückströmt, um dieses Teilvakuum wieder zu füllen (ein Phänomen, dessen Hintergründe bei unserer Diskussion der Entropie in Kapitel 12 erörtert wurden), zieht sie alles mit, was im Weg liegt, so wie auch Züge und U-Bahnen herumliegenden Abfall hinter sich herwirbeln. Wenn jedoch die unterschiedliche Windgeschwindigkeit oberhalb und unterhalb des Flügels wirklich ein Resultat der Flügelform ist, dann sollten Flugzeuge nicht in der Lage sein, verkehrt herum (auf dem Rücken) zu fliegen. In diesem Fall würde nämlich der durch den Bernoulli-Effekt erzeugte Druckunterschied bewirken, dass das Flugzeug in Richtung Erde gezogen wird.

Auf das dritte newtonsche Axiom können wir uns dagegen immer verlassen: Kräfte treten stets paarweise auf. Damit auf den Flugzeugflügel eine Auftriebskraft wirkt, die größer oder gleich dem Gewicht des Flugzeugs ist, muss der Flügel eine entsprechend große nach unten gerichtete Kraft auf die an ihm vorbeiströmende Luft ausüben. Der abwärts gerichtete Luftstrom in der Region unterhalb des Flügels resultiert in einer Auftriebskraft, die das Flugzeug in luftige Höhen steigen lässt. Wenn Superman springt, stößt er sich mit einer bestimmten Kraft vom Boden ab. Die vom Boden auf ihn ausgeübte gleich große Gegenkraft lässt ihn in die Höhe schnellen.

Ebenso flattern Vögel mit den Flügeln, um durch die nach unten gedrückte Luft Auftrieb zu erhalten. Die nach unten gerichtete Kraft ihrer Flügel auf die Luft wird durch eine nach oben gerichtete Kraft der Luft auf ihre Flügel ausgeglichen. Je größer die Flügelspanne, desto größer ist das Volumen der bewegten Luftmenge, und desto größer ist der erzeugte Auftrieb. Dies erklärt auch, warum Prinz Namor, der Sub-Mariner, mit seinen winzigen Flügeln an den Fersen nicht fliegen kann. Sie sind schlicht zu klein, um einen ausreichenden Auftrieb für das Gewicht des Prinzen zu erzeugen.

Wenn Warren Worthington III ungefähr 70 Kilogramm auf die Waage bringt, müssen seine Flügel eine mindestens dem Gewicht von 700 Newton entsprechende nach unten gerichtete Kraft auf die Luft ausüben, damit der resultierende Auftrieb sein Gewicht ausgleichen kann und er in der Luft schwebt. Um nicht nur zu schweben, sondern auch eine Beschleunigung zu erreichen, müssen seine Flügel natürlich eine Kraft von mehr als 700 Newton erzeugen. Wenn sie einen Auftrieb von 1000 Newton bewirken, während die Gravitation eine Anziehungskraft von rund 700 Newton auf ihn ausübt, dann erfährt Warren eine vertikal wirkende Nettokraft von 300 Newton. Da Kraft gleich Masse mal Beschleunigung ist, erzeugt diese nach oben gerichtete Kraft eine senkrechte Beschleunigung von rund $4\,m/s^2$. Mit dieser Beschleunigung kommt Angel in etwas mehr als 7 Sekunden von 0 auf 100 Stundenkilometer, vorausgesetzt, man vernachlässigt den beträchtlichen Luftwiderstand, den er überwinden müsste. Sobald er aufhört, mit den Flügeln zu schlagen, wirkt auf ihn nur noch die Gravitation, die ihn zurück zur Erde zieht. Natürlich kann er, wenn er sich erst einmal in der Luft befindet, auch im Gleitflug schweben, aber er muss weiterhin eine nach unten gerichtete Kraft auf die Luft ausüben, damit er wirklich fliegt und nicht nur passiv gleitet.

Mit den Flügeln eine Kraft von 1000 Newton zu erzeugen dürfte für Angel kein Pappenstiel sein, aber beim Krafttraining ist es nicht unmöglich, dass eine Person 143 Prozent ihres Körpergewichts hochstemmt. Vögel wie der Wanderalbatros oder der Kalifornische Kondor wiegen zwischen 10 und 15 Kilogramm und können dennoch einen ausreichenden Auftrieb erzeugen, um zu fliegen. Allerdings ist

Warren Worthington III nicht wie ein Vogel gebaut. Bei Vögeln wachsen die Flügel nicht aus dem Rücken, sondern haben sich aus den Armen entwickelt. Zudem gibt es zwei weitere biologische Anpassungen, die ihnen das Fliegen erleichtern: (1) Sie besitzen einen kielförmigen Brustbeinkamm, der wie ein Scharnier aus dem flachen Knochen in der Mitte ihres Brustkorbs herausragt und als Ansatzpunkt für ihre zweite Anpassung dient, (2) die extrem großen Muskeln, die sie zum Schlagen der Flügel benutzen (Musculus pectoralis und Musculus supracoracoideus). Vögel haben so viel Brustfleisch, weil diese großen Muskeln die Hauptarbeit beim Fliegen leisten. In Kapitel 8 haben wir darüber gesprochen, dass die Stärke eines Knochens oder Muskels mit der Fläche seines Querschnitts wächst. Folglich müsste Angel über gewaltige Brustmuskeln verfügen, wenn er in der Lage sein soll, sich mit Flügelkraft vom Boden zu erheben. Angesichts einer Flügelspanne von 5 Metern und einem Gewicht von 700 Newton ergibt sich für Warren ein Verhältnis von Gewicht zu Flügelspanne von 140 Newton pro Meter, während es beim Kalifornischen Kondor nur rund 40 Newton pro Meter sind. Warrens Arme leisten keinen Beitrag zur Kraft seiner Flügel, so dass er den Auftrieb allein mit Hilfe seiner Brust- und Rückenmuskeln bewerkstelligen müsste – was ihn zu einem übermuskulösen und recht ineffektiven Superhelden machen würde.

Es gibt noch andere Fluganpassungen, die Warren besitzen könnte und die noch mehr wundersame Ausnahmen erforderlich machen würden. Um ihr Körpergewicht zu verringern, haben Vögel sehr leichtgewichtige Knochen mit einer porösen Struktur, die dennoch bemerkenswert stabil ist. Außerdem besitzen sie einen sehr leistungsfähigen Atmungsapparat. Jedes einzelne Sauerstoffmolekül in ihrer Lunge wird nach zwei Atemzügen ersetzt. Bei jedem Atemzug, den wir tun, werden dagegen nur etwa zehn Prozent der Luftmoleküle in unseren Lungen ausgetauscht. Vögel müssen ihre Luftzufuhr so schnell erneuern, weil ihre Brustmuskeln so hart arbeiten. Warrens Atmung könnte zwar ähnlich effizient sein, aber selbst wenn man all diese Zugeständnisse macht, spielen die Flügel auf seinem Rücken doch eher eine kosmetische als eine tragende Rolle, es sei denn, man würde ihn mit gewaltigen Brustmuskeln zeichnen, was aber eher zu einer der weiblichen Superhelden-Figuren der neunziger Jahre passen würde.

BÜHNE FREI FÜR — VISION!

Als Roy Thomas Mitte der sechziger Jahre die Autorenschaft für den Marvel-Comic *The Avengers* übernahm, führte er häufig Charaktere des Goldenen Zeitalters mit einer für das Silberne Zeitalter bezeichnenden überraschenden Wendung ein, so wie dies auch die Herausgeber von DC Comics getan hatten, als sie das Silberne Zeitalter begründeten. Einer der populäreren Charaktere, die von Thomas und dem Künstler John Buscema geschaffen wurden, ist Vision. Ursprünglich ein mit übernatürlichen Kräften begabter kostümierter Verbrechensbekämpfer der vierziger Jahre, wird der neue Vision in *Avengers* # 57 als Androide* eingeführt, den Ultron, ein anderer Androide, erschuf. Ultron ist einer der gefährlichsten Feinde der Rächer, und mit der Erschaffung von Vision beabsichtigte er, das Superteam zu infiltrieren und zu zerstören. Vision rebelliert jedoch gegen seine Programmierung, rettet das Leben der Rächer und wird zu einem geschätzten Mitglied des Superhelden-Teams.

Neben seinem Laserblick, der Fähigkeit zu fliegen und dem Gehirn eines Computers besaß Vision die Superfähigkeit, die Dichte seines Körpers absolut willkürlich zu beeinflussen. Er konnte seinen Körper oder auch Teile davon so hart wie Diamant machen oder sich stofflich so reduzieren, dass er massive Objekte durchdringen konnte. Auch Kitty Pryde von den X-Men ist in der Lage, Wände zu durchdringen, allerdings benutzt sie dazu die seltene Mutantenfähigkeit, ihre quantenmechanische Tunnelwahrscheinlichkeit zu beeinflussen. Nimmt man Visions Fähigkeit etwas genauer unter die Lupe, stellt sich heraus, dass er wahrscheinlich besser beraten wäre, die Tür zu benutzen, wenn er einen Raum betreten möchte.

Die Dichte eines Körpers ist definiert als das Verhältnis von Masse zu Volumen. Sie kann verändert werden, indem man die Masse oder

* Wenn man es genau nimmt, ist Vision ein »Synthezoide«. Aber ich muss Sie enttäuschen, ich kenne den Unterschied auch nicht.

das Volumen verringert oder vergrößert. Das Volumen wird von dem durchschnittlichen Abstand zwischen den Atomen bestimmt. Bei einem Festkörper sind die Atome für gewöhnlich so dicht gepackt, dass man davon ausgehen kann, dass sie sich berühren (schließlich müssen sie chemische Bindungen eingehen, die den Festkörper zusammenhalten). Ganz grob könnte man sagen, dass alle Festkörper ungefähr die gleiche Dichte haben (sie unterscheidet sich höchstens um einen Faktor 10). So ist Diamant ein sehr hartes Material, nicht weil die Atome besonders dicht beieinander lägen, sondern weil die chemischen Bindungen, die zwischen den Kohlenstoffatomen bestehen, sehr starr und unflexibel sind. Grafit, der als Bleistiftmine benutzt wird, ist von seiner chemischen Zusammensetzung mit dem Diamant identisch, trotzdem ist er sehr weich. Die Dichte von Grafit ist nur um einen Faktor 2 geringer als die von Diamant. Der große Unterschied in ihrer Härte ergibt sich aus den schwachen chemischen Bindungen, mit denen beim Grafit die Schichten der hexagonal angeordneten Atome verbunden sind.

Selbst wenn Vision seine Körperdichte willentlich beeinflussen und dabei die organische Integrität seines Körpers erhalten könnte, wäre er außerstande, Wände zu durchdringen. Ein Gas, wie die Luft in Ihrem Zimmer, ist vergleichsweise dünn. Der durchschnittliche Abstand zwischen den Atomen beträgt ungefähr die zehnfache Größe eines Atoms. Obwohl die Luft in Ihrem Zimmer weniger dicht als die Wand ist, kann sie nicht einfach durch die Wände verschwinden. Und das ist auch gut so, denn sonst würde die Luft in einem Flugzeug einfach durch den Rumpf entweichen – und Flugreisen wären noch unangenehmer, als sie es ohnehin schon sind. Wir müssen daher schließen, dass Ultron ein zweiter Fehler unterlief, als er seinen dichteveränderlichen Androiden erschuf (der erste bestand darin zu glauben, dass ein so edler Androide wie Vision die mächtigen Rächer verraten würde).

KANN ATOM DAS TELEFON ALS EIN MITTEL ZUR FORTBEWEGUNG NUTZEN?

Wir haben uns in diesem Buch wiederholt auf den DC-Superhelden Atom bezogen, dessen Fähigkeit, seine Größe und seine Masse unabhängig voneinander zu verringern, sehr nützlich war, um eine breite Palette physikalischer Phänomene zu veranschaulichen. Natürlich führten ihn seine Ausflüge in die Mikrowelt manchmal in lächerliche Extreme, wenn er zum Beispiel andere Welten besuchte, die über ganze Zivilisationen, Städte und fortgeschrittene Technologien verfügten, aber im Innern eines Atoms beherbergt waren. In Anbetracht dessen, dass es in einem Kubikzentimeter eines typischen Festkörpers fast eine Billion Billionen Atome gibt, ist es schon erstaunlich, dass Atom das unwahrscheinliche Glück hatte, diese Nanowelten zu entdecken – es sei denn, sie wären eine normale Eigenschaft aller chemischen Elemente im Periodensystem. Wie unwahrscheinlich die Superfähigkeit des winzigen Superhelden ist, wurde augenzwinkernd in einer Szene in *The Power of the Atom* #12 eingeräumt. In dieser Folge schrumpft Atom sich selbst und einen Kollegen auf subatomare Größe, um durch die leeren Räume in den Atomen des Fußbodens der Todesfalle eines Superschurken zu entkommen. Während sie in ihrem Miniaturisierungsprozess einen Moment innehalten und auf einem Elektron sitzend die Ereignisse der letzten Episoden Revue passieren lassen, sinniert Atoms Freund laut darüber nach, wie sie in Anbetracht der Tatsache, dass sie kleiner als Sauerstoffmoleküle sind, überhaupt atmen können. Worauf Atom ehrlich zur Antwort gibt: »Ich weiß es nicht.«

Superman kann fliegen, Flash kann superschnell rennen, Hawkman besitzt Flügel und einen Antigravitationsgürtel, Storm reitet auf thermisch generierten Luftströmungen, aber wie kommt man vom Fleck, wenn man superwinzig ist? Ant-Man benutzt fliegende Ameisen als persönlichen Taxiservice, seine als Wasp (die Wespe) bekannte Gefährtin verfügt über Flügel, die aus ihrem Rücken wachsen, wenn sie bei konstanter Dichte schrumpft, aber was hat Atom? Er hat das Telefon. In *Showcase* # 34, in dem der neu erstandene Atom des Silbernen Zeitalters sein Debüt gibt, sind gleich zwei Geschichten abgedruckt. In der ersten Episode geht es um die Vorgeschichte von Atom, der wir uns im nächsten Abschnitt zuwenden wollen. In der zweiten Geschichte mit dem Titel »Battle of the Tiny Titans« benutzt Atom sein einzigartiges Transportmittel zum ersten Mal, um den kleinen Ganoven Carl Ballard dingfest zu machen, der sich am anderen Ende der Stadt in Sicherheit wähnt. Nachdem er vermutlich im Telefonbuch Ballards Nummer nachgesehen hat, wählt er sie und stellt ein tickendes Metronom neben den Hörer. Dann lässt er sich immer kleiner und kleiner schrumpfen und stürzt sich, als er die passende Größe erreicht, in die an der Sprechmuschel seines Telefons befindlichen Löcher. Im nächsten Bild sehen wir Atom, wie er bei Carl Ballard aus dem Telefonhörer fliegt.

»Erklärt« wird dieses Kunststück in einem Textanhang im hinteren Teil des Comics.* Durch das Wählen von Ballards Telefonnummer habe Atom einen elektrischen Impuls erzeugt, der von seinem Telefon an das Fernsprechamt geschickt und von dort an Ballards Telefon weitergeleitet worden sei. Sobald der Stromkreis durch das Abnehmen des klingelnden Telefons geschlossen worden sei, sei ein Signal – in diesem Fall das Ticken des Metronoms – von Atoms Telefon an das von Ballard übermittelt worden. Genau diesen Augenblick habe der auf die Größe eines Elektrons geschrumpfte Atom genutzt, um in die Sprechmuschel seines Telefons zu springen und sich von den elektrischen Impulsen zu Ballard befördern zu lassen.

Der Verfasser dieses Textanhangs, der DC-Redakteur Julius Schwartz, beschreibt korrekt, wie ein Telefon Schallwellen in elektrische Impulse umwandelt. Wenn eine dünne Membran im Hörer von einer Schallwelle getroffen wird, fängt sie an zu vibrieren, wodurch neben ihr befindliche Kohlenstoffkörnchen abwechselnd komprimiert werden und sich ausdehnen. Die elektrische Leitfähigkeit dieser Sammlung von Kohlenstoffkörnchen hängt empfindlich davon ab, wie stark die Körnchen aneinander gepresst werden. Während man spricht, werden die Körnchen abwechselnd stärker

* In den späten fünfziger und frühen sechziger Jahren enthielten Comics stets mindestens zwei Seiten Prosatext, damit sie sich für das günstigere Porto der Zeitungspost qualifizierten. Zeitungen waren als Druckschriften mit mindestens zwei Seiten Text definiert.

oder schwächer aneinander gedrückt, und entsprechend verändert sich das elektrische Signal, das den Draht entlangläuft. Am anderen Ende der Telefonverbindung versetzt das elektrische Signal wiederum eine Membran in Schwingungen. Das erzeugt Druckwellen in der Luft, die vom Ohr der Person, die den Anruf entgegennimmt, empfangen werden. All das hat Julius Schwartz richtig erklärt. Sein Irrtum beruhte in der Annahme, Atom könne sich mit den elektrischen Impulsen durch den Draht bewegen.

Wenn wir sprechen, übermitteln komplexe Schallwellen alle Arten von Informationen. Diese Schallwellen können von einer Membran (wie zum Beispiel einem Trommelfell) empfangen werden, die dadurch angeregt wird, entsprechend der Amplitude, der Wellenlänge und sogar der Phaseninformation, die in der empfangenen Nachricht codiert ist, zu schwingen. Es ist jedoch die *Welle*, die beim Zuhörer ankommt und die Information übermittelt – nicht die Luft, die von unserem Mund ausgestoßen wird, denn sonst bräuchten wir uns um geräuschvolle Nachbarn keine Sorgen zu machen. Durch das Sprechen erzeugen wir abwechselnd dichte und weniger dichte Luftregionen, und diese Dichteminima und -maxima sind es, die sich vom Sprecher entfernen (bei konstanter Temperatur ist es eine zulässige Näherung, diese Dichteschwankungen auch als Druckänderungen zu betrachten).

Ebenso gilt, dass die in den elektrischen Impulsen einer Telefonleitung enthaltene Information nicht durch die Bewegung der Elektronen in dem Draht, sondern durch »Elektronen-Dichtewellen« übertragen wird. Wir können uns das Ganze so vorstellen: Eine Region mit erhöhter Elektronendichte ist infolge der gegenseitigen Abstoßung der negativ geladenen Elektronen instabil und dehnt sich auf Kosten benachbarter Regionen aus. Daraufhin entsteht dort eine erhöhte Elektronendichte, die sich wiederum in die benachbarte Region ausbreitet, und so weiter. Die Geschwindigkeit, mit der sich diese Dichtestörung wellenartig fortpflanzt, hängt von der elektrostatischen Abstoßung zwischen den Elektronen ab. Wie lange dauert es also, wenn ich ein Elektron anstoße, bis ein in einiger Entfernung befindliches zweites Elektron darauf reagiert? Gar nicht lange, wie sich herausstellt. Die elektrische Wechselwirkung der zwei Ladungen in dem Draht findet mit ungefähr einem Drittel der Lichtgeschwindigkeit statt. Je nach Entfernung wird also eine kaum nachweisbare Zeitspanne zwischen dem Anstoßen der ersten Ladung und der Reaktion der zweiten Ladung vergehen. Die Lichtgeschwindigkeit ist so groß – annähernd 300 000 Kilometer pro Sekunde –, dass die Reaktionszeit bei einer Entfernung von 25 Zentimetern weniger als eine milliardstel Sekunde beträgt. Wenn Atom also mit einem Elektron, das das elektrische Signal durch die Telefonleitung trägt, mitreisen will, müsste er schneller als mit Lichtgeschwindigkeit von einem Elektron zum anderen umsteigen, um bis zum Empfänger auf der Welle »mitreiten« zu können.

Es ist gut, dass die Information in einer Telefonleitung mit Lichtgeschwindigkeit übertragen wird, denn die durchschnittliche Geschwindigkeit, mit der sich ein Elektron als Reaktion auf ein äußeres elektrisches Feld durch eine Leitung bewegt, ist mit weniger als einem Millimeter pro Sekunde fast eine Billion Mal kleiner. Müsste man warten, bis die Elektronen physisch den Weg durch die Leitung bis zum Empfänger zurückgelegt hätten, bevor die Botschaft übermittelt werden kann, dann wäre es oftmals schneller, die Person, die man anrufen möchte, einfach persönlich aufzusuchen.

DIE GEHEIME SUPERKRAFT DER PHYSIKER

Wenn sich Ray Palmer nicht gerade als Atom der Verbrechensbekämpfung widmet, geht er als Physikprofessor an der Universität von Ivy einer nicht minder heroischen Tätigkeit nach. Wie bereits in Kapitel 12 erwähnt, war es die spätnächtliche Entdeckung eines merkwürdigen Meteoriten, die Palmer in die Lage versetzte, seine bahnbrechenden Forschungen zur Verkleinerung von Materie zu einem erfolgreichen Abschluss zu bringen und eine zweite Karriere als kostümierter Verbrechensbekämpfer zu beginnen. In Abb. 39 sieht man, wie er den Meteoriten findet und feststellt, dass es sich um ein Stück Materie eines Weißen Zwergs handelt, das es ihm erlauben wird, sich selbst zu miniaturisieren und seine Masse zu verändern.

Abb. 39 *Physikprofessor Ray Palmer entdeckt ein Bruchstück von einem Weißen Zwergstern, das, wie sich herausstellt, das letzte fehlende Teil für seine Miniaturisierungsvorrichtung ist. Mit ihrer Hilfe nimmt er wenig später seine Nebentätigkeit als Superheld Atom auf (aus* Showcase *# 34).*

Unter Aufbietung aller Kräfte gelingt es Ray, den Meteoriten, der einen Durchmesser von etwa 30 Zentimetern hat, anzuheben und zu seinem Auto zu schleppen. Während er sich damit abmüht, lässt er uns an seinen Gedanken teilhaben. »Ist das schwer – ich kann ihn kaum anheben! Keuch! Ich weiß nicht, wie groß die Wahrscheinlichkeit ist, dass in den Weiten des Alls zwei Weiße Zwerge miteinander kollidieren. Keuch. Aber es ist möglich. Und als es geschah, wurde dieser Brocken durchs All geschleudert, bis er hier in diesem Feld landete!« (Wie man übrigens der Abb. 39 ebenfalls entnehmen kann, fuhren Physikprofessoren in den sechziger Jahren immer ein Cadillac-Cabriolet.)

So weit sind Rays Überlegungen korrekt. Wenn ein massearmer Stern einer bestimmten Größe den größten Teil seiner Brennstoffreserven erschöpft hat, reicht die durch die Fusionsreaktionen freigesetzte Energie nicht mehr aus, um der Gravitationsanziehung des stellaren Kerns entgegenzuwirken. Durch den gewaltigen Gravitationsdruck wird der Stern zusammengepresst, bis er eine Dichte von drei Millionen Gramm pro Kubikzentimeter erreicht. Ein Weißer Zwerg ist entstanden. Die Anziehungskraft, die auf den verbleibenden Kern eines Weißen Zwergs wirkt, ist so groß, dass nur eine gewaltige Explosion genügend Energie erzeugen könnte, um einen kleinen Brocken des Kerns abzutrennen und ins All zu schleudern. Wenn das von einer bestimmten Art von Supernova-Explosion beobachtete Licht tatsächlich von der Kollision zweier Weißer Zwerge stammt, wie manche Astrophysiker vermuten, dann können wir aus der Häufigkeit dieser so genannten »Supernova Ia«-Ereignisse schließen, dass es rund ein Dutzend Mal pro Jahr zu Kollisionen Weißer Zwerge kommt.

Während sich Ray mit dem Meteoriten abplagt, erinnert er sich selbst daran, dass der Brocken deshalb so schwer ist, weil er aus »entarteter« Materie besteht. Eine Ansammlung von Elektronen wird als »entartet« bezeichnet, wenn die Elektronen die niedrigsten Energieniveaus eines einzigen gemeinsamen Quantensystems auffüllen. In einem normalen Stern dagegen können die Elektronen weitgehend voneinander unabhängig verschiedene Energien annehmen. Das Innere des Weißen Zwergs besteht aus Kohlenstoff- und Sauerstoffkernen und einem Meer von Elektronen, die so dicht wie möglich nebeneinander gepackt sind. Der Kern eines Weißen Zwergs kann kaum noch weiter zusammengepresst werden, denn alle Elektronen befinden sich bereits in dem niedrigstmöglichen Energiezustand. Genau das meint Ray vermutlich, als er auf dem Weg zu seinem Auto darüber nachdenkt, dass Weiße Zwerge »aus entarteter Materie bestehen, die deshalb so stark komprimiert ist, weil die Elektronen fehlen«. Die Elektronen sind immer noch vorhanden, aber sie sind nicht mehr an bestimmte Atomkerne gebunden.

Ray hat zweifelsohne Recht damit, dass diese »Entartung« der Grund für die hohe Dichte des Sterns ist. Der Felsbrocken, den er schleppt, scheint einen Radius von 15 Zentimetern zu besitzen. Wenn wir von einem kugelförmigen Bruchstück ausgehen, können wir sein Volumen nach der folgenden Formel berechnen: $\mathbf{(4\pi/3) \cdot (Radius)^3}$. In unserem Fall haben wir also: $\mathbf{(4\pi/3) \cdot (15\ cm)^3}$, was ungefähr 14 000 cm^3 ergibt. Um die Masse des Felsbrockens zu bestimmen, multiplizieren wir die Dichte der Weißen-Zwerg-Materie (3 Millionen g/cm^3) mit dem Volumen (15000 cm^3) und erhalten 42 Milliarden Gramm beziehungsweise 42 Millionen Kilogramm. Kein Wunder also, dass Prof. Palmer, Physikprofessor an der Universität von Ivy, ins Schnaufen kommt, während er sich bemüht, seinen Fund ins Auto zu schleppen – der kleine Felsbrocken hat eine Masse von rund 40000 Tonnen!

Genau genommen handelt es sich hier jedoch *nicht* um einen peinlichen Fehler. Allem Anschein zum Trotz ist an der in Abb. 39 dargestellten Szene nichts falsch. Und das liegt daran, dass wir Physikprofessoren eben einfach stark sind! Denken Sie das nächste Mal daran, wenn Sie am Strand versucht sind, jemandem Sand ins Gesicht zu kicken. Sie können nicht wissen, ob diese auf den ersten Blick kümmerliche Gestalt nicht in Wirklichkeit ein Physiker ist.

NACHWORT

DAS ENDE NAHT!

Es sollte eigentlich wenig verwundern, dass Comics und Physik ein gutes Gespann bilden; schließlich ist der Spaß, den wissenschaftliche Erkenntnis mit sich bringt, durchaus vergleichbar mit dem Spaß beim Lesen eines guten Superhelden-Comics. In beiden Fällen ist man (der Wissenschaftler ebenso wie der Comicleser) mit einem Satz Regeln konfrontiert, die auf neuartige und verzwickte Situationen angewandt werden müssen. Bei den Regeln kann es sich um die maxwellschen Gleichungen des Elektromagnetismus oder die Schrödinger-Gleichung handeln und bei der schwierigen Aufgabe vielleicht darum, die Vakuumröhre durch ein Halbleiter-Bauelement zu ersetzen. Oder es kann sich um die Regel handeln, dass der Superheld superschnell und mit einer Aura ausgestattet ist, die ihn vor den schädlichen Auswirkungen des Luftwiderstands und der elektromagnetischen Induktion bewahrt, während die Aufgabe lautet, einen Schurken zu fangen, der mit einer Eiskanone jede Fläche augenblicklich vereisen kann, die Beute unversehrt sicherzustellen und zu verhindern, dass Passanten zu Schaden kommen. In beiden Fällen besteht der Trick darin, eine Lösung zu finden, bei der die bekannten Regeln auf neuartige Weise verwendet werden (wenn es eine alte Lösung gibt, können wir auch die benutzen), ohne dass wir jedoch etwas tun, was unter den Bedingungen als unmöglich angesehen wird. Wir können keinen Transistor entwickeln, der nur funktioniert, wenn Elektronen gespalten werden oder sie sich gegenseitig anziehen, denn ein solches Verhalten ist bei Elektronen noch nie beobachtet worden. Ebenso wenig kann Flash seinen Widersacher Captain Cold mit Hitzestrahlen aus den Augen besiegen, da dies eine Fähigkeit ist, die der Rote Blitz nicht besitzt.

Das Ziel wissenschaftlicher Grundlagenforschung besteht darin, die fundamentalen Naturgesetze aufzuklären, und nichts ist so aufregend wie die Entdeckung einer neuen Regel oder eines neuen Prinzips. Nicht weniger aufschlussreich ist aber auch der Nachweis, dass eine bis dahin als gültig angenommene Regel verletzt wird, denn wenn wir verstehen, unter welchen Bedingungen die alten Regeln nicht mehr gelten, gelangen wir zu neuen physikalischen Erkenntnissen. Desgleichen kann es im Comicuniversum vorkommen, dass ein bestens eingeführter Held plötzlich eine unvermutete neue Fähigkeit erwirbt, zum Beispiel, als Sue Storm von den Fantastic Four in dem Comic *Fantastic Four* # 22 entdeckt, dass die kosmische Strahlung, der sie bei ihrem ersten Ausflug ins All ausgesetzt war, ihr neben der Fähigkeit, sich unsichtbar zu machen, auch die Gabe verlieh, »unsichtbare Kraftfelder«* zu erzeugen. Die Dynamik zwischen Sue und ihren Teamkollegen änderte sich infolge dieser Entdeckung nachhaltig, und im Laufe der Jahre lernte sie, ihre Kraftfelder sowohl offensiv als auch defensiv einzusetzen.

Aber solche Fälle sind selten – im Comic wie in der Physik. Dafür gibt es jedoch einen nie versiegenden Strom aufregender physikalischer Herausforderungen und einen ebenso unerschöpflichen Vorrat an fesselnden Comicgeschichten, die nur darauf warten, erzählt zu werden. Die wesentlichen Ingredienzien sind in beiden Fällen: ein klares Bewusstsein für die Spielregeln und eine fruchtbare Fantasie.

Auch wenn Wissenschaftler ihre Forschungsideen eher selten aus Comics beziehen (zu viele Verweise auf Superman und Konsorten in den Anträgen für Forschungsgelder machen einen schlechten Eindruck auf die geldgebenden Institutionen), liegt der besten wissenschaftlichen Forschung und den besten Comicabenteuern dieselbe wissbegierige Geisteshaltung zugrunde, die durch die Frage:

* Dies ist eigentlich eine Tautologie, denn bis auf eine Ausnahme sind in Comics alle Kraftfelder unsichtbar. Bei dieser Ausnahme handelt es sich um die »gelben unsichtbaren Kraftfelder«, die der Schurke Shark in *Green Lantern* # 24 erzeugen kann. Sie müssen gelb sein, weil der Ring der Grünen Laterne nur gegen die Farbe Gelb machtlos ist.

»Was wäre, wenn …« ausgedrückt wird. Und so kommt es durchaus gelegentlich vor, dass Comics und Science-Fiction-Geschichten wissenschaftliche Entdeckungen vorwegnehmen, so wie auch neueste Erkenntnisse von der vordersten Front der wissenschaftlichen Forschung manchmal als Ausgangspunkt für Superhelden-Abenteuer dienen (zum Beispiel in dem bereits mehrfach erwähnten Heft *JLA* # 19).

Manchmal dauert es eine Weile, bis die Wissenschaft die Comics einholt. Denken wir nur an den Zauberer Abra Kadabra, einen Schurken, der Flash fast von Anbeginn seiner Superhelden-Karriere an das Leben schwer machte. Gekleidet in die übliche Tracht des Bühnenmagiers – Frack und Zylinder –, benutzte er seine »Magie« des Öfteren, um den Roten Blitz zu verhexen, zum Beispiel, als er ihn in eine menschliche Marionette verwandelte. Allerdings stellte sich später heraus, dass Abra Kadabra ein Wissenschaftler aus der fernen Zukunft war und dass das, was im zwanzigsten Jahrhundert als »Magie« galt, im vierundsechzigsten Jahrhundert Stand der Technik* war. Offensichtlich vertraten die Schöpfer der Flash-Comics die Auffassung, die Errungenschaften der modernen Wissenschaft und Technik wären unseren Vorfahren in der fernen Vergangenheit mindestens ebenso übernatürlich erschienen. Stellen Sie sich nur einmal die Reaktion vor, wenn Sie tausend Jahre in die Vergangenheit reisten und den Menschen damals einen Bruchteil jener elektrischen Geräte vorführen würden, die für uns heute selbstverständlich sind (natürlich dürften Sie die Stromversorgung nicht vergessen).

In der fraglichen Geschichte, die aus dem Silbernen Zeitalter stammt, wurde es bewusst vage gehalten, auf welche Weise die Wissenschaft des vierundsechzigsten Jahrhunderts einen Menschen in eine lebendige Puppe verwandeln konnte. Die »Erklärung« wurde

* Gelangweilt von dem Zustand friedlicher Idylle, den die Gesellschaft endlich erreicht hatte, reiste Kadabra in unsere Zeit zurück, um allerlei Unheil anzurichten. Der Wunsch, der Monotonie eines künftigen Utopia zu entfliehen, motivierte auch den im Marvel-Universum beheimateten zeitreisenden Schurken Kang dazu, sich in unsere Zeit zu versetzen und zu versuchen, die Weltherrschaft an sich zu reißen. Es scheint, dass sich die menschliche Natur – zumindest die mancher schurkischer Kreaturen – stets gegen eine wohl geordnete, vollkommene Gesellschaft auflehnt.

erst in den späten neunziger Jahren nachgereicht, als Kadabra uns informiert, dass er die Nanotechnologie benutzte, um Flash auf molekularer Ebene umzustrukturieren, womit er wieder einmal bewies, welchen Ärger ein auf die krumme Bahn geratener Ex-Wissenschaftler machen kann. Zwar können einige Nanometer große Maschinen Menschen nicht einfach in Marionetten verwandeln, aber es ist schwer zu sagen, was in einigen tausend Jahren unter der Voraussetzung, dass keine Naturgesetze verletzt werden, möglich und nicht möglich sein wird. Wie in Kapitel 7 erwähnt, könnte eine nützliche Formel für die Vorhersage wissenschaftlicher Fortschritte wie folgt lauten: **(Science Fiction) + (Zeit) = Wissenschaft**.

Der Gerechtigkeit halber muss jedoch hinzugefügt werden, dass die spekulative Literatur zwar durchaus manche technische Entwicklung richtig vorhergesagt haben mag, sie dafür aber auch manch andere revolutionäre Neuerung unseres gesellschaftlichen Lebens völlig übersehen hat. Erinnern wir uns nur an die in den sechziger Jahren entstandene Fernsehserie *Lost in Space (Verschollen im Weltraum)*, in der die Familie Robinson, begleitet von einem intelligenten Roboter und dem feigen und hinterhältigen blinden Passagier Dr. Zachary Smith, in den Weltraum aufbricht, um einen neuen Planeten zu besiedeln. Die in der fernen Zukunft (Oktober 1997) angesiedelte erste Folge wurde in den USA am 15. September 1965 ausgestrahlt. Wie die *New York Times* in einem Artikel hervorhob, der anlässlich der Jubiläumswiederholung im Jahr 1997 erschien, hatten die Produzenten und Drehbuchschreiber von *Lost in Space* zwar nicht so Unrecht mit der Annahme, dass dreißig Jahre später Raumfahrzeuge und Roboter in den Bereich des Möglichen gerückt sein würden. Hinsichtlich eines anderen entscheidenden Aspekts des modernen Lebens Ende der neunziger Jahre irrten sie jedoch kolossal.

So gibt es eine Szene, die im Kontrollzentrum spielt, während sich das Raumschiff der Helden zum Start bereitmacht. Im Hintergrund sind die gewohnten Reihen von Computerbildschirmen zu sehen, an denen sich Heerscharen von fast gleich aussehenden Technikern in kurzärmeligen weißen Hemden tummeln. Neben der Tastatur jedes Computers befindet sich ein kleines rundes Objekt aus Metall, das man heutzutage nie und nimmermehr bei der NASA finden würde.

Die Science-Fiction-Autoren von damals hätten es sich niemals träumen lassen, dass das Kontrollzentrum knapp dreißig Jahre später ein absolut rauchfreier Raum ohne einen einzigen Aschenbecher sein würde. Dies mag als warnender Hinweis dienen, dass die Extrapolation möglicher wissenschaftlicher und technischer Innovationen im Vergleich zur Vorhersage künftiger gesellschaftlicher Sitten und Gebräuche ein Kinderspiel ist.*

* * *

Wenn uns die Erforschung der Natur eines gelehrt hat, dann das: Im Gegensatz zum unglaublichen Hulk sind wir umso stärker, je klüger wir sind. Nachdem Sie nun das Buch zu Ende gelesen haben, fühlen Sie sich ja möglicherweise selbst schon ein bisschen stärker, wenn nicht an Muskelkraft, dann vielleicht im Geiste. Und das ist die einzige Stärke, auf die es letztlich ankommt. Dass wir uns zur beherrschenden Spezies auf diesem Planeten entwickeln konnten, liegt einzig und allein an dem Wettbewerbsvorteil, den uns unsere Intelligenz verschafft hat. Wir sind weder so schnell wie der Gepard noch so stark wie der Bär, noch so widerstandsfähig wie die Küchenschabe, noch können wir fliegen. Unsere Superfähigkeit ist unsere Intelligenz, wenn Sie so wollen. Wie der Pionier der Quantenmechanik Niels Bohr einmal sagte: »Wissen an sich ist die Grundlage der Zivilisation.«

Dieselbe optimistische Haltung, die den Abenteuern unserer Superhelden-Comics zugrunde liegt, charakterisiert auch das wissenschaftliche Unterfangen, insofern als sie beide die Verheißung in sich bergen, dass wir unsere physischen Herausforderungen bestehen und die Welt verbessern werden. Wie wir die wissenschaftliche Erkenntnis einsetzen, ob wir sie benutzen, um dem Hunger Einhalt zu gebieten und Krankheiten zu heilen oder um eine Armee von

* Manchmal dauert es eine Weile, bis sich solche Veränderungen vollziehen. Wenn Galeerensklaven aus der Zeit der Antike ein modernes Fitnessstudio besuchen und die Rudergeräte sehen könnten, an denen sich vergleichsweise wohlhabende Männer und Frauen aus freien Stücken abrackern, würde sie sicherlich der Schlag treffen vor ungläubigem Entsetzen!

Killerrobotern herzustellen, liegt an uns. Als Ratgeber für die Frage, wie wir unser Wissen weise und moralisch verantwortungsvoll gebrauchen sollen, kann man sich wahrlich schlechtere Lektüre als Comics vorstellen. Das, was Ben Parker seinem Neffen Peter in *Amazing Fantasy* #15 mit auf den Weg gab, ist heute noch genauso wahr wie damals: »Große Macht bringt große Verantwortung mit sich.« Aber Verantwortung wofür? Eine Antwort lieferte der Mann von Morgen in der Geschichte »The Last Days of Superman (»Die letzten Tage von Superman!«) in *Superman* #156. Überzeugt, an einer Infektion mit dem Virus X sterben zu müssen (glücklicherweise ein Fehlalarm), hinterlässt Superman mit Hilfe seines Hitzeblicks eine Abschiedsbotschaft auf dem Mond, die von den Menschen nach seinem Ableben entdeckt werden soll. Diese seine letzten Worte an die Bewohner seines Adoptivplaneten lauteten: »Tut anderen Gutes, dann kann jedermann ein Superman sein.«

Die Ohren steif, ihr Gläubigen!

FRAGEN SIE DR. K*

In meiner Vorlesung über »Die Physik der Superhelden« sind immer wieder einige Fragen aufgetaucht, die ich Ihnen nicht vorenthalten möchte. Nicht alle haben mit Physik zu tun. Selbstverständlich können Sie, was die Antworten betrifft, auch anderer Meinung sein, aber als Professor habe ich natürlich Recht.

WER IST DER REALISTISCHSTE SUPERHELD?

Das ist einfach. Batman natürlich. Stets gelingt es ihm, sich allein aufgrund seines messerscharfen Verstandes und seines durchtrainierten Körpers aus hoffnungslosen Situationen zu retten und zu siegen. Wenn man allerdings bedenkt, wie oft er in seiner mehr als sechzigjährigen Karriere als Verbrechensbekämpfer bewusstlos geschlagen wurde, besitzt er ja vielleicht doch irgendeine verborgene Superkraft, die ihn vor einem bleibenden Gehirnschaden bewahrt.

WER IST DER UNREALISTISCHSTE SUPERHELD?

Auch das ist einfach. Wer zeichnet sich durch Superkraft, Supergeschwindigkeit, die Fähigkeit des Fliegens, Unverletzbarkeit, Supergehör, Röntgen- und Hitzeblick, Teleskop- und Mikroskopblick, Superatem, Superbauchreden und Superhypnotismus aus? Wer hält

* Das »K« steht für Spannung.

sich stets an alle Regeln und hat niemals versucht, die Weltherrschaft zu erlangen? Richtig – Superman. Er ist völlig unrealistisch – und das ist auch gut so!

WELCHE PHYSIKALISCHE GRUNDLAGE HABEN DIE MIT MAGISCHEN KRÄFTEN AUSGESTATTETEN SUPERHELDEN?

Keine. Im Goldenen Zeitalter des Comics gab es etliche kostümierte Helden, deren Superkräfte magischen Ursprungs waren. Jerry Siegel, der zusammen mit Joe Shuster Superman erfand, schuf noch eine weitaus mächtigere Figur: The Spectre, ein wahrer Racheengel, der gelegentlich sogar mit Planeten nach seinen dämonischen Widersachern warf. Es genügt wohl, wenn ich sage, dass in einer typischen *Spectre*-Folge kaum ein physikalisches Prinzip *nicht* verletzt wurde. Andere mystische Helden wie Dr. Fate, Dr. Strange, Wonder Woman (immerhin eine Amazonenprinzessin) und der mächtige Donnergott Thor erlebten Abenteuer, die man eher als Fantasy denn als Science-Fiction bezeichnen könnte. Mit einer rühmlichen Ausnahme, die im Folgenden erläutert wird, setzten sie sich mit ihren Fähigkeiten und Heldentaten über wissenschaftliche Prinzipien einfach hinweg.

WAS IST DIE UNWAHRSCHEINLICHSTE, ABER PHYSIKALISCH KORREKTE FÄHIGKEIT EINES SUPERHELDEN?

Überraschenderweise stellt sich heraus, dass ausgerechnet ein Held, dessen Kräfte magischen Ursprungs sind, eine charakteristische Fähigkeit besitzt, die physikalisch korrekt ist – natürlich nur, wenn wir die gewohnte wundersame Ausnahme voraussetzen. Um rasch von einem Ort zu einem anderen zu gelangen, pflegte der nordische Donnergott Thor seinen Uru-Hammer zu benutzen, den er mit Riesenkräften herumwirbelte und dann in die Richtung warf, in die er sich fortbewegen wollte. Indem er den Griff seines Wurfhammers für einen kurzen Moment losließ und rasch wieder ergriff, hob er wie eine Rakete vom Boden ab. Dies scheint eine eklatante Verletzung des Prinzips der Impulserhaltung zu sein. Tatsächlich ist Radioactive Man (in seinem bürgerlichen Leben als Bart Simpson bekannt) in *Bartman Comics* # 3 so verärgert, als eine Thor nicht unähnliche Figur auf diese Weise flüchtet, dass er den Pseudo-Thor niederschlägt und sagt: »Und das ist für die Verletzung der Naturgesetze!« Trotzdem ist eine solche Methode der Fortbewegung physikalisch plausibel.

Wenn Thor seinen Wurfhammer, den mächtigen Mjölnir, herumwirbelt, pflanzt er seine Füße mit aller Kraft in den Boden und verbindet den Schwerpunkt seines Körpers mit dem der Erde. Das ist vermutlich genau dieselbe Technik, die bewirkt, dass der Schurke und Widersacher der X-Men Blob so schwer zu bewegen ist. Seine Fähigkeit als Mutant erlaubt es ihm, seinen Schwerpunkt mit dem der Erde zu verbinden, so dass man, um ihn von seinem Platz zu vertreiben, schon die ganze Erde bewegen muss, falls es nicht gelingt, die Verbindung zu unterbrechen. Wenn Thor bereit ist, den Hammer fliegen zu lassen, braucht er also nichts anderes zu tun, als in dem Augenblick, in dem er ihn in die gewünschte Richtung schleudert, einen kleinen Hüpfer zu machen (wodurch seine Verbindung zur Erde unterbrochen wird). Es ist dann nicht einmal erforderlich, dass er erst umständlich den Griff des Hammers loslässt und wieder ergreift. Unerfahrene Leichtathleten können bestätigen, wie leicht ein schlechter Stand beim Hammerwerfen zu einem unverhofften kurzen Flug führt. Jemand mit den Kräften eines Donnergottes kann diese Technik jedoch mühelos einsetzen, um gezielt durch die Luft zu fliegen. Kein Wunder also, dass ein Wochentag nach diesem Supertyp benannt ist!

WER IST SCHNELLER: SUPERMAN ODER FLASH?

Flash.

WAS IST ADAMANTIUM?

Ein hochreines Metall, dessen Atome kovalent gebunden sind.

Die Stärke eines Materials hängt hauptsächlich von der Art der chemischen Bindung ab, die zwischen den Atomen im festen Aggregatzustand besteht. Die stärksten chemischen Bindungen werden als »kovalente Bindungen« bezeichnet. Sie beruhen darauf, dass sich benachbarte Atome ihre äußersten Elektronen quantenmechanisch teilen. Um diese Bindungen aufzubrechen, ist es erforderlich, die Elektronen aus allen Bindungen zu lösen, die zwischen einem Atom und seinen Nachbarn bestehen – ein energetisch kostspieliger Prozess. Normale Metalle werden nicht durch gerichtete Bindungen zusammengehalten, weshalb sie so leicht wie Draht gebogen werden können. Adamantium, das stärkste Material im Universum der Marvel-Comics, muss auf irgendeine geheimnisvolle Weise die elektrischen Eigenschaften normaler Metalle mit den in Diamanten vorkommenden starken kovalenten Bindungen in sich vereinen. Darüber hinaus muss Adamantium hochrein sein. Unvollkommenheiten oder Unreinheiten in einem Diamanten kommen an solchen Stellen im Festkörper vor, wo Atombindungen durch Deformierung oder den Einschluss von Unreinheiten aufgebrochen oder geschwächt sind. Und genau an diesen Stellen ist es am leichtesten, das kovalente Bindungsnetzwerk aufzubrechen.

KÖNNEN WOLVERINES KLAUEN CAPTAIN AMERICAS SCHILD AUFSCHLITZEN?

Nein. Wolverines Klauen bestehen zwar aus Adamantium, aber Captain Americas Schild ist aus einer einzigartigen Legierung aus Stahl und Vibranium hergestellt. Das letztere ist ein extraterrestrisches Material, das auf die Erde gelangte, als in dem vom Superhelden Black Panther regierten afrikanischen Staat Wakanda ein Meteorit niederging. Vibranium besitzt die Fähigkeit, jegliches Geräusch zu absorbieren und die in den Schallwellen enthaltene Energie in eine andere, nicht näher spezifizierte Form von Energie umzuwandeln.

Schallwellen sind Druck- oder Dichteschwankungen, die in einem Festkörper durch die Schwingungen der Atome übertragen werden. Möglicherweise verwandelt Vibranium die atomaren Schwingungen einer absorbierten Schallwelle in elektromagnetische Strahlung (im infraroten Teil des Spektrums wohlgemerkt, da Vibranium bei Gebrauch nicht zu leuchten scheint) – damit wäre der Energieerhaltung Genüge getan. Das Material, aus dem Captain Americas Schild besteht, war übrigens das Resultat eines glücklichen Zufalls. Versehentlich wurde nämlich im Labor eine Stahlverbindung mit Vibranium zu einer Legierung verschmolzen, die – da die Bedingungen, unter denen diese metallurgische Verschmelzung stattfand, nicht aufgezeichnet worden waren – nie mehr wiederholt werden konnte. Vibraniums Fähigkeit, Schwingungen zu absorbieren, in Verbindung mit der Festigkeit der Stahllegierung ist zweifelsohne verantwortlich dafür, dass alle, die sich mit Captain America und seinem mächtigen Schild anlegen, keine Chance gegen ihn haben.

KANN MAN DURCH DIE ZEIT REISEN, INDEM MAN SCHNELLER ALS MIT LICHTGESCHWINDIGKEIT RENNT?

Nein. Zwar ziehen theoretische Physiker die Existenz hypothetischer Teilchen namens Tachyonen in Erwägung, die sich niemals *langsamer* als mit Lichtgeschwindigkeit bewegen können und die unter bestimmten Umständen sogar von der Zukunft in die Vergangenheit zu fliegen scheinen (sie wurden vorgeschlagen, um zu testen, ob sich Überlichtgeschwindigkeiten nicht doch irgendwie in den Rahmen der speziellen Relativitätstheorie einfügen lassen), aber soweit wir wissen, gibt es sie nicht, und wichtiger noch: Selbst wenn sie so häufig wären wie Sand am Meer, scheinen sie mit unserer Welt, in der sich nichts *schneller* als mit Lichtgeschwindigkeit bewegen kann, nicht in Wechselwirkung treten zu können. Flash mag also mit Hilfe seiner »kosmischen Tretmühle« kreuz und quer durch die Zeit reisen können, aber der einzig reale Nutzen besteht darin, dem schnellsten Mann der Welt Gelegenheit zu einem guten Herz-Kreislauf-Training zu geben.

WAS HAT ES MIT DER HOSE DES UNGLAUBLICHEN HULK AUF SICH?

Als der Kernphysiker Robert Bruce Banner eine kräftige Ladung Gammastrahlung abbekam, erlangte er die (leider von ihm nicht kontrollierbare) Fähigkeit, sich in einen zweieinhalb Meter großen, 1000 Kilogramm schweren jadegrünen Koloss zu verwandeln. Während Banner seine Metamorphose durchläuft, wird seine gesamte Kleidung vom Hemd bis zu den Socken und den Schuhen zerfetzt – mit Ausnahme seiner schicken violettfarbenen Hose. In verschiedenen Marvel-Comics wird angedeutet, Banners Hose bestehe aus instabilen Molekülen, die von Reed Richards eigens für die Overalls der Fantastischen Vier erfunden worden seien. Dieser wundersame Stoff passt sich den Bedürfnissen seines Trägers an und kann nach Belieben schrumpfen oder sich ausdehnen. Jeder Chemiker wird Ihnen erklären, dass »instabile Moleküle« tatsächlich existieren – es sind solche, die zerfallen, weil sie instabil sind. In Wahrheit behält der unglaubliche Hulk seine Hose wegen einer Behörde an, gegen deren Macht selbst Gammastrahlung nichts ausrichten kann – die amerikanische Comic-Aufsichtsbehörde.

LITERATUR-EMPFEHLUNGEN

EINFÜHRUNG

Es gibt viele ausgezeichnete Bücher zur frühen Geschichte des Comics. Neben den ausdrücklich im Text erwähnten und in den Anmerkungen aufgeführten Büchern möchte ich die folgenden empfehlen: *Men of Tomorrow: Geeks, Gangsters, and the Birth of the Comic Book* von Gerard Jones (Basic Books, 2004); *Tales to Astonish: Jack Kirby, Stan Lee, and the American Comic Book Revolution* von Ronin Ro (Bloomsbury, 2004) und *Great American Comic Books* von Ron Goulart (Publications International, 2001). Das exzellente zweibändige Werk *The Steranko History of Comics* (Supergraphics, 1970, 1972) von Jim Steranko bietet einen ebenso umfassenden wie unterhaltsamen Überblick über die Genealogie der Superhelden und ihre Abstammung von den Helden billiger Pulp-Magazine. Les Daniels hat sich in zahlreichen Werken ausführlich und eloquent über die Geschichte diverser Comicfiguren und ihre Verlage ausgelassen: *DC Comics: Sixty Years of the World's Favorite Comic Book Heroes* (Bulfinch Press, 1995); *Superman: The Complete History* (Chronicle Books, 1998); *Batman: The Complete History* (Chronicle Books, 2004); *Wonder Woman: The Complete History* (Chronicle Books, 2001) und *Marvel: Five Fabulous Decades of the World's Greatest Comics* (Harry N. Abrams, 1991). Ebenso empfehlenswert ist das Buch *Silver Age: The Second Generation of Comic Book Artists* von Daniel Herman (Hermes Press, 2004). Eine historische Analyse der Rolle von Comics in der amerikanischen Alltagskultur liefert *Comic Book Nation* von Bradford W. Wright (Johns Hopkins University Press, 2001).

Auch wenn das Buch nicht explizit als Abriss der Geschichte des Comics konzipiert ist, bietet *Baby Boomer Comics: The Wild, Wacky, Wonderful Comic Books of the 1960s* von Craig Shutt (Krause Publications, 2003) einen unterhaltsamen Überblick über Höhen und Tiefen des Silbernen Zeitalters des Comics.

Anderen Autoren geht es eher um die wissenschaftlichen Grundlagen der Superhelden-Comics, und Leser, die enttäuscht sind, dass ihre Lieblingsfigur hier nicht gebührend berücksichtigt wurde, seien auf die folgenden Bücher verwiesen: *The Science of the X-Men* von Linc Yaco und Karen Haber (ibooks, 2000); *The Science of Superman* von Mark Wolverton (ibooks, 2002); *The Science of Superheroes* von Lois Gresh und Robert Weinberg (Wiley, 2002) sowie von denselben Autoren *The Science of Supervillains* (Wiley, 2004). Mit den wissenschaftlichen Aspekten anderer Schöpfungen der Popkultur beschäftigen sich: Lawrence M. Krauss, *Die Physik von Star Trek* (Heyne, 1996); Jeanne Cavelos, *The Science of Star Wars* (St. Martin's Press, 1998) und *The Science of the X-Files* (Berkley, 1998) sowie Roger Highfield, *Können Engel fliegen? Die Wissenschaft der Weihnachtszeit* (Rowohlt, 2000) und *The Science of Harry Potter* (Viking, 2002).

Wer an einer tieferen Diskussion der philosophischen Aspekte physikalischer Forschung interessiert ist, dem lege ich die folgenden Bücher ans Herz: Richard Feynman, *Vom Wesen physikalischer Gesetze* (Piper, 1990) und *Es ist so einfach: Vom Vergnügen, Dinge zu entdecken* (Piper, 2001); Milton A. Rothman, *Discovering the Natural Laws: The Experimental Basis of Physics* (Dover, 1989) und Hans Christian von Baeyer, *Fermis Weg: Was die Naturwissenschaft mit der Natur macht* (Rowohlt, 1994).

TEIL 1: DIE MECHANIK

Dieses Buch deckt viele der Themen ab, die in einer Physik-Anfängervorlesung behandelt werden. Wem dies nicht genügt oder wer sich vergewissern möchte, dass hier alles mit rechten Dingen zugeht, dem sei das für höhere Schulen konzipierte Lehrbuch *Conceptual Physics* von Paul G. Hewitt (Prentice Hall, 2002) empfohlen, das keine über die Algebra hinausgehenden mathematischen Kenntnisse voraussetzt. Sehr empfehlenswert ist auch eine verkürzte Fassung der berühmten Feynman-Vorlesungen über Physik mit dem Titel *Sechs physikalische Fingerübungen* von Richard Feynman (Piper, 2002), in denen die Grundlagen der klassischen Physik erklärt werden.

Über Isaac Newton gibt es etliche ausgezeichnete Biografien. Wer mehr über diese überragende Gestalt der Geistesgeschichte erfahren möchte, sei auf die folgenden Werke verwiesen: *Isaac Newton. Eine Biographie* von Richard Westfall (Spektrum Akademischer Verlag, 1996); *Der Apfel der Erkenntnis: Sir Isaac Newton und die Entschlüsselung des Universums* von David Berlinski (Europäische Verlagsanstalt, 2002) sowie *Isaac Newton: Die Geburt des modernen Denkens* von James Gleick (Artemis & Winkler, 2004).

Die Diskussion der speziellen Relativitätstheorie in Kapitel 6 ist so kurz geraten, dass dies nur mit der Lorentz-Kontraktion erklärt werden kann. Das *Standardwerk*, das jeder lesen sollte, der sich näher mit diesem Thema beschäftigen möchte, ist: *What is Relativity* von L. D. Landau und E. B. Romer (Dover, 2003). Auf knapp 65 Seiten (inklusive Abbildungen) werden die der einsteinschen Theorie zugrunde liegenden physikalischen Konzepte ohne Formeln verständlich erläutert. Eine lesenswerte Einführung, die mit einfacher Schulmathematik auskommt, ist M. Born, *Die Relativitätstheorie Einsteins* (erweiterte Ausgabe, Springer, 2003). Komplettere Darstellungen zu diesem faszinierenden Thema finden sich in H. und M. Ruder, *Die spezielle Relativitätstheorie* (Vieweg, 1993), *Einsteins Einmaleins: Einführung in die Relativitätstheorie* von Hermann Bondi (Fischer, 1974); *An Introduction to the Special Theory of Relativity* von Robert Katz (D.Van Nostrand Co., 1964); *Introduction to Special Relativity* von James H. Smith (W. A. Benjamin, 1965) und *Discovering the Natural Laws: The Experimental Basis of Physics* von Milton A. Rothman (Dover, 1989). Vorsichtshalber möchte ich jedoch darauf hinweisen, dass diese Bücher sowohl die Mathematik als auch die Physik der Relativitätstheorie erläutern.

Einen ausgezeichneten und auch für Laien verständlichen Überblick über die Erzeugung und Umwandlung von Energie, insbesondere auf molekularer Ebene, liefern die folgenden Bücher: *The Stuff of Life* von Eric P. Widmaier (W. H. Freeman & Company, 2002); *Labor Zelle: Molekulare Prozesse des Lebens* von David S. Goodsell (Berlin: Springer, 2004) sowie *Stories of the Invisible* von Philip Ball (Oxford University Press, 2001). Einen detaillierteren Einblick in dieses rätselhafte Phänomen geben folgende Titel: *Energies: An Illustrated Guide to the Biosphere and Civilization* von Vaclav Smil (MIT Press, 1998) und *Energy: Its Use and the Environment* von Roger A. Hinrichs und Merlin Kleinbach (Brooks Cole, 2001). Bei dem letzteren handelt es sich um ein Lehrbuch, das praktisch ohne Mathematik auskommt und vielfältige Informationen zu den ökologischen Aspekten der Energieumwandlung bietet.

Ausgezeichnete populärwissenschaftliche Darstellungen der faszinierenden Geschichte der Thermodynamik liefern: *A Matter of Degrees* von Gino Segrè (New York: Viking, 2002); *Understanding Thermodynamics* von H. C. Van Ness (Dover Publications, 1969) sowie *Warmth Disperses and Time Passes: The History of Heat* von Hans Christian von Baeyer (Modern Library, 1998). Mit der Messung von Temperatur beschäftigt sich auf allgemein verständliche Weise Mark W. Zemansky in *Temperatures Very Low and Very High* (Dover Books, 1964), während es P. W. Atkins, *Im Reich der Elemente: Ein Reiseführer zu den Bausteinen der Natur* (Spektrum Akademischer Verlag, 2000) und D. Tabor, *Gases, Liquids and Solids* (Cambridge University Press, 1979) um die Übergänge zwischen den verschiedenen Aggregatzuständen geht.

Mit der Geschichte der Elektrizität und des Magnetismus befassen sich die folgenden populärwissenschaftlichen Bücher: *Das Universum des Lichts* von David Bodanis (Rowohlt, 2005); *The Man Who Changed Everything: The Life of James Clerk Maxwell* von Basil Mahon (John Wiley & Sons, 2003) und *A Life of Discovery: Michael Faraday: Giant of the Scientific Revolution* von James Hamilton (Random House, 2002).

TEIL III: DIE MODERNE PHYSIK

Es gibt viele ausgezeichnete für den Laien geschriebene Bücher zur Quantenphysik. Sehr empfehlenswert sind: *Thirty Years That Shook Physics: The Story of Quantum Theory* von George Gamow (Dover Press, 1985) und *The New World of Mr. Tompkins* von G. Gamow und R. Stannard (Cambridge University Press, 1999).

Eine exzellente Einführung in die Stringtheorie bieten: Brian Greene, *Das elegante Universum* (Siedler, 2000) und *Der Stoff, aus dem der Kosmos ist* (Siedler, 2004); *The Future of Spacetime* von Stephen W. Hawking, Kip S. Thorne, Igor Novikov, Timothy Ferris und Alan Lightman (W. W. Norton and Company, 2002) und *Quintessence: The Mystery of Missing Mass in the Universe* von Lawrence Krauss (Basic Books, 2000).

Mit der Revolution in der Festkörperphysik, die unser aller Leben verändert hat, beschäftigt sich das sehr gut lesbare Buch *Crystal Fire: Birth of the Information Age* von Michael Riordan (Norton, 1997) sowie *The Chip: How Two Americans Invented the Microchip and Launched a Revolution* von T. R. Reid (Simon & Schuster, 1985).

ZUSAMMENFASSUNG

Wer die in diesem Buch angesprochen Themen vertiefen möchte, dem seien die folgenden unterhaltsamen Bücher im Frage-Antwort-Stil empfohlen, die ein breites Spektrum physikalischer Themen für den naturwissenschaftlichen Laien abdecken: *Der fliegende Zirkus der Physik* von Jearl Walker (Oldenbourg, 2000) und *Singender Schnee und verschwindende Elefanten: Physikalische Rätsel und Paradoxien* von Christopher P. Jargodzki und Franklin Potter (Reclam, 2005). In eine ähnliche Richtung geht auch *Back-of-the-Envelope Physics* (Johns Hopkins University Press, 2003) von Clifford Swartz, doch spielt hier die Mathematik eine etwas größere Rolle. Wer begierig darauf ist, seine Physikkenntnisse in der Praxis anzuwenden, sei auf die Bücher *How Does it Work* von Richard M. Koff (Signet, 1961) und *Sneaky Uses for Everyday Things* von Cy Tymony (Andrews McMeel Publishing, 2003) verwiesen. Letzteres enthält eine Anleitung, wie man sich einen eigenen Kraftring bastelt!

Zum Abschluss folgen noch einige Empfehlungen für Comics. Sowohl DC als auch Marvel geben umfassende Reprint-Serien heraus, in denen Comics aller Epochen, vom Goldenen Zeitalter bis heute, gesammelt sind. Sie sind häufig auf hochwertigerem Papier als die Originale gedruckt und zu einem Bruchteil dessen erhältlich, was alle alten Einzelausgaben zusammen heute kosten würden. So sind in der *Archives*-Serie von DC (dt. bei Dino Comics) und in den *Marvel Masterworks* (dt. als *Marvel Klassik* bei Panini) Hefte des Goldenen und des Silbernen Zeitalters im Hardcover-Format neu aufgelegt, wobei der Schwerpunkt meist auf einem bestimmten Superhelden oder Superhelden-Team liegt. Darüber hinaus gibt Marvel die besonders günstigen *Essential*-Paperbacks heraus, in denen jeweils rund zwanzig klassische Heftausgaben in schwarz-weiß nachgedruckt werden. Dem entsprechen auf Deutsch in etwa die sogar in Farbe erscheinenden *Marvel History*-Bände bei Panini. Wer seine Erinnerung an frühere Lieblingshelden auffrischen oder neue Interessen vertiefen will, wird in einem guten Comicshop sicherlich den passenden Sammelband finden.

Daneben gibt es aber auch einige Klassiker des Genres, deren Kenntnis für eine wirklich umfassende Allgemeinbildung auf dem Gebiet der kostümierten Superhelden unerlässlich ist. Dazu zählt an erster Stelle die Serie *Watchmen* von Alan Moore und Dave Gibbons (DC Comics, 1986/87, dt. zuletzt bei Panini), die von dem Regisseur Terry Gilliam nicht zu Unrecht als das *Krieg und Frieden* des Comics bezeichnet wurde. Aus rechtlichen Gründen sind die Protagonisten dieser Serie verkappte Helden des Silbernen Zeitalters, die ursprünglich bei Charlton Comics erschienen sind (zum Beispiel Blue Beetle, Captain Atom, Question etc.), wobei es aber nicht notwendig ist, die alten Helden zu kennen, um die Geschichte würdigen zu können. Inzwischen werden die Abenteuer dieser Helden bei DC Comics verlegt, wo sie sich ungerührt vom Schicksal, das ihren Doppelgängern in Moores und Gibbons Epos beschieden wird, in immer neue Gefahren stürzen. Eine weitere Pflichtlektüre ist *Batman: The Dark Knight Returns* von Frank Miller (DC Comics, 1986; dt. zuletzt bei Panini als *Batman: Der dunkle Ritter kehrt zurück*) – der Entwurf eines düsteren Zukunftsszenarios für Batman. Indem sich die Miniserie auf die dunkleren, grimmigeren Wurzeln der Figur zurückbesann, verhinderte sie in den Augen vieler Fans, dass Batman eingestellt wurde oder – schlimmer noch – der Bedeutungslosigkeit anheim fiel. Sie prägte außerdem entscheidend die Stimmung verschiedener neuer Batman-Verfilmungen. Die Miniserie *Kingdom Come* (DC Comics, 1996; dt. zuletzt bei Panini als *DC Ultimate Edition* 2) von Mark Waid und Alex Ross knüpfte ebenfalls an das Konzept an, Zukunftsszenarien für Superhelden zu entwerfen. In ihr werden die Interaktionen zwischen den mit Superfähigkeiten ausgestatteten Superhelden und Superschurken des DC-Universums einerseits und normalen Bürgern andererseits thematisiert. Mit dem Einfluss der Marvel-Superhelden auf die Gesellschaft beschäftigt sich die Serie *Marvels* (Marvel Comics, 1994; dt. zuletzt bei Panini als *Marvel Exklusiv* 34) von Kurt Busiek und Alex Ross, wobei die Geschichten aus der Perspektive des nicht mit Superfähigkeiten ausgestatteten Zeitungsfotografen des *Daily Bugle* erzählt werden. Eines der besten Zeitreise-Abenteuer findet sich im Zyklus *Days of Future Past* (Marvel Comics, 1981; dt. zuletzt bei Panini in *X-Men Archiv* 4), in der viele Figuren aus den beliebten X-Men-Filmen auftreten. So reist Kitty Pryde in dieser Episode in die Vergangenheit, um einen politischen Mord zu verhindern, der die Menschheit in eine freudlose, düstere Zukunft stürzen würde. Als Gegengewicht schließlich zu all diesen Dekonstruktionen des Superhelden-Mythos empfehle ich Darwyn Cooke, *DC: The New Frontier* (DC Comics 2003/04; dt. bei Panini als *DC Premium 40 & 41: Neue Horizonte*) – eine brillante Rekonstruktion des Anbruchs des Silbernen Zeitalters, die in einem Amerika des Kalten Krieges Ende der fünfziger Jahre angesiedelt ist.

WICHTIGE GLEICHUNGEN

Die drei newtonschen Bewegungsgesetze
(Kapitel 1, S. 52)

Die grundlegenden von Sir Isaac Newton aufgestellten Axiome der Mechanik besagen: (1) Ein Körper verharrt im Zustand der Ruhe oder der gleichförmigen, geradlinigen Bewegung, solange keine äußeren Kräfte auf ihn wirken; (2) jede Kraftwirkung auf einen Körper bewirkt eine der ausgeübten Kraft proportionale Änderung der Geschwindigkeit des Körpers (darunter fallen außer dem Schneller- oder Langsamerwerden auch Änderungen der Bewegungsrichtung); und (3) Kräfte treten stets paarweise auf, das heißt, jede Kraft geht mit einer gleich starken Kraft in die Gegenrichtung einher.

Definition der Beschleunigung
(Kapitel 1, S. 52)

Die Beschleunigung ist definiert als die zeitliche Änderung der Geschwindigkeit nach Betrag oder Richtung und wird in (Entfernung/Zeit)/Zeit oder Entfernung/(Zeit)^2 angegeben.

Gewicht = mg
(Kapitel 1, S. 54)

Dies folgt aus dem zweiten newtonschen Axiom (**F = ma**), wenn die äußere Kraft die Gravitationsanziehung eines Planeten ist. Die Kraft **F** wird in diesem Fall als Gewicht und die Beschleunigung infolge der Gravitation (Fallbeschleunigung) mit dem Buchstaben »**g**« bezeichnet.

$v^2 = 2gh$
(Kapitel 1, S. 59)

Durch diese Formel ist die Geschwindigkeit **v** eines Körpers gegeben, der sich unter dem Einfluss der Gravitation bewegt – und zwar sowohl die Geschwindigkeit, die ein Körper erreicht, wenn er aus einem Zustand der Ruhe in der Höhe **h** herabfällt, als auch die Anfangsgeschwindigkeit, die man einem Körper erteilen muss, damit er beim Hochspringen entgegen der Gravitation eine Maximalhöhe **h** erreicht.

Newtonsches Gravitationsgesetz
$F_g = GM_1 M_2/r^2$
(Kapitel 2, S. 63)

Der ebenfalls von Sir Isaac Newton entdeckte einfache mathematische Ausdruck für die Anziehungskraft F_g zwischen zwei kugelförmigen Körpern mit den Massen M_1 und M_2. Die Stärke der Kraft ist proportional zum Produkt der beiden Massen und umgekehrt proportional zum Quadrat des Abstands **r** der Kugelmittelpunkte. Die Proportionalitätskonstante **G** heißt Gravitationskonstante.

$g = Gm/R^2$
(Kapitel 2, S. 67)

Aus dem newtonschen Gravitationsgesetz folgt, dass die Fallbeschleunigung auf der Oberfläche eines großen Körpers (etwa eines Planeten oder Mondes) als das Produkt einer universalen Konstante **G** und der Masse des Körpers **m** geteilt durch das Quadrat des Radius des Körpers ausgedrückt werden kann, wobei **G** = 66,7 billionstel $m^3/(k \cdot s^2)$ ist. Dieser Ausdruck gilt nur für kugelsymmetrische Massenverteilungen.

$g_K/g_E = \rho_K R_K/\rho_E R_E$
(Kapitel 2, S. 67)

Die Masse **m** eines Planeten kann als das Produkt seiner Dichte **ρ** und seines Volumens ($4\pi R^3/3$ im Fall einer Kugel) ausgedrückt werden. Indem wir diesen Ausdruck in die obige Gleichung für die Gravitationsbeschleunigung, $\mathbf{g = Gm/R^2}$, einsetzen, erhalten wir $\mathbf{g = (4\pi/3)\ G\rho R}$. Wenn man das Verhältnis der Gravitationsbeschleunigungen für zwei Planeten betrachtet, kürzen sich die Konstanten $\mathbf{G(4\pi)/3}$ heraus.

Kraft·Zeit = Impulsänderung
(Kapitel 3, S. 83)

Hier handelt es sich um eine andere Formulierung des zweiten newtonschen Axioms ($\mathbf{F = ma}$), wonach die Beschleunigung gleich der Geschwindigkeitsänderung geteilt durch den Zeitraum der Krafteinwirkung ist. Der Impuls ist als das Produkt von Masse und Geschwindigkeit eines Körpers definiert.

Zentripetalbeschleunigung $\mathbf{a = v^2/R}$
(Kapitel 4, S. 91)

Ein Körper, der sich mit der Geschwindigkeit $\mathbf{v}$ entlang eines Kreisbogens mit dem Radius $\mathbf{R}$ bewegt, erfährt eine Beschleunigung, da er ja seine Bewegungsrichtung kontinuierlich verändert. Die Größe dieser Beschleunigung beträgt $\mathbf{v^2/R}$. Um diese Bewegungsänderung hervorzurufen, muss eine zum Mittelpunkt des Kreises hin gerichtete äußere Kraft $\mathbf{F = mv^2/R}$ auf den Körper wirken.

Arbeit = Kraft·Weg
(Kapitel 11, S. 171)

Der Begriff Arbeit ist in der Physik ein anderer Ausdruck für Energie, und jede Veränderung der kinetischen Energie eines Körpers muss sich aus dem Wirken einer äußeren Kraft über eine bestimmte Entfernung ergeben. Daraus folgt, dass man keine Arbeit verrichtet, wenn man ein Gewicht hochhält, denn obschon man eine Kraft aufwendet, wird der Körper nicht bewegt. Dies widerspricht zwar der alltäglichen Verwendung des Begriffs »Arbeit«, ist aber physikalisch korrekt. Hat man die potenzielle Energie des Körpers erst einmal durch das Anheben erhöht, ändert sich seine Energie nicht mehr, wenn man ihn für unbegrenzte Zeit in diesem Zustand hält.

Kinetische Energie = (1/2) mv^2
Potenzielle Energie = mgh
(Kapitel 11, S. 172)

Dabei handelt es sich um Ausdrücke für die mit der Bewegung (**kinetische Energie = (1/2) mv^2**) beziehungsweise der potenziellen Bewegung (**potenzielle Energie = mgh**) in einem Gravitationsfeld verbundene Energie. Bitte beachten Sie, dass die Gleichung für die potenzielle Energie dieselbe ist wie für die geleistete Arbeit, wenn man einen Körper mit dem Gewicht **mg** auf eine gewisse Höhe **h** anhebt.

Der erste Hauptsatz der Thermodynamik
(Kapitel 12, S. 193)

Dabei handelt es sich im Grunde nur um eine andere Formulierung des Energieerhaltungssatzes, wonach jede Änderung der inneren Energie eines Systems das Ergebnis der an oder von ihm verrichteten Arbeit beziehungsweise der zu- oder abgeführten Wärme ist.

Der zweite Hauptsatz der Thermodynamik
(Kapitel 12, S. 199)

Bei jedem Prozess zur Umwandlung der von einem wärmeren zu einem kälteren Körper fließenden Wärmeenergie in mechanische Arbeit (definiert als das Produkt von Kraft und Weg) treten unvermeidlich Verluste auf, so dass es unmöglich ist, den Wärmefluss zu 100 Prozent in produktive Arbeit umzuwandeln. Dies hängt mit der Entropie der beteiligten Systeme zusammen, einem Maß dafür, wie ordentlich oder unordentlich der Zustand ist, in dem sich die Bestandteile des Systems befinden.

Der dritte Hauptsatz der Thermodynamik
(Kapitel 12, S. 202)

Die Temperatur eines Systems gibt Auskunft über die mittlere kinetische Energie der ungeordneten Bewegung seiner Bestandteile. Nimmt die Temperatur eines Systems im Gleichgewichtszustand ab, verringert sich auch die »Unordnung« des Systems. Die Entropie eines Systems ist dann null, wenn es nur eine einzige Konfiguration gibt, die es einnehmen kann. Dieser Zustand tritt nur dann ein, wenn die Energie aller Bestandteile des Systems null ist – das heißt, wenn seine Temperatur den absoluten Temperaturnullpunkt erreicht. Laut dem dritten Hauptsatz der Thermodynamik ist es unmöglich, einen solchen Zustand mit Entropie null und Temperatur null herbeizuführen.

Das Coulomb-Gesetz für elektrostatische Kräfte
(Kapitel 15, S. 236)

Diese Formel beschreibt die Kraft, die zwischen zwei elektrisch geladenen Körpern wirkt. Ihre Stärke ist proportional zu dem Produkt der Ladungen der beteiligten Körper geteilt durch das Quadrat ihres Abstands. Sie hat genau dieselbe mathematische Form wie Newtons Gravitationsgesetz. Während allerdings die Gravitation stets anziehend wirkt, ist die Kraft zwischen zwei geladenen Körpern anziehend, wenn die Ladungen verschiedene Vorzeichen haben (eine positiv, eine negativ), und abstoßend, wenn sie das gleiche Vorzeichen haben (beide positiv oder beide negativ).

Das ohmsche Gesetz U = RI
(Kapitel 19, S. 274)

Der Ausdruck setzt die Spannung **U**, durch die die elektrischen Ladungen in einem Leiter mit dem Widerstand **R** in Bewegung versetzt werden, mit der elektrischen Stromstärke **I** (der Menge an elektrischer Ladung, die pro Zeiteinheit an einem bestimmten Punkt vorbeifließt) in Beziehung. Obschon dieser Ausdruck für die meisten Metalle gültig ist, gehorchen nicht alle elektronischen Bauteile dieser einfachen linearen Beziehung.

Energie = hf
(Kapitel 20, S. 294)

Dabei handelt es sich um die so genannte Quantenhypothese, wonach jede durch eine bestimmte Frequenz **f** gekennzeichnete

Energieänderung eines atomaren Systems nur in diskreten Schritten der Größenordnung **Energie = hf** erfolgen kann, wobei **h**, das so genannte plancksche Wirkungsquantum, eine fundamentale Naturkonstante ist. Wenn ein System aufgrund der Absorption oder Emission von Licht einen höheren oder niedrigeren Energiezustand annimmt, werden als »Photonen« bezeichnete Energiequanten aufgenommen oder abgegeben.

Die De-Broglie-Beziehung pλ = h
(Kapitel 20, S. 295)

Bewegten Teilchen mit einem Impuls **p** entspricht eine Materiewelle der Wellenlänge **λ**, wobei das Produkt aus Impuls und Wellenlänge dem planckschen Wirkungsquantum **h** entspricht.

Die Schrödinger-Gleichung
(Kapitel 21, S. 315)

Die fundamentale Wellengleichung für die »Bewegung« quantenmechanischer Systeme. Wenn man das auf ein Teilchen wirkende Potenzial **V** kennt, kann man mit Hilfe der Schrödinger-Gleichung die Wellenfunktion **Ψ** berechnen, die das Verhalten des Teilchens beschreibt. Das Betragsquadrat dieser Wellenfunktion gibt die Wahrscheinlichkeit an, mit der das Teilchen an einem bestimmten Ort in Raum und Zeit anzutreffen ist. Aus dieser so genannten Wahrscheinlichkeitsdichte lassen sich die mittleren beziehungsweise die Erwartungswerte für jede messbare Größe (Ort, Impuls etc.) ableiten.

ANMERKUNGEN

Der Verlag dankt den Comicexperten Martin Jurgeit (COMIXENE), Georg Vogt (DC Bibl) und Daniel Wamsler (Das sagte Nuff!) für die Recherche der deutschen Comicausgaben und für weitere wertvolle Informationen aus der Welt der Comics.

EINFÜHRUNG

Seite 22: *Action* # 333 (National Comics, 1966). O. A.
Seite 25: *World's Finest* # 93 (National Comics, 1958), Nachdruck in *World's Finest Comics Archives*, Vol. 2 (DC Comics, 2001). Unbekannter Autor, Zeichnungen von Dick Sprang.
Seite 28: »ließ den Mittelstand darüber die Nase rümpfen«: Roger Sabin, *Comics, Comix & Graphic Novels. A History of Comics* (Phaidon Press, 1996).
Seite 28: »Yellow Journalism«: Nicky Wright, *The Classic Era of American Comics* (Contemporary Books, 2000).
Seite 29: »bis 1933, bevor sich Comichefte dauerhaft auf dem Markt etabliert hatten« : Ron Goulart, *Comic Book Culture. An Illustrated History* (Collectors Press Inc., 2000).
Seite 29: »einen ganz schönen Batzen Geld bedeutete, zumal während der Depressionszeit«: Tony Goodstone (Hg.), *The Pulps. Fifty Years of American Pop Culture* (Chelsea House, 1970).
Seite 30: «Erdacht worden war Superman«: Mike Benton, *The Illustrated History of Superhero Comics of the Golden Age* (Taylor Publishing Co., 1970); Les Daniels, *Superman. The Complete History* (Chronicle Books, 1998).
Seite 34: «bis jemand darauf aufmerksam wurde und Beschwerde einlegte«: Gerard Jones, *Men of Tomorrow. Geeks, Gangsters and the Birth of the Comic Book* (Basic Books, 2004).
Seite 34: «1953 erschien Dr. Fredric Werthams Bestseller«: Frederic Wertham, *Seduction of the Innocent* (Rinehart Press, 1953).
Seite 34: «Der Senat setzte einen Untersuchungsausschuss ein«: Amy Kiste

Nyberg, *Seal of Approval. The History of the Comics Code* (University of Mississippi Press, 1998).
Seite 35: »Als die Verkaufszahlen, bedingt durch den Verlust«: Bradford W. Wright, *Comic Book Nation* (John Hopkins University Press, 2001).
Seite 36: *The Atom* # 21 (National Comics, Oktober-November 1965). Text von Gardner Fox und Zeichnungen von Gil Kane.
Seite 37: »Gebt uns die elf Tage wieder!«: *Encyclopedia Britannica*, Vol. 4, S. 619 (1968).
Seite 37: *Brave and the Bold* # 28 (National Comics, 1960; dt. in *DC Archiv Edition* Nr. 1, Dino Comics). Text von Gardner Fox und Zeichnungen von Mike Sekowsky.
Seite 37: »Weshalb machte man sich die Mühe, solche Fakten überhaupt zu erwähnen?«: Julius Schwartz / Brian M. Thomsen, *Man of Two Worlds. My Life in Science Fiction and Comics* (HarperEntertainment, 2000).
Seite 38: »Der Hugo-Preisträger Alfred Bester«: Alfred Bester, *Star Light, Star Bright* (Berkley Publishing Company 1976).
Seite 38: »Der folgende Witz mag dies illustrieren«: Lance Smith, im Verlauf einer privaten Unterhaltung, 2001.
Seite 41: »Die Physik dreht sich weniger darum, alle richtigen Antworten auswendig zu lernen«: Hellmut Fritszche, im Verlauf einer privaten Unterhaltung, 1979.

KAPITEL 1

Seite 47: *Superman* # 1 (National Comics, Juni 1939; dt. zuletzt in *DC Archiv Edition* Nr. 5, Dino Comics). Text von Jerry Siegel und Zeichnungen von Joe Schuster.
Seite 48: *Superman* # 330 (DC Comics, Dezember 1978; dt. in *Superman Jubiläumsband* Nr. 1, Ehapa). Text von Martin Pasko und Al Schroeder und Zeichnungen von Curt Swan und Frank Chiaramonte.
Seite 49: *Action* # 262 (National Comics, 1960). Text von Robert Bernstein und Zeichnungen von Wayne Boring.
Seite 50: »In seinem ersten Abenteuer«: *Action* # 1 (National Comics, Juni 1938; dt. zuletzt in *Klassiker der Comic-Literatur* Nr. 1, Frankfurter Allgemeine Zeitung). Text von Jerry Siegel und Zeichnungen von Joe Schuster.
Seite 50: »In den fünfziger Jahren hatte Supermans Beliebtheit« / Fußnote: »Die Tatsache, dass Superman auf ein radioaktives Element«: Les Daniels, *Superman. The Complete History* (Chronicle Books, 1998).
Seite 51: »Ob man die Flugbahn eines Mannes«: Sir Isaac Newton, *The Principia. Mathematical Principles of Natural Philosophy* (University of California

Press, 1999); S. Chandrasekhar, *Newton's Principia for the Common Reader* (Oxford University Press, 1995).
Seite 61: Abb. 5: *Action* # 23 (National Comics, 1940), Nachdruck in *Superman: The Action Comics Archives,* Vol. 2 (DC Comics, 1998). Text von Jerry Siegel und Zeichnungen von Joe Schuster und dem Superman Studio.

KAPITEL 2

Seite 63: »Als ob die Formulierung der Grundgesetze der Mechanik«: Sir Isaac Newton, *The Principia. Mathematical Principles of Natural Philosophy,* übersetzt von I. Bernhard Cohen und Anne Whitman (University of California Press, 1999); S. Chandrasekhar, *Newton's Principia for the Common Reader* (Oxford University Press, 1995).
Seite 65: »Dies ist die wahre Bedeutung hinter der Geschichte von Isaac Newton«: Richard Westfall, *Isaac Newton* (Spektrum Akademischer Verlag, 1996); David Berlinski, *Der Apfel der Erkenntnis. Sir Isaac Newton und die Entschlüsselung des Universums* (EVA, 2002); James Gleick, *Isaac Newton. Die Geburt des modernen Denkens* (Artemis und Winkler, 2004).
Seite 66: »würfelförmige Planeten, wie beispielsweise die Welt von Bizarro«: *Superman. Tales of the Bizarro World* (Paperback, DC Comics, 2000).
Seite 70: »Die Planeten unseres Sonnensystems«: Michael A. Seeds, *Astronomy. The Solar System and Beyond,* 2. Auflage (Brooks/Cole, 2001).
Seite 70: »Um genau zu sein, entfallen von der Gesamtmasse der Atome im bekannten Universum 73 Prozent«: Martin Rees, *Gott kennt nur sechs Zahlen* (Bertelsmann Verlag, 2002).
Seite 72: »Der Fusionsprozess beschleunigt sich immer mehr«: Die Zeitdauer, die für die Synthese von Eisen und Nickel notwendig ist, kann unterschiedlich lang sein und variiert abhängig von der Masse des Sterns zwischen mehreren Wochen und weniger als einem Tag. Vgl. dazu auch S. E. Woolsey und A. Heger, »The Evolution and Explosion of Massive Stars«, *Rev. Modern Physics* 74, S. 1015 (Oktober 2002).

KAPITEL 3

Seite 76: »All dies änderte sich nach einer Golfpartie«: Julius Schwartz und Brian M. Thomsen, *Man of Two Worlds. My Life in Science Fiction and Comics* (HarperEntertainment, 2000).
Seite 76: »Stattdessen kreierte er ein Team von Superhelden, das von Grund auf neu war«: Jordan Raphael und Tom Spurgeon, *Stan Lee and the Rise and*

Fall of the American Comic Book (Chicago Review Press, 2003); Ronin Ro, *Tales to Astonish. Jack Kirby, Stan Lee and the American Comic Book Revolution* (Bloomsbury, 2004).

Seite 76: Fußnote: *Alter Ego* # 26, S. 21 (TwoMorrows Publishing, Juli 2003).

Seite 77: *Fantastic Four* # 1 (Marvel Comics, 1961, dt. zuletzt in *Klassiker der Comic-Literatur* Nr. 4, Frankfurter Allgemeine Zeitung). Text von Stan Lee und Jack Kirby.

Seite 77: *Amazing Fantasy* # 15 (Marvel Comics, 1962, dt. zuletzt in *Klassiker der Comic-Literatur* Nr. 15, Frankfurter Allgemeine Zeitung). Text von Stan Lee und Zeichnungen von Steve Ditko.

Seite 79: *Amazing Spider-Man* # 44–46 (Marvel Comics, 1964, dt. zuletzt in *Spider-Man komplett* Nr. 4 & 5). Text von Stan Lee und Zeichnungen von John Romita.

Seite 79: *Amazing Spider-Man* # 121 (Marvel Comics, Juni 1973, dt. zuletzt in *Klassiker der Comic-Literatur* Nr. 15, Frankfurter Allgemeine Zeitung). Text von Gerry Conway und Zeichnungen von Gil Kane.

Seite 79: *Amazing Spider-Man* # 39 (Marvel Comics, August 1966, dt. zuletzt in *Klassiker der Comic-Literatur* Nr. 15, Frankfurter Allgemeine Zeitung). Text von Stan Lee und Zeichnungen von John Romita.

Seite 82: »auf der Liste der großen ungeklärten Fragen, die im Januar 2000 in *Wizard*«: *Wizard: The Comics Magazine* # 100 (Gareb Shamus Enterprises, Januar 2001).

Seite 83: In Wirklichkeit sind die Türme der George Washington Bridge 185 Meter hoch. Siehe dazu: Sharon Reier, *The Bridges of New York* (Dover, 2000).

Seite 85: »Colonel John Stapp beispielsweise wurde 1954 während eines Tests«: Nick T. Spark, *Wings and Airpower* Magazin (Republic Press, Juli 2003).

Seite 86: *Spider-Man Unlimited* # 2 (Marvel Comics, Mai 2005, dt. in *Der spektakuläre Spider-Man*, Panini). Text von Adam Higgs und Zeichnungen von Rick Mays.

Seite 87: *Wizard: The Comics Magazine* # 104 (Gareb Shamus Enterprises, April 2001).

Seite 88: *Peter Parker: Spider-Man* # 45 (Marvel Comics, August 2002, dt. in *Peter Parker, Spider-Man* Nr. 29, Panini). Text von Paul Jenkins und Zeichnungen von Humberto Ramos.

KAPITEL 4

Seite 92: »Der Haltefaden, den eine Spinne abschießt«: Eric J. Lerner, »Stronger than Spider Silk«, in: *The Industrial Physicist* 9, S. 21 (Oktober-November 2003); *Nature*, Vol. 423, S. 703 (2003).

Seite 92: »Spider-Man kann darüber hinaus auf die Materialeigenschaften seines Spinnenfadens einwirken«: *Spider Man Annual* # 1 (Marvel Comics, Juni 1963, dt. zuletzt in *Marvel History Spider-Man* Nr. 2, Panini). Text von Stan Lee und Zeichnungen von Steve Ditko.
Seite 92: «Auf ähnliche Weise verändern auch Spinnen die Reißfähigkeit«: C. L. Craig et al., *Molecular Biol. Evolution,* Vol. 17 (1904; 2000); Frasier I. Bell, Iain J. McEwen und Christopher Viney, A. B. Dalton, S. Collins, E. Munoz, J. M. Razal, V. H. Ebron, J. P. Ferraris, J. N. Coleman, B. G. Kim und R. H. Baughman, *Nature,* Vol. 416, S. 37 (2002).
Seite 93: »haben die gentechnischen Labors in jüngster Zeit Versuche unternommen«: *The Goat Farmer Magazin* (Capricorn Publications, New Zealand, Mai 2002).
Seite 93: «Andere Wissenschaftler berichten von erfolgreichen Versuchen«: D. Huemmerich, T. Scheibel, F. Vollrath, S. Cohen, U. Gat und S. Ittah, *Current Biology,* Vol. 14, S. 2070 (November 2004).
Seite 93: »Die Spinnenseide produzierenden Gene«: Jürgen Scheller, Karl-Heinz Guhrs, Frank Grosse und Udo Conrad, *Nature Biotechnology,* Vol. 19, S. 573 (Juni 2001); S. R. Fahnestock und S. L. Irwin, *Appl. Microbiol. Biotechnology,* Vol. 47, S. 23 (1997).
Seite 93: »wie Jim Robbins in seinem Artikel ›Second Nature‹«: Jim Robbins, »Second Nature«, *Smithsonian,* Vol. 33, S. 78 (Juli 2002).

KAPITEL 5

Seite 95: »Es war eine dunkle, stürmische Nacht«: *Showcase* # 4 (National Comics, Oktober 1956, dt. zuletzt in *DC Archiv Edition* Nr. 8, Dino Comics). Text von Robert Karnigher und Zeichnungen von Carmine Infantino.
Seite 95: Fußnote: *Flash* # 110 (National Comics, Dezember-Januar 1960, dt. in *Top Comics: Blitzmann* Nr. 101 (1. Teil, bsv) und *Superman/Batman* Nr. 1/1969 (2. Teil, Ehapa) Nr. 1/69). Text von John Broome und Zeichnungen von Carmine Infantino.
Seite 97: »Folgerichtig besaß Captain Cold, einer der ersten und hartnäckigsten Superschurken«: Vgl. z. B. *Showcase* # 8 (National Comics, Juni 1957, dt. in *DC Archiv Edition* Nr. 3, Dino Comics). Text von John Broome und Zeichnungen von Carmine Infantino.
Seite 98: Bereits im beginnenden sechzehnten Jahrhundert befasste sich Leonardo da Vinci: Duncan Dowson, *History of Tribology,* 2. Auflage (American Society of Mechanical, 1999).
Seite 102: »Sicher, es ist möglich, sich schneller zu bewegen als der Schall«: Chuck Yeager, »Breaking the Sound Barrier«, *Popular Mechanics* (Novem-

ber 1987); Chuck Yeager, *Yeager. An Autobiography,* Wiederauflage (Bantam, 1986).
Seite 104: »eine Technik, der sich, wie kürzlich bekannt gegeben wurde«: D. Hu, B. Chan und J. W. M. Bush, *Nature* 424, S. 663 ff. (2003).
Seite 104: *Flash* # 117 (National Comics, Dezember 1960, dt. in *Top Comics: Blitzmann* Nr. 101, bsv). Text von John Broome und Zeichnungen von Carmine Infantino.
Seite 105: Abb. 10: *Flash* # 117, 2. Geschichte (National Comics, Dezember 1960, dt. in *Top Comics: Blitzmann* Nr. 101, bsv). Text von Gardner Fox und Zeichnungen von Carmine Infantino.
Seite 107: »Wenn Sie Ihr Auto in zerknitterte Alufolie einpacken«: Der Fernsehsender *Discovery Channel* hat in seiner Sendung *Mythbusters* kürzlich diesen modernen urbanen Mythos als eben solchen enttarnt und damit der Hoffnung neue Nahrung gegeben, dass der lange Arm des Gesetzes auch Spud Man irgendwann zu fassen bekommt.
Seite 108: Abb. 11: *Flash* # 124 (National Comics, November 1961, dt. in *Top Comics: Blitzmann* Nr. 105, bsv). Text von John Broome und Zeichnungen von Carmine Infantino.

KAPITEL 6

Seite 111: »Das Knallen von Catwomans Peitsche«: *JLA* # 13 (DC Comics, April 1998, dt. in *JLA* Nr. 13, Dino Comics). Text von Grant Morrison und Zeichnungen von Howard Porter. Die Tatsache, dass Catwomans Peitsche sich mit ungefähr doppelter Schallgeschwindigkeit bewegt (und damit den lauten Knall hervorruft), wurde besonders deutlich, als sie dem Schurken Prometheus einen Hieb auf eine besonders empfindliche Stelle versetzte.
Seite 111: *DC: The New Frontier* # 2 (DC Comics, April 2004, dt. in *DC Premium* Nr. 40, Panini). Text und Zeichnungen von Darwyn Cooke.
Seite 112: *Flash* # 202, Vol. 2 (DC Comics, November 2003). Text von Geoff Johns und Zeichnungen von Alberto Dose.
Seite 113: »Die spezielle Relativitätstheorie lässt sich auf zwei Aussagen reduzieren«: L. D. Landau und G. B. Romer, *What Is Relativity?* (Dover, 2003).
Seite 113: »einfach so aus der Luft zu fischen«: *Flash* # 124 (National Comics, November 1961; dt. in *Top Comics: Blitzmann* Nr. 105, bsv). Text von John Broome und Zeichnungen von Carmine Infantino.
Seite 113: »Damit dies wahr sein kann, argumentierte Einstein«: Hermann Bondi, *Relativity and Common Sense* (Dover, 1980).
Seite 114: »Negative Man«: *My Greatest Adventure* # 80 (National Comics, Juni 1963), Nachdruck in *The Doom Patrol Archives,* Vol. 1 (DC Comics, 2002).

Text von Arnold Drake mit Bob Haney und Zeichnungen von Bruno Premiani.
Seite 114: »Captain Marvel«: *Avengers* # 227 (Marvel Comics, Januar 1983, dt. in *Die Rächer Taschenbuch* Nr. 11, Condor). Text von Roger Stern und Zeichnungen von Sal Buscema.
Seite 115: *JLA* # 89 (DC Comics, Dezember 2003, dt. *JLA Sonderband* Nr. 6, Panini). Text von Joe Kelly und Zeichnungen von Doug Mahnke.
Seite 115: *Flash* # 116 (National Comics, November 1960, dt. in *Top Comics* Nr. 12 (Teil 1, bsv) und *Top Comics: Blitzmann* Nr. 101 (Teil 2, bsv)). Text von John Broome und Zeichnungen von Carmine Infantino.

KAPITEL 7

Seite 117: »In seinem ersten Abenteuer ›The Man in the Ant Hill‹«: *Tales to Astonish* # 27 (Marvel Comics, Januar 1962, dt. in *Der Eiserne* Nr. 1, Williams). Text von Stan Lee und Larry Lieber und Zeichnungen von Jack Kirby.
Seite 118: Richard Matheson, *The Incredible Shrinking Man. A Novel* (Tor Books, 2001).
Seite 118: »Angesichts der Tatsache, dass der Informationsaustausch bei Ameisen«: Bert Holldobler und Edward O. Wilson, *Journey to the Ants* (Belknap Press of Harvard University Press, 1994).
Seite 119: Abb. 12: *Tales to Astonish* # 35 (Marvel Comics, September 1962, dt. in *Der Eiserne* Nr. 2, Williams). Text von Stan Lee und Larry Lieber und Zeichnungen von Jack Kirby.
Seite 120: »in denen die Konstruktion von ›Zeitmaschinen‹ diskutiert wird«: Michael S. Morris, Kip S. Thorne und Ulvi Yurtsever, »Wormholes, Time Machines and the Weak Energy Condition«, *Phys. Rev. Lett.* 61, 1446 (1998); Allen E. Everett, »Warp Drive and Casuality«, *Phys. Rev. D* 53, 7365 (1996); J. Richard Gott III, »Closed Timelike Curves Produced by Pairs of Moving Cosmic Strings: Exact Solutions«, *Phys. Rev. Lett 66*, 1126 (1991); K. S. Thorne, *Black Holes and Time Warps* (Norton, 1994).
Seite 121: »*Fantastic Voyage*«: Vgl. die Romanfassung (basierend auf dem Drehbuch von Harry Kleiner): Isaac Asimov, *Die fantastische Reise* (Goldmann, 1983).
Seite 122: »Wie Isaac Asimov in seiner Romanversion«: Ebenda, Kapitel 4.
Seite 124: »*Fantastic Voyage II: Destination Brain*«: Isaac Asimov, *Dr. Schapirows Gehirn. Phantastische Reise in das Zentrum des Ich* (Lübbe, 1988).

KAPITEL 8

Seite 128: »Die Tatsache, dass seine Reittiere nicht unter seiner Last«: Vgl. z. B. *Tales to Astonish* # 35 (Marvel Comics, September 1962, dt. in *Der Eiserne* Nr. 2, Williams). Text von Stan Lee und Larry Lieber und Zeichnungen von Jack Kirby.
Seite 129: »zu Hunderten herbeirief«: *Tales to Astonish* # 36 (Marvel Comics, Oktober 1962, dt. in *Der Eiserne* Nr. 3, Williams). Text von Stan Lee und Larry Lieber und Zeichnungen von Jack Kirby.
Seite 129: *Tales to Astonish* # 37 (Marvel Comics, November 1962, dt. in *Der Eiserne* Nr. 4, Williams). Text von Stan Lee und Larry Lieber und Zeichnungen von Jack Kirby.
Seite 129: »einem ausgeklügelten System von Hebeln«: Russell K. Hobbie, *Intermediate Physics for Medicine and Biology*, 3. Auflage (American Institute of Physics, 2001); M. Williams und H. R. Lissner, *Biomechanics of Human Motion* (Saunders Press, 1962).
Seite 133: »beispielsweise ebenso bei einer Angelroute«: Vgl. z. B. David Macauly, *Das große Mammut-Buch der Technik* (Dorling Kindersley, 2005), wo es eine unterhaltsame Kollektion verschiedener Hebelkonstruktionen zu bestaunen gibt.
Seite 133: »Das Verhältnis der Hebelarme beträgt also eins zu sieben«: Clifford Swartz, *Back-of-the-Envelope Physics* (John Hopkins University Press, 2003).
Seite 136: »Was bestimmt, wie hoch wir springen können?«: D'Arcy Thompson, *Über Wachstum und Form* (Eichborn Verlag, 2006).
Seite 137: »Es ist eine häufig anzutreffende Folge des Anthropomorphismus«: Ebenda.

KAPITEL 9

Seite 140: »Auch wenn Galileo Galilei aller Wahrscheinlichkeit nach nicht der erste Mensch war«: Roger G. Newton, *Galileo's Pendulum* (Harvard University Press, 2004).
Seite 142: »Bei den menschlichen Stimmbändern«: Russell K. Hobbie, *Intermediate Physics for Medicine and Biology,* 3. Auflage (American Institute of Physics, 2001).
Seite 144: »Wenn jemand sich im umgekehrten Fall zu nahe an der Schallquelle befindet«: D'Arcy Thompson, *Über Wachstum und Form* (Eichborn Verlag, 2006).
Seite 144: *Atom* # 4 (National Comics, Dezember / Januar 1962, dt. teilw. in

Superman/Batman Nr. 6/1977, Ehapa). Text von Gardner Fox und Zeichnungen von Gil Kane.
Seite 147: »Ein Insektenauge kann sehr gut Helligkeitsunterschiede«: C. J. van der Horst, »The Optics of the Insect Eye«, *Acta Zool.*, S. 108 (1933).

KAPITEL 10

Seite 148: *Tales to Astonish* # 48 (Marvel Comics, Oktober 1963, dt. in *Hit Comics: Der Eiserne* 204, bsv). Text von Stan Lee und H. E. Huntley und Zeichnungen von Don Heck.
Seite 149: *Tales to Astonish* # 49 (Marvel Comics, November 1963). Nachdruck in *Essential Ant-Man,* Vol. 1 (Marvel Comics, 2002). Text von Stan Lee und Zeichnungen von Jack Kirby.
Seite 150: »Yellowjacket«: *Avengers* # 59 (Marvel Comics, Dezember 1968, dt. in *Die Rächer* Nr. 58, Williams), *Avengers* # 63 (Marvel Comics, April 1969, dt. in *Die Rächer* Nr. 62, Williams). Text von Roy Thomas und Zeichnungen von John Buscema und Gene Colan.
Seite 150: »Goliath«: *Avengers* # 28 (Marvel Comics, Mai 1966, dt. in *Die Rächer* Nr. 27, Williams). Text von Stan Lee und Zeichnungen von Don Heck.
Seite 150: *Ultimates* # 3 (Marvel Comics, Mai 2001, dt. in *Ultimate Marvel Team-Ups* Nr. 2, Panini). Text von Mark Millar und Zeichnungen von Bryan Hitch.
Seite 150: *Fantastic Four* # 271 (Marvel Comics, Oktober 1984, dt. in *Die Fantastischen Vier Taschenbuch* Nr. 17, Condor). Text und Zeichnungen von John Byrne.
Seite 151: »Orrgo«: *Strange Tales* # 90 (Marvel Comics, November 1961). Text von Stan Lee und Zeichnungen von Jack Kirby.
Seite 151: »Bruttu«: *Tales of Suspense* # 22 (Marvel Comics, Oktober 1961). Text von Stan Lee und Zeichnungen von Jack Kirby.
Seite 151: »Googam«: *Tales of Suspense* # 17 (Marvel Comics, Mai 1961). Text von Stan Lee und Zeichnungen von Jack Kirby.
Seite 151: »Fin Fang Foom«: *Strange Tales* # 89 (Marvel Comics, Oktober 1961). Text von Stan Lee und Zeichnungen von Jack Kirby.
Seite 154: *Fantastic Four Annual* # 1 (Marvel Comics, 1963, dt. in *Marvel Klassik* Bd. 4, Panini). Text von Stan Lee und Zeichnungen von Jack Kirby.
Seite 154: Fußnote: D'Arcy Thompson, *Über Wachstum und Form* (Eichborn Verlag 2006).
Seite 156: »Die Oberschenkelknochen von Sauriern oder Elefanten«: *Ultimates* # 2 (Marvel Comics, Mai 2002). Text von Mark Millar und Zeichnungen von Bryan Hitch.

Seite 157: »Wenn Sie jemals den Eindruck hatten, dass die Blasen«: Peter Gnådig, Gyula Honyek und Ken Riley, *200 Puzzling Physics Problems* (Cambridge University Press, 2001).

KAPITEL 11

Seite 163: »Wir werden größer und reifer«: Vgl. z. B. Eric P. Widmaier, *The Stuff of Life* (Henry Holt and Company 2002); David S. Goodsell, *The Machinery of Life* (Springer Verlag, 1998); Philip Ball, *Stories of the Invisible* (Oxford University Press, 2001).
Seite 166: »Als Physiker ... den Zerfall radioaktiver Kerne untersuchten«: Nickolas Solomey, *The Elusive Neutrino. A Subatomic Detective Story* (W. H. Freeman & Company, 1997).
Seite 168: »Die Effizienz eines Autos«: Joseph Katz, *New Directions in Race Car Aerodynamics. Designing for Speed* (Bentley Publishers, 1995).
Seite 171: *Flash* # 106 (DC Comics, Mai 1959, dt. in *DC Archiv Edition Nr. 8*, Dino Comics). Text von John Broome und Zeichnungen von Carmine Infantino.
Seite 171: *Flash # 25*, Vol. 2 (DC Comics, April 1989). Text von William Messner-Loebs und Zeichnungen von Greg LaRocque.
Seite 173: »dass sich die Physiker Mitte des neunzehnten Jahrhunderts über das Phänomen Energie im Unklaren waren«: Vgl. z. B. Hans Christian von Baeyer, *Warmth Disperses and Time Passes. The History of Heat* (Modern Library, 1998).
Seite 174: »Mitte der achtziger Jahre passierte es einmal, dass in einem Heft der *Flash*-Reihe«: Vgl. z. B. *Flash* # 24, Vol. 2 (DC Comics, April 1989). Text von William Messner-Loebs und Zeichnungen von Greg LaRocque.
Seite 175: »müssen wir uns ein wenig mit Chemie befassen«: Vgl. z. B. P. W. Atkins, *Im Reich der Elemente* (Spektrum Akademischer Verlag, 1997).
Seite 178: »Dadurch, dass die Masse eines Heliumkerns«: Martin Rees, *Gott kennt nur sechs Zahlen* (Bertelsmann Verlag, 2002).
Seite 179: »Die Sauerstoffmenge, die ein Läufer verbraucht«: Vaclav Smil, *Energies. An Illustrated Guide to the Biosphere and Civilisation* (MIT Press, 1999).
Seite 179: »Grob gerechnet befinden sich in der Erdatmosphäre«: Die Menge des Gases in der Erdatmosphäre beträgt etwa 200 Millionen Billionen Mol, wobei jedes Mol die avogadrosche Zahl (0,6 Billionen Billionen) an Molekülen enthält. Folglich besteht die Erdatmosphäre aus schätzungsweise 0,12 Milliarden Billionen Billionen Billionen Gasmolekülen.
Seite 180: *Flash* # 167 (DC Comics, Februar 1967). Text von John Broome und Zeichnungen von Carmine Infantino.

Seite 182: »Dies ist auch der Grund, warum Golfbälle Dellen haben«: Theodore P. Jorgensen, *The Physics of Golf*, 2. Auflage (Springer, 1999); Brian H. Kaye, *Golf Balls, Boomerangs and Asteroids. The Impact of Missiles on Society* (VCH Publishers, 1996); John F. Hotchkiss, *500 Years of Golf Balls. History and Collector's Guide* (Antique Trader Books, 1997).
Seite 183: »Der erste von dieser Sorte war Mr. Mxyzptlk«: Les Daniels, *Superman. The Complete History* (Chronicle Books, 1998).
Seite 183: »Und damit Batman nicht hinter dem Stählernen zurückstehen musste«: Les Daniels, *DC Comics. Sixty Years of the World's Favorite Comic Book Heroes* (Bulfinch Press, 1995).
Seite 183: Fußnote: Technisch gesehen ist die Erklärung in *Superman* # 130 (dt. in *Superman Taschenbuch* Nr. 66, Ehapa) falsch, wonach Kryptonit »nicht mit Sauerstoff reagiert, was der Grund für das Verglühen ist«. Wobei es durchaus möglich sein mag, dass Kryptonit und Sauerstoff nicht chemisch miteinander reagieren, doch entsteht die Hitze dadurch, dass ein Gegenstand sich mit hoher Geschwindigkeit durch die Atmosphäre bewegt und dabei die Luftmoleküle aus dem Weg schieben muss, wofür Arbeit notwendig ist. Folglich handelt es sich dabei um einen rein physikalischen Vorgang und nicht um einen chemischen Prozess.
Seite 184: »Was den Großteil der Fans von Comics des Silbernen Zeitalters betrifft«: Mark Evanier, »Comics that Didn't Really Happen«, Nachdruck in *Comic Books and Other Necessities of Life* (TwoMorrows Publishing, 2002).

KAPITEL 12

Seite 185: *Showcase* # 34 (DC Comics, September-Oktober 1961), Nachdruck in *Atom Archives*, Vol. 1 (DC Comics, 2001). Text von Gardner Fox und Zeichnungen von Gil Kane.
Seite 187: Abb. 17: *Atom* # 4 (DC Comics, Dezember-Januar 1962, dt. teilw. in *Superman/Batman* Nr. 6/1977, Ehapa). Text von Gardner Fox und Zeichnungen von Gil Kane.
Seite 188: *Atom* # 2 (DC Comics, August-September 1962), Nachdruck in *Atom Archives*, Vol. 1 (DC Comics, 2001). Text von Gardner Fox und Zeichnungen von Gil Kane.
Seite 189: »Das Gebiet der Thermodynamik«: Hans Christian von Baeyer, *Warmth Disperses and Time Passes. The History of Heat* (Modern Library, 1998); Gino Segre, *A Matter of Degrees* (Penguin Books, 2002).
Seite 193: »Ein anderes Beispiel: Wenn ein heißes Gas im Zylinder«: Vaclav Smil, *Energies. An Illustrated Guide to the Biosphere and Civilisation* (MIT Press, 1999).

Seite 194: »Dieses Phänomen, ›Entropie‹ genannt«: H. C. Van Ness, *Understanding Thermodynamics* (Dover Publications, 1969).
Seite 198: *West Coast Avengers* # 42 (Marvel Comics, März 1989, dt. in *Die Rächer Taschenbuch* Nr. 32, Condor). Text und Zeichnungen von John Byrne.
Seite 200: »Wäre es nicht möglich, dass ich mir Atoms Fähigkeiten zu Nutze mache«: Hans Christian von Baeyer, *Warmth Disperses and Time Passes. The History of Heat* (Modern Library, 1998).
Seite 204: »Der überall im Weltraum anzutreffenden kosmischen Hintergrundstrahlung«: Mark W. Zemansky, *Temperatures Very Low and Very High* (Dover Books, 1964).
Seite 205: »Etliche aus der alten Garde der anerkannten Physiker«: Joseph J. Kockelmans (Hg.), *Philosophy of Science. The Historical Background* (Transaction Publishers, 1999).
Seite 205: Zitat von Planck: Max K. Planck, *Scientific Autobiography and Other Papers* (Greenwood Publishing Group, 1968).
Seite 205: »Die entscheidende Wende, durch welche die jüngeren Wissenschaftler«: Don S. Lemons, *An Introduction to Stochastic Processes in Physics* (John Hopkins University Press, 2002).
Seite 205: »eine befriedigende wissenschaftliche Erklärung wurde erst 1905«: Albert Einstein und Marian v. Smoluchowski, *Untersuchungen über die Theorie der Brownschen Bewegung* (Harri Deutsch, 1997).
Seite 206: »Die zufälligen Kollisionen der Luftmoleküle mit unserem Trommelfell«: A. J. Hudspeth, »How the Ear's Works Work«, *Nature* 341, S. 397 (1989); I. C. Gebeshuber, A. Mladenka, F. Rattay und W. A. Svrcek-Seiler, »Brownian Motion and the Ability to Detect Weak Auditory Signals«, *Chaos and Noise in Biology and Medicine,* hg. v. C. Taddei-Ferretti (World Scientific, 1998). Achtung: Bei diesem Ton handelt es sich nicht um das hochfrequente Fiepen oder Pfeifen, das viele von uns hören. Bei diesem handelt es sich aller Wahrscheinlichkeit nach um einen Tinnitus, als Folge einer Beschädigung (bedingt durch lauten Lärm oder das Alter) der Flimmerhärchen, durch die im Innenohr die Schallwellen registriert werden.

KAPITEL 13

Seite 207: »Stan Lee, der führende Autor und Herausgeber«: Stan Lee und George Mair, *Excelsior! The Amazing Life of Stan Lee* (Fireside, 2002).
Seite 207: *X-Men* # 1 (Marvel Comics, September 1963, dt. zuletzt in *Marvel History X-Men* Nr. 1, Panini). Text von Stan Lee und Zeichnungen von Jack Kirby.
Seite 208: *X-Men* # 47 (Marvel Comics, August 1968, dt. in *Die Spinne* Nr. 35, Condor). Text von Arnold Drake und Zeichnungen von Werner Roth.

Seite 208: *X-Men* # 8 (Marvel Comics, November 1964, dt. zuletzt in *Marvel History X-Men* Nr. 1, Panini). Text von Stan Lee und Zeichnungen von Jack Kirby.

Seite 209: »Die Konstruktion einer Schneeflocke«: Kenneth G. Libbrecht und Patricia Rasmussen, *Schneeflocken. Juwelen des Winters* (Sanssouci, 2005).

Seite 210: »entwickelte Einstein eine Gleichung dafür, welche Strecke ein sich ziellos bewegendes Atom«: Albert Einstein und Marian v. Smoluchowski, *Untersuchungen über die Theorie der brownschen Bewegung* (Harri Deutsch, 1997).

Seite 210: »Die genauen Details, wie sich die Flocke entwickelt«: J. S. Langer, »Instabilities and Pattern Formation in Crystal Growth«, *Reviews of Modern Physics 52*, 1 (1980).

Seite 211: Abb. 19: *Amazing Spider-Man* # 92 (Marvel Comics, Januar 1971, dt. zuletzt in *Spider-Man komplett* Nr. 9, Panini). Text von Stan Lee und Zeichnungen von Gil Kane und John Romita.

Seite 214: »Wie die großformatige Startnummer verhieß«: *Giant Size X-Men* # 1 (Marvel Comics, 1975, dt. zuletzt in *X-Men Archiv* Nr. 1, Panini). Text von Len Wein und Zeichnungen von David Cockrum.

Seite 215: »Hinter dem Wetter steckt im Grunde nichts weiter«: Edward Lorenz, *The Essence of Chaos* (University of Washington Press, 1996); Mark Masline, *The Coming Storm* (Barron's, 2002).

Seite 217: Abb. 21: *X-Men* # 145 (Marvel Comics, Mai 1981, dt. zuletzt in *X-Men Archiv* Nr. 4, Panini). Text von Chris Claremont und Zeichnungen von Dave Cockrum und Joe Rubinstein.

Seite 218: »Ein abschließender Gedanke über den Zusammenhang zwischen genetischen Mutationen und dem Gebiet der Thermodynamik«: Joe D. Burchfield, *Lord Kelvin and the Age of the Earth* (University of Chicago Press, 1990); David Lindley, *Degrees Kelvin* (Joseph Henry Press, 2004).

KAPITEL 14

Seite 221: *Tales of Suspense* # 39 (Marvel Comics, März 1963, dt. zuletzt in *Tales of Suspense* Nr. 39/Jubiläumspack 9, Panini). Text von Stan Lee und Jerry Lieber und Zeichnungen von Don Heck.

Seite 222: »Als Melter 1963 zum ersten Mal an die Öffentlichkeit trat«: *Tales of Suspense* # 47 (Marvel Comics, November 1963; dt. in *Der Eiserne* Nr. 9, Williams). Text von Stan Lee und Zeichnungen von Steve Ditko.

Seite 222: »Wenn dies geschieht, bildet sich eine chemische Verbindung«: P. W. Atkins, *Im Reich der Elemente* (Spektrum Akademischer Verlag, 1997).

Seite 223: »Die exakte Temperatur und der Druck«: D. Tabor, *Gases, Liquids and Solids* (Cambridge University Press, 1979).

Seite 224: »In einem normalen Ofen bewirken die Heizelemente«: Harold McGee, *On Food and Cooking* (Scribner, 2004); Peter Barham, *Die letzten Geheimnisse der Kochkunst* (Springer, 2003).
Seite 228: *Tales of Suspense* # 90 (Marvel Comics, Juni 1967), Nachdruck in *Essential Iron Man,* Vol. 2 (Marvel Comics, 2004). Text von Stan Lee und Zeichnungen von Gene Colan.
Seite 229: »Ein solcher auf Mikrowellen basierender ›Hitzestrahl‹«: »Report: Raytheon ›heat beam‹ weapon ready for Iraq«, *Boston Business Journal,* (1. Dezember 2004)

KAPITEL 15

Seite 231: Fußnote: *West Coast Avengers* # 13, Vol. 2 (Marvel Comics, Oktober 1986; dt. in *Die Rächer Taschenbuch* Nr. 23, Condor). Text von Steve Englehart und Zeichnungen von Al Milgrom.
Seite 232: *Adventure Comics* # 247 (National Comics, April 1958; dt. in *Die Legion der Superhelden Klassik* Nr. 1, Panini). Text von Otto Binder und Zeichnungen von Al Plastino.
Seite 234: *Amazing Spider-Man* # 9 (Marvel Comics, Februar 1963; dt. zuletzt in *Marvel History Spider-Man* Nr. 1, Panini). Text von Stan Lee und Zeichnungen von Steve Ditko.
Seite 236: »ungefähr ebenso groß wie ein Kohlenstoffatom«: Clifford Swartz, *Back-of-the-Envelope Physics* (Johns Hopkins University Press, 2003).
Seite 238: »Antigravitationsscheiben des Evil Wizard«: Die Antigravitationsscheiben tauchen erstmals in *Strange Tales* # 118 auf (Marvel Comics, März 1964), Nachdruck in *Essential Human Torch,* Vol. 1 (Marvel Comics, 2003). Text von Stan Lee und Zeichnungen von Dick Ayers.
Seite 239: *Flash* # 208, Vol. 2 (DC Comics, Mai 2004). Text von Geoff Johns und Zeichnungen von Howard Porter.
Seite 240: »Als George de Mestral nämlich untersuchte«: Allyn Freeman und Bob Golden, *Post-it, Pampers, Melitta & Co. 50 Produkte, die die Welt eroberten* (Midas-Management Verlag, 1998).
Seite 240: »Unlängst haben Robert Full, Keller Autumn und ihr Team entdeckt«: K. Autumn, M. Sitti, Y. A. Liang, A. M. Peattie, W. R. Hansen, S. Sponberg, T. W. Kenny, R. Fearing, J. N. Israelachvili und R. J. Full, »Evidence for Van der Waals Adhesion in Gecko Setae«, *Proc. National Acad. Sciences* 99, S. 12, 252 (2002).
Seite 241: »So berichteten Forscher von der Universität Manchester in England jüngst über die Entwicklung eines Gecko-Klebebands«: A. K. Geim, S. V. Dubonos, 2. I. V. Grigorieva, K. S. Novoselov, A. A. Zhukov und S. Yu. Sha-

poval, »Microfabricated Adhesive Mimicking Gecko Foot-Hair«, *Nature Materials* 2, S. 461 (2003).

KAPITEL 16

Seite 245: *Superman* # 1 (National Comics, Juni 1939; dt. zuletzt in *DC Archiv Edition* Nr. 5, Dino Comics). Text von Jerry Siegel und Zeichnungen von Joe Shuster.
Seite 246: *Amazing Spider-Man* # 9 (Marvel Comics, Februar 1963; dt. zuletzt in *Marvel History Spider-Man* Nr. 1, Panini). Text von Stan Lee und Zeichnungen von Steve Ditko.
Seite 247: *Amazing Spider-Man* Annual # 1 (Marvel Comics, Februar 1964; dt. zuletzt in *Marvel History Spider-Man* Nr. 1, Panini). Text von Stan Lee und Zeichnungen von Steve Ditko.
Seite 248: »entwickelte ein Autor ein Skript«: Julius Schwartz und Brian M. Thomsen, *Man of Two Worlds. My Life in Science Fiction and Comics* (Harper-Entertainment, 2000).
Seite 248: »Im Jahr 1965 (um nur ein Beispiel herauszugreifen)«: *Comic Book Marketplace* # 99 (Gemstone Publishing, Februar 2003).
Seite 249: »In Anbetracht der vielen Comics, die jeden Monat produziert wurden«: Jordan Raphael und Tom Spurgeon, *Stan Lee and the Rise and Fall of the American Comic Book* (Chicago Review Press, 2003); Ronin Ro, *Tales to Astonish. Jack Kirby, Stan Lee and the American Comic Book Revolution* (Bloomsbury, 2004).
Seite 250: »Als Electro von Daredevil in der zweiten Ausgabe des gleichnamigen Comics«: *Daredevil* # 2 (Marvel Comics, Juni 1964; dt. zuletzt in *Marvel Klassik* Nr. 12, Panini). Text von Stan Lee und Zeichnungen von Joe Orlando.

KAPITEL 17

Seite 251: »eine rätselhafte, aber fundamentale Eigenschaft der Elektrizität völlig richtig dargestellt«: *Amazing Spider-Man* # 9 (Marvel Comics, Februar 1963; dt. zuletzt in *Marvel History Spider-Man* Nr. 1, Panini). Text von Stan Lee und Zeichnungen von Steve Ditko.
Seite 252: »Dieses Phänomen wurde erstmals von Hans Christian Ørsted beobachtet«: David Bodanis, *Das Universum des Lichts. Von Edisons Traum bis zur Quantenstrahlung* (Rowohlt, 2005).
Seite 253: *Daredevil* # 2 (Marvel Comics, Juni 1964; dt. zuletzt in *Marvel Klassik* Nr. 12, Panini). Text von Stan Lee und Zeichnungen von Joe Orlando.

Seite 254: »Ich möchte zu diesem Zweck auf ein anschauliches Beispiel zurückgreifen«: Milton A. Rothman, *Discovering the Natural Laws. The Experimental Basis of Physics* (Dover Press, 1989).
Seite 254: »Die positiven Ladungen haben also für sie immer noch einen Abstand von einem Zentimeter«: Edward M. Purcell, *Electricity and Magnetism – Berkeley Physics Course,* Vol. 2 (McGraw Hill, 1963).
Seite 256: *Superboy* # 1 (National Comics, März-April 1949). Text von Edmond Hamilton und Zeichnungen von John Sikela und Ed Dobrotka.

KAPITEL 18

Seite 259: »mit dem es die X-Men in der ersten Ausgabe des gleichnamigen Comics«: *X-Men* # 1 (Marvel Comics, September 1963; dt. zuletzt in *Marvel History X-Men* Nr. 1, Panini). Text von Stan Lee und Zeichnungen von Jack Kirby.
Seite 261: Fußnote: *Atom* # 3 (DC Comics, Oktober-November 1962), Nachdruck in *Atom Archives,* Vol. 1 (DC Comics, 2001). Text von Gardner Fox und Zeichnungen von Gil Kane.
Seite 262: »Das Hämoglobin ist ein sehr großes Molekül«: David S. Goodsell, *Labor Zelle. Molekulare Prozesse des Lebens* (Springer, 1994).
Seite 264: »Materialien, in denen sich Bezirke mit jeweils gleich ausgerichteten Magnetfeldern aller beteiligten Atome bilden«: Francis Bitter, *Magnets. The Education of a Physicist* (Doubleday, 1959).
Seite 264: Fußnote: Ich danke Prof. E. Dan Dahlberg von der Universität Minnesota und Dr. Roger Proksh von der Firma Asylum Research für den Hinweis auf dieses Lowtech-Magnetkraftmikroskop.
Seite 265: »Genau diese diamagnetische Eigenschaft unseres Körpers«: Andrey Geim, »Everyone's Magnetism«, *Physics Today* 51, S. 36 (September 1998); A. K. Geim, M. D. Simon, M. I. Boamfa und L. O. Heflinger, »Magnet Levitation at Your Fingertips«, *Nature* 400, S. 323 (1999).
Seite 265: »auf der Internetseite des Hochfeldmagnetlabors der Universität Nijmegen«: Einige großartige Aufnahmen von schwebenden Objekten finden Sie auf der Internetseite des Hochfeldmagnetlabors der Universität von Nijmegen in den Niederlanden unter: http://www.hfml.ru.nl/levitate.html
Seite 267: »Beim Magnetismus dreht sich im Grunde alles um die Relativität von Bewegung«: Milton A. Rothman, *Discovering the Natural Laws. The Experimental Basis of Physics* (Dover Press, 1989).
Seite 270: *The Dark Knight Strikes Again* # 1 (DC Comics, 2001; dt. in *Der dunkle Ritter schlägt zurück* Nr. 1, Panini). Text und Zeichnungen von Frank Miller.

Seite 270: »Alle kommerziellen Kraftwerke produzieren Strom«: Roger A. Hinrichs und Merlin Kleinbach, *Energy. Its Use and the Environment* (Brooks / Cole, 2002), 3. Auflage.

KAPITEL 19

Seite 272: »denn so konnten die Comicverlage in den fünfziger Jahren von der wachsenden Beliebtheit der Cowboys profitieren«: Amy Kiste Nyberg, *Seal of Approval. The History of the Comics Code,* (University of Mississippi Press, 1998).

Seite 272: »Im Marvel-Universum waren die Western-Comics«: Ron Goulart, *Comic Book Culture. An Illustrated History* (Collectors Press Inc., 2000); Les Daniels, *DC Comics. Sixty Years of the World's Favorite Comic Book Heroes* (Bulfinch Press, 1995); Les Daniels, *Marvel. Five Fabulous Decades of the World's Greatest Comics* (Harry Abrams, 1991).

Seite 273: »Es war der schottische Physiker James Clerk Maxwell«: Basil Mahon, *The Man Who Changed Everything. The Life of James Clerk Maxwell* (John Wiley & Sons, 2003).

Seite 277: »600 Millionen Tonnen Wasserstoffkernen pro Sekunde«: S. E. Woolsey und A. Heger, »The Evolution and Explosion of Massive Stars«, *Rev. Modern Physics* 74, S. 1015 (Oktober 2002).

Seite 277: »das bei einer Kernfusion erzeugte Licht«: G. Fiorentini und B. Rici, »How Long Does It Take for Heat to Flow Through the Sun?«, *Comments on Modern Physics* 1, S. 49 (1999).

Seite 279: »Auch wenn er aufgrund seiner zerschmetterten Wirbelsäule«: *X-Men* # 20 (Marvel Comics, Mai 1966; dt. zuletzt in *Marvel Klassik* Nr. 9, Panini). Text von Roy Thomas und Zeichnungen von Jay Gavin.

Seite 279: »Die Aufgabe der Nervenzellen«: Joseph LeDoux, *Das Netz der Persönlichkeit. Wie unser Selbst entsteht* (Walter, 2003); R. R. Llinas, *I of the Vortex* (MIT Press, 2001).

Seite 281: *X-Men* # 7 (Marvel Comics, September 1964; dt. zuletzt in *Marvel History X-Men* Nr. 1, Panini). Text von Stan Lee und Zeichnungen von Jack Kirby.

Seite 282: »Fernsehsignale sind elektromagnetische Wellen«: Vgl. David Macaulay, *Das große Mammut-Buch der Technik* (Dorling Kindersley, 2005) für eine verständliche und anschauliche Darstellung der dem Fernsehen zu Grunde liegenden Technik. Stärker technisch orientiert ist die Darstellung von Richard M. Koff, *How Does It Work?* (Signet, 1961).

Seite 283: »Wenn man eine empfindliche Antenne neben den Bildschirm stellt«: Wim Van Eck, »Electromagnetic Radiation from Video Display Units: An Eavesdropping Risk?«, *Computers and Security* 4, S. 269 (1985).

Seite 284: »Neurowissenschaftler haben ein Verfahren entwickelt«: G. J. Ettinger, W. E. L. Grimson, M. E. Leventon, R. Kikinis, V. Gugino, W. Cote et al., »Experimentation with a Transcranial Stimulation System for Functional Brain Mapping«, *Med. Image Analysis* 2, S. 133 (1998); M. Hallett, »Transcranial Stimulation and the Human Brain«, *Nature* 406, S. 147 (2000). Einen technischen Überblick bietet: Vincent Walsh und Alvaro Pascual-Leone, *Transcranial Magnetic Stimulation. A Neurochronometrics of Mind* (MIT Press, 2003).

KAPITEL 20

Seite 287: *Fantastic Four* # 5 (Marvel Comics, Juli 1962; dt. zuletzt in *Marvel Klassik* Nr. 4, Panini). Text von Stan Lee und Zeichnungen von Jack Kirby.
Seite 288: *Fantastic Four* # 10 (Marvel Comics, Januar 1963; dt. zuletzt in *Marvel Klassik* Nr. 4, Panini). Text von Stan Lee und Zeichnungen von Jack Kirby.
Seite 288: *Fantastic Four* # 16 (Marvel Comics, Juli 1963; dt. zuletzt in *Marvel Klassik* Nr. 8, Panini). Text von Stan Lee und Zeichnungen von Jack Kirby.
Seite 288: *Fantastic Four* # 76 (Marvel Comics, Juli 1968; dt. in *Die Fantastischen Vier* Nr. 72, Williams). Text von Stan Lee und Zeichnungen von Jack Kirby.
Seite 289/290: *Atom* # 5 (DC Comics, Februar / März 1963), Nachdruck in *Atom Archives*, Vol. 1 (DC Comics, 2001). Text von Gardner Fox und Zeichnungen von Gil Kane; *Atom* # 4 (DC Comics, Dezember-Januar 1962; dt. in *Superman/Batman* Nr. 6 / 1977, Ehapa). Text von Gardner Fox und Zeichnungen von Gil Kane; *Atom* # 19 (DC Comics, Juni-Juli 1965, Nachdruck in *JLA. Zatanna's Search* (DC Comics, 2004). Text von Gardner Fox und Zeichnungen von Gil Kane. *Justice League of America* # 18 (DC Comics, März 1963; dt. in *DC Archiv Edition* Nr. 13; Panini). Text von Gardner Fox und Zeichnungen von Mike Sekowsky; *Brave and the Bold* # 53 (DC Comics, April-Mai 1964). Text von Bob Haney und Zeichnungen von Alexander Toth.
Seite 290: »Gegen Ende des neunzehnten Jahrhunderts«: G. Gamow, *Thirty Years That Shook Physics. The Story of Quantum Theory* (Dover, 1985).
Seite 292: »So konnte beispielsweise die Temperatur der Sonnenoberfläche«: Mark W. Zemansky, *Temperatures Very Low and Very High* (Dover 1964)
Seite 294: »Die Tatsache, dass die Energie eines Elektrons«: G. Gamow und R. Stannard, *The New World of Mr. Tompkins* (Cambridge University Press, 1999).
Seite 298: »Stellen wir uns ein Elektron vor«: J. C. Polkinghorne, *The Quantum World* (Princeton University Press, 1984).
Seite 300: »So entdeckte man zum Beispiel das Element Helium«: Clifford W. Seibel, *Helium. Child of the Sun* (University Press of Kansas, 1968).

KAPITEL 21

Seite 304: »Im vierten Heft der Comicserie *Showcase*«: *Showcase* # 4 (National Comics, Oktober 1956; dt. in *DC Archiv Edition* Nr. 8; Dino Comics). Text von Robert Kanigher und Zeichnungen von Carmine Infantino.
Seite 305: *Flash* # 123 (DC Comics, September 1961; dt. in *DC Museums Edition* Nr. 10, Panini). Text von Gardner Fox und Zeichnungen von Carmine Infantino.
Seite 306: »Diese Begegnung des Silver Age Flash«: Julius Schwartz und Brian M. Thomsen, *Man of Two Worlds. My Life in Science Fiction and Comics* (HarperEntertainment, 2000).
Seite 307: »Die Begegnung dieser Superteams«: Vgl. zum Beispiel *Crisis on Multiple Earths*, Vol. 1–3 (DC Comics 2002, 2003, 2004; dt. in *DC Archiv Edition* Nr. 13; Panini).
Seite 307: »Captain Marvel, alias Billy Batson, der sich in einen Superhelden verwandeln konnte«: Les Daniels, *DC Comics. Sixty Years of the World's Favorite Comic Book Heroes* (Bulfinch Press, 1995).
Seite 307: »Die auf ein Jahr angelegte Miniserie«: *Crisis on Infinite Earths* (DC Comics, 2000; dt. in *JLA Sonderband* Nr. 12 & 13, Dino). Text von Marv Wolfman und Zeichnungen von George Perez.
Seite 308: »eher nach dem des Marvel-Universums funktionieren«: *What If Classics* (Marvel Comics, 2004).
Seite 309: »Nach allerlei vergeblichen Bemühungen«: G. Gamow, *Thirty Years that Shook Physics. The Story of Quantum Theory* (Dover Press, 1985).
Seite 310: »zwei Anmerkungen zu der benutzten Mathematik zu machen«: Leonard Mlodinow, *Das Fenster zum Universum. Eine kleine Geschichte der Geometrie* (Campus, 2002).
Seite 311: *My Greatest Adventures* # 80 (DC Comics, Juni 1963), Nachdruck in *Doom Patrol Archives*, Vol. 1 (DC Comics, 2002). Text von Arnold Drake und Zeichnungen von Bruno Premiani.
Seite 311: *X-Men* # 1 (Marvel Comics, September 1963; dt. zuletzt in *Marvel History X-Men* Nr. 1, Panini). Text von Stan Lee und Zeichnungen von Jack Kirby.
Seite 312: »Nachforschungen von Comichistorikern«: Vgl. z. B. *Comic Book Marketplace* # 64 (Gemstone Publications, November 1998).
Seite 312: »Ein weiteres Beispiel für das fast zeitgleiche Erscheinen«: *Back Issue* # 6 (TwoMorrows Publishing, Oktober 2004).
Seite 314: »Auch wenn wir nicht genau wissen, wie Schrödinger«: Walter Moore, *Schrödinger. Life and Thought* (Cambridge University Press, 1989).
Seite 315: »Da die *Durchschnittswerte* die einzig zuverlässigen Größen sind«: Die Auffassung, die Quantenmechanik sei eine vollständige Theorie, die stets

genaue Vorhersagen für experimentelle Beobachtungen liefere, aber nicht notwendigerweise eine äußere Wirklichkeit beschreibe, wird nicht von allen Physikern geteilt. Die wachsende Anzahl von Experimenten zu Quantenverhalten auf makroskopischer Ebene scheint diese Interpretation jedoch zu untermauern. (Vgl. A. J. Leggett, »The Quantum Measurement Problem«, *Science* 307. S. 871 [2005]).

Seite 317: »Das Versuchsszenario sah wie folgt aus«: Colin Bruce, *Schrödinger's Rabbits. The Many Worlds of Quantum* (Joseph Henry Press, 2004).

Seite 318: *JLA* # 19 (DC Comics, Juni 1998; dt. in *JLA* Nr. 19, Dino). Text von Mark Waid und Zeichnungen von Howard Porter.

Seite 318: »Im Jahr 1957 entwickelte Hugh Everett III«: Bryce S. DeWitt und Neill Graham (Hg.), *The Many-Worlds Interpretation of Quantum Mechanics* (Princeton University Press, 1973). Das Buch enthält neben einem Nachdruck und einer ausführlichen Diskussion der Doktorarbeit von Everett zahlreiche Artikel anderer Physiker. Interessanterweise sprach Everett in seiner Theorie von »relativen Zuständen«. Der Begriff »Viele-Welten« wurde erst von DeWitt geprägt.

Seite 319: Fußnote: *Animal Man* # 32 (DC Comics, Februar 1991). Text von Peter Milligan und Zeichnungen von Chas Troug.

Seite 321: »Grob vereinfacht besteht die wesentliche Aussage der Stringtheorie darin«: Eine ausgezeichnete Einführung in die Stringtheorie bietet: Brian Greene, *Das elegante Universum* (Siedler Verlag, 2000).

Seite 321: Fußnote: *Strange Tales* # 129 (Marvel Comics, Februar 1965), Nachdruck in *Essential Dr. Strange*, Vol. 1 (Marvel Comics, 2001). Text von Don Rico und Zeichnungen von Steve Ditko.

Seite 322: »Dieses Kriterium kann jedoch trügerisch sein«: Vgl. Richard P. Feynman, *Es ist so einfach. Vom Vergnügen, Dinge zu entdecken* (Piper, 2003).

Seite 322: »einige Physiker, die auf dem Gebiet der Quantengravitation arbeiten«: David Deutsch, *Die Physik der Welterkenntnis. Auf dem Weg zum universellen Verstehen* (Birkhäuser, 1997); Michio Kaku, *Im Paralleluniversum* (Rowohlt, 2005).

Seite 322: »So haben unlängst einige Physiker behauptet«: Stephen W. Hawking, Kip S. Thorne, Igor Novikov, Timothy Ferris und Alan Lightman, *The Future of Spacetime,* (W. W. Norton and Company, 2002); J. Richard Gott, *Zeitreisen in Einsteins Universum* (Rowohlt, 2002).

Seite 323: *Superman* # 146 (DC Comics, Juli 1961; dt. in *Superman Superband* Nr. 1, Ehapa). Text von Jerry Siegel und Zeichnungen von Al Plastino.

Seite 327: *Avengers* # 267 (Marvel Comics, Mai 1986; dt. in *Die Rächer Taschenbuch* Nr. 17, Condor). Text von Roger Stern und Zeichnungen von John Buscema und Tom Palmer.

KAPITEL 22

Seite 329: Abb. 32: *X-Men* # 130 (Marvel Comics, Februar 1980; dt. zuletzt in *X-Men Archiv* 3, Panini). Text von Chris Claremont und Zeichnungen von John Byrne.

Seite 329: Abb. 33: *Flash* # 123 (DC Comics, September 1961; dt. in *DC Museums Edition* Nr. 10, Panini). Text von Gardner Fox und Zeichnungen von Carmine Infantino.

Seite 330: »es handelt sich um ein Phänomen, das charakteristisch für die Quantenmechanik ist«: Eine mathematische Diskussion dieses Phänomens findet sich in: Mohsen Razavy, *Quantum Theory of Tunneling* (World Scientific, 2003).

Seite 332: »das dem Rastertunnelmikroskop zugrunde liegende Funktionsprinzip«: G. Binnig und H. Rohrer, »The Scanning Tunneling Microscope«, *Scientific American* 253, S. 40 (1985); C. F. Quate, »Vacuum tunneling. A new technique for microscopy«, *Physics Today* 39, S. 26 (1986); Ben G. Streetman und Sanjay Banerjee, *Solid State Electronic Devices*, 5. Auflage, (Prentice Hall, 2000).

Seite 335: *X-Men* # 141 (Marvel Comics, Januar 1981; dt. zuletzt in *X-Men Archiv* 4, Panini). Text von Chris Claremont und Zeichnungen von John Byrne.

Seite 336: *Astonishing X-Men* # 4 (Marvel Comics, Oktober 2004; dt. *Astonishing X-Men Paperback* Nr. 1, Panini). Text von Joss Whedon und Zeichnungen von John Cassaday.

KAPITEL 23

Seite 337: »Der Halbleitertransistor ist das Kernstück fast jedes elektronischen Geräts«: Michael Riordan, *Crystal Fire. Birth of the Information Age* (Norton, 1997).

Seite 338: *Showcase* # 22 (DC Comics, Oktober 1959; dt. in *DC Archiv Edition* Nr. 2, Dino Comics). Text von John Broome und Zeichnungen von Gil Kane.

Seite 338: *Showcase* # 6 (National Comics, Januar-Februar 1957), Nachdruck in *Challengers of the Unknown Archives*, Vol. 1 (DC Comics, 2003). Text von Dave Wood und Zeichnungen von Jack Kirby.

Seite 338: »Bei Marvel wiederum unternahmen im Jahr 1961«: *Marvel Comics Presents Fantastic Firsts* (Marvel Comics, 2001).

Seite 339: *Tales of Suspense* # 39 (Marvel Comics, März 1963; dt. zuletzt in *Tales of Suspense* Nr. 39 / Jubiläums-Pack Nr. 9, Panini). Text von Stan Lee und Larry Lieber und Zeichnungen von Don Heck.

Seite 340: *Iron Man* # 144 (Marvel Comics, März 1981; dt. in *Die Spinne* Nr. 148,

Condor). Text von David Michelinie und Zeichnungen von Joe Brozowski und Bob Layton.
Seite 340: »Und man staunt, in welchem Maße der Eiserne«: Vgl. *Essential Iron Man,* Vol. 1 und 2 (Marvel Comics, 2000, 2004).
Seite 341: »Auch die Waffen, die in die Rüstung integriert waren«: *Tales of Suspense* # 55 (Marvel Comics, Juli 1963; dt. in *Die Rächer* Nr. 53 & 54, Williams). Text von Stan Lee und Larry Lieber und Zeichnungen von Don Heck.
Seite 345: *Iron Man* # 132 (Marvel Comics, März 1980; dt. in *Die Spinne* Nr. 146 & 147, Condor). Text von David Michelinie und Zeichnungen von Jerry Bingham und Bob Layton.
Seite 348: »das Phänomen der diamagnetischen Levitation«: Zum Phänomen der diamagnetischen Levitation vgl. die Internetseite des Hochfeldmagnetlabors an der Universität Nijmegen in den Niederlanden: http://www.hfml.ru.nl/levitate.html. Dort sind auch einige sehr interessante Aufnahmen von schwebenden Körpern zu sehen.
Seite 349: »tragbare elektromagnetische Pulswaffen«: David Hambling, »Star Wars Hits the Streets«, *New Scientist* 2364 (12. Oktober 2002).
Seite 354: »Halbleiter-Bauelemente werden für gewöhnlich aus Silizium hergestellt«: John R. Pierce, *Quantum Electronics* (Doubleday Anchor, 1966).
Seite 357: »Schließlich besitzen wir alle unsichtbare Zellen«: Ralf Dahm, »Dying to See«, *Scientific American* 291, S. 83 (Oktober 2004); Steven Bassnett, »Lens Organelle Degradation«, *Experimental Eye Research* 74, S. 1 (2002).
Seite 358: *Fantastic Four* # 62, Vol. 3 (Marvel Comics, Dezember 2002; dt. in *Die Fantastischen Vier* (Vol. 4) Nr. 5, Panini). Text von Mark Waid und Zeichnungen von Mike Wieringo.
Seite 363: »An dem Tag, als Bardeen erfuhr«: T. R. Reid, *The Chip. How Two Americans Invented the Microchip and Launched a Revolution* (Simon & Schuster, 1985).

KAPITEL 24

Seite 367: »Der erste junge Mutant«: Vgl. »Call Him … Cyclops!« in *X-Men # 43* (Marvel Comics, April 1968; dt. in *Hit Comics* Nr. 111, bsv). Text von Roy Thomas und Zeichnungen von Werner Roth.
Seite 369: »im frühen Goldenen Zeitalter des Comics«: *Superman* # 1 (National Comics, Juni 1939; dt. zuletzt in *DC Archiv Edition* Nr. 5, Dino Comics). Text von Jerry Siegel und Zeichnungen von Joe Shuster.
Seite 370: »Es dauerte nicht lange, bis er ganze Panzer, Lastwagen«: Vgl. *Superman. Man of Tomorrow Archives,* Vol. 1 (DC Comics, 2004).
Seite 370: »und sogar einen Berg aufhalten«: *Secret Wars* # 4 (Marvel Comics,

August 1984; dt. in *Marvel Exklusiv* Nr. 9, Panini). Text von Jim Shooter und Zeichnungen von Bob Layton.

Seite 371: *World's Finest* # 86 (National Comics, Januar-Februar 1957), Nachdruck in *World's Finest Comics Archives,* Vol. 2 (DC Comics, 2001). Text von Edmond Hamilton und Zeichnungen von Dick Sprang.

Seite 373: *Fantastic Four* # 249 (Marvel Comics, Dezember 1982; dt. zuletzt in *Marvel Exklusiv* Nr. 28, Panini). Text und Zeichnungen von John Byrne.

Seite 373: »im Jahre 1776 bewiesen zwei Mathematiker in Europa«: Leonhard Euler, *Acta Acad. Sci. Imp. Petropol.,* S. 163–193 (1778); G. Greenhill, *Proc. Camb. Phil. Soc.* 4, S. 65 (1881); D'Arcy Thompson, *Über Wachstum und Form* (Eichborn Verlag, 2006).

Seite 374: »Genau dieses Schicksal ereilte unweigerlich Stilt-Man«: *Daredevil* # 8 (Marvel Comics, Juni 1965; dt. in *Marvel Klassik* Nr. 12, Panini). Text von Stan Lee und Zeichnungen von Wallace Wood. *Daredevil* # 26 (Marvel Comics, März 1967; dt. in *Die fantastischen Vier* Nr. 71–72, Williams). Text von Stan Lee und Zeichnungen von Gene Colan. *Daredevil* # 48 (Marvel Comics, Januar 1969; dt. in *Die fantastischen Vier* Nr. 118–119, Williams). Text von Stan Lee und Zeichnungen von Gene Colan.

Seite 374: »wie Spider-Mans Widersacher Doctor Octopus laufen kann«: Vgl. *Amazing Spider-Man* # 3, 11, 12 (Marvel Comics, Juli 1963, April 1964, Mai 1964; dt. zuletzt in *Marvel History Spider-Man* Nr. 1, Panini). Text von Stan Lee und Zeichnungen von Steve Ditko.

Seite 375: *JLA* # 58 (DC Comics, November 2001; dt. in *JLA* Nr. 11, Panini). Text von Mark Waid und Zeichnungen von Mike Miller.

Seite 378: »aber das ist ein verbreiteter Irrtum«: K. Weltner, *American Journal of Physics* 55, S. 50–54 (1987).

Seite 379: »Vögel wie der Wanderalbatros oder der Kalifornische Kondor«: Henk Tennekes, *Kolibris und Jumbo-Jets. Die simple Kunst des Fliegens* (Birkhäuser Verlag, 1997).

Seite 381: *Avengers* # 57 (Marvel Comics, Oktober 1967; dt. in *Die Rächer* Nr. 58, Williams). Text von Roy Thomas und Zeichnungen von John Buscema.

Seite 383: *Power of the Atom* # 12 (DC Comics, Mai 1989). Text von William Messner-Loebs und Zeichnungen von Graham Nolan.

Seite 383: *Showcase* # 34 (DC Comics, September-Oktober 1961), Nachdruck in *Atom Archives,* Vol. 1 (DC Comics, 2001). Text von Gardner Fox und Zeichnungen von Gil Kane.

Seite 385: »Wenn wir sprechen, übermitteln komplexe Schallwellen«: In seinem Buch *Das große Mammut-Buch der Technik* (Dorling Kindersley, 2005) erklärt David Macaulay auf leicht verständliche Weise die dem Telefon zu Grunde liegende Physik. Vgl. ebenfalls: Richard Mikoff, *How Does it Work?* (Signet, 1961).

Seite 387: »Wenn ein massearmer Stern einer bestimmten Größe«: Michael A. Seeds, *Astronomy. The Solar System and Beyond* (Brooks/Cole, 2001).
Seite 388: »Wenn das von einer bestimmten Art von Supernova-Explosion beobachtete Licht«: Robert Irion, »Disks of Destruction«, *Science* 307, S. 66–67 (2005).

NACHWORT

Seite 391: *Fantastic Four* # 22 (Marvel Comics, Januar 1964; dt. zuletzt in *Marvel Klassik* Nr. 11, Panini). Text von Stan Lee und Zeichnungen von Jack Kirby.
Seite 391: Fußnote: *Green Lantern* # 24 (DC Comics, Oktober 1963; dt. in *Top Comics: Grüne Laterne* Nr. 109, bsv). Text von John Broome und Zeichnungen von Gil Kane.
Seite 392: *JLA* # 19 (DC Comics, Juni 1998; dt. in *JLA* Nr. 19, Dino Comics). Text von Mark Waid und Zeichnungen von Howard Porter.
Seite 392: »als er ihn in eine menschliche Marionette verwandelte«: *Flash* # 133 (DC Comics, Dezember 1962; dt. in *Top Comics: Blitzmann* Nr. 113, bsv). Text von John Broome und Zeichnungen von Carmine Infantino.
Seite 392: »wenn Sie tausend Jahre in die Vergangenheit reisten«: In einer »*What if*«-Geschichte wird Iron Man von Dr. Doom ausgetrickst und in die Zeit von König Arthur zurückversetzt. Ohne die geringsten Aussichten, in die Gegenwart zurückkehren zu können, benutzt Iron Man seine Kenntnis der Wissenschaft und Technik des zwanzigsten Jahrhunderts, um eine Epoche des Friedens und des Wohlstands einzuleiten. *What If* # 33 (Marvel Comics, Juni 1982). Text von Steven Grant und Zeichnungen von Don Perlin.
Seite 394: »Wissen an sich ist die Grundlage der Zivilisation«: Niels Bohr, »To the United Nations«, *Impact of Science on Society* 1, S. 68 (1950).
Seite 394: »Wie wir die wissenschaftliche Erkenntnis einsetzen«: Tim Weiner, »A New Model Army Soldier Rolls Closer to the Battlefield«, *New York Times* (16. Februar 2005); George Johnson, »Who Do You Trust: G. I. Joe or A. E. Joe?«, *New York Times* (Ideas and Trends, 20. Februar 2005).
Seite 395: *Superman* # 156 (DC Comics, Oktober 1962; dt. zuletzt in *Klassiker der Comic-Literatur* Nr. 1, Frankfurter Allgemeine Zeitung). Text von Edmond Hamilton und Zeichnungen von Curt Swan.
Seite 395: »Die Ohren steif, ihr Gläubigen!« (»Face Front, True Believer!«): Ein Ausspruch Stan Lees in praktisch jedem Marvel Comic der sechziger Jahre.

ÜBERSETZUNG DER TEXTE IN DEN ABBILDUNGEN

Abb. 1
Professor: »Alle raus hier! Superman hat sich in einen Drachen mit einem roten Umhang verwandelt. Er lässt Flammen aus seinen Augen schießen und bringt die Bronze-Rolle zum Schmelzen!«

Superman: »Was für ein Drache? Sind die Profs durchgedreht? Ich mach nur, worum sie mich gebeten haben – mittels Hitzeblick die Ehren-Rolle signieren!«

Box (unten): Ist der Mann aus Stahl ein Supermann oder ein Supermonster? Urteile du!

Abb. 2
Bild 1
Gangster: »Aber niemand hat die Bat-Höhle je gefunden!«

Danning: »Niemand mit meinen geistigen Fähigkeiten hat es je versucht! Pass auf, ich will, dass ihr diese Dynamitstangen tief im Felsen vor Gotham City versenkt und dann zur Explosion bringt.«

Bild 2
Box: Bald darauf wird der Plan in die Tat umgesetzt …

Gangster: »Sie wollen damit sagen, dass man an den Schockwellen der Explosion sehen kann, wo die Bat-Höhle ist?«

Danning: »Genau, die Welle wandert mit unterschiedlicher Geschwindigkeit – und dadurch zeichnet sich eine große Höhle wie die Bat-Höhle auf meinem Radar-Seismograf ab.«

Abb. 3
Bild 1
Box: Eines Tages in Gotham City. Dr. John Carr präsentiert einer Gruppe von Wissenschaftlern seine jüngsten Versuche …

Carr: »… und ich bin überzeugt, dass der ›Gehirn-Verstärker‹ die geistige Leistungsfähigkeit eines Menschen um das Hundertfache vergrößern kann! Ein Bestandteil fehlt allerdings noch, und ich habe bisher nicht herausfinden können, worum es sich dabei handelt!«

Bild 2
Box: Es sitzt auch jemand im Saal, der nicht eingeladen war – Victor Danning, Ex-Wissenschaftler und Schurke!

Danning: »Wenn ich dieses Gerät in die Finger bekäme und den fehlenden Bestandteil finden könnte, würde es mich superintelligent machen! Und ich wäre in der Lage, die ganze Welt auszuplündern!«

Abb. 4
Box: Mit einem einzigen Sprung schießt Superman an der Wand des Gebäudes entlang!

Abb. 5
Bild 1
Box: Superman geht in die Knie und spannt seine Muskeln an. Eine gigantische Herausforderung liegt vor ihm …

Superman: »Ich denke mal, dass mich die Verfolgung dieses Fluggerätes direkt zu Lois führen wird!«

Bild 2
Box: … Muskeln aus Stahl katapultieren Superman höher und höher – bis zur Stratosphäre …

Superman: »Ein riesiges Luftschiff!«

Abb. 6
Bild 2
Spider-Man: »Ich muss sie erwischen – und ihren Sturz aufhalten, bevor sie auf dem Wasser aufprallt!«

Bild 3
Spider-Man: »Ich muss! Ich muss!«

Bild 4
Spider-Man: »Geschafft!!«

Bild 5
Spider-Man: »Diese Spinnenkräfte sind einfach klasse!
Ich bin nicht nur der schärfste Held, der rumläuft –«

Abb. 7
Bild 1
Spider-Man: »– sondern auch der vielseitigste. Wer sonst könnte ein Mädchen retten, das aus tödlicher Höhe abst – Gwen?«

Bild 2
Spider-Man: »Hey, Kleines – was ist mit dir los? Verstehst du mich nicht? Ich hab dich gerettet – du bist doch nicht –«

Bild 3
Spider-Man: »Nein! O nein, nein, nein – Sei nicht tot, Gwen – ich will nicht, dass du tot bist!«

Bild 4
Spider-Man: »Ich habe dich doch gerettet, Schatz … Merkst du das nicht? Ich habe dich doch gerettet …«

Bild 5
Goblin (aus dem Hintergrund): »Romantischer Idiot! Sie war schon tot, bevor dein Spinnenfaden sie überhaupt erreicht hat!«

Bild 6
Goblin: »Ein Sturz aus dieser Höhe würde jeden töten – noch bevor er

den Boden erreicht! Und was dich angeht, mein Freund – du bist so gut wie tot. Und so ein Sturz ist nichts gegen das, was dir bevorsteht!«

Spider-Man: »Niemals, Goblin!«

Abb. 8
Spider-Man: »Wenn ich einfach nur einen Faden abschieße und ihn packe, wird unsere unterschiedliche Bewegungsenergie dazu führen, dass ich ihm einen Arm oder ein Bein ausreiße. Ich muss zuerst meine Geschwindigkeit verlangsamen, ihn dann packen und anschließend zur Seite wegschwingen. Hab ihn! Und jetzt den Spinnenfaden!«

Abb. 9
Box 1: Mit ungeheurer Geschwindigkeit schießt Flash auf seinen Gegner zu …

Box 2: … er wird so schnell, dass die Luft vor ihm sich zu einer Wellenfront zusammenballt …

Box 3: … die einen Sekundenbruchteil später gegen Mardon prallt wie eine Scheibe aus Panzerglas …

Abb. 10
Box 1: Der Rote Blitz rennt so schnell im Kreis herum, dass sich ein starker Sog bildet und …

Gangster: »Hey! Was ist hier los? Ich hab keinen Boden unter den Füßen und bewege mich in die entgegengesetzte Richtung!«

Abb. 11
Bild 1
Box 1: »Der Ex-Sträfling war auch nicht gerade langsam! Wie aus dem Nichts hatte er plötzlich eine Pistole in der Hand …«

Gangster: »Du – Du hast mich reingelegt – Aber ich mache dich trotzdem fertig –«

Bild 2
Box: »Wir dachten, Flash wäre erledigt! Aber so schnell, wie die Kugeln auf ihn zuschossen, ließ der Unglaubliche Wirbelwind einfach seine Hand hervorschießen …«

Zelleninsasse: »Seht nur!«

Bild 3
Box 1: »… und fischte sie mit einer schwungvollen Bewegung aus der Luft, bevor sie ihn verletzen konnten!«

Zelleninsasse: »Das ist unfassbar!«

Box 2: Anmerkung des Herausgebers: Flashs Fähigkeit, Kugeln aufzuhalten, ist vergleichbar mit der eines Baseballspielers, der einen scharfen Grounder dadurch bändigt, dass er seinen Handschuh einen Augenblick lang in die gleiche Richtung bewegt wie der Ball!«

Abb. 12
Box: In einer früheren Ausgabe dieses Magazins präsentierten wir die albtraumhafte Geschichte von Henry Pym, einem Wissenschaftler, der zwei unglaubliche Seren entwickelte … das eine, um damit Gegenstände zu ver-

kleinern, und das andere, um die Gegenstände wieder auf ihre natürliche Größe anwachsen zu lassen!

Abb. 13

Bild 1

Box: Sobald er seine Nachricht ausgeschickt hat, sammelt der winzige Krieger einige Ameisen um sich und dringt in das alte Gebäude ein …

Ant-Man: »Hier drin sieht man kaum die Hand vor Augen! Halt – ich bin auf etwas draufgetreten.«

Bild 2

Ant-Man: »Was ist das für ein Lärm?? Es kommt von oben!! Ich werde in die Luft gehoben!!«

Bild 3

Ant-Man: »Ich bin in einem Staubsauger gefangen!!«

Bild 4

Gangster (aus dem Hintergrund): »Du da drin! Da kommst du nicht mehr raus – und Luft kommt keine rein!! Dauert nicht mehr lange, dann erstickt ihr alle! Du pfuschst niemand mehr ins Geschäft!!«

Ant-Man: »Das glaubt *er*! Ich bin vielleicht nur so groß wie eine Ameise, aber noch genauso stark wie in Normalgröße!«

Bild 5

Ant-Man: »Und das reicht locker, um ein Loch in eine Papiertüte zu boxen.«

Bild 6

Ant-Man: »Wir sind frei!!«

Abb. 14

Wasp: »Ant-Man ertrinkt, und ich kann nichts tun, um ihn zu retten!«

Porcupine: »Kein lebendes Wesen ist mächtig genug, sich mir zu widersetzen.«

Box (unten rechts): Der gefürchtete Porcupine – ein Superschurke, den man nie vergisst.

Abb. 15

Bild 1

Helfer: »Hoffen wir, dass Sie bei Captain America mehr Glück haben als ich, Dr. Pym. Am meisten macht Ihnen vermutlich Sorgen, dass das Wachstum überall gleich schnell abläuft, oder?«

Dr. Pym: »Nein, die biologischen Vorgänge habe ich bis auf die dritte Stelle hinterm Komma ausgerechnet. Ich hoffe nur, dass ich den Wachstumsprozess auch wirklich anhalten kann, bevor ich die kritische Marke von 20 Metern erreiche.«

Bild 2

Doktor: »Warum? Inwiefern spielt das eine Rolle?«

Janet: »Ab einer Größe von 20 Meter kann das Skelett die Körpermasse nicht mehr tragen, Doktor. Und mein Riesenbaby macht sich Sorgen, dass seine Oberschenkelknochen brechen könnten, obwohl ich ihm schon Millionen Mal gesagt habe, dass der Vorgang automatisch abgeschaltet wird.«

Abb. 16
Flash: »Schnell eine Vollbremsung und dann umdrehen – aber durch die Reibung entstehen tiefe Furchen im Boden!«

Abb. 17
Atom: »Wenn ich diesen Radiergummi … als Trampolin benutze, habe ich genug Schwung … um an dem Dieb hochzuspringen … und ihn auszuknocken, bevor er sich aus dem Staub machen kann!«

Abb. 18
Box: Der winzige Titan stößt sich leicht vom Boden ab und wird sanft von einer Warmluftsäule, die aus der brennenden Scheune strömt, in die Höhe gehoben …

Atom: »Indem ich mich leichter mache als eine Feder, kann ich auf den heißen Luftströmen zum Dach aufsteigen!«

Abb. 19
Spider-Man: »Wie er sich fortbewegt – auf einer Eisrampe, die er unter sich entstehen lässt. So etwas habe ich noch nie gesehen!«

Iceman: »Okay, das ist weit genug!«

Abb. 20
Iceman: »Noch ein Werk cooler Gegenwartskunst! Aber höre ich da irgendwelche superschlauen Physikexperten, die sich fragen, wieso die Leiter nicht umkippt? Dazu braucht man natürlich einen super Gleichgewichtssinn! Und, nicht zu vergessen, eine gehörige Portion Fantasie!«

Abb. 21
Bild 1
Storm: »Ich habe versucht, die Greys anzurufen, aber es geht niemand ran. Sie wohnen 145 Kilometer den Hudson hinauf. Wenn ich einen Rückenwind aufkommen lasse, der stark genug ist … kann ich in ein paar Minuten da sein.«

Bild 2
Storm: »Aber um das hinzubekommen, muss ich die Wettermuster über einem ziemlich großen Gebiet manipulieren. Die Folge ist ein atmosphärisches Chaos über der Stadt. Normalerweise würde ich das vermeiden, aber ich habe keine Wahl. Es muss sein.«

Box: Wieder einmal zwingt sie den Elementen ihren Willen auf, und der Wind weht mit unvorstellbarer Kraft.

Abb. 22
Bild 1
Box: Minuten später …

Electro: »Versuchen Sie nicht, mir zu folgen oder Alarm auszulösen. Meine Blitzstrahlen haben eine große Reichweite!«

Angestellter: »Er entkommt mit einem Vermögen!«

Bild 2
Passant 1: »Schauen Sie doch nur!! Dieser merkwürdig gekleidete Mann

rennt an der Wand des Gebäudes hoch!«

Passant 2: »Er heftet sich mit Hilfe elektrischer Strahlen an die Stahlträger des Gebäudes – er benutzt sie wie Magnete!! Unglaublich!«

Abb. 23

Bild 1

Lobbyist: »Stop! Stop! Die Stromleitungen werden uns töten!«

Superman: »Nein, uns passiert nichts!«

Bild 2

Superman: »Vögel sitzen auf Telefonleitungen, und sie werden nicht getötet –«

Bild 3

Superman: »– solange sie nicht die Masten berühren und keine Erdung haben!«

Bild 4

Superman: »Upps! Fast den Mast berührt!«

Abb. 24

Bild 1

Opfer: »Aber sicher. Nehmen Sie sich, was Sie brauchen. Hauptsache, Sie erwischen die Gauner, die mich überfallen haben!«

Superboy: »Ich brauche nur diese Lokomotive da, einen Generator aus dem Elektrizitätswerk und einige Kilometer Draht!«

Bild 2

Superboy: »Wenn alles fertig ist, wird dieser Generator den Strom erzeugen, den ich brauche. Nun noch die Spule –«

Bild 3

Superboy: »So, rasch noch ein paar Kilometer Draht um die Lokomotive gewickelt, und –«

Abb. 25

Bild 1

Superboy: »– fertig ist der größte Elektromagnet, den es je gab! Noch dazu einer, der fahren kann!«

Bild 2

Box: Superboy fährt mit seiner Magnetlokomotive nach Coastville!

Superboy: »Welch ein Glück, dass die Eisenbahn direkt durch die Stadt verläuft! Ah, da drüben sind ja meine Vandalen!«

Bild 3

Schurke 1: »Was ist passiert? Wir fliegen ja!«

Schurke 2: »Das liegt an dieser Lokomotive dort – sie ist ein Magnet, der unsere Panzer anzieht.«

Abb. 26

Bild 1

Angel: »Magneto! Ich habe eine Nachricht von Prof. X! Es geht um den Sub-Mariner!!«

Magneto: »Für Botschaften ist es zu spät, Angel! Ich weiß, was dein verfluchter Professor vorhat, aber ich habe Namor zuerst gefunden!«

Bild 2

Magneto: »Hier ist eine Botschaft

für X … falls du lange genug lebst, um sie zu überbringen! Erzähl ihm von meiner Macht!!«

Angel: »Er hat die Felsbrocken magnetisiert und schleudert sie wie Raketen auf mich!!«

Angel: »Welch ein Glück, dass der Professor so viel Zeit damit verbracht hat, meine Beweglichkeit und meine Fähigkeit, Hindernissen auszuweichen, zu trainieren.«

Bild 3
Magneto: »Du hast mich noch nicht besiegt! Ich kann immer noch entkommen, indem ich mit Hilfe der magnetischen Abstoßung fliege!«

Abb. 27
Mann in Not: »Flash! Hilfe!«

(Golden Age-)Flash:
»Ich komme!«

(Silver Age-)Flash:
»Ich komme!«

Box: »Flash zweier Welten!« Eine sensationelle Geschichte, die sicherlich zu einem Klassiker wird!

Abb. 29
Bild 1
Box: Der Stählerne wirft den Federschmuck beiseite, rast auf die Zeitbarriere zu …

Superman: »Weiter geht's. Ich muss eine der größten Tragödien der Geschichte verhindern – die Ermordung Abraham Lincolns.«

Bild 2
Box: … und taucht am Abend des 14. April 1865 in der Präsidentenloge des Ford-Theaters wieder auf.

John Wilkes Booth: »Sic semper … Ulp!«

Superman: »Gerade noch rechtzeitig konnte ich die Pistole von John Wilkes Booth zermalmen!«

Bild 3
Lincoln: »Sie haben mein Leben gerettet. Danke!«

Superman: »Es ist ein wunderbares Gefühl, das Leben eines so großartigen Mannes gerettet zu haben. Großer Gott! Da kommt mir eine fantastische Idee!«

Bild 4
Box: Und erneut stürzt sich Superman in die Zeitbarriere …

Superman: »Nun, da ich die Geschichte verändern kann, werde ich die größte Tat aller Zeiten vollbringen! Ich werde zu Krypton zurückkehren, bevor er explodierte, und alle Bewohner meines Heimatplaneten retten! Auch meine kryptonischen Eltern Jor-El und Lara!«

Abb. 30
Bild 1
Box: Und wieder stürzt sich Superman durch die Zeitbarriere in die Zukunft …

Superman: »Ich muss in die ›Gegenwart‹ zurückkehren! Vielleicht finde ich dort die Antwort auf dieses Rätsel. Die Geschichtsbücher sollten eigentlich verändert sein, denn schließlich habe ich den Lauf der Geschichte doch geändert!«

Bild 2
Box: In einer Bibliothek im Jahr 1961 klärt sich das Rätsel jedoch nicht auf. Im Gegenteil!

Superman: »Heiliges Kanonenrohr! Das ist unglaublich! Die Geschichtsbücher sind – unverändert!! Meine Rettung von Atlantis wird nirgends erwähnt!!«

Bild 3
Superman: »Den Geschichtsbüchern zufolge wurden die römischen Sklaven den Löwen zum Fraß vorgeworfen – weder Nathan Hale noch General Custer, noch Abraham Lincoln wurden von mir gerettet! Von der Bevölkerung Kryptons ganz zu schweigen!«

Bild 4
Superman: »Das ist verrückt!! Nach den Geschichtsbüchern zu urteilen, habe ich die Geschichte gar nicht verändert! Dabei weiß ich genau, dass ich es getan habe! Die Bücher entsprechen bestimmt der Wahrheit! Aber was kann die Erklärung dafür sein? – Ich muss es herausfinden!!«

Abb. 31
Bild 1
Box: Während er erneut die Zeitbarriere durchquert, macht Superman eine Entdeckung …

Superman: »Eine Zeitfalle! Wie in einem Strudel werde ich in eine parallele Zeitbarriere gezogen! In meiner Eile habe ich diese ›Brücke‹ zwischen den Zeitbarrieren immer übersehen. Es ist ein Phänomen, das mir niemals zuvor begegnet ist!!!«

Bild 2
Box: Als er im Jahr »1961« wieder auftaucht …

Superman: »Fantastisch! Die parallele Zeitbarriere führt zu einem anderen Universum … Und dieses andere Universum ist das exakte Spiegelbild des Universums, in dem ich wirklich lebe!«

Bild 3
Box: Superman besucht eine Bibliothek im »Zwillingsuniversum« …

Superman: »(Japs!) Die Geschichtsbücher in diesem Universum sind tatsächlich verändert! Es gibt Zeichnungen von mir, wie ich Lincoln und Custer rette –!«

Bild 4
Box: Doch bevor er der Sache weiter nachgehen kann …

Superman: »Was ist das?!! Alles bebt! Ich muss sofort aus diesem Zwillingsuniversum verschwinden!!«

Abb. 32
Bild 1
Box: Während sich die beiden Schurken unterhalten, bemerkt niemand in dem riesigen Gewölbe den plötzlichen leisen Lufthauch … der den ungewöhnlichen Eintritt von Kitty Pryde ankündigt.

Kitty Pryde: »Ich hab es wieder geschafft!«

Bild 2

Kitty Pryde: »Ich habe mich ganz stark konzentriert – und bin einfach durch diese Wand hindurchgegangen, als wäre sie gar nicht da. Es wird mit jedem Mal einfacher. Okay, jetzt habe ich mich hier hereingeschlichen – doch was zum Teufel mache ich nun???«

Abb. 33

Flash: »Das Letzte, was ich vom Denker hörte, war, dass er im Gefängnis saß! Aber nur er könnte auf so merkwürdige Weise Kontakt mit mir aufnehmen! Das heißt, er erwartet mich. Ich werde also einfach so schnell rennen, dass ich die Wand durchquere, ohne sie zu beschädigen – und überrasche ihn!«

Abb. 36

Wissenswertes über Iron Man!

Bild 1

Die genaue Position der wichtigsten transistorbetriebenen Geräte in Iron Mans Rüstung …

(links von oben nach unten:)

Variables Kraft-Spotlight

Gürtelschnalle mit Aufbewahrungsfach für Ausrüstungsgegenstände

Erste-Hilfe-Ausrüstung im Stiefelschaft

Leistungsfähige Antriebsraketen unter jedem Stiefel

(Mitte:)

Miniaturkreisel zur Gewährleistung der Flugstabilität

(rechts von oben nach unten:)

Eingebaute Teleskopradioantenne

Seitliche Taschen für Radioersatzteile

Magnetische Repulsorstrahlen in der Handfläche jedes Handschuhs

Der gesamte Körper wird von der stärksten Rüstung bedeckt, die der Mensch kennt!

Bild 2

Seine unglaubliche Stärke verdankt Iron Man winzig kleinen Transistoren, die in seine Rüstung integriert sind und seine Körperkraft gewaltig verstärken!

Je stärker die Subminiatur-Transistoren belastet werden, desto kürzer ist ihre Lebensdauer, bevor sie wieder aufgeladen werden müssen!

Dies gilt analog auch für Iron Mans Fluggeschwindigkeit. Je langsamer er fliegt, desto länger halten seine Transistoren!

Abb. 37

Bild 1

Iron Man: »Um meinen eisernen Körper zu durchdringen, bedarf es mehr als nur ein paar armseliger Handfeuerwaffen!«

Stimme (aus dem Hintergrund): »Holt Granaten!! Bazookas!! Rasch, ihr Narren.«

Bild 2

Box: Doch bevor die schwereren Waffen eingesetzt werden können …

Iron Man: »Ich kehre einfach die Ladung dieses magnetischen Turbo-Isolators um …«

Bild 3
Iron Man: »… und benutze einen Zylindertransistor, um seine abstoßende Wirkung um ein Tausendfaches zu erhöhen!«

Bild 4
Iron Man: »Da! Umkehrmagnetismus – funktioniert wie Zauberei!«

Bild 5
Box: Von Panik ergriffen fliehen die Guerillas …

Stimme (aus dem Hintergrund): »Halt! Kommt zurück! Der Magnet wirkt nur auf Metall. Mit unserer kräftemäßigen Überlegenheit können wir ihn noch immer besiegen!«

Abb. 38
Superman: »Ich habe die Erlaubnis bekommen, die zwei Gebäude aus Gotham City, die Sie haben wollten, auszuleihen!«

Stimme (aus dem Hintergrund): »Ausgezeichnet – Stellen Sie sie einfach dort drüben ab, und einer unserer Assistenten wird dann erläutern, wie die Alarmanlage funktioniert!«

Abb. 39
Bild 1
Box: »Ich musste tief graben, aber dann entdeckte ich ein Stück von einem ehemaligen Weißen Zwergstern …«

Ray Palmer: »Ist das schwer – ich kann ihn kaum anheben!«

Bild 2
Ray Palmer: »(Keuch!) Ich weiß nicht, wie groß die Wahrscheinlichkeit ist, dass in den Weiten des Alls zwei Weiße Zwerge miteinander kollidieren. (Keuch) Aber es ist möglich. Und als es geschah, wurde dieser Brocken durchs All geschleudert, bis er hier in diesem Feld landete!«

Bild 3
Ray Palmer: »Weiße Zwergsterne sind deshalb so schwer, weil sie aus entarteter Materie bestehen. (Keuch) Solche Materie ist unglaublich stark zusammengepresst, weil aus ihr die Elektronen entfernt wurden!«

DANKSAGUNG

Die Idee für eine Anfängervorlesung »Physik der Superhelden« kam mir während einer mündlichen Prüfung, die Prof. Terry Jones von der Fakultät für Astronomie an der Universität von Minnesota abnahm. Bei dieser Art von Prüfung, die an vielen Universitäten vor Beginn des Hauptstudiums abzulegen ist, muss der Prüfling seine allgemeinen Kenntnisse der Physik unter Beweis stellen, wobei er, nur mit Kreide bewaffnet, an einer Tafel die Fragen der Prüfer in Echtzeit beantworten muss. Als Terry nun fragte: »Wie viel Energie würde der Death Star benötigen, um den Planeten Alderaan in *Star Wars (Episode IV – A New Hope)* in die Luft zu jagen?«, weckte dies bei mir Erinnerungen an andere explodierende Planeten und inspirierte mich dazu, eine Anfängervorlesung über die Physik der Superhelden auszuarbeiten.

Da wir gerade beim Stichwort Inspiration sind, möchte ich die Gelegenheit ergreifen und mich bei den vielen Lehrern, Dozenten und Tutoren bedanken, die mich im Laufe meines Studiums immer wieder aufs Neue für die Physik begeistert haben. Insbesondere danke ich Steve Cotsalas, John Jacobson, Peter Tea, Robert Alfano, Narkis Tzoar, Timothy Boyer, Frederick W. Smith, Kenneth Rubin, Sidney R. Nagel, Robert A. Street und Hellmut Fritzsche. Sie haben mir nicht nur physikalische Kenntnisse vermittelt, sondern durch ihr Vorbild auch gezeigt, was einen guten Physiker ausmacht.

Großen Dank schulde ich ferner den Schöpfern der vielen Comicabenteuer, die ich all die Jahre so eifrig verschlungen habe. Es sind zu viele, um sie alle namentlich zu erwähnen, aber besonders danken möchte ich den Comicautoren meiner Jugendzeit: Gardner Fox,

John Broome, Carmine Infantino, Gil Kane, Gene Colan, John Romita, Robert Kanigher, Steve Ditko sowie den drei Titanen Julius Schwartz, Stan Lee und Jack Kirby. Die von ihnen geschaffenen Helden, denen es dank ihrer Intelligenz und ihrer Superfähigkeiten immer wieder gelang, die schlimmsten Katastrophen abzuwenden, lehrten mich früh die Bedeutung der »Verstandeskraft« schätzen, obwohl ein Kraftring natürlich auch nicht zu verachten ist.

Ich danke Prof. Lawrence M. Krauss für sein Vorwort zu diesem Buch und Craig Shutt (Mr. Silver Age) für die Idee zur Überschrift des Nachworts, die ich schamlos seinem Buch *Baby Boomer Comics* entnahm. (Er wiederum entlehnte sie einer Geschichte der *Fantastic Four* von Stan Lee, der sich seinerseits aus der Bibel bediente.)

Ich danke meiner Mutter, die in mir die Liebe zum Lesen weckte und mir ein Vorbild für lebenslanges Lernen und kritisches Denken ist. Meine Kinder, Thomas, Laura und David, haben sich bereitwillig als Versuchskaninchen für viele der hier vorgestellten Argumente und Erklärungen zur Verfügung gestellt, und ihre Kommentare waren mir eine große Hilfe. Dank schulde ich auch Laura Adams und Allen Goldman für die Rastertunnelmikroskop-Aufnahme in Abb. 35. Ferner danke ich allen Freunden, Familienangehörigen und Mitarbeitern von Dreamhaven Books and Comics, die mich mit Rat und Tat unterstützt haben.

Ohne die Anregungen, die ich von meinen Studenten in mehreren Anfängervorlesungen und Abendkursen in den Jahren 2001 bis 2003 erhielt, hätte ich dieses Buch nicht schreiben können. Mit ihren geistreichen Kommentaren und klugen Ideen zur Physik der Superhelden bereicherten sie den Unterricht ungemein. Besonders die von Eric Caron, Kristin Barbieri, Matt Bialick, Drew Goebel und Christopher Brummund aufgeworfenen Fragen flossen unmittelbar in dieses Buch mit ein.

Eine Abhandlung über die Physik der Superhelden zu schreiben hat den höchst erfreulichen Nebeneffekt, dass alte Fragestellungen plötzlich unter einem neuen Blickwinkel betrachtet werden. Der Nachteil besteht darin, dass man sich bei der Erörterung solcher Themen wie Supergeschwindigkeit oder die Fähigkeit, die eigene Tunnelwahrscheinlichkeit willkürlich zu beeinflussen, nicht auf Experimente stützen kann, um das Ergebnis seiner Überlegungen zu überprüfen. Dieser Nachteil wurde durch die Hilfsbereitschaft meiner Kollegen an der Fakultät für Physik und Astronomie der Universität von Minnesota gemildert. Großen Dank schulde ich Prof. E. Dan Dahlberg, der sich großzügig bereit erklärte, das gesamte Manuskript in seiner Rohfassung durchzusehen, und der dabei etliche Fehler oder zu grobe Vereinfachungen entdeckte. Ausgewählte Kapitel wurden außerdem von den Professoren Benjamin Bayman, Charles E. Campbell, Michel Janssen, Russell Hobbie, Marco Peloso und John Broadhurst durchgelesen. Davon hat das Buch sehr profitiert. Wertvolle Kommentare und Anregungen verdanke ich außerdem Mark Waid, Gerard Jones und Kurt Busiek. Für alle möglicherweise noch enthaltenen Fehler oder Irrtümer trage natürlich ich ganz allein die Verantwortung, obwohl ich mir das Recht vorbehalte zu behaupten, sie seien absichtlich im Text versteckt worden, um den aufmerksamen Leser für seine Mühe zu belohnen.

Bedanken möchte ich mich ferner bei meinem Agenten, Jay Mandel, der auf die Idee kam, Superhelden könnten sich nicht nur dazu eignen, eine Vorlesung, sondern auch ein Buch über die Physik zu »versüßen«, und der mir wertvolle Ratschläge für die ersten Arbeitsentwürfe sowie für den Ton des Buches gab. Beim Verlag Gotham Books hatte ich das große Glück, von Brendan Cahill betreut zu werden. Sein fachlicher Rat zur Strukturierung des Buches hat das Manuskript erheblich verbessert und mir viele Anfängerfehler erspart. Brendans Vision des Buches ergänzte meine eigene, und was ebenso wichtig war: Als ausgezeichneter Kenner von Superhelden-Comics schlug er mir etliche Beispiele vor, die ich nicht in Betracht gezogen hatte. Meine Lektorin Rachelle Nashner verbesserte mit ihren Vorschlägen die Lesbarkeit des Buches beträchtlich, und Jenny Allen leistete mir einen unschätzbaren Freundschaftsdienst, indem sie alle verwendeten Abbildungen einscannte. Die unvermeidlichen Krisen bei der Herstellung wurden (anfangs) von Tali Rosenblat und (später) von Liza Gennatiempo bei William Morris und von Patrick Mulligan bei Gotham Books souverän gelöst.

Meine Frau Therese war ein nie versiegender Quell der Ermutigung. Sie hat dieses Projekt von Beginn an aus vollem Herzen unterstützt. Sie hat alle Entwürfe des Manuskripts gelesen, und ohne ihre klugen Ratschläge kann ich mir dieses Buch nicht vorstellen. Ich bin ein Glückspilz.

COPYRIGHTHINWEIS

Die in diesem Buch abgedruckten Abbildungen aus Werken von DC Comics und Marvel sind urheberrechtlich geschützt und dienen erläuternden, wissenschaftlichen und schulischen Zwecken. Die neben den Abbildungen angegebenen Copyrightdaten entsprechen dem Erscheinungsjahr des Comics, in dem sie erstmals veröffentlicht wurden.

Die mit Superman, Flash, Weather Wizard, Atom, Superboy, Golden Age Flash, Ray Palmer, Victor Danning und John Carr verbundenen Urheberrechte und Warenzeichen sind das Eigentum von DC Comics Inc. Dies gilt auch für damit in Zusammenhang stehende Logos und sonstige Materialien.

Die mit Spider-Man, Gwen Stacy, Green Goblin, Ant-Man, Wasp, Porcupine, Iceman, Storm, Electro, Magneto, Sub-Mariner, Angel, Kitty Pryde, White Queen, Sebastian Shaw, Iron Man, Ultimate Bruce Banner, Hank Pym und Janet Van Dyne verbundenen Urheberrechte und Warenzeichen sind das Eigentum von Marvel Entertainment Group Inc. Dies gilt auch für damit in Zusammenhang stehende Logos und sonstige Materialien.

REGISTER

Kursive Ziffern verweisen auf Abbildungen